21世纪高职高专规划教材系列

多媒体技术

第2版

主编　尹敬齐
参编　张正俊

机 械 工 业 出 版 社

本书通过具体实例，从多媒体技术应用的角度出发，概述了多媒体的基础知识，并重点介绍了多媒体素材的采集、编辑、集成与存储。全书共7章，分别介绍了多媒体基础知识、数字音频处理、数字图形图像处理、数字视频处理、Flash动画制作、利用Authorware实现多媒体制作，以及多媒体存储技术等，每章都配有习题。本书配套光盘中包含全部素材和电子教案。

本书既可作为各类高职高专学校计算机及相关专业多媒体技术课程的教材，也可作为多媒体技术爱好者的学习参考书及培训教材。

图书在版编目(CIP)数据

多媒体技术/尹敬齐主编. —2版. —北京:机械工业出版社,2009.11
(21世纪高职高专规划教材系列)
ISBN 978-7-111-28972-2

Ⅰ.多… Ⅱ.尹… Ⅲ.多媒体技术-高等学校:技术学校-教材
Ⅳ.TP37

中国版本图书馆CIP数据核字(2009)第198750号

机械工业出版社(北京市百万庄大街22号 邮政编码100037)
责任编辑：董 欣 石陇辉
责任印制：洪汉军
北京四季青印刷厂印刷（三河市杨庄镇环伟装订厂装订）

2010年1月第2版·第1次印刷
184mm×260mm·17.75印张·440千字
0001-4000册
标准书号:ISBN 978-7-111-28972-2
ISBN 978-7-89451-282-6(光盘)
定价:34.00元(含1CD)

凡购本书，如有缺页、倒页、脱页，由本社发行部调换

电话服务
社服务中心:(010)88361066
销 售 一 部:(010)68326294
销 售 二 部:(010)88379649
读者服务部:(010)68993821

网络服务
门户网:http://www.cmpbook.com
教材网:http://www.cmpedu.com

前　言

多媒体计算机技术是信息技术的重要发展方向之一，也是推动计算机新技术发展的强大动力。随着计算机硬件性能的不断提高和多媒体软件开发工具的迅速发展，多媒体技术愈来愈得到了广泛的应用。

多媒体技术的培养目标是让学生学会对音频、图像、视频、二维动画的处理，掌握多媒体创作工具及多媒体存储技术的使用，为网页制作、影视制作的学习打下良好的基础。计算机网络、影视制作、电子声像技术及多媒体技术等专业都开设了多媒体技术课程，在教学过程中，各专业可根据各自的需求选取部分内容学习。例如，计算机网络、电子声像技术专业的学生可学习全部内容，影视制作专业只学习音频处理及多媒体存储技术即可。

本书第1版在出版后得到了广大使用者的好评，但计算机技术日新月异，第1版中部分软件已经过时，实训及实例内容比较陈旧。针对以上问题，本书对过时的软件进行了更新，并对实例及实训进行了更换及修改，以适应多媒体技术的发展。

本书在内容的叙述上，力求通俗易懂，以图文并茂的方式介绍基本技术和基本方法，列举了很多有代表性的实例，具有很强的可操作性和实用性。此外，各章均配有实训，这些实训技术实用、步骤详细，有助于提高读者的实际动手能力。本书配套光盘中包含电子教案及书中全部素材文件。本书既可作为各类高职高专学校计算机及相关专业多媒体技术课程的教材，也可作为多媒体技术爱好者的学习参考书及培训教材。

本书由尹敬齐主编，张正俊参编。在编写过程中，编者吸取了多方面的宝贵意见和建议，得到了领导和同事的大力支持，在此表示衷心的感谢。

由于多媒体技术是一门发展迅速的新兴技术，新的思想、方法和系统不断出现，加之编者的水平有限，书中难免有错误和疏漏之处，敬请专家和广大读者批评指正。

编　者

目　录

第1章　多媒体基础知识

本章要点

- 多媒体、多媒体技术的概念
- 多媒体中的主要元素及特点
- 多媒体数据中的冗余以及主要压缩方法

多媒体技术是一门迅速发展的综合性电子信息技术。20世纪80年代，人们开始用计算机处理和表现图像、图形，使计算机更形象逼真地反映自然事物和运算结果，这就是多媒体技术的雏形。今天，随着微电子、计算机、通信和数字化音像技术的高速发展，多媒体技术被赋予了全新的内容。本章将讨论多媒体技术的定义、特征、各类媒体的特点及数据压缩技术等基础知识。

1.1　多媒体的基本概念

1.1.1　多媒体

多媒体一词的核心是媒体。媒体在计算机领域有两种含义：一是指存储信息的实体，如磁盘、光盘、磁带、半导体存储器等，一般称为媒质；二是指表示和传播信息的载体，如字符、声音、图形和图像等，常称为媒介。多媒体技术的媒体指的是后者。以上有关“媒体”的概念比较窄，通常“媒体”的概念是相当广泛的，可分为以下5种类型。

1. 感觉媒体

感觉媒体是指能够直接作用于感觉器官，使人产生感觉的一类媒体。比如，各种声音、音乐、文字、图形、静止和运动的图像等，这也是本书所指的媒体。

2. 表示媒体

表示媒体是指为了加工、处理和传输感觉媒体而人为地研究、构造出来的一种媒体。借助这种媒体，能够更有效地将感觉媒体从一地向另一地传送。表示媒体包括各种编码方式，如语言编码、文本编码、静止和运动图像编码等。

3. 显示媒体

显示媒体是指在通信中使电信号和感觉媒体相互转换的一类媒体。显示媒体又分为两种：一种是输入显示媒体，如键盘、鼠标器、传声器等；另一种是输出显示媒体，如显示器、扬声器、打印机等。

4. 存储媒体

存储媒体是用于存放表示媒体的一种媒体，也就是存放感觉媒体数字化代码的媒体，如磁盘、磁带、光盘等。

5. 传输媒体

传输媒体是用来将媒体从一处传送到另一处的物理载体，即通信的信息载体，如双绞线、同轴电缆、光纤等。

那么什么是多媒体呢？通俗地讲，就是上述感觉媒体中各种成分的综合体，即将文字、图像、声音以及多种不同形式的表达方式称为多媒体。但这种定义并不严格。另一种较全面的定义为："多媒体"是指能够同时获取、处理、编辑、存储和展示两个以上不同类型信息媒体的技术，这些信息媒体包括文字、声音、图形、图像、视频和动画等。所以，人们现在常说的"多媒体"不是指其本身，而主要是指处理和应用它的一整套技术。因此，"多媒体"实际上常被当作"多媒体技术"的同义语。另外，由于计算机的数字化和交互式处理能力极大地推动了多媒体技术的发展，因此又把多媒体看作是先进的计算机技术与视频、音频和通信技术融为一体而形成的新技术和新产品。

1.1.2 多媒体技术及其特性

多媒体技术是指文字、音频、视频、图形、图像、动画等多种媒体信息通过计算机进行数字化采集、获取、压缩/解压缩、编辑、存储等加工处理后，以单独或合成形式表现出来的一体化技术。多媒体技术的主要特性包括信息载体的多样化、集成性和交互性三个方面，此外还有非循环性、非纸张输出形式等。

信息载体的多样化是相对于计算机而言的，有时也称信息媒体的多样化，这一特性使计算机变得更加人性化。人类的五个感觉空间（视、听、触、嗅、味）接收和产生的信息中，前三者占95%以上的信息量。借助于这些多感觉形式的信息交流，人类对于信息的处理可以说是得心应手。但是计算机以及与之类似的所谓智能设备都远没有达到人类的水平，在许多方面都必须要把信息加工之后才可以使用，而且信息只能按照单一的形态进行处理。可以说，目前计算机在信息交互方面还处于初级水平。而多媒体技术就是要把计算机处理的信息多样化或多维化，使人与计算机的交互具有更广阔、更自由的空间。多维化信息的变换、组合和加工，大大丰富了信息的表现力，增强了信息的表现效果。

集成性是计算机系统的一次飞跃，主要表现在两个方面。一方面是指信息媒体的集成，即将多种不同的媒体信息（如文字、图形、视频图像、动画和声音）有机地同步组合后，形成一个完整的多媒体信息。尽管这些媒体信息可能会从多通道输入或输出，但它们可以成为一体，统一获取、存储与组织。另一方面，集成性还表现在存储信息的实体（即设备）的集成。也就是说，多媒体的各种设备应该集成在一起，并成为一个整体。从硬件来说，集成的多媒体设备应该具有高速并行的CPU系统、大容量的存储器、适合多媒体的多通道输入输出的接口电路及外设，以及宽带的网络接口等。对于软件来说，集成的多媒体设备应该有一体化的操作系统、适合于信息管理和使用的软件系统和创作工具，以及各类的高效应用软件。

交互性是多媒体技术的关键特征，它为用户提供了控制和使用信息的手段，也为多媒体技术的应用开辟了更加广阔的领域。交互性不仅增加了用户对信息的理解，延长了信息的保留时间，而且交互活动本身也作为一种媒体加入了信息传递和转换的过程，从而使用户获得更多的信息。另外，借助交互活动，用户可以参与信息的组织过程，甚至可以控制信息的传播过程，从而可以研究、学习自己感兴趣的东西，并获得新的感受。

综上所述，信息载体的多样化、集成性和交互性是多媒体技术的三个主要特征。其中，“交互性”是多媒体技术的关键特征，从这个角度就可以初步判断哪些载体不是多媒体。例如，电视不具备像计算机一样的交互性，不能对内容进行控制和处理，它就不是多媒体。

1.1.3　多媒体中的媒体元素及特征

多媒体中的媒体元素是指多媒体应用中可显示给用户的媒体成份，目前主要包括文本、图形、静态图像、声音、动画和视频图像等。

1. 文本（Text）

文本中包括各种字体、尺寸、格式及色彩的文字。文本是计算机文字处理程序的基础。通过对文本显示方式的组织，多媒体应用系统可以使显示的信息更容易被用户理解。文本数据可以先用文本编辑软件（如 Word 等）制作，然后再输入到多媒体应用程序中，也可以直接在制作图形的软件或多媒体编辑软件中制作。多媒体应用中使用较多的是带有各种排版信息的文本文件，称为格式化文件，如“.doc”文件。该文件中保存有段落格式、字体格式、文章的编号、专栏、边框等格式信息。

2. 图形（Graphic）

图形是指从点、线、面到三维空间的黑白或彩色几何图，一般指用计算机绘制的画面。由于图形文件只记录生成图的算法和图上的某些特征点（几何图形的大小、形状、位置、维数等），因此称为矢量图。图形的格式就是一组描述点、线、面等几何元素的指令集合。绘图程序通过读取图形格式指令，将其转换为可在屏幕上显示的形状和颜色，从而生成图形。在计算机上显示图形时，相邻特征点之间的曲线用许多段小直线连接形成。若曲线围成一个封闭的图形，也可用着色算法来填充颜色。

矢量图形的最大优点在于可以分别控制处理图中的各个部分，如图形的移动、旋转、放大、缩小、扭曲和失真度，不同的物体还可在屏幕上重叠并保持各自的特征，必要时仍然可以分开独立显示。因此，图形主要用于表示线框形的图画、工程制图、美术字等。由于图形的数据只保存其算法和特征点，所以相对于大数据量的图形来说，它占用的存储空间较小，但在屏幕上每次显示时都需要重新计算，故显示速度没有图像快。

3. 图像（Image）

图像是指由输入设备捕捉的实际场景画面，或以数字化形式存储的任意画面。静止的图像可用矩阵来描述，其元素代表空间的一个点，称为像素（Pixel），整幅图像就是由一些排成行列的像素组成的，因此，这种图像也称为位图。位图中的位用来定义图中每个像素的颜色和亮度。黑白线条图常用 1 位表示，灰度图常用 4 位（16 位灰度等级）或 8 位（256 种灰度等级）表示，而彩色图像则有多种描述方法，它需由硬件（显示卡）合成显示。位图适用于表现层次和色彩比较丰富，包含大量细节的图像，具有灵活和富于创造力等特点。

图像的关键技术是图像的扫描、编辑、压缩、快速解压和色彩一致性再现等。进行图像处理时一般要考虑 3 个因素。

（1）分辨率

分辨率有以下 3 种。

1）屏幕分辨率。这是计算机显示器显示图像时的重要特征指标之一，它表明计算机显示器在横向和纵向上具有的显示点数。多媒体计算机的标准分辨率是 800×600 像素，它表明在这种分辨率下，显示器在水平方向上最多显示 800 像素，在垂直方向上最多显示 600 像素。

2）图像分辨率。这是位图的一项重要指标，常用的单位是“dpi”，表示每英寸长度上像素的数量。位图图像是二维的，它有长度也有宽度。图像分辨率可以使位图图像在长和宽两个方向上的量度保持一致。这就是说，一幅 1in×1in 的位图图像，在长和宽的方向上具有相同的分辨率，如果它的分辨率是 100dpi，则说明这幅位图图像为 100×100 像素。使用显示器观看数字图像时，显示器上每一个点对应数字图像上一个像素。假如使用 800×600 像素分辨率的屏幕显示具有 600×600 像素的图像，那么在垂直方向上 600 像素正好被 600 个显示点显示，在水平方向上还剩余 200 个点无图像。

3）像素分辨率。像素分辨率指像素的宽和高之比，一般为 1:1。

(2) 图像深度与显示深度

图像深度（或称图像灰度）是数字图像的另一个重要指标，它表示数字图像中每个像素上用于表示颜色的二进制数的位数。如果一幅数字图像上的每个像素都使用 24 位二进制数表示这个像素的颜色，那么这幅数字图像的深度就是 24 位。在具有 24 位颜色的数字图像上，每个像素能够使用的颜色是 $2^{24}=16777216$ 种，这样的图像称为真彩色图像。简单的图画和卡通可用 16 色，而自然风景图则至少用 256 色。

显示深度是计算机显示器的重要指标，它表示显示器上每个点用于显示颜色的二进制数的位数。一般的多媒体计算机都应该配有能够达到 24 位显示深度的显示适配卡和显示器，具有这种能力的显示适配卡和显示器称为真彩色卡和真彩色显示器。

使用显示器显示数字图像时，应当设显示器的显示深度大于或等于数字图像的深度，这样显示器可以完全反映数字图像中使用的全部颜色。如果显示器的显示深度小于数字图像的深度，就会使数字图像的颜色显示失真。在 Windows 操作系统中，读者可以使用“控制面板”中的“显示”对话框，自行设定显示的深度。

(3) 图像数据的容量

一幅数字图像保存在计算机中要占用一定的存储空间，这个空间的大小就是数字图像文件的数据量大小。图像中的像素越多，图像深度就越大，则数字图像的数据量就越大，当然其效果就越逼真。

一幅未经压缩的数字图像的数据量（单位为 B）可按下式估算：

$$图像数据量大小=图像中的像素总数\times图像深度\div 8$$

例如，一幅具有 800×600 像素的 24 位真彩色图像，它保存在计算机中占用的空间大约为 $800\times600\times24\div8\ \text{B}\approx1.44\ \text{MB}$。

图像文件的大小直接影响图像从硬盘或光盘读入内存的时间，为了减少该时间，应缩小图像尺寸或采用图像压缩技术。在多媒体设计中，一定要考虑图像文件的大小。图形与图像在读者看来是一样的，而对多媒体制作者来说是完全不同的。同一幅图，例如一个圆，若采用图形媒体元素，其数据记录的信息是圆心坐标点 (x, y)、半径 r 及颜色编码；若采用图像媒体元素，那么数据文件需要记录在哪些坐标位置上显示什么颜色的像素。所以图形的数据信息要比图像数据更有效、更精确。

随着计算机技术的飞速发展，图形和图像之间的界限已越来越小。例如，把由文字或线条表示的图形扫描到计算机时，从图像的角度看，它是一种由最简单的二维数组表示的点阵图。再经过计算机自动识别出文字或自动跟踪出线条后，点阵图就可形成矢量图。目前汉字手写体的自动识别、图文混排印刷体的自动识别等技术，也都是图像处理技术借用了图形生成技术的内容。而在地理信息和自然现象的真实感图形表示、计算机动画和三维数据可视化等领域，在构造三维图形时又都采用了图像信息的描述方法。因此，现在人们已不过多地强调点阵图和矢量图之间的区别，而是更注意它们之间的联系。

4. 视频（Video）

连续播放若干有联系的图像数据便形成了视频。计算机视频是数字的，视频图像可来自录像带、摄像机等视频信号源的影像，这些视频图像使多媒体应用系统功能更强、更精彩。由于上述视频信号的输出大多是标准的彩色全电视信号，因此要将其输入到计算机中，不仅要进行视频信号的捕捉，实现由模拟信号向数字信号的转换，还要有压缩和快速解压缩及播放的相应硬软件处理设备的配合。在处理过程中还要受到电视技术的各种影响。

模拟视频（如电影）和数字视频都是由一系列静止画面组成的，这些静止的画面称为帧。一般来说，帧速低于 15 帧/s，连续运动视频就会有停顿的感觉。我国采用的电视标准是 PAL 制，它规定视频帧速为 25 帧/s（隔行扫描方式），每帧扫描 625 行。当计算机对视频进行数字化时，就必须在规定的时间内（如 1/25s 内）完成量化、压缩和存储等多项工作。视频文件的存储格式有 AVI、MPG、MOV 等。

在视频中有以下几个技术参数。

（1）帧速

帧速指每秒钟顺序播放图像的帧数。根据电视制式的不同有 30 帧/s、25 帧/s 等。

（2）数据量

如果不经过压缩，数据量的大小是帧速乘以每幅图像的数据量。假设一幅图像为 1 MB，帧速为 25 帧/s，则每秒所需数据量将达到 25 MB。但经过压缩后数据量可减小为未压缩时的几十分之一。尽管如此，数据量仍太大，使得计算机的显示速度跟不上播放速度。这时可采取降低帧速、缩小画面尺寸等方法降低数据量。

（3）图像质量

图像质量除了与原始数据质量有关外，还与压缩视频数据的倍数有关。一般来说，压缩比较小时对图像质量不会有太大影响，但超过一定倍数后，图像质量会明显下降。所以数据量与图像质量是一对矛盾，需要折中考虑。

5. 音频（Audio）

声音是携带信息极其重要的媒体。声音的种类繁多，如人的语音、乐器声、动物发出的声音、机器产生的声音以及自然界的雷声、风声、雨声、闪电声等。这些声音有许多共性，也有各自的特性，在用计算机处理这些声音时，一般将它们分为波形声音、语音和音乐三类。波形声音实际上已经包含了所有的声音形式，它可以把任何声音都进行采样量化后保存，并恰当地恢复出来，相应的文件格式是 WAV 文件或 VOC 文件。人的说话声音虽是一种特殊的媒体，但也是一种波形，所以和波形声音的文件相同。音乐是符号化了的声音，乐谱可转化为符号媒体形式，对应的文件格式是 MID 和 CMF 文件。

声音通常用一种模拟的连续波形表示。波形描述了空气的振动，波形最高点（或最低点）与基线间的距离为振幅，表示声音的强度。波形中两个连续波峰间的距离称为周期。波形频率由 1 s 内出现的周期数决定，若每秒 1000 个周期，则频率为 1 kHz。通过采样可将声音的模拟信号数字化，即在捕捉声音时以固定的时间间隔对波形进行离散采样。这个过程将产生波形的振幅值，以后这些值可重新生成原始波形。

影响数字声音波形质量的主要因素有以下三种。

（1）采样频率

采样频率指波形被等分的份数，份数越多（既采样频率越高），质量越好。

（2）采样精度

采样精度即每次采样的信息量。采样通过模/数转换器（A/D）将每个波形垂直等分，若用 8 位 A/D 等分，可把采样信号分为 256 等分；而用 16 位 A/D 则可将其分为 65536 等分。显然后者比前者音质好。

（3）通道数

声音通道的个数表明声音产生的波形数，一般分为单声道和立体声道。单声道产生一个波形，立体声道则产生两个波形。采用立体声道声音丰富，但存储空间要占用很多。由于声音的保真与节约存储空间是有矛盾的，因此要选择平衡点。

采样后的声音以文件方式存储后，就可以进行处理了。对声音的处理，主要包括编辑声音和不同存储格式的转换。计算机音频技术主要包括声音的采集、无失真数字化、压缩/解压缩以及声音的播放。但多媒体应用设计者一般只需掌握声音文件的采集与制作即可。

6. 动画（Animation）

动画是活动的图画，实质是一幅幅静态图像的连续播放。“连续播放”既指时间上的连续，也指图像内容上的连续，即播放的相邻两幅图像之间内容相互关联。计算机动画是借助计算机生成一系列连续图像的技术，动画的压缩和快速播放是其要解决的重要问题。计算机设计动画的方法有两种：一种是造型动画，另一种是帧动画。前者对每一个运动的主体（称为角色）分别进行设计，赋予每个动画元素一些特征，如大小、形状、颜色等，然后用这些动画元素构成完整的帧画面。造型动画每帧由图形、声音、文字、调色板等造型元素组成，而角色的表演和行为是由脚本控制的。帧动画则是由一幅幅位图组成的连续画面，就像电影胶片或视频画面一样，要分别设计每屏要显示的画面。

计算机制作动画时，只要做好主动作画面，其余的中间画面可由计算机内插来完成。不运动的部分直接复制过去，与主动作画面保持一致。当这些画面仅是二维的透视效果时，就是二维动画。如果通过 CAD 形式创造出空间形象的画面，就是三维动画。如果使其具有真实的光照效果和质感，就成为三维真实感动画。

在各种媒体的创作系统中，对动画创作的软硬件环境的要求都是较高的，它不仅需要高速的 CPU，较大的内存，而且制作动画的软件工具也较复杂、庞大。高级的动画软件除具有一般绘画软件的基本功能外，还提供了丰富的画笔处理功能和多种实用的绘画方式，如平滑、滤边、打高光等，调色板支持丰富的色彩，美工人员所需要的特性应有尽有。

上述各种媒体元素在屏幕上显示时可以以多种组合形式同时表现出来，例如，图形、文字、图像均可以全画面、部分画面、重叠画面及明暗交错、淡化、拉幕等特殊形式呈现。而媒体元素显示时可为静态，也可为动态，即除动画、影像外，文字、图像、声音等数据也可以动态方式呈现，如上下、左右跳动，相互靠拢，前景背景互相交错，与音响配合等等。各种媒体元素既可以自己制作，也可从现成的数据库中获取。

1.2 多媒体数据压缩技术

多媒体计算机技术是面向三维图形、立体声和彩色全屏幕运动画面的处理技术。多媒体计算机面临的是数字、文字、语音、音乐图形、动画、静态图像、视频图像等多种媒体承载的由模拟量转换为数字量的吞吐、存储和传输的问题。数字化后的视频和音频信号的数据量是非常大的。例如，一幅分辨率为640×480像素的真彩色图像（24 bit/像素），它的数据量约为7.37 MB。若要达到25帧/s的全动态显示要求，每秒所需的数据量为184 MB，而且要求系统的数据传输率必须达到184 MB/s。对于数字化的声音信号，若样本采样精度为16 bit，采样频率为44.1 kHz，则双声道立体声声音每秒将有176 KB的数据量。从以上例子可以看出，数字化信息的数据量是非常大的，对数据的存储、信息的传输以及计算机的运行速度都增加了极大的压力。这也是多媒体技术发展中首先要解决的问题，不能单纯用扩大存储容量、增加通信干线的传输速率的办法来解决。数据压缩技术是一个行之有效的方法。通过数据压缩手段把信息数据量降下来，以压缩形式存储和传输，既节约了存储空间，又提高了通信干线的传输速率。

1.2.1 图像数据的冗余类型

下面以图像为例，简要说明多媒体数据的冗余类型。研究发现，图像数据表示中存在着大量的冗余。通过去除那些冗余数据可以极大地减少原始图像数据量，图像数据压缩技术就是研究如何利用图像数据的冗余性来减少图像数据量的方法。因此，数据压缩的起点是分析其冗余性。常见的图像数据的冗余类型有如下几种。

1. 空间冗余

一幅图像记录了画面上可见景物的颜色。由于同一景物表面上各采样点的颜色之间往往存在着空间连贯性，基于离散像素采样来表示物体表面颜色的像素存储方式可以利用这种空间连贯性，达到减少数据量的目的。例如，在静态图像中有一块表面颜色均匀的区域，在此区域中所有点的光强和色彩以及饱和度都是相同的，因此数据有很大的空间冗余。

2. 时间冗余

运动图像一般为位于某一时间轴区间的一组连续画面，其中相邻帧往往包含着相同的背景和移动物体，只不过移动物体所在的空间位置略有不同，所以后一帧的数据与前一帧的数据有许多共同的地方，这种共同性是由于相邻帧记录了相邻时刻的同一场景画面，所以称为时间冗余。同理，语音数据中也存在着时间冗余。

3. 视觉冗余

事实表明，人类的视觉系统对图像场的敏感度是非均匀的，但是在记录原始的图像数据时，通常假定视觉系统近似为线性的和均匀的，对视觉敏感和不敏感的部分同等对待，从而产生比理想编码（即把视觉敏感和不敏感的部分区分开来的编码）更多的数据，这就是视觉冗余。

此外，还有结构冗余、知识冗余、信息冗余等。随着对人类视觉系统和图像模型的进一步研究，人们可能会发现更多的冗余性，使图像数据压缩编码的可能性越来越大，从而推动图像压缩技术的进一步发展。

1.2.2 数据压缩方法

数据压缩是多媒体技术中的一项关键技术。一方面，多媒体数据的容量很大，如果不进行处理，计算机系统几乎无法对它进行存储和交换。而另一方面，图像、声音这些媒体又确实具有很大的压缩潜力。以常见的位图图像存储格式为例，在这种形式的图像数据中，像素与像素之间无论在行方向还是在列方向都具有很大的相关性，因而整体上数据的冗余度很大，在允许一定限度失真的前提下，能够对图像数据进行很大程度的压缩。这里所说的失真一般都是在人眼允许的误差范围内，压缩前后的图像如果不做细致的对比是很难察觉出两者之间的差别的。压缩处理一般由两个过程组成：一是编码过程，即将原始数据进行压缩，以便存储与传输；二是解码过程，此过程对编码数据进行解码，还原为可以使用的数据。

衡量一种数据压缩技术的好坏有三个重要的指标：一是压缩比要大，即压缩前后所需的信息存储量之比要大；二是实现压缩的算法要简单，压缩、解压缩速度要快，尽可能地做到实时压缩/解压缩；三是恢复效果要好，要尽可能地恢复原始数据。

数据压缩可分为两种类型，一种叫做无损压缩，另一种叫做有损压缩。前者解压缩后的数据与原始数据完全一致（无失真），一个很常见的例子是磁盘文件的压缩，一般可把普通文件的数据压缩到原来的1/2～1/4；后者解压缩后的数据与原始数据有所不同，但不会对原始资料表达的信息造成误解，例如，图像和声音的压缩就可以采用有损压缩，因为其中包含的数据往往多于我们的视觉系统和听觉系统所能接收的信息，丢掉一些数据不至于对声音或图像所表达的意思产生误解，但可大大提高压缩比。

1. 无损压缩

无损压缩常用在原始数据的存档，如文本数据、程序以及珍贵的图片和图像等。其原理是统计压缩数据中的冗余（重复的数据）部分。常用的有 RLE 行程编码、Huffman 编码、算术编码和 LZW 编码等。

（1）RLE 编码

RLE 编码是将数据流中连续出现的字符用单一记号表示。

例如，字符串 AAAABBCDDDDDDDDBBBBB 可以压缩为 4A2BC8D5B。

RLE 编码对背景变化不大的图像文件有较好的压缩比，该方法简单直观，编码解码速度快，因此许多图形和视频文件，如 BMP、TIFF 及 AVI 等格式文件的压缩均采用此方法。

（2）Huffman 编码

它是一种统计独立信源能达到最小平均码长的编码方法。其原理是，先统计数据中各字符出现的概率，再按字符出现频率高低的顺序分别赋予由短到长的代码，从而保证了文件整体的大部分字符是由较短的编码构成的。

（3）算术编码

算术编码是将被编码的信源消息表示成实数轴 0～1 之间的一个间隔，消息越长，编码表示它的间隔就越小，表示这一间隔所需的二进制位数就越多。信源中的连续符号根据某一模式生成概率的大小来缩小间隔，可能出现的符号要比不太可能出现的符号缩小范围少，只增加了较少的二进制位数。该方法实现较为复杂，常与其他有损压缩方法结合使用，并在图像数据压缩标准（如 JPEG 标准）中扮演重要角色。

（4）LZW 编码

LZW 编码使用字典库查找方案。它读入待压缩的数据，并与一个字典库（库开始是空的）中的字符串对比，如果有匹配的字符串，则输出该字符串在字典库中的位置索引，否则将该字符串插入字典中。

LZW 编码兼有效率高和实现简单的优点，许多商品压缩软件如 ARI、PKZIR、ZOO、LHA 等都采用了该方法。另外，GIF 和 TIF 格式的图形文件也是按这一方法存储的。

2. 有损压缩

图像或声音的频带宽、信息丰富，人类视觉和听觉器官对频带中某些频率成分不大敏感，有损压缩以牺牲这部分信息为代价，换取较高的压缩比。实验证明，一般情况下损失的部分信息对原图像或声音的理解基本上没有影响。因此，该方法广泛应用于数字声音、图像以及视频数据的压缩。

常用的有损压缩方法有：PCM（脉冲编码调制）、预测编码、变换编码、插值与外推等。新一代的数据压缩方法，如矢量量化和子带编码，基于模型的压缩、分形压缩及小波变换等已经接近实用水平。活动图像的最新压缩标准 MPEG 4 就采用基于分形的压缩方法。

3. 混合压缩

混合压缩是利用了各种单一压缩的长处，以求在压缩比、压缩效率及保真度之间取得最佳折中。该方法在许多情况下被应用，如下面要介绍的 JPEG 和 MPEG 标准就采用了混合编码的压缩方法。

1.2.3 编码的国际标准

1. 音频编码

音频的编码方式可分为波形编码、参数编码和混合编码 3 种。

（1）波形编码

对于音频信号，通常采用波形编码方法。波形编码的算法简单，易于实现，可获得高质量的语音。常见的 3 种波形编码方法为：

脉冲编码调制（PCM），实际为直接对声音信号作 A/D 转换。只要采样频率足够高，量化位数足够多，就能使解码后恢复的声音信号有很高的质量。

差分脉冲编码调制（DPCM），即只传输声音预测值和样本值的差值，以此降低音频数据的编码率。

自适应差分编码调制（ADPCM），是 DPCM 方法的进一步改进，通过调整量化步长，对不同频段设置不同的量化字长，使数据得到进一步压缩。

（2）参数编码

参数编码方法通过建立声音信号产生的模型，将声音信号用模型参数来表示，再对参数进行编码，在声音播放时根据参数重建声音信号。参数编码法算法复杂，计算量大，压缩率高，但还原声音的质量不高。

（3）混合编码

混合编码是把波形编码的高质量和参数编码的低数据率结合在一起，具有较好效果。

2. 静止图像压缩标准（JPEG 标准）

静止图像压缩具有广泛的应用。新闻图片、生活图片、文献资料等都是静止图像，静止图像也是运动图像的重要组成部分。因此，极需要一种标准的图像压缩算法，使不同厂家的系统设备可以相互操作，以使得上述的应用得到更大的发展，而且各个应用之间的图像交换更加容易。国际标准化组织（ISO）和国际电报电话咨询委员会（CCITT）联合成立的“联合照片专家组”（Joint Photographic Experts Group，JPEG）于 1991 年提出了“多灰度静止图像的数字压缩编码”（简称 JPEG 标准），这是一个适应于彩色和单色多灰度或连续色调静止数字图像的压缩标准，可支持很高的图像分辨率和量化精度。它包含两部分：第一部分是无损压缩，基于差分脉冲编码调制（DPCM）的预测编码，不失真、但压缩比很小；第二部分是有损压缩，基于离散余弦变换（DCT）和 Huffman 编码，有失真、但压缩比大。通常压缩 20 ~ 40 倍时，人眼基本上看不出失真。

3. 运动图像压缩标准（MPEG 标准）

视频图像压缩的一个重要标准是 MPEG（Moving Picture Experts Group）于 1990 年形成的一个标准草案（简称 MPEG 标准），它兼顾了 JPEG 标准和 CCITT 专家组的 H. 261 标准，其中于 1992 年通过的 MPEG 1 标准是针对传输速率为 1 ~ 1. 5 MB/s 的普通电视机质量的视频信号的压缩；MPEG 2 的目标则是对每秒 25 帧的 720 × 576 像素分辨率的视频信号进行压缩；在扩展模式下，MPEG 2 可以对分辨率达 1440 × 1152 像素高清晰电视（HDTV）的信号进行压缩。MPEG 标准分成 MPEG 视频、MPEG 音频和 MPEG 系统三大部分。MPEG 视频是面向位速率为 1. 5 MB/s 的视频信号的压缩；MPEG 音频是面向通道速率为 64 KB/s、128 KB/s 和 192 KB/s 的数字音频信号的压缩；MPEG 系统则要解决音频、视频多样压缩数据流的复合和同步问题。

MPEG 算法除了对单幅图像进行编码外（帧内编码），还利用图像序列的相关特性去除帧间图像的冗余，因此大大提高了视频图像的压缩比。在保持较高的图像视觉效果的前提下，压缩比可达到 60 ~ 100 倍。MPEG 压缩算法复杂、计算量大，其实现一般要有专门的硬件或软件支持。

1.3 习题

一、选择题

1. 多媒体计算机中的媒体信息是指（　　）。

A. 数字、文字　　B. 语音、图形　　C. 动画和视频　　D. 音乐、音响效果

2. 多媒体技术的主要特性有（　　）。

A. 多样性　　B. 集成性　　C. 交互性　　D. 实时性

3. 请根据多媒体的特性判断以下哪些属于多媒体的范畴（　　）。

A. 交互式视频游戏　　B. 有声图书

C. 彩色画报　　D. 立体声音乐

4. 要把一台普通的计算机变成多媒体计算机，要解决的关键技术是（　　）。

A. 视频音频信号的获取

B. 多媒体数据的压缩编码和解码技术

C. 视频音频数据的实时处理和特技

D. 视频音频数据的输出技术

5. 下列说法中错误的是（　　）。

A. 图像都是由一些排成行列的像素组成的，通常称为位图

B. 图形是用计算机绘制的画面，也称为矢量图

C. 图像的最大优点是容易进行移动、缩放、旋转和扭曲等变换

D. 图形文件中只记录生成图的算法和图上的某些特征点，数据量较小

6. 下列哪些是图像和视频编码的国际标准？（　　）

A. JPEG　　B. MPEG　　C. ADPCM　　D. H. 261

7. 下列哪些说法是正确的？（　　）

A. 冗余压缩法不会减少信息量，可以原样恢复原始数据

B. 冗余压缩法减少了冗余，不能原样恢复原始数据

C. 冗余压缩法是有损压缩法

D. 冗余压缩的压缩比一般都比较小

8. 多媒体技术未来的发展方向是（　　）。

A. 高分辨化，提高显示质量

B. 高速度化，缩短处理时间

C. 简单化，便于操作

D. 智能化，提高信息识别能力

二、简答题

通过查找资料说明，当前多媒体技术最重要的应用领域有哪些？

第2章　数字音频处理

本章要点

- 数字音频的基本概念
- 音频数字化的过程
- 声卡结构、功能及种类
- 声音的录制、编辑、处理及转换

声音是携带信息的重要媒体，是多媒体技术和多媒体开发的一个重要内容。计算机只能处理数字信号，自然界中各种声音信号只有经数字化后才能输入计算机进行处理。本章从声音信号的本质入手，介绍声音数字化的一般原理和数字音频的常见处理技术。

2.1　数字音频基础

2.1.1　模拟音频与数字音频

信号是一种随时间而变化的物理量，具有特定表现形式的物理特性。自然界的声音信号究其本质是一种机械振动，是一种在空气中随时间而变化的压力信号。对信号进行处理前一般需将其进行变换，对声音信号而言主要有传声器和扬声器两种变换器。传声器将声音的压力变化信号转换成电压信号，扬声器将电压信号转换成声音的压力变化信号。

传统电子技术采用模拟音频电子技术处理声音信号，它以模拟电压的幅度表示声音的强弱。模拟音频的录制是将代表声音波形的电信号转换到适当的媒体（如磁带），播放时将记录在媒体上的信号还原为声音波形。那什么是数字音频呢?

在计算机中，所有信息均以数字量表示。声音信号也用一系列的数字表示，我们把它称为数字音频。

模拟音频和数字音频是目前最常见的两种声音信号。模拟音频在时间上是连续的，而数字音频是一个数字序列，在时间上只能是断续的。将模拟音频转换为数字音频需经采样、量化两个步骤。把模拟音频转换为数字音频时，每隔一个固定的时间间隔就需要在模拟声音波形上取一个幅值，这个过程称为采样，固定的时间间隔称为周期；某一电平范围的电压有无穷个，用有限个数字表示该范围的模拟声音电压信号称为量化。

2.1.2　语音信号

自然界的声音种类繁多，在这众多的声音中，最重要的一种声音便是人的语音。对人的发声原理，许多科学工作者做了很多深入的研究，一般认为，人的声音是由声道产生的。当人说话时，在声道里会产生两种类型的声音。第一种声音为浊音，它是由声带振动产生的准周期脉冲引起的，每一次振动都会使一股空气从肺部流进声道；第二种声音为清音，它是由于空气通过声道时，受声道某些部分的压缩而引起的。清音的波形具有更大的随机性，它决定着声音的音色。清音与浊音叠加的幅度决定着声音的强度，即音强。

人的听觉感知机理主要有以下特征：

- 人的听觉具有掩蔽效应，即强音掩蔽弱音，包括同时掩蔽和异时掩蔽两种类型。同时掩蔽是指强音和弱音同时存在时，强音将使弱音难以听见；异时掩蔽是指强音和弱音在不同时间先后发生时，强音将使弱音难以听见。
- 人耳对不同频段的声音的敏感程度不同。相对高频声音而言，人通常对低频的声音更敏感。
- 人耳对语音信号的相位变化不敏感。

2.1.3 声音质量的度量

声音质量的度量是一个很困难的问题。目前来看，声音质量的度量有两种方法，一种是客观质量的度量，另一种是主观质量的度量。评价语音质量，有时同时采用两种方法评估，有时以主观质量为主。

声音客观质量的度量主要用信噪比这个指标来衡量。实际上，这是一种纯理论的度量方法。任何声音最终都要供人耳接收，因此，感觉上的、主观上的测试应该成为评价声音不可缺少的部分，甚至声音的主观度量比客观度量更具有意义。当然，声音的主观度量也是难以精确进行的，只是一个相对值。

主观度量声音的方法，类似电视节目中的歌手比赛，由评委对每位歌手所唱的歌曲进行评比。评委由专家组成，也可以由听众参加。先由评委对每首歌曲进行评分，然后再求平均分。对语音设备发出的声音也可以用同样的方法进行评分。召集一些实验者，这些实验者可以是专家，也可以是用户，组成一个测评小组，请每个实验者对具有代表性的声音进行评分，然后再求平均分。这种方法称为平均评分法。

2.2 数字音频在计算机中的实现

声音是多媒体中的重要数据之一，而计算机中所有信息均以数字表示。因此，要使计算机具有处理声音的能力，需经历音频数字化、音频编码、解码等一系列过程。从产品的角度来看，这一系列过程均是由声卡完成。

2.2.1 音频数字化原理

计算机内的音频必须是数字形式的，或者说音频必须数字化。什么是音频数字化？把模拟音频信号转换成有限个数字表示的离散序列，即音频数字化。音频数字化需经历采样、量化、编码三个过程。

1. 采样

音频信号实际上是连续信号，或称为连续时间函数 $x(t)$。用计算机处理这些信号前必须先对连续信号进行采样，即按一定的时间间隔 T 取值，得到 $x(nT)$（n 为整数）。T 称为采样周期，$1/T$ 称为采样频率，$x(nT)$ 即为离散信号。

采样过程实际上是一个抽样过程。离散信号 $x(nT)$ 是从连续信号 $x(t)$ 中取出的一部分，

那么用 $x(nT)$ 能够唯一地恢复出 $x(t)$ 吗？一般是不行的。但在一定条件下是可以的，即采样要满足采样定理。

采样定理告诉我们，若连续信号 $x(t)$ 的频谱为 $x(f)$，按采样时间间隔 T 采样取值得到 $x(nT)$，如果满足 $f \geq 2f_c$，则可以由离散信号 $x(nT)$ 唯一地恢复出 $x(t)$。其中，f_c 是信号 $x(t)$ 的固有频率。

在计算机中，常用的音频采样频率有：8 kHz、11.025 kHz、22.05 kHz、16 kHz、24 kHz、32 kHz、44.1 kHz 和 48kHz。其中 11.025 kHz、22.05 kHz 和 44.1 kHz 分别是三种标准音频信号 AM、FM 和 CD 音频的采样频率。

2. 量化

由于计算机中只能用 0 和 1 两个数值表示数据，连续信号 $x(t)$ 经采样变成离散信号 $x(nT)$ 时仍需用有限个 0 和 1 的序列来表示 $x(nT)$ 的幅度。用有限个 0 和 1 表示某一电平范围的模拟电压信号的过程称为量化。

量化过程是一个 A/D 转换的过程。在量化过程中，一个重要的参数便是量化位数，它不仅决定着声音数据数字化后的失真度，更决定着声音数据量的大小。

声卡的位数实际上便是指量化过程中每个样值的二进制位数，主要有 16 位、32 位几个等级。一般而言，16 位声卡从量化的角度可获得满意的效果。

3. 编码并格式化

模拟音频信号经采样、量化后已经变成数字音频信号，可供计算机处理。但实际上，任何数据必须以一定格式存放在计算机的内存或硬盘中才能被计算机处理。因此，经采样、量化后数字音频数据还需经编码并格式化后才能存储、处理。

由于媒体的种类不同，它们所具有的格式也不同，只有对这种格式有了正确的定义，计算机才能对其进行正确处理，才能区别哪些数据是数值数据、哪些数据是数字音频数据。在实际使用中，主要有 Microsoft 公司为 Windows 操作系统定义的数字音频格式 WAV 文件格式、MIDI 规范定义的 MIDI 标准等。总之，模拟音频信号经数字化后总是以某种格式存放在计算机中。由于音频数据的数据量极大（MIDI 音频例外），因此，在格式化前总是先对其进行编码。

2.2.2 数字音频的输出

音频信号经数字化后以文件形式存放于计算机中，当需要声音时计算机将其反格式化并输出。在计算机中，数字音频可分为波形音频、语音和音乐。音乐是符号化的声音，它有两种表现形式：乐谱和波形音频。乐谱可转变为媒体符号形式，对应的文件格式是 MIDI 或 CMF 文件格式；波形音频实际上已经包含了所有的声音形式，它可以把任何声音都进行采样量化，并恰当地恢复出来，对应的文件格式是 WAV 文件格式。虽然人的声音是一种特殊的媒体，但它实际上是波形音频的一种，只是因为语音地位重要且具有其独特的处理算法才单独列出。那么，什么是波形音频呢？

对声音进行直接数字化处理所得到的结果称为波形音频，是对外界连续声音波形进行采样并量化的结果。

1. 计算机产生声音的方法

在计算机中，产生声音有两种方法，一是录音/重放，二是声音合成。若采用第一种方法，首先要把模拟语音信号转换成数字序列，编码后，暂存于存储设备中（录音），需要时，再经解码，重建声音信号（重放）。用这种方法处理产生的声音称为波形音频，可获得高音质的声音，并能保留特定人或乐器的特色。美中不足是所需的存储空间较大。

第二种方法是一种基于声音合成的声音产生技术，包括语音合成、音乐合成两大类。语音合成也称为文—语转换，它能把计算机中的文字转换成连续自然的语音流。若采用这种方法进行语音输出，应先建立语音参数数据库、发音规则库，需要输出语音时，系统按需求先合成语音单元，再按语音学规则或语言学规则，连接成自然的语流。一般而言，语音参数数据库不随发音时间的增长而加大，但发音规则库却随语音质量的要求而加大。音乐合成的方法与语音合成的方法类似。

显然，第二种方法是解决计算机声音输出的最佳方案，但第二种方法涉及多个科技领域，走向实用有很多难点。目前普遍应用的是音乐合成，但音乐合成技术难以处理语音。文—语转换是目前研究的热门，目前世界上已经研制出汉、英、日、法、德等语种的文—语转换系统，并在许多领域得到广泛应用。

2. 计算机中声音文件的格式

目前，计算机中有以下几种常见的声音文件格式。

（1）WAV 文件

Windows 采用的标准数字音频称为波形文件，该类文件的扩展名是“wav”，它记录了对实际声音进行采样的数据。它可以重现各种声音，包括不规则的噪声、CD 音质的音乐等，但产生的文件很大，不适合长时间记录，必须采用硬件或软件方法进行声音数据的压缩处理。采用的软件压缩方法主要有 ACM 和 PCM 等。

为了减少数据量，要针对不同类型的声音选择合适的采样率和量化级。如人的讲话声使用 8 位量化级、11.025 kHz 采样频率就能较好的还原。CD 音质需要 16 位量化级、44.1 kHz的采样频率。由于波形文件记录的是数字化音频信号，因此可由计算机对其进行处理和分析。

（2）MIDI 文件

MIDI 文件的扩展名为“mid”。它与波形文件不同，没有记录声音本身，而是将每个音符记录为一个数字，因此比较节省空间，可以满足长时间音乐的需要。

MIDI 标准规定了各种音调的混合及发音，通过输出装置就可以将这些数字重新合成音乐，它的主要限制是缺乏重现真实自然的能力。此外，MIDI 只能记录标准所规定的有限乐器的合成，回放质量受声音卡上合成芯片的严重限制。采用波表法进行音乐合成的声音卡可以使 MIDI 音乐的质量大大提高。

（3）CD-DA 光盘

CD-DA（Compact Disk-Digital Audio）即数字音频光盘，是光盘的一种存储格式，专门用来记录和存储音乐。CD 光盘也是利用数字技术（采样技术）制作的，只是 CD 唱盘上不存在数字声波文件的概念，而是利用激光将 0、1 数字位转换成微小的信息凹凸坑制作在光盘上，通过 CD-ROM 驱动器中的特殊芯片读出其内容，再经过 D/A 转换，把它变成模拟信号输出播放。

（4）MP3 文件

MP3 是 Internet 上最流行的音乐格式，最早起源于 1987 年德国一家公司的 EU147 数字传输计划，它利用 MPEG Audio Layer3 技术，将声音文件用 1:12 左右的压缩率压缩，使其容量减小，更便于传输和储存，更利于互联网用户在网上试听或下载。

以前，由于音乐文件占用的空间非常大，所以根本不可能在计算机中存储太多音乐文件。现在，用户能够将光盘文件转换为 MP3 文件，然后将其存储在计算机里。例如，一首以光盘文件格式存储的普通歌曲大约占 40 MB，而用 MP3 格式压缩同一首歌曲却只占大约 3 MB。

(5) WMA 文件

WMA 的全称是 Windows Media Audio，它是微软公司推出的与 MP3 格式齐名的一种新的音频格式。

由于 WMA 在压缩比和音质方面都超过了 MP3，即使在较低的采样频率下也能产生较好的音质，再加上 WMA 有微软的 Windows Media Player 作其强大的后盾，所以一经推出就赢得一片喝彩。现在网上的许多音乐纷纷转向 WMA，许多播放器软件也纷纷开发出支持 WMA 格式的插件。估计用不了多长时间，WMA 就会成为网络音频的主要格式。

综上所述，在计算机中实现数字音频需经历音频数字化、数字音频在计算机中输出两个过程。在这个实现过程中，声卡是完成此过程的关键。

2.3 声卡

处理音频信号的计算机插卡是音频卡（Audio Card），又称声音卡，简称声卡。声卡处理的音频媒体有数字化声音（WAV）、合成音乐（MIDI）、CD 音频，因而声卡一般由 Wave 合成器、MIDI 合成器、混音器、MIDI 电路接口、CD-ROM 接口、DSP 数字信号处理器等组成。第一块声卡是在 1987 年由 Adlib 公司设计制造的，当时主要用于电子游戏。作为一种技术标准，它几乎为所有电子游戏软件采用。随后，新加坡 Creative 公司推出了音频卡系列产品，广泛为世界各地计算机产品选用，并逐渐形成一种新的标准，如图 2-1 所示。声卡是多媒体计算机的关键设备之一，有力地推动着多媒体计算机技术的发展。

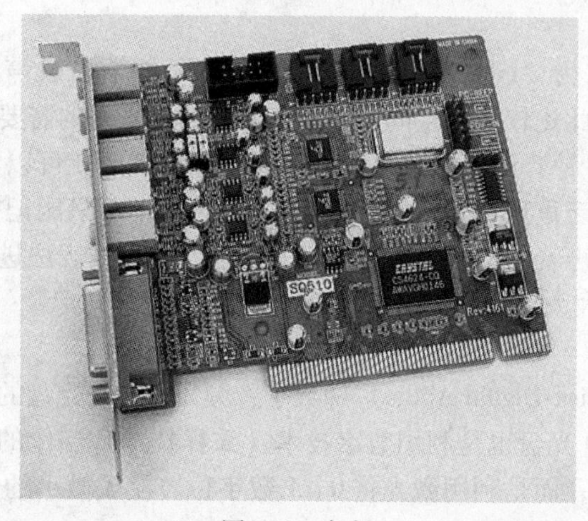

图 2-1 声卡

2.3.1 声卡的功能

声卡的主要功能为：音频的录制与播放、编辑与合成、MIDI 接口、文—语转换、CD-ROM 接口及游戏接口等，如图2-2所示。

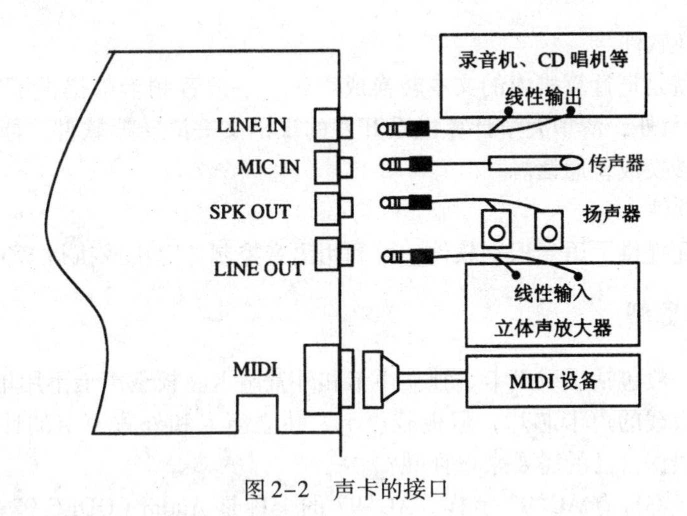

图 2-2　声卡的接口

1. 音频的录制与播放

波形音频是计算机中最基本的声音媒体，音频的录制与播放是在计算机中实现波形音频的基本途径。人们可以将外部的声音信号，通过声卡录入计算机，并以文件的形式进行保存，在需要播放时，只需调用相应的声音文件即可。在 Windows XP 环境下，音频卡一般以 WAV 格式文件录制波形音频。

声卡的音频录制实际上便是前面所述的音频数字化过程。音频录放的主要指标与功能如下：

- 数字化音频采样频率范围：8 ~48 kHz。
- 量化位：16 位/32 位/64 位。
- 通道数：单声道/立体声/环绕立体声。
- 编码与压缩。基本编码方法为脉冲编码调制（PCM）。
- 音频录放中可自动滤波。
- 录音声源：传声器、立体声线路输入、CD。
- 输出功率放大器，直接驱动扬声器，且输出音量可调。

2. 音频文件的编辑与合成

一般地说，在声音录制完成以后，总有美中不足或不尽人意的地方。声卡生产厂商作为数字音频处理的专业厂商，一般对其支持的声音文件格式提供编辑与合成，可以对声音文件进行多种特殊效果的处理，包括倒播、增加回音、剪裁、静噪、淡入和淡出、往返放音、交换声道以及声音由左向右移位或由右向左移位等。这些对音乐爱好者是非常有用的。

3. MIDI 接口和音乐合成

MIDI 是指乐器数字接口，是数字音乐的国际标准。MIDI 接口所定义的 MIDI 文件实际上是一种记录音乐符号的数字音频，是声卡支持的三种声音之一。很显然，MIDI 给出了另一种得到音乐声音的方法，但计算机产生 MIDI 音乐需先解释 MIDI 消息即音乐符号，然后根据所对应的音乐符号进行音乐合成。

声卡提供了对 MIDI 设备的接口及对 MIDI 音频文件的计算机声音输出。音乐合成功能和性能依赖于合成芯片。对不同的声卡，MIDI 音乐合成方法有两种：FM 音乐合成和波形表。

4. 文—语转换和语音识别

有些音频卡在出售时还捆绑了文—语转换和语音识别软件。

• 文—语转换软件

文—语转换就是把计算机内的文本转换成声音。一般音频卡都提供了文—语转换软件，如SoundBlaster。另外，清华大学计算机系开发的汉语文—语转换软件，能将计算机内的文本文件或字符串转换成普通话。

• 语音识别软件

有些音频卡还提供了语音识别软件，可利用语音控制计算机或执行Windows的命令。

2.3.2 声卡的类型

现在的声卡一般包括板载声卡、独立声卡和外置声卡。板载声卡不用单独购买，型号和功能主要取决于板载的声卡芯片，但板载声卡、独立声卡和外置声卡的性能会有一定的差距。那应该如何根据自己的需要来选择呢？

板载声卡一般都标有AC'97字样。AC'97的全称是Audio CODEC 97，这是一个由Intel、Yamaha等多家大厂商联合研发并制定的一个音频电路系统标准，并非实实在在的声卡种类。目前AC'97最新的版本为2.3。现在市场上大部分声卡的CODEC，都是符合AC'97标准的；厂商也习惯用符合AC'97的标准来衡量声卡。因此很多的主板产品，不管采用何种声卡芯片或声卡类型，都称为AC'97声卡。

板载声卡有两个缺点。其一，占用过多的CPU资源，这也是板载声卡的主要缺点之一。为了节省成本，板载声卡大多数集成的是软声卡，在处理音频数据时需要占用部分CPU资源。随着CPU频率的增高，这方面的影响已不太明显了。但对于要求性能的用户来说，这一点点性能也是不会舍得浪费的。其二，“音质”问题也是板载声卡的一大弊病，比较突出的就是信噪比较低。其实，这个问题并不是因为板载声卡对音频处理的缺陷造成的，而是因为主板制造厂商设计板载声卡时的布线不合理，以及用料做工等方面过于节约成本造成的。相应的，音质也是独立声卡的优点，但独立声卡的缺点就是性价比低，并占用一个PCI插槽。

如果对音质要求不太高，而且在CPU主频较高的情况下，板载集成的声卡完全能满足需求了，没有太大必要购买独立声卡。而且现在生产的主板已经支持7.1声道，音质相当不错，甚至超过了一般的普通独立声卡。但如果你是一位对“音质”要求较高的人，且不在乎性价比的话，高端独立声卡将是必须的选择，它有更好的性能及兼容性，支持即插即用，安装使用都很方便。目前SB Audigy 2系列性能非常出众。而对于很多3D游戏玩家来说，适合使用多声道中档次独立声卡，如创新PCI Express X-Fi Xtreme Audio、德国坦克剧场版、承启AV710等。

外置式声卡是创新公司独家推出的一个新兴事物，它通过USB接口与计算机连接，具有使用方便、便于移动等优势。但这类产品主要应用于特殊环境，如连接笔记本、实现更好的音质等。目前市场上的外置声卡并不多，常见的有创新的Digital Music等。

2.4 音频的采集与制作

2.4.1 利用“录音机”录制声音

许多场合都需要对多媒体对象进行语音解说，这一类素材一般只能由用户自己创建。最简便的方法是利用 Windows XP 自带的“录音机”创建与编辑。

用“录音机”采集声音，一般需经过三个步骤。

1. 用“混音器”选择录音通道及音量大小

1）将传声器与声卡的 MIC IN 连接或将线性输入设备如录音机、CD 唱机等输出端与声卡的 LINE IN 接口正确连接。然后双击计算机任务栏的小喇叭图标，打开“音量控制”对话框，如图 2-3 所示。

2）执行菜单命令“选项”→“属性”，打开“属性”对话框，在“调节音量”选项区内选择“录音”单选按钮，在“显示下列音量控制”列表中选择“麦克风”选项，如图 2-4所示，单击“确定”按钮。

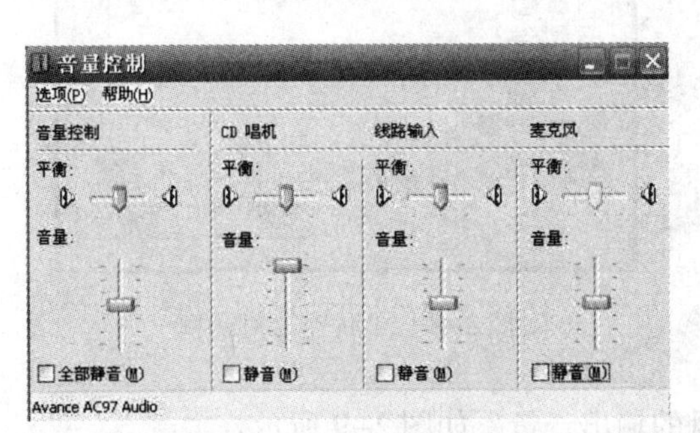

图 2-3　“音量控制”对话框

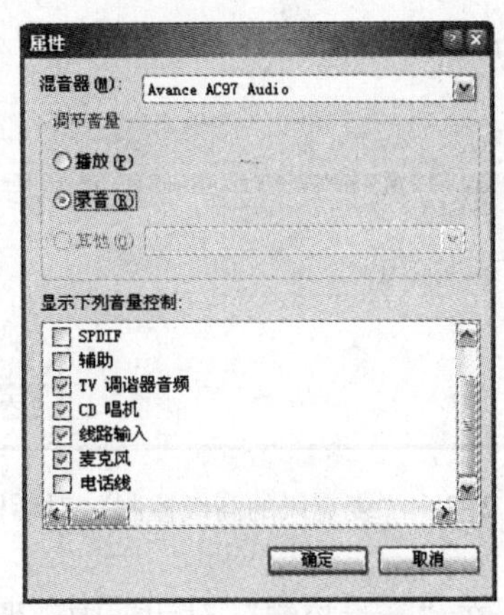

图 2-4　“属性”对话框

3）打开“录音控制”对话框，选择“麦克风”对应的复选框，调整传声器输入的音量大小，如图 2-5 所示。

4）执行菜单命令“选项”→“高级控制”，弹出麦克风的“高级”按钮，如图 2-6 所示。

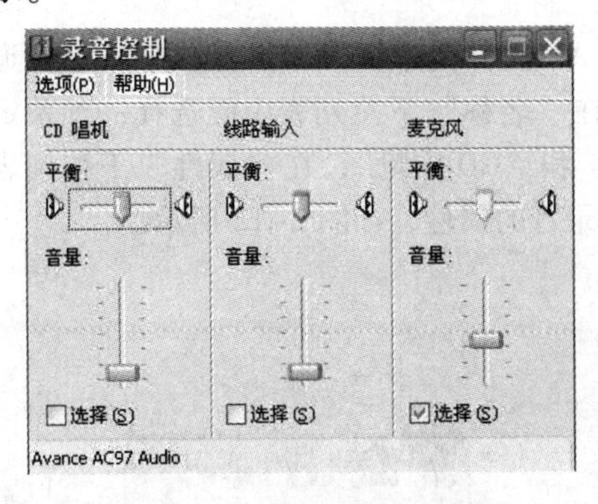

图 2-5　“录音控制”对话框

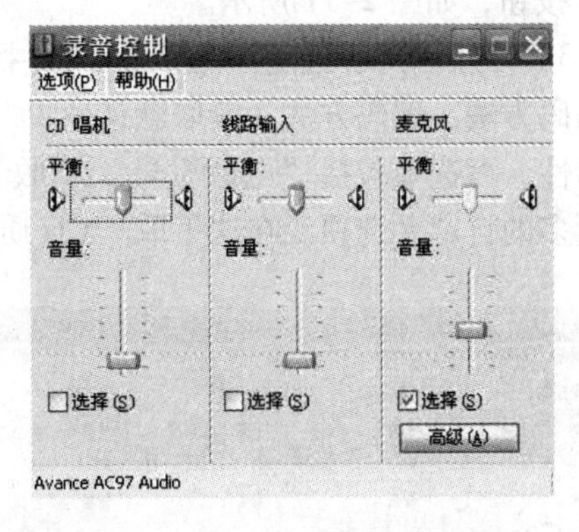

图 2-6　麦克风的“高级”按钮

5）单击“高级”按钮，打开“麦克风的高级控制”对话框，选择“1 Mic boost（1）”复选框，进行声音加强，如图 2-7 所示，单击“关闭”按钮。

6）再适当调整传声器，使其音量不要过大，否则录音时，会出现很大的噪声，而且失真度也比较大。

7）调节好传声器的输入信号后，需对其输出信号进行调节。执行菜单命令“选项”→“属性”，打开“属性”对话框，在“调节音量”中选择“播放”单选按钮，在“显示下列音量控制”列表中选择“麦克风”，如图 2-8 所示，单击“确定”按钮。

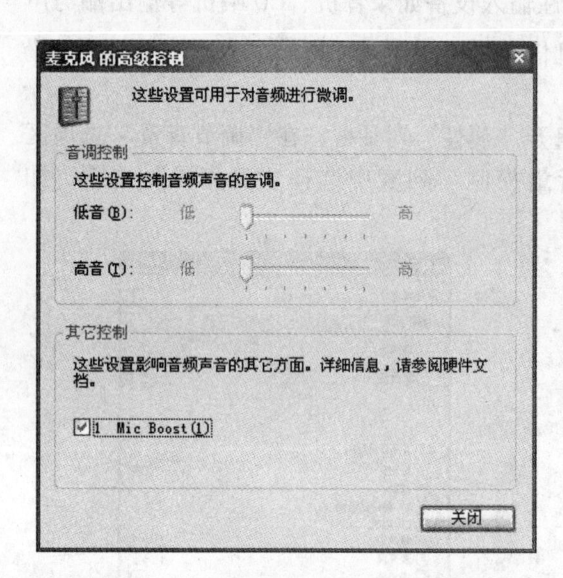

图 2-7 “麦克风的高级控制”对话框

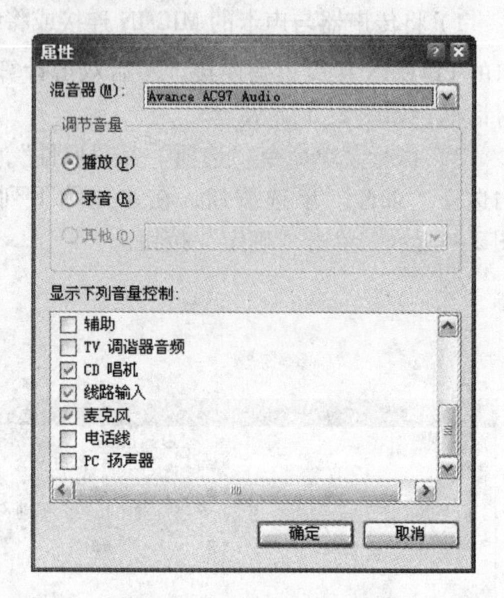

图 2-8 “属性”对话框

8）在“音量控制”对话框中，调整麦克风的输出音量，如图 2-9 所示。

2. 设置录音属性

1）单击“开始”→“所有程序”→“附件”→“娱乐”→“录音机”，打开“声音 - 录音机”对话框，如图 2-10 所示。

2）执行菜单命令“文件”→“属性”，打开“声音的属性”对话框，单击“立即转换”按钮，如图 2-11 所示。

3）打开“声音选定”对话框，从中能调整 WAV 文件的采样频率、量化字长、声道数和编码方法，编码方法一般取默认值 PCM 即可；在“名称”下拉列表中能选择一种预定义的属性，可选项包括“电话质量”、“收音机质量”和“CD 质量”；在“属性”下拉列表中有更多的自定义选项。在这里取“CD 质量”作为录音的属性，如图 2-12 所示。

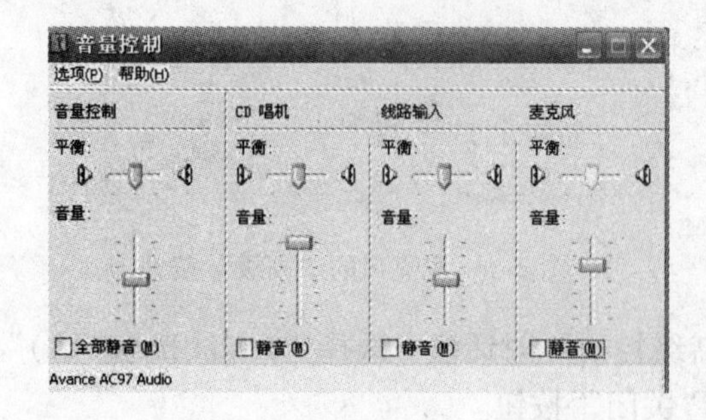

图 2-9 “音量控制”对话框

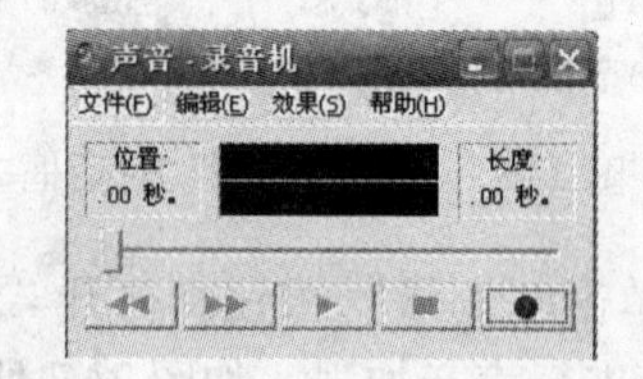

图 2-10 “声音 - 录音机”对话框

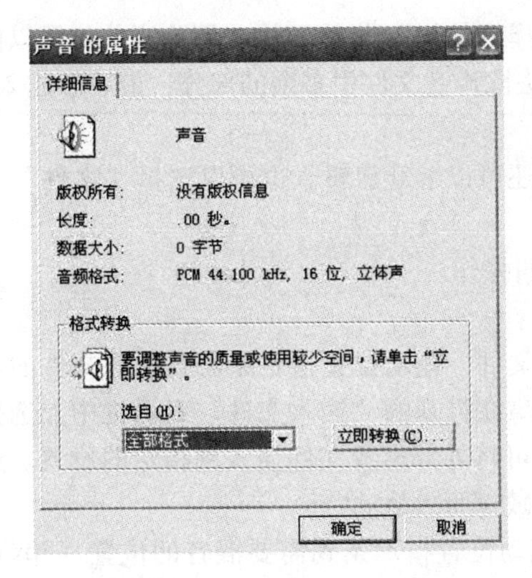

图 2-11 “声音的属性”对话框

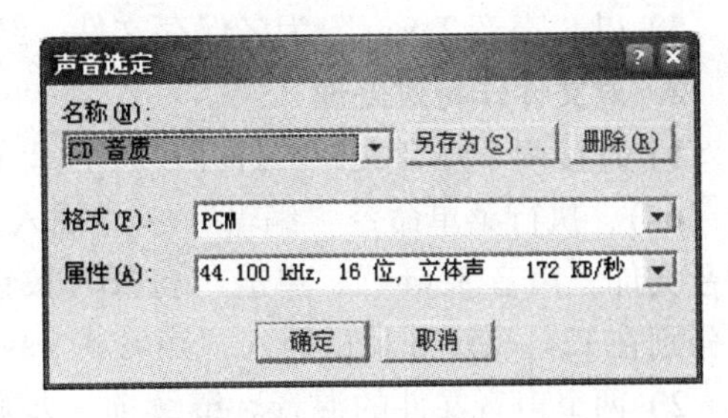

图 2-12 “声音选定”对话框

3. 录音

单击红色的“录音”按钮就可以开始录音了。录制一段话后，执行菜单命令“文件”→“保存”，在“另存为”对话框中选择合适的路径，以“声音 1. wav”为文件名保存声音文件。

2.4.2 利用“录音机”编辑音频文件

通过录音得到 WAV 文件后，往往不能直接使用，还需要对声音素材进行编辑加工。例如，根据需要对声音进行剪辑，或进行特殊的效果处理，以确保其达到最佳品质。下面介绍对 WAV 文件进行简单编辑的操作方法。最常用的操作包括剪辑文件和对文件作特效处理。

执行菜单命令“开始”→“所有程序”→“附件”→“娱乐”→“录音机”，打开“声音 - 录音机”对话框，图 2-13、2-14 是“编辑”菜单和“效果”菜单。

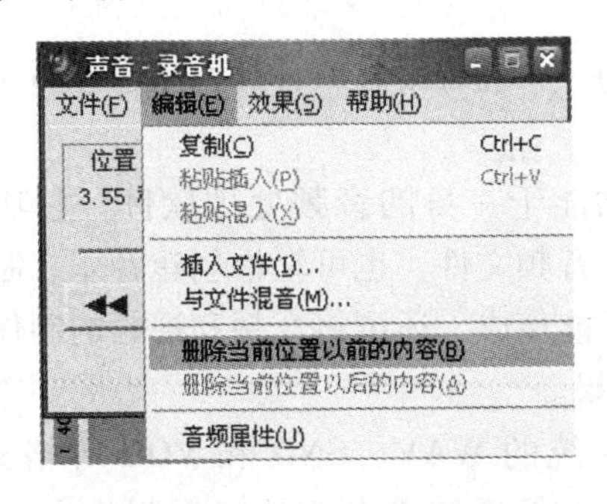

图 2-13 “编辑”菜单

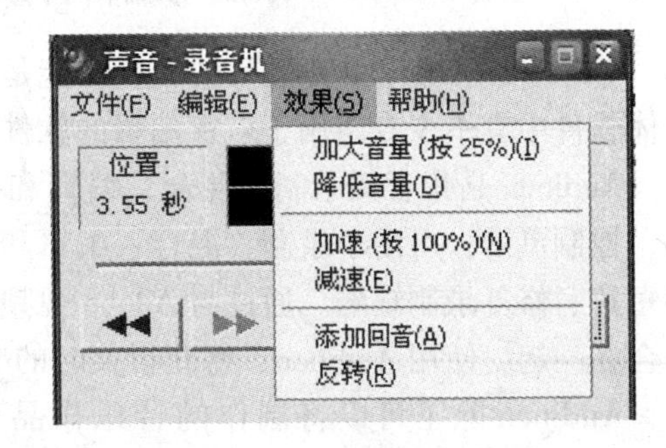

图 2-14 “效果”菜单

1. 剪辑文件

1）在“声音 - 录音机”对话框中，执行菜单命令“文件”→“打开”，打开要编辑的声音文件“声音 1. wav”。

2）单击“播放”按钮，试听声音文件，注意时间标度，即刻度。由于播放时速度较快，只能了解整个声音文件的概貌，因此可拖动位置指示条来定位时间标度。

3）将时间分别定位于2s和27s，并相应地选择“编辑”菜单下的“删除当前位置以前的内容”和“删除当前位置以后的内容”命令，去除声音文件中多余的部分，最后形成25s的录音剪辑。

4）播放剪辑后的文件，如果不满意其效果，还可以继续剪辑。也可以选择“文件”→“恢复”命令，取消前面所做的全部编辑工作。

5）以“声音2. wav”为名保存文件，结束剪辑操作。

2. 对文件作特效处理

1）连接两个声音文件。打开“声音2. wav”文件，拖动位置指示条需要插入文件的位置（6s），执行菜单命令“编辑”→“插入文件”。在打开的“插入文件”对话框中，选择声音文件“声音3. wav”，单击“打开”按钮，即可将外部声音文件插入到指定的位置。然后分别在12s、25s和最后插入“声音3. wav”，播放试听效果。

2）两个声音文件的混音。继续前一步骤，拖动位置指示条到需要混音的位置（30s），执行菜单命令“编辑”→“与文件混音”。在打开的“混入文件”对话框中，选择声音文件“声音4. wav”，单击“打开”按钮，即可完成外部声音文件在指定位置的合成混音。播放试听效果，并以“声音5. wav”为名存盘。

3）利用“编辑”菜单中的“粘贴插入”和“粘贴混合”，可以从剪贴板中插入或混入声音。

4）调整音量。执行菜单命令“效果”→“提高音量”或“降低音量”，可调整整个声音文件的音量，每次调整的幅度是25%。

5）调整速度。执行菜单命令“效果”→“加速”或“减速”，可改变声音的播放时长，每次调整的幅度是100%。

6）添加回音。执行菜单命令“效果”→“添加回音”，可使声音增加空间感。

7）反转。执行菜单命令“效果”→“反转”，可改变声音的起始方向。

2.4.3 利用 Audition 录制与编辑音频文件

Windows系统“录音机”的编辑功能是很有限的，一般可录制一分钟的声音片断。在多媒体软件中有不少专门用于声音编辑的软件。

Audition是集音频录制、混合、编辑和控制等功能于一身的音频处理软件。它功能强大，控制灵活，可用于录制、混合、编辑和控制数字音频文件，也可轻松创建音乐、制作广播短片、修复录制缺陷。通过与Adobe视频软件的智能集成，还可将音频和视频的制作流程结合在一起。使用Audition，将获得实时的专业级效果。

Audition除了可以将制作的音乐作品保存为传统的WAV、SND和VOC等格式外，还可以将其直接压缩为MP3或RM格式。Audition不但适用于专业的音乐制作人士，而且还为广大的普通音乐发烧友提供了很多“傻瓜”功能，使新手也能很快制作出自己的音乐作品。

作为一款专业的音频处理软件，Audition可以与Cake Walk等流行的音频制作软件保持良好的兼容性。安装时首先运行AU _ CS3 _ chs. exe，再安装Audition插件。下面就来介绍一下如何使用Audition进行录音。

双击Au图标，打开Audition主界面，如图2-15所示。

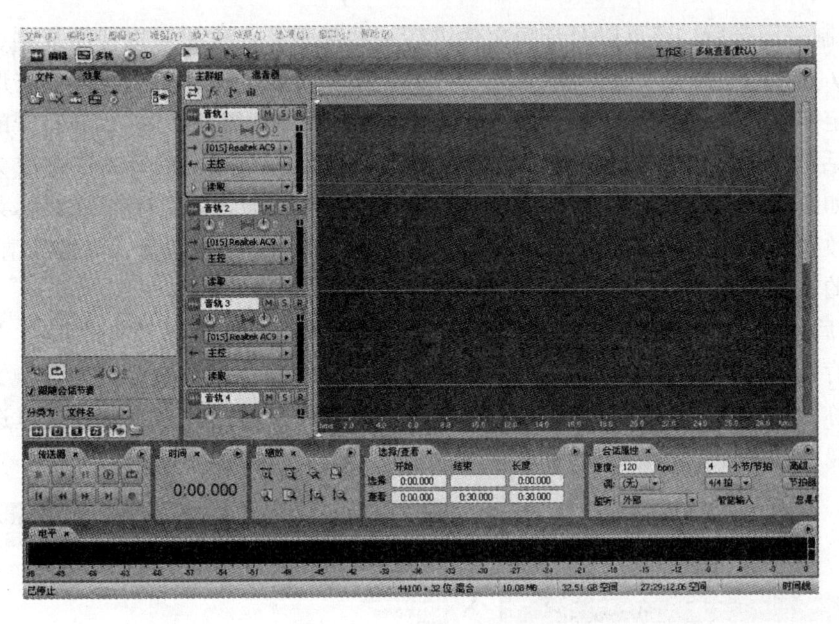

图 2-15　Audition 主界面

1. 单轨录音

1）单击“编辑视图”按钮，切换到编辑视图窗口。在 Audition 主界面窗口中，执行菜单命令“文件”→“新建”，打开“新建波形”对话框，如图 2-16 所示。设定好录音声道、分辨率和采样频率等相关参数，单击“确定”按钮完成设定。

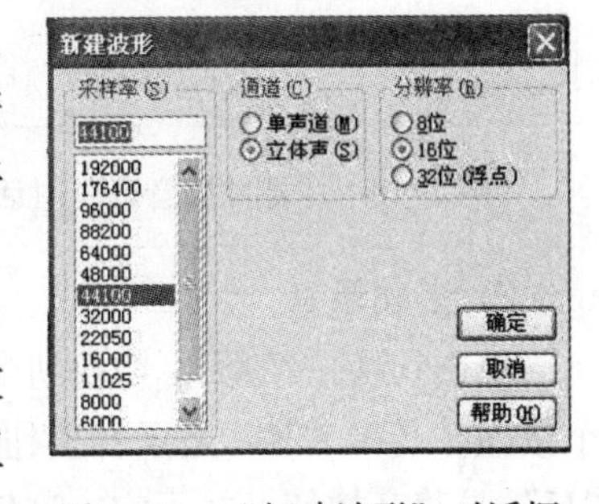

图 2-16　“新建波形”对话框

2）单击红色“录音”按钮，即可拿起话筒或者播放 CD 开始录音了。如果要停止录音，可以单击“停止”按钮。完成录音后，将在主界面中出现刚录制文件的波形图，单击“播放”按钮即可回放，如图 2-17 所示。

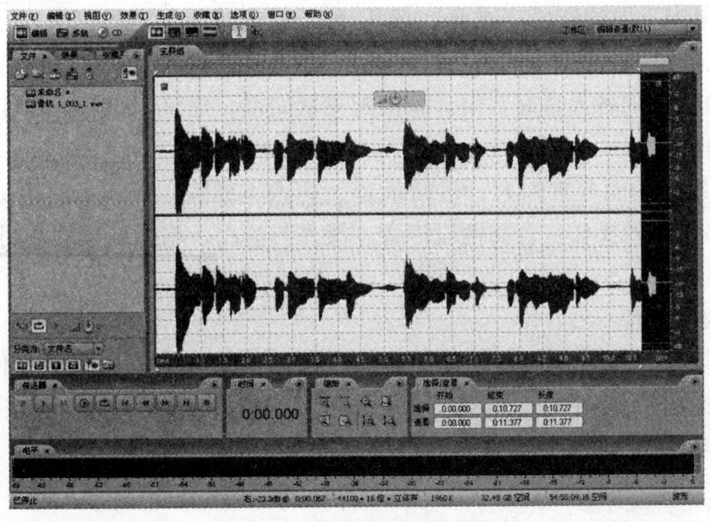

图 2-17　播放录制好的文件

3）录制完声音后，还可以对音频文件进行一些编辑，在这里可以使用复制、剪切和粘贴等命令。如果一个声音文件断断续续，可以单击“波形缩放”按钮使波形文件便于查看。选定需要处理的部分，执行菜单命令“编辑”→“删除静音区”，在打开的“删除静音区”对话框中，设定好波形参数，单击“确定”按钮即可删除静音，使之成为一个连续的文件，如图2-18所示。另外，Audition还可以为乐曲添加音效，在“效果”菜单中提供了多种音效效果。比如，添加回音，使用过滤器加重低音、突出高音，降低或清除噪声等。针对不同的需要，用户可以自行选用。

4）最后还需要将录制好的音频文件保存起来。执行菜单命令“文件”→“另存为”，打开“另存波形为”对话框，如图2-19所示。选择文件的保存路径，并为音频文件指定一个文件名称，最后在“保存类型”下拉列表中选择音频文件的保存格式，这里选择保存为WAV格式。最后单击“保存”按钮完成录制。

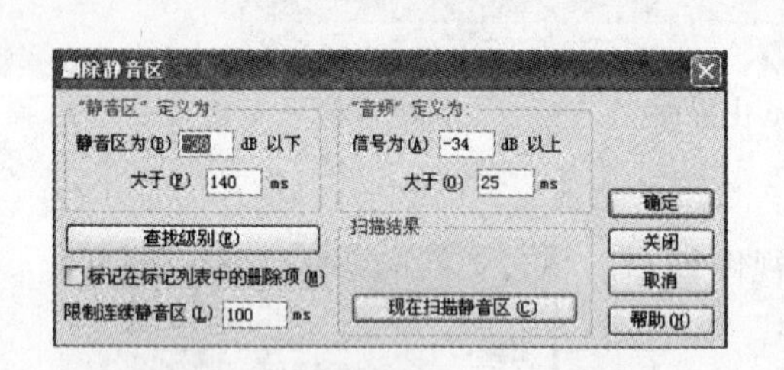

图2-18 “删除静音区”对话框

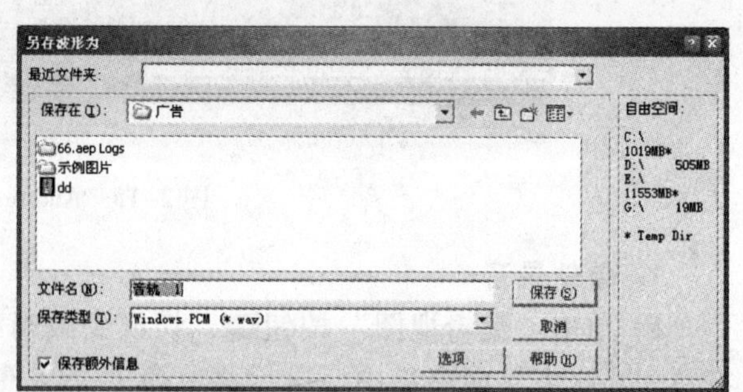

图2-19 “另存波形为”对话框

2. 多轨录音

单击切换按钮，切换到多轨视图窗口，每一轨都有“R”、“S”和“M”三个按钮。其中“R”是录音按钮；“S”是独奏按钮，按下这个按钮，其他音轨都不出声；“M”是静音按钮，按下它，这轨不出声。

在多轨模式下，第一轨放入伴奏，第二轨以下都可以录制人声。以第二轨为例，选择“R”按钮，再单击下面的红色“录音”按钮，就能边听伴奏边把人声录在这个音轨上。这时用户就不必再费心思去对齐了，它录完后跟伴奏就是对齐的。然后可以双击进入单轨模式编辑。分几轨录制随各人喜好，但计算机配置低的话，建议不要分太多音轨。

3. 波形编辑

Audition的编辑功能非常强大，包括录音、插入、删除、淡入、淡出、混响、回声等。下面介绍几种最常用的操作：合并两段声音、淡入与淡出、增加声音的空间感、增加回声效果等。

（1）合并两段声音

1）单击“切换”按钮，切换到编辑视图窗口，执行菜单命令“文件”→“打开”，打开“打开波形文件”对话框，选择“心雨.mp3”文件，单击“打开”按钮，打开“心雨.mp3”文件。试听这段音乐，如果第一秒不是所需音乐，可用鼠标拖拽播放指针到此段波形的入点，按住〈Shift〉键单击两个声道分界处，删除波形的出点（波形变为白色，则被选中），释放〈Shift〉键，再用鼠标拖拽半边播放指针，精确地放到出点，然后按〈Delete〉

键即可将其删除，如图 2-20 所示。

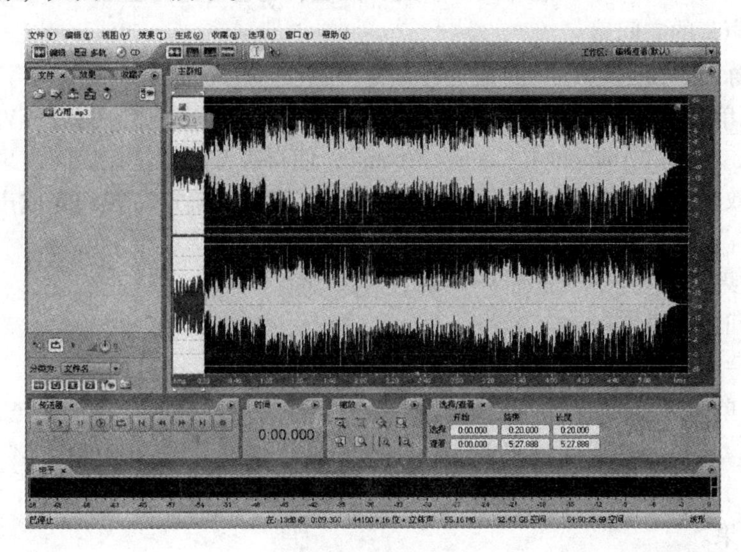

图 2-20　删除选区

2）在主菜单“窗口”中，可看到已打开了两个音乐文件。双击“音轨 1”，转到前面的录音文件，用鼠标选中有声音的部分，按〈Ctrl + C〉将其复制到剪贴板。

3）双击“心雨 . wav”文件，转到“心雨 . wav”文件，定位在音乐的起始段 0s 处，按〈Ctrl + V〉从剪贴板中插入刚才的录音，即可合并两段声音。

（2）淡入与淡出

继续前一练习，处理该音乐文件，使之在开始和结束处有淡入、淡出的效果。

1）选择音乐起始的前 2s 部分，执行菜单命令“效果”→“振幅压限”→“振幅/淡化”，打开“振幅/淡化”对话框，在“预置”中选择“淡入”，单击“确定”按钮，如图 2-21 所示。

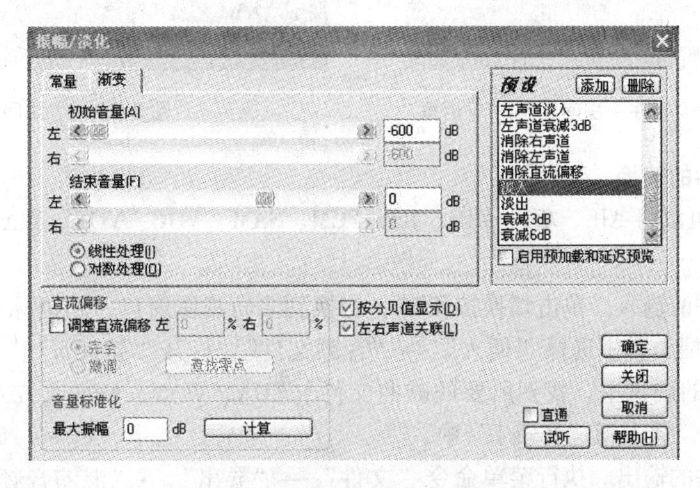

图 2-21　“振幅/淡化”对话框

2）选择音乐结束的后 2s 部分，单击按钮，在“预置”中选择“淡出”。试听改动后的效果。

说明：“振幅/淡化”不但能作淡入、淡出处理，还能对选定区域作增益调节。

(3) 增加声音的空间感

继续前一练习，按〈Ctrl + A〉键选择全部声音。

1) 执行菜单命令“效果”→“延迟和回声”→“房间回声”，打开“VST 插件 - 房间回声”对话框，选择“Ambient Reflective Room”，使得声音感觉是在房间内录制的（也可选择其他的空间效果，然后单击“预览”按钮试听），单击“确定”按钮完成声音的处理，如图2-22所示。

2) 试听效果。

(4) 多重回声效果

1) 继续前一练习，按〈Ctrl + Z〉键，取消前面的操作。

2) 执行菜单命令“效果”→“延迟和回声”→“多重延迟”，打开“VST 插件 - 多重延迟”对话框，选择回声效果（Echo），调节“延迟偏移”为 100 ms，“延迟时间”为 99 ms，“回馈”为 60 ms，单击“确定”按钮完成处理，如图 2-23 所示。

3) 试听效果。

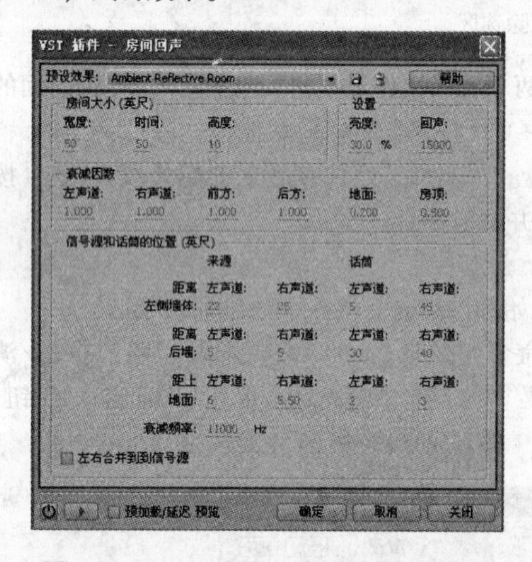

图 2-22 “VST 插件 - 房间回声”对话框

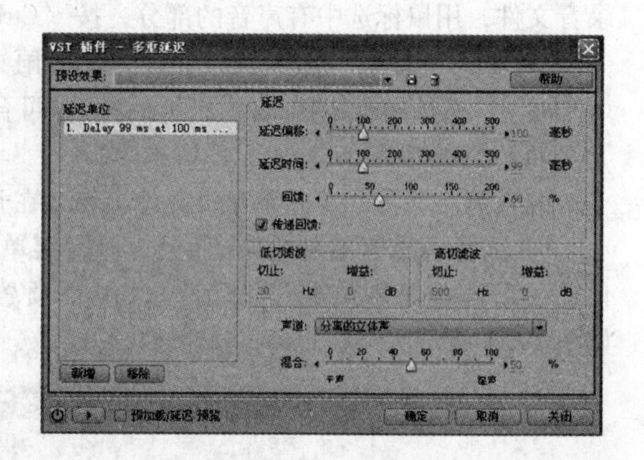

图 2-23 增加回声

4. 音频文件的转换

Audition 还可以将 AIF、AU、MP3、Raw PCM、SAM、VOC、VOX、WAV 等格式的文件相互转换。

1) 音频文件的输入。单击切换按钮，切换到多轨视图窗口，用鼠标右键单击“音轨 1”，从弹出的快捷菜单中选择“插入”→“音频文件”，打开“插入音频”对话框，在 CD 光盘或存放歌曲的硬盘里，找到所要的歌曲文件（CDA、WAV、MP3 和 MAV 等文件），单击“打开”按钮，插入到“音轨 1”中。

2) 音频文件的输出。执行菜单命令“文件”→“导出”→“混缩音频”，打开“导出音频混缩”对话框，在“保存类型”下拉列表中选择一种存储格式，输入文件名，选择保存路径，单击“保存”按钮，开始保存为另一种格式的音频文件。

另外，Audition 还可将视频中的波形文件（WMV、MOV 和 AVI）插入到“音轨”中。

2.4.4 实训1 制作翻唱歌曲

音乐爱好者制作高质量的翻唱歌曲并在网上发布已经很普遍了，这都有赖于音乐制作软件的普及。掌握了 Audition 的强大功能，用户就可以制作出属于自己的高质量翻唱歌曲了。

1. 制作音乐伴奏

Audition 制作音乐伴奏的方法是提取 MPEG 音频文件的单声道（没有人声的声道）音频并加以混缩，使其成为双声道的立体声伴奏。

1）启动 Audition，进入多轨视图窗口。多轨界面一般有多个音轨，用鼠标右键单击音轨 1，从弹出的快捷菜单中选择“插入”→“提取视频中的音频”菜单项，如图 2-24 所示。

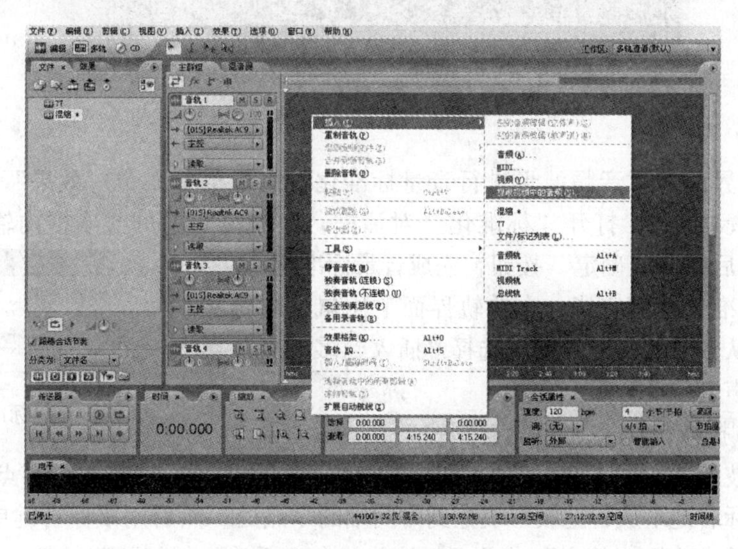

图 2-24 多轨界面

2）打开“插入来自视频的音频”对话框，找到需要的歌曲文件（MPEG 文件），单击“打开”按钮，插入到音轨 1 中。

3）歌曲文件插入完毕，会发现音轨 1 中插入了音频波形。单击“播放”按钮预览，这时还存在单声道的人声。消去人声时，单击“立体声声相”按钮右边的文本输入框，输入“-100”，按〈Enter〉键，如图 2-25 所示。

4）单击“播放”按钮预览，如果人声没有了，执行菜单命令“编辑”→“混缩到新文件”→“会放中的主控输出（单声道）”，大概花上十来秒钟进行混缩处理，如图 2-26 所示。

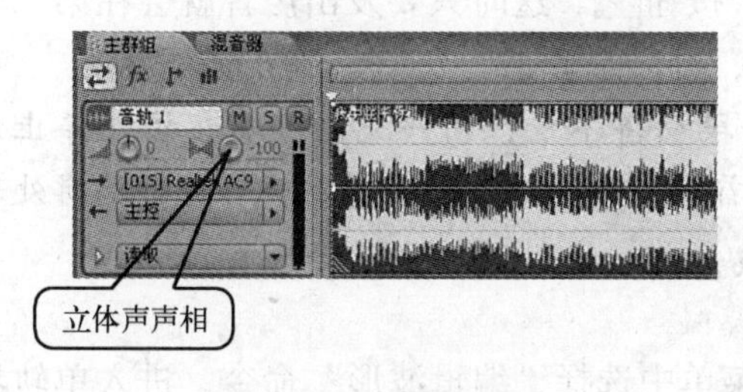

图 2-25 立体声声相

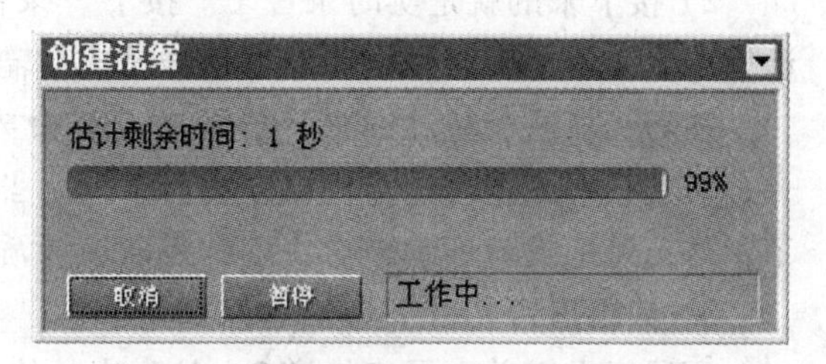

图 2-26 “创建混缩”对话框

5）混缩创建完成后，Audition 自动进入单轨界面，如图 2-27 所示。

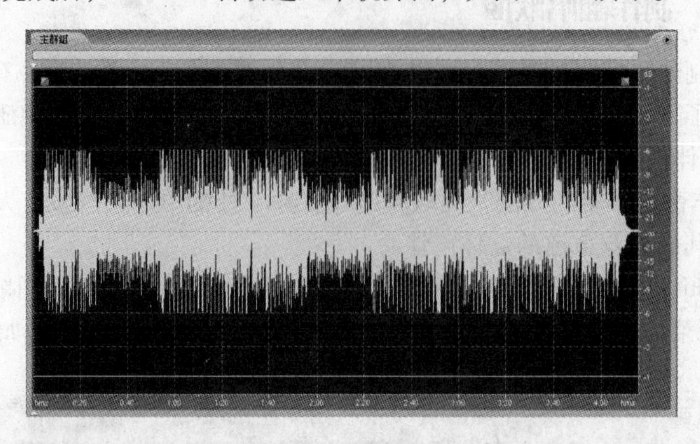

图 2-27　单轨界面

6）在单轨界面上对音频波形进行音量标准化，执行菜单命令“效果”→“振幅和压限”→“音量标准化”，打开“标准化”对话框，在“%”前的文本框内输入 100，如图 2-28所示，然后单击“确定”按钮，完成音量标准化。

图 2-28　“标准化”对话框

7）音量标准化处理完毕，在单轨界面上用鼠标右键单击音频波形，从弹出的快捷菜单中选择“插入到多轨中”菜单命令，将单声道转换为双声道。

8）单击按钮，切换到多轨视图窗口，这时在音轨 2 中插入了伴奏波形，如图 2-29 所示。如果波形块起始位置不在时间轴的零点处，可以在波形块上按住鼠标右键不放，把波形块拖到时间轴的零点处。然后用鼠标右键单击音轨 1，从弹出的快捷菜单中选择“静音”菜单项，接着单击“播放”按钮预览，此时人声已消去。

9）最后存盘，执行菜单命令“文件”→“导出”→“混缩音频”，把伴奏音频以 MP3 或 WAV、WMA 格式等存入硬盘中。

2. 录音

1）进入 Audition，开始录音。新建工程后，单击按钮进入多轨界面。用鼠标右键单击第一轨道，从弹出的快捷菜单中选择“插入”→“音频文件”菜单命令，打开“打开波形文件”对话框，选择 MP3（也可以是 WMA 和 WAV 等音频伴奏）伴奏插入第一轨道中，如图 2-29 所示。然后将第二轨道设为“录音轨道”，在第二轨道左边的控制栏上，选中R即可。

2）接下来的就是实时录音了。按下“录音”按钮。这时只要发出声音就会在第二轨道里产生波形了，这说明传声器信号已成功输入，可以录音了。

技巧：在录音的过程中，如果发现前面某一段唱得不佳，用户完全可以在该处停止录音，用鼠标的左键选择那段地方重新录制。当一首歌录制完毕，就可以对声音进行编辑处理了，这是最关键的一步，它决定翻唱歌曲的质量。

3. 编辑声音

用鼠标右键单击录音轨道 2，从弹出的快捷菜单中选择“编辑波形”命令，进入单轨界面对声音进行噪声消除、限压、滤波、混音、音量标准化处理，详细的介绍如下。

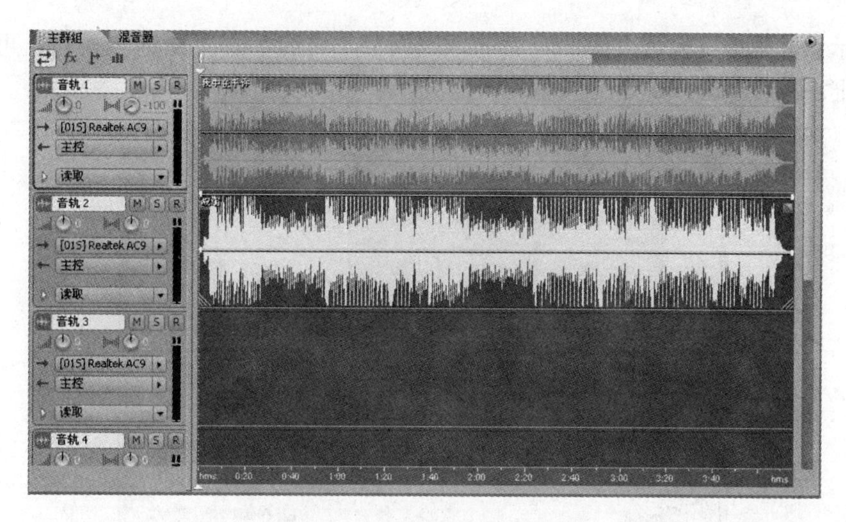

图 2-29　将伴奏插入第二音轨

1）噪声消除。初学者不需要完成此过程，因为初学者往往把声音当成噪声处理掉，后果是声音严重失真，犹如蚊子叫声一般。只要用户在录音时把传声器的音量调节合适，加上录音环境，就不会有大的噪声。

技巧：为了防止呼气时气流冲击传声器发出响声，最好用海绵把传声器套好。

2）声音限压。一首歌有高潮段也有低沉节，传声器没有动态距离调节，唱出的歌声会忽高忽低（难以避免的），那么声音限压便是必需的了。执行菜单命令“效果”→“刷新效果列表”，正式把插件列入 DirectX 中，这时“效果”的“DirectX”里就列出前面安装的所有插件了。选中录下的声音，执行菜单命令“效果”→“DirectX”→“Wave C4”，打开“DirectX 插件 - Waves C4”对话框，保持默认设置，如图 2-30 所示。然后单击“确定”即可完成声音限压。

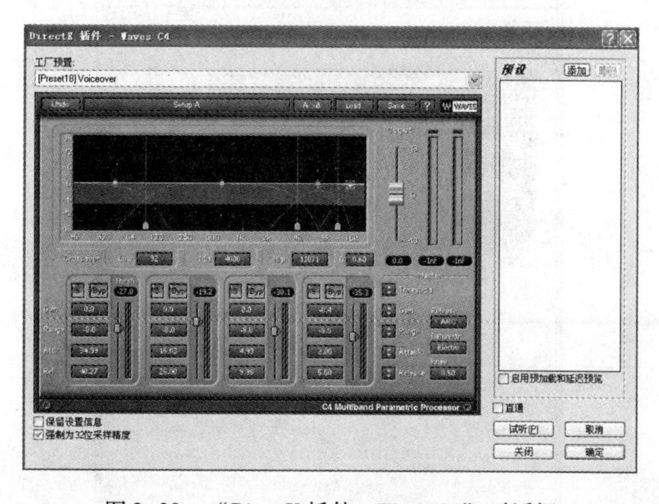

图 2-30　“DirectX 插件 - Wave C4”对话框

3）滤波。选择录下的声音，执行菜单命令“效果”→“滤波器”→“参数均衡器”，打开“VST 插件 - 参数均衡器”对话框，改变声音的中高低音频率，根据传声器的声效而调节。假如传声器的低音较强、高音较弱，可以在“参数均衡器”中把高音频率调高，如

图2-31所示。其他情况也可以按照上面的原则调节。然后单击“预览”按钮，再调节到自己满意为止，最后单击“确定”按钮完成滤波。

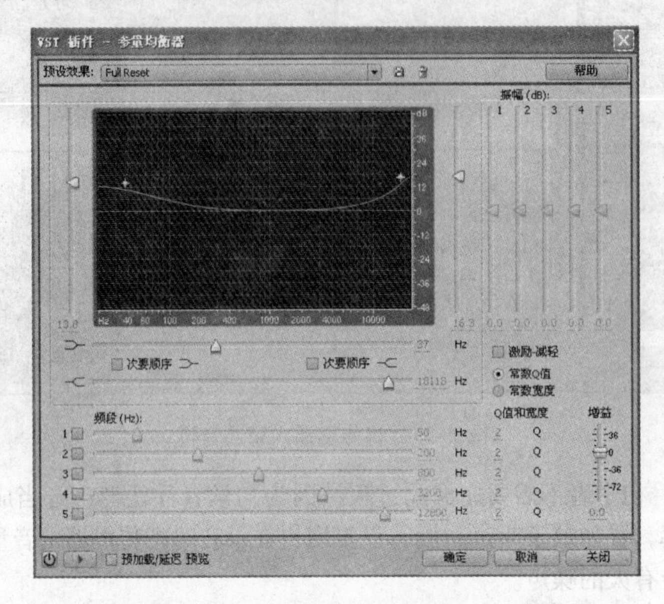

图 2-31　“VST 插件 - 参数均衡器”对话框

4）混音。选中录下的声音，执行菜单命令“效果”→“常用混响器”→“完美混响器”，打开“VST 插件 - 完美混响”对话框。在“输出电平”项把“干声”的百分率调到160%，“湿声（混响）”、“湿声（早反射）”分别调到50%、45%。然后单击“预览”按钮，再进行调节，直到自己满意为止，如图 2-32 所示。

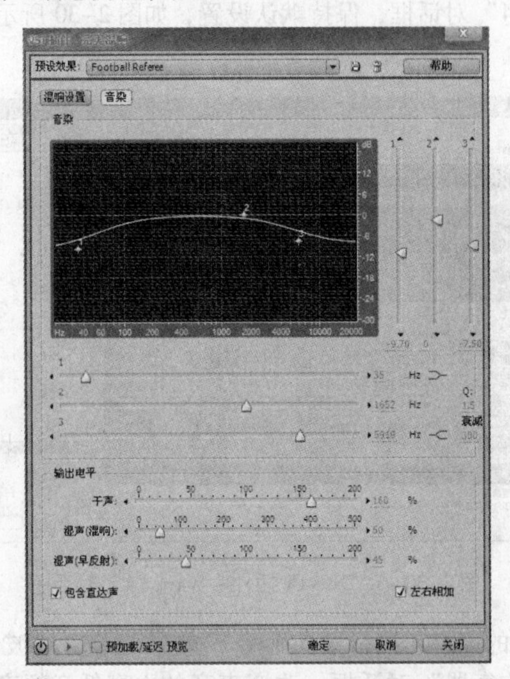

图 2-32　“VST 插件 - 完美混响”对话框

5）音量标准化。选择录下的声音，执行菜单命令“效果”→“波形振幅”→“音量标准化”，打开“标准化”对话框，选择“标准化到”和“同时标准化到左右声道”复选框，“标准化到”设为100%，单击“确定”按钮即可完成。注意人声波形振幅设为100%后，伴奏也应设为100%，这样才能相互配调。

6）单击按钮转入多轨视图窗口，预览翻唱歌曲。如果觉得满意的话，执行菜单命令“文件”→“导出”→“混缩音频”，选择路径和文件类型（MP3、WAV、WMA等）对翻唱歌曲进行保存。这样翻唱歌曲大功告成了。

2.4.5 实训2 使用“析取中置通道”效果制作卡拉OK伴音

使用“析取中置通道”效果可以很轻易地消除歌曲中的人声，制作出卡拉OK伴奏。

注意：“析取中置通道”只对立体声音频文件有效。

1）在编辑视图窗口下，执行菜单命令“文件”→“打开”，在“打开”对话框中选择“心雨.mp3”，单击“打开”按钮打开此音频文件。

2）单击播放按钮，播放音频，对歌曲进行浏览。

3）在编辑视图窗口中使用快捷键〈Ctrl + A〉选择整段音频，执行菜单命令“效果”→“立体声声相”→“析取中置通道”，打开“VST插件－析取中置通道”对话框。

4）在“VST插件－析取中置通道”对话框中，在“预设效果”下拉列表中选择“Vocal Remove”，“析取音频从”下拉菜单中选择“中置”，“频率范围”设置为“定制”，并根据音频特色设置其他选项，如图2-33所示。设置完毕，单击“确定”按钮，对音频进行提取。

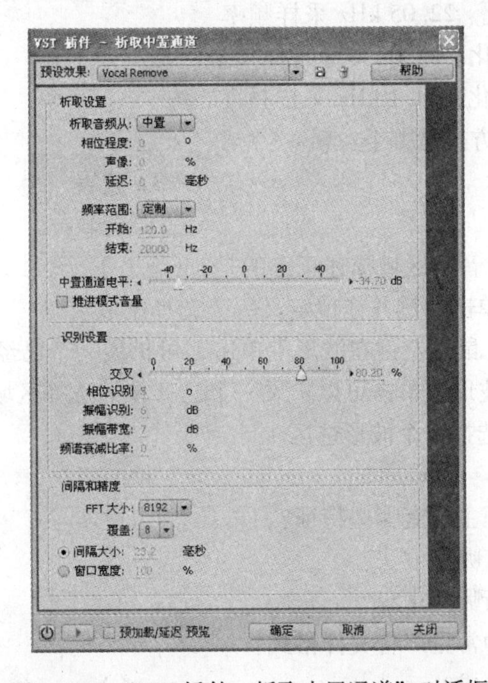

图2-33 “VST插件－析取中置通道”对话框

5）再次播放预览音频，如果觉得产生了噪声，可以使用各种降噪手段降低噪声。

6）选中整段音频，使用菜单命令“效果”→“振幅和压限”→“标准化”，在“标准化”对话框中的“标准化到”后面输入70，单击“确定”按钮，放大音频的动态范围。

7）再次播放预览音频，满意之后即可保存。

2.5 习题

一、选择题

1. 下列配置中哪些是 MPC 必不可少的？（　　）

A. DVD 刻录机　　B. 高质量的声卡

C. 高分辨率的图形、图像显示　　D. 高质量的视频采集

2. 数字音频采样和量化过程所用的主要硬件是哪个？（　　）

A. 数字编码器　　B. 数字解码器

C. A/D 转换器　　D. D/A 转换器

3. 在数字音频获取与处理过程中，下列顺序哪个是正确的？（　　）

A . A/D 转换、采样、压缩、存储、解压缩、D/A 转换

B. 采样、压缩、A /D 转换、存储、解压缩、D/A 转换

C. 采样、A/D 转换、压缩、存储、解压缩、D/A 转换

D. 采样、D/A 转换、压缩、存储、解压缩、A/D 转换

4. 下列波形声音中，质量最好的是哪个？（　　）

A. 单声道、8 位量化、22.05 kHz 采样频率

B. 双声道、8 位量化、22.05 kHz 采样频率

C. 单声道、16 位量化、22.05 kHz 采样频率

D. 双声道、16 位量化、44.1 kHz 采样频率

5. MIDI 音乐的合成方式是哪个？（　　）

A. FM　　B. 波表

C. 复音　　D. 音轨

6. 在 Audition 中，对音频区域描述正确的是？（　　）

A. 在波形上用鼠标单击左键并拖拽定义一个选择区域

B. 按住〈Shift〉键，鼠标左键在波形上单击，可扩展一个已经存在的选择区域

C. 使用鼠标右键在波形上单击可以扩展一个已存在的选择区域

D. 双声道波形不能选择单个波形选区

二、简答题

1. 人的听觉感知机理主要有哪些特征？

2. 声音质量的度量有哪些方法？

3. 音频数字化需经历哪些过程？

4. 计算机中有哪几种常见声音文件格式？

5. 声卡由哪几部分组成？

6. 声卡的功能有哪些？

7. 板载声卡有哪些缺点？

8. Audition 声音编辑器具有哪些功能？

第3章 数字图像处理

本章要点

- 数字图像的基本知识
- 图像数字化
- 扫描仪和数码照相机
- 摄影基础
- 计算机屏幕的抓图
- 用 Photoshop CS3 处理图像

按照人的感官，媒体可分为视觉类媒体和听觉类媒体两大类。数字图像和数字音频是计算机中的重要媒体，前者属于视觉媒体，后者属于听觉类媒体。

图像是多媒体产品中使用最多的素材，具有直观、便于理解的特点。图像处理是利用计算机技术对数字化图像改变形态、尺寸，色彩调整，格式转换等，广泛地应用于多媒体产品制作、广告设计等领域。本章将简要介绍数字图像的基本处理方法。

3.1 图像基础知识

多媒体技术需要计算机综合处理声音、文字和图像信息。统计表明，人们在获取周围信息时，通过视觉得到的信息量约为总信息量的80%左右，通过听觉得到的信息量约为总信息量的15%左右，可见图像信息在日常生活中的重要地位。在人类历史上，由于各种原因，很长时期以来，总是更多地使用语言、文字进行交流，图像只是艺术家笔下的享受而已。随着电子技术、通信技术、计算机技术的进一步发展，人们的交流、通信方式已悄悄发生变化，相片、胶片、电影、传真、电视已成为人们获取信息与交流的常见工具。图像所呈现的表象亦更加丰富多彩。

什么是图像呢？我们可以对图像下个粗略的定义，图像是指景物在某种介质上的再现。例如，相片、胶片、电影、传真、电视、计算机显示屏等介质均可作用于人的感官并产生视觉印象，这种视觉印象便是图像。

从上面的定义可以知道，图像总是和某种景物相联系的。景物本身是一个空间概念，是一种客观实在，并不是一个物理现象，也不具有诸如时域、频域等所有信号所必须具有的基本特征。当然，图像所呈现的表象是自然光或人为光作用于景物产生发射与吸收而作用于人眼的结果。这个过程是一个光学现象，具有诸如时域、频域等所有信号所必须具有的基本特征。

与声音信息相比，图像信息具有一系列优点。

1. 确切性

表达某项事物一般有图、文、声音三种方法。显然，同样的内容，由听觉（声音）和视觉（图、文）两种不同方式获取的信息，其效果是不同的。听觉类媒体与视觉类媒体相比总是不够形象、确切，用图、文表达某项事物，总是比用声音讲述更容易确认，这便是“耳听为虚，眼见为实”的道理。

2. 直观性

同样的内容，若能用图来描述，显然比听声音甚至看文字更为形象、直观，印象深刻，易于理解。

3. 高效率

由于视觉器官具有较高的图案识别能力，人们可以在很短的时间内，通过视觉接收到比声音信息多得多的信息，这便是“百闻不如一见”的道理。

3.2 计算机中的图像

3.2.1 图像信息的数字化

在计算机中，所有信息必须是数字形式的。一副黑白静止平面图像（如相片）中各点的灰度值可用其位置坐标(x,y)的函数$f(x,y)$来描述。显然，函数$f(x,y)$是连续函数，无法用计算机直接进行处理。因此，图像要在计算机中进行处理，首先必须数字化。

一幅彩色图像可以看成是二维连续函数，其颜色是位置的函数，从二维连续函数到离散的矩阵表示，涉及到不同空间位置。取亮度和颜色作为样本，并用一组离散的整数值表示，这个过程称为采样量化，即图像的数字化。

图像信息的数字化包括采样、量化两个过程。

1. 采样

图像在空间上的离散化称为采样。一副黑白静止平面图像（如相片）其位置坐标函数$f(x,y)$是连续信号，用计算机处理前必须先对连续信号进行采样，即按一定的时间间隔T取值（T称为采样周期，$1/T$称为采样频率），得到一系列的离散点。这些点称为样点（或像素）。一副图像到底应取多少点呢？其约束条件是：采样频率大于信号最大频率的2倍时，能够不失真地重建原图像。

2. 量化

由于计算机中只能用0和1两个数值表示数据，连续信号$x(t)$经采样变成离散信号$x(nT)$，仍需用有限个0和1的序列来表示$x(nT)$的幅度。我们把用有限个数字0和1表示某一电平范围的模拟图像信号称为图像的量化。

在量化过程中，如果量化值是均匀的，则称为均匀量化；反之，则称为非均匀量化。在实际使用上，常常采用均匀量化。一般而言，量化将产生一定的失真，因此，量化过程中每个采样值的二进制位数直接决定图像的颜色数，决定着图像的质量。目前，常用的量化标准有：8位（256色）、16位（64K增强色）、24位（24位真实彩色）、32位（32位真实彩色）几个等级。

通过图像数字化之后，一副模拟图像可以被数字化为像素的矩阵。也就是说，像素是构成图像的基本元素，因此，图像数字化的关键在于像素的数字化。由于图像是一个空间概念，并没有直接的数值关系，因此，如何表示像素、如何表示颜色是图像数字化的基础。

3.2.2 颜色的表示

1. 颜色概述

颜色也称为彩色，是可见光的基本特征。习惯上，我们总是用亮度、色调和饱和度来描述颜色。亮度、色调和饱和度是彩色的基本参数。

亮度是光作用于人眼时引起的明亮程度的感觉，它与被观察物体、光源及人的视觉特性有关。一般情况下，对于同一物体，照射的光越强，反射光就越强，也就越亮。在相同的光照下，不同物体的亮度取决于不同物体的反射能力。物体的反射能力越强，也就越亮。

色调是指人眼看一种或多种波长的光所产生的彩色感觉，它反映颜色的种类，是决定颜色的基本属性。饱和度是指颜色的纯度，即掺入白光的程度，或者说是指颜色的深浅程度。对于同一色调的彩色光，饱和度越深，颜色越鲜艳，或者说颜色越纯。

饱和度和色调统称色度，亮度、色度是颜色的基本参数。

由光学知识可知，无源物体的颜色由其吸收的光波决定，而有源物体的颜色由其产生的光波决定。如白色物体，它不吸收任何颜色，故表现为白色。因此，颜色本身是可用频率、幅度表示的物理信号。

自然界的颜色丰富多彩，如何表示自然界的颜色呢？传统理论上常采用配色法。事实证明，自然界的常见颜色均可用红（R）、绿（G）、蓝（B）三种颜色的组合来表示。也就是说，绝大多数颜色均可以分解为红、绿、蓝三种颜色分量。这就是色度学的最基本原理——三基色原理。运用三基色，虽然不能完全展示原景物辐射的全部光波成分，却能获得与原景物相同的彩色感觉。

2. 常用彩色空间

(1) RGB 彩色空间

按照三基色原理，国际照明委员会（CIE）选用了物理三基色进行配色实验，并于 1931 年建立了 RGB 计色系统。红、绿、蓝成为物理三基色，它们的波长分别为700 nm（R）、546.1 nm（G）、435.8 nm（B）。RGB 也就成为颜色的基本计量参数。

RGB 彩色空间是指用红、绿、蓝物理三基色表示颜色的方法，这是彩色的最基本表示模型。在计算机中有 RGB8∶8∶8 方式，R、G、B 三个分量分别用 8 位二进制表示。如(255、255、255）表示白色，(0、0、0）表示黑色。数值越大则表示某种基色越亮。

(2) YUV 彩色空间

在彩色电视中，由于要与黑白电视系统兼容，也就是说在制作、发射中必须捎带发射黑白信号。因此，虽然彩色摄像机最初得到的是 RGB 信号，但在彩色电视 PAL 制式中，没有采用国际照明委员会推荐的 RGB 配色法，而采用 YUV 空间配色法。其中，Y 为亮度信号，U、V 为两个色差信号。

3.2.3 图像文件在计算机中的实现方法

在计算机中，图像表现为像素阵列，其实现取决于像素的数字化，以及颜色的表示。有了这些基础，图像在计算机中的实现可以归结为一句话：图像在计算机中的实现是通过扫描将空间图像转换为像素阵列，用 RGB 彩色空间表示像素，并用图像文件方式组织编排像素阵列来实现的。

在计算机中，组织编排像素阵列有许多格式，形成了许多极为流行的图像文件格式。但从总体上说，组织编排像素阵列的方法可分为以下两类。

1. 代码法

在计算机中，采用 RGB 彩色空间表示颜色，在具体实现上，有 RGB8:8:8 方式。也就是说，直接用颜色信息表示像素需要 2~3B。因此，图像信息量极为巨大，直接用原始颜色信息存储无疑要增大图像文件的存储空间，增加系统开销。

在计算机中，图像文件按颜色数可分为 2 色、16 色、256 色、64K 增强色、24 位真实彩色和 32 位真实彩色。对 2 色、16 色、256 色图像，从颜色数的角度来看，1 个字节可用来分别表示 4 个 2 色图像、2 个 16 色图像或 1 个 256 色图像像素。如果直接用原始颜色信息存储，则无论对 2 色、16 色还是 256 色图像，表示一个像素均需要 2~3B，这无疑更增大了图像文件的存储空间。

在早期流行的 PCX 图像格式中，它引入了调色板，从而奠定了代码方法组织编排像素阵列的基础，PCX 图像也就成为事实上的位图标准。调色板是指在图像文件中，增加一个区域，专门用于存储该图像所使用颜色的原始 RGB 信息。这样在实际组织编排像素阵列时，不直接用像素所代表颜色的原始 RGB 信息，而采用它在调色板中的位置码来代替其原始 RGB 信息。所以，1 个字节可用来表示 4 个 2 色图像、2 个 16 色图像或 1 个 256 色图像像素，从而减少了图像文件的存储空间。

2. 直接法

在图像文件中引入调色板，减少了图像文件的存储空间，但却增加了存储调色板的附加开销。

在实际使用时，在调色板中存储一个颜色的原始 RGB 信息一般使用 4B。这样，对 256 色及以下的图像，存储调色板的附加开销不超过 1KB。对绝大多数图像文件来说，这个附加开销是微不足道的。但是对 256 色以上图像，由于系统使用颜色数很多，存储调色板的附加开销将非常巨大。以相对较小的 64K 增强色图像为例，假定存储一个颜色的原始 RGB 信息只使用 2B，这样，对 64K 增强色图像，存储调色板的附加开销为 128KB。对 24 位真实彩色图像，假定存储一个颜色的原始 RGB 信息只使用 3B，存储调色板的附加开销为 48MB。显然，存储调色板的附加开销非常巨大，不仅没有减少图像文件的存储空间，反而成百上千倍地增加了图像文件的存储空间。所以，对 256 色以上图像，不适合用代码方法组织编排像素阵列。

为此，对 256 色以上图像，一般按从左到右、从上到下的顺序，直接用原始颜色信息的方法组织编排像素阵列，这便是直接法。直接法适合于 64K 增强色、24 位真实彩色和 32 位真实彩色图像。

3.2.4 常见的图像文件格式

1. GIF 格式

GIF（Graphics Interchange Format）格式是 Compu-Serve 公司在 1987 年 6 月为了制订彩色图像传输协议而开发的文件格式。它是一种压缩存储格式，采用 LZW 压缩算法，压缩比高，文件长度小。早期 GIF 格式图像只支持黑白、16 色、256 色图像。现在，其调色板支持 16M 种颜色，因而也可以说现在的 GIF 格式支持真实彩色。

GIF 格式图像压缩效率高，解码速度快，文件长度小，常用于网络彩色图像传输。由于它支持单个文件的多重图像，因此也称为 GIF 动画。GIF 动画是目前广为流行的 Web 网页动画的最基本形式之一。

2. PCX 格式

PCX 格式图像是 Z- soft 公司为存储 PCPaintbrush 软件包产生的图而建立的图像文件格式。PCX 文件格式较简单，使用游程编码（RLE）方法进行压缩，压缩比适中，压缩与解压缩速度都比较快，支持黑白、16 色、256 色、灰色图像，但不支持真实彩色。

由于 PCX 格式图像文件开发较早，应用较多，因此，以 PCX 格式存储的图像到处都有，而且被软件市场广泛接受。这样一来，PCX 格式图像实际上便成了的点位图像文件的标准格式，是计算机上使用最广泛的图像格式之一。而今，绝大多数开发系统均支持 PCX 格式图像文件。

3. TIFF 格式

TIFF（Tag Image File Format）格式是由 Aldus 和 Microsoft 公司为扫描仪和台式计算机出版软件开发的文件格式，支持黑白、16 色、256 色、灰色图像以及 RGB 真实彩色图像等各种图像规格。

TIFF 格式是工业标准格式，分成压缩和非压缩两大类。TIFF 格式文件为标记格式文件，便于升级。随着工业标准的更新，各种新的标记不断出现。因此，生成一个 TIFF 格式文件相当容易，而完全读取全部标记则是相当困难的事情。

4. BMP 格式

BMP（Bitmap）格式是 Microsoft 公司 Windows 操作系统使用的一种图像格式文件。它是一种与设备无关的图像格式文件，支持黑白、16 色、256 色、灰色图像以及 RGB 真实彩色图像等各种图像规格，支持代码法、直接法组织编排像素阵列。随着 Windows 操作系统的进一步应用，BMP（Bitmap）格式应用越来越广。

由于 BMP 格式是 Windows 操作系统使用的图像格式文件，Microsoft 公司为其提供了强大的编程支持，在绝大多数开发系统中均可直接调用 Windows API 函数对 BMP 位图进行编程与开发。它是继 PCX 之后最为广泛支持的图像文件格式之一，是目前图像编程与开发的基本图像文件格式。

5. JPG 格式

JPG 格式图像是联合图像专家小组（Joint Photographic Experts Group，JPEG）制订的 JPEG 标准中定义的图像文件格式。JPEG 算法是一个适用范围广泛、已经产品化了的国际标准，支持黑白、16 色、256 色、灰色图像以及 RGB 真实彩色图像等各种图像规格。JPEG 算法压缩效率高，解压缩速度快，是 MPEG 算法的基础，是动态视频的基础算法。

3.3 图像输入设备

把图像输入到计算机中需要一些专门的设备。例如，照片可使用扫描仪数字化并输入到计算机，摄像机、录像机的视频信号也可被数字化后存储到计算机中。

3.3.1 扫描仪

扫描仪是一种图像输入设备。它利用光电转换原理，通过光电管的移动或原稿的移动，把黑白或彩色的原稿信息数字化后输入到计算机中。它还能用于文字识别、图像识别等新的领域。

1. 扫描仪的结构、原理

（1）结构

扫描仪由电荷耦合器件阵列（Charge Coupled Device，CCD）、光源及聚焦透镜组成。CCD排成一行或一个阵列，阵列中的每个器件都能把光信号变为电信号。光敏器件所产生的电量与所接收的光量成正比。

（2）信息数字化原理

以平面式扫描仪为例。把原件面朝下放在扫描仪的玻璃台上，扫描仪发光照射原件，反射光线经一组平面镜和透镜导向后，照射到CCD的光敏器件上。来自CCD的电量送到A/D转换器中，将电压转换成代表每个像素色调或颜色的数字值。步进电机驱动扫描头沿平台作微增量运动，每移动一步，即获得一行像素值。

扫描彩色图像时分别用红、绿、蓝滤色镜捕捉各自的灰度图像，然后把它们组合成为RGB图像。有些扫描仪为了获得彩色图像，扫描头要分三遍扫描。另一些扫描仪中，通过旋转光源前的各种滤色镜使得扫描头只需扫描一遍。

2. 扫描仪的技术指标

扫描仪的技术指标，主要包括扫描精度、灰度级、色彩深度、扫描速度等。

（1）扫描精度

扫描精度通常用“光学分辨率×机械分辨率”来衡量。

光学分辨率（水平分辨率）指的是扫描仪上的CCD每英寸能捕捉到的图像点数。它用每英寸点数dpi（dot per inch）衡量，表示扫描仪对图像细节的表达能力。光学分辨率取决于扫描头里的CCD数量。

机械分辨率（垂直分辨率）指的是带动CCD的步进电机在机构设计上每英寸可移动的步数。

最大分辨率（插值分辨率）指通过数学算法所得到的每英寸的图像点数。做法是将感光元件所扫描到的图像资料再通过数学算法（如内差法）在两个像素之间插入另外的像素。适度地利用数学演算手法提高分辨率，可提高扫描的图像品质。

一个完整的扫描过程是感光元件扫描完原稿的第一条水平线后，再由步进电机带动感光元件进行第二条水平扫描。如此周而复始直到整个原稿都被扫描完毕。

一台分辨率为2400×4800dpi的扫描仪表示其光学分辨率为2400dpi，机械分辨率为4800dpi。分辨率越高，所扫描的图片越精细，产生的图像就越清晰。

（2）灰度级

灰度级是表示灰度图像亮度层次范围的指标，它表示扫描仪识别和反映像素明暗程度的能力。换句话说就是扫描仪从纯黑到纯白之间平滑过渡的能力。灰度级越大，扫描层次越丰富，扫描的效果也就越好。目前，多数扫描仪用8bit编码，即256个灰度等级。

（3）色彩精度

彩色扫描仪要对像素分色，即把一个像素分解为R、G、B三基色的组合。对每一基色的深浅程度也要用灰度级表示，称为色彩精度。

色彩精度表示彩色扫描仪所能产生的颜色范围，通常用每个像素上颜色的数据位数

(bit) 表示。常见扫描仪色彩位数有 24 bit、30 bit、36 bit、48 bit。

(4) 扫描速度

扫描仪的扫描速度也是一个不容忽视的指标，时间太长会使其他配套设备出现闲置等待状态。扫描速度不能仅看扫描仪将一页文稿扫入计算机的速度，而应考虑将一页文稿扫入计算机再完成处理总共需要的时间。

(5) 鲜锐度

鲜锐度是指图片扫描后的图像清晰程度。扫描仪必须具备边缘扫描处理锐化的能力。调整幅度应广而细致，锐利而不粗化。

3. 扫描仪的类型与性能

(1) 按扫描方式分类

按扫描方式不同，扫描仪可分为三种：平板式、滚筒式和胶片式。

平板式扫描仪用线性 CCD 阵列作为光转换元件，单行排列，称为 CCD 扫描仪。几千个感光元件集成在一片长 20 ~ 30 mm 的衬底上。CCD 扫描仪使用长条状光源投射原稿，原稿可以是反射原稿，也可以是透射原稿。这种扫描方式速度较快、价格较低、应用最广。

滚筒式扫描仪使用圆柱型滚筒设计，把待扫描的原稿装贴在滚筒上，滚筒在光源和光电倍增管 PMT 的管状光接收器下面快速旋转，扫描头做慢速横向移动，形成对原稿的螺旋式扫描，其优点是可以完全覆盖所要扫描的文件。滚筒式扫描仪对原稿的厚度、硬度及平整度均有限制，因此滚筒式扫描仪主要用于大幅面工程图纸的输入。

胶片式扫描仪主要用来扫描透明的胶片。胶片式扫描仪的工作方式比较特别，光源和 CCD 阵列分居于胶片的两侧。扫描仪的步进电机驱动的不是光源和 CCD 阵列，而是胶片本身，光源和 CCD 阵列在整个过程中是静止不动的。

(2) 按扫描幅面分类

幅面表示可扫描原稿的最大尺寸，最常见的为 A4 和 A3 幅面的台式扫描仪。此外，还有 A0 大幅面扫描仪。

(3) 按接口标准分类

扫描仪按接口标准分为 SCSI 接口和 USB 通用串行总线接口两大类。

(4) 按反射式或透射式分类

反射式扫描仪用于扫描不透明的原稿，它利用光源照在原稿上的反射光来获取图形信息；透射式扫描仪用于扫描透明胶片，如胶卷、X 光片等。目前已有两用扫描仪，它是在反射式扫描仪的基础上再加装一个透射光源附件，使扫描仪既可扫描反射稿，又可扫描透射稿。

(5) 按灰度与彩色分类

扫描仪可分为灰度和彩色两种。用灰度扫描仪扫描只能获得灰度图形，彩色扫描仪可还原彩色图像。彩色扫描仪的扫描方式有三次扫描和单次扫描两种。三次扫描方式的扫描仪又分三色灯管扫描仪和单色灯管扫描仪两种。前者采用 R、G、B 三色卤素灯管作光源，扫描三次形成彩色图像，这类扫描仪色彩还原准确；后者用单色灯管扫描三次，棱镜分色形成彩色图像，也有的通过切换 R、G、B 滤色片扫描三次，形成彩色图像。采用单次扫描的彩色扫描仪，扫描时灯管在每线上闪烁红、绿、蓝三次，形成彩色图像。

4. 扫描仪的选择

一是扫描仪的精度。扫描仪的精度决定了扫描仪的档次和价格。目前，1200 × 2400 dpi 的扫描仪已经成为行业的标准，而专业级扫描则要用 2400 × 4800 dpi 以上分辨率的扫描仪，读者可根据需求进行选择。

二是扫描仪的色彩位数。色彩位数越多，扫描仪能够区分的颜色种类也就越多，所能表达的色彩就越丰富，能更真实地表现原稿。对普通用户 24 bit 的扫描仪就已经足够。

三是扫描仪的接口类型。SCSI 接口扫描仪需要在计算机中安装一块接口卡，使用比较麻烦。USB 接口即插即用，支持热插拔，使用方便且速度较快。

5. 扫描仪的安装和使用

下面以 MICROTEK Scan Maker 4850Ⅲ扫描仪为例说明扫描仪的使用。

（1）硬件连接与软件安装

1）使用扫描仪随机附送的 USB 缆线的一端连接至扫描仪背面板，将另一端连接计算机的 USB 接口。

2）将电源的一端连接在扫描仪背面板的电源接口，另一端插在电源插座上。

3）将扫描仪的驱动程序光盘放入光驱，安装驱动程序。在安装时注意选择扫描接口方式为 USB。

4）安装附送的文字识别（OCR）软件。

（2）扫描仪的使用

1）打开扫描仪电源。

2）将需扫描的图片在扫描仪面板上摆正。

3）双击桌面图标 Scan Wizard 5，启动扫描程序。扫描程序的操作界面包括“设置”、“预览”和“信息”三个窗口。设定合适的扫描参数，如图 3-1 所示。

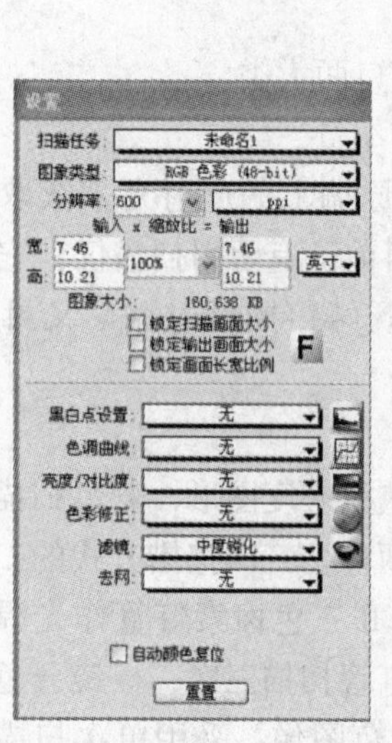

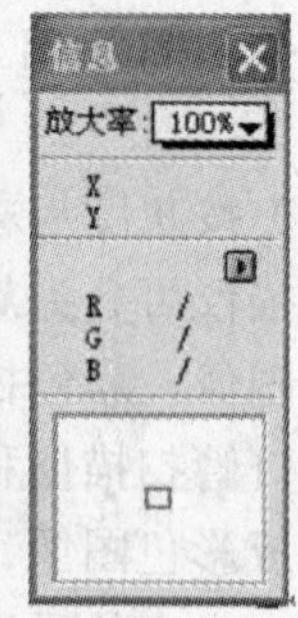

图 3-1　扫描仪的操作界面

在“设置”窗口中可以设定图像类型、分辨率、缩放比、色彩修正、滤镜和去网等参数。

- “图像类型”下拉框中提供彩色（RGB）、灰度、黑白等扫描模式。RGB 色彩模式用于彩色图像的扫描和输出彩色图，RGB 色彩（48 bit）适用于专业扫描仪；灰度模式用于输出介于黑白之间的各阶灰色所产生的图像，灰度（16 bit）适用于专业扫描仪；若想扫描输入文字，扫描图像类型应为“灰度”。
- 采用较高的“分辨率”所获得的数字化图像的效果较好。
- “缩放比”用于调整图像的大小。
- “去网”工具用于在扫描同时去除印刷品上的网纹。

4）在预览窗中单击“预览”按钮，扫描仪预扫。

5）确定扫描区域，移动、缩放扫描仪窗口的矩形取景框至合适大小、位置。

6）单击“扫描”按钮。若是输入图像，则图像类型应设置为“RGB 色彩”，扫描可得到 TIF 图像文件，再用 Photoshop CS3 处理图像；若是输入文字，则图像类型应设置为“灰度”，保存为 JPG 文件，再使用 OCR 软件识别成文字。

7）在桌面上双击尚书 OCR7.5 图标，启动尚书 OCR7.5 文字识别软件。

8）单击“打开图像”图标，打开“打开图像文件”对话框，选择要识别的文字图像文件，单击“打开”按钮，如图 3-2 所示。

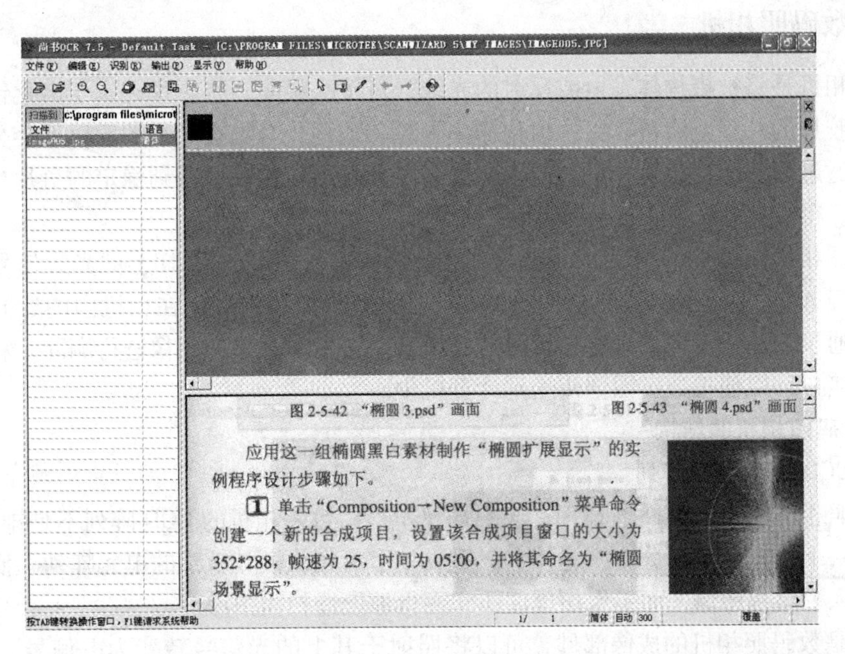

图 3-2　OCR 窗口

9）单击“版面分析”按钮，选择要识别的文字。

10）单击“开始识别”按钮，开始识别文字，如图 3-3 所示。

11）选中要识别的全部文字，按下〈Ctrl + C〉组合键将其复制到剪贴板。打开 Word 文档，确定要粘贴的位置，按下〈Ctrl + V〉组合键，将其粘贴到 Word 文档，便可对其进行修改了。

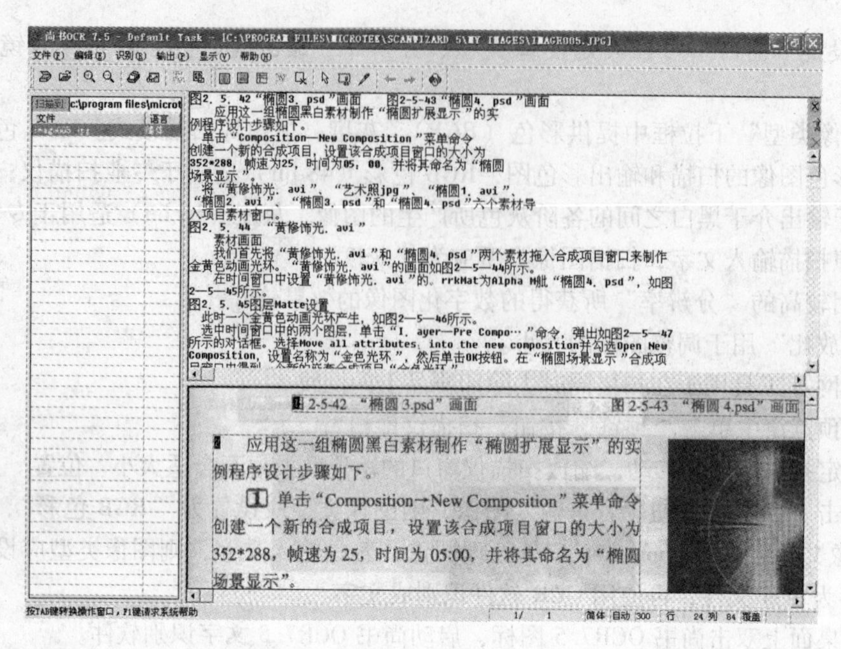

图 3-3　识别文字

3.3.2　数码照相机

普通相机是将被摄物体发射或反射的光线通过镜头聚焦，将影像记录于卤化银感光胶片上。感光胶片的片基上涂覆有银的卤化物小颗粒，这种化合物在光线的照射下会分解生成银单质，再通过现影、定影等一系列操作，洗去未分解的卤化物后得到稳定的负片，最后在相纸上成像，得到照片。

数码照相机使用 CCD 作为成像部件。它把进入镜头照射于 CCD 上的光影信号转换为电信号，再经 A/D 转换器处理成数字信息，并把数字图像数据存储在相机内的磁介质中。数码照相机通过液晶显示屏来浏览拍摄后的效果，并可对不理想的图像进行删除。相机上有标准计算机接口，以便把数字图像传送到计算机中。

1. 数码照相机的结构

(1) CCD 矩形网格阵列

数码照相机的关键部件是 CCD。与扫描仪不同，数字相机的 CCD 阵列不是排成一条线，而是排成一个矩形网格，分布在芯片上，形成一个对光线极其敏感的单元阵列，使照相机可以一次摄入一整幅图像，而不像扫描仪那样逐行地慢慢扫描图像。

CCD 是数码照相机的成像部件，可以将照射于其上的光信号转变为电信号。CCD 芯片上的每一个光敏元件对应将来生成的图像的一个像素，CCD 芯片上光敏元件的密度决定了最终成像的分辨率。

数码照相机使用的感光元件有 CCD 和 CMOS 两种。CMOS 的每个光敏元件都有一个将电荷转化为电子信号的放大器，CMOS 可以在每个像素的基础上进行信号放大，采用这种方法可节省任何无效的传输操作，所以只需少量的能量消耗，同时噪声也有所降低。制作精良的 CMOS 感光元件成像效果一点也不比传统的 CCD 差。

（2）模数转换器

相机内的 A/D 转换器将 CCD 上产生的模拟信号转换成数字信号，变换为图像的像素值。

（3）存储介质

数码照相机内部有存储部件。通常存储介质由普通的动态随机存取存储器、闪速存储器或小型硬盘组成。存储部件上可存储多幅图像，它们无需电池供电也可以长时间保存数字图像。

（4）接口

图像数据通过串行接口、SCSI 接口或 USB 接口从照相机传送到计算机中。

2. 数码照相机的工作过程

用数码照相机拍照时，进入照相机镜头的光线聚焦在 CCD 上。当照相机判定已经聚集了足够的电荷（即相片已经被合适地曝光）时，就“读出”CCD 单元中的电荷，并传送给 A/D 转换器，A/D 转换器把每一个模拟电平用二进制数量化。从 A/D 转换器输出的数据传送到数字信号处理器中，对数据进行压缩后存储在照相机的存储器中。

3. 数码照相机的主要技术指标

（1）CCD 像素

数码照相机 CCD 芯片上光敏元件的数量称为数码照相机的像素，是目前衡量数码照相机档次的主要技术指标，决定了数码照相机的成像质量，如图 3-4 所示。如果用户看到一部相机标识着最大分辨率为 3648 ×2736dpi，则其乘积等于 9980928，即为这部相机的有效 CCD 像素。相机技术规格中的 CCD 像素通常会标成 1000 万，其实这是它的插值分辨率。在选购时一定要分清楚相机的真实分辨率。

（2）色彩深度

色彩深度用来描述生成的图像所能包含的颜色数。数码照相机的色彩深度有 24 bit、30 bit，高档的可达到 36 bit。

（3）存储功能

影像的数字化存储是数码照相机的特色，在选购高像素数码照相机时，要尽可能选择采用高容量存储介质的数码照相机，如图 3-5 所示。

图 3-4　CCD 芯片

图 3-5　存储单元

（4）数码照相机的镜头

数码照相机镜头的变焦倍数直接关系到数码照相机对远处物体的抓取水平。数码照相机变焦越大，对远处物体拍得越清楚，反之亦然。因此，选择变焦大的数码照相机，可以有效摄取远处景色，如图 3-6 所示。

数码照相机变焦分为光学变焦（物理变焦）和数码变焦。其中真正起作用的是光学变焦，数码变焦只是使被摄物体在取景器中显示大一些，对物体的清晰程度没有任何作用。要注意这两者之间的区别。

数码照相机镜头口径也是需要注意的因素。如果镜头口径过小，那么即使有很高的像素，在光线比较暗的情况下也拍摄不出好的效果来。

（5）数码照相机的液晶取景器

对数码照相机液晶取景器的要求主要是亮度要够强，像素要够高，而且面积也是越大越好。现在比较流行的液晶取景器是 2. 5 ~ 3. 5 in，如图 3-7 所示。

图 3-6　镜头

图 3-7　液晶取景器

3.4　摄影基础

3.4.1　数码照相机拍摄前的准备

1. 安装电池

电池是数码照相机的动力资源，安装电池是进行数码照相机拍摄之前首先要做的准备工作，拍摄者必须根据使用说明书正确地安装电池，并必须保证电池是充满电的。

2. 安装存储卡

安装存储卡是另一项重要的准备工作，不同型号的数码照相机安装存储卡的方法也有所不同。安装存储卡时一定要分清楚存储卡插入的方向，插卡时用力要均匀，一定要推装到位，最后确认存储卡插入无误以后就可以盖上舱盖。还有一点很重要，那就是千万不要在开机状态下装入存储卡。

3. 开机

电池和存储卡安装完毕以后就可以开机了，开机的操作通常是按下相机上的“ON/OFF”开关按钮即可，随后相机进入开机状态。

4. 设置时间和日期

通常情况下，数码照相机在第一次使用时或更换时区后，都是要先进行日期和时间设置。这一操作也很简单，拍摄者可以根据使用说明书上的提示通过菜单来选择功能并进行相应设置。

5. 设置分辨率

拍摄者根据实际需要确定存储照片的分辨率，以此来限制图像文件的大小也是非常重要的一步。设置分辨率时一定不要以为分辨率越高越好。分辨率越高，相机所能存储的照片的数量就会减少，高分辨率也会使数码相片处理和存储时间延长。分辨率高低的设置取决于拍摄目的和画面要求。画面质量要求高，分辨率就应设置地高一些；画面质量要求低时，分辨率就可以设置地低一些。

6. 设定压缩比

拍摄前，图像压缩比的设置也是必不可少的。数码照相机的压缩比用质量等级来表示，质量等级越高，压缩比越低。压缩比要根据拍摄的需要来设置。一般情况下，设置的规则是：影像质量要求越高，设置的压缩比越低；影像质量要求越低，设置的压缩比就越高。在设置压缩比时，拍摄者还要注意，压缩比只有同机可比性，不同档次、型号的数码照相机的压缩比没有可比性。也就是说在不同的数码照相机上设置相同压缩比，得到的影像质量是不相同的。

3.4.2 数码照相机的拍摄过程

完成拍摄前的各项准备工作之后，便可进入正式的拍摄了。在拍摄过程中掌握各种基本操作方法与技巧是拍摄出完美照片的前提和保证。

1. 取景

取景是摄影创意的第一步，它的优劣直接关系到摄影作品的成败和后续工作的繁简。数码照相机和传统相机相比，除了具有光学取景器外，还有可供显像用的 LCD 显示器用作取景器，用以显示镜头内的影像、照片帧数和日期。使用 LCD 显示器取景，不需要把眼睛紧贴在相机上，在人潮拥挤的场合拍摄时，看着机背上 LCD 的显示取景就可以了。特别是一些镜头可前后转动的相机，更可以拿在手里进行自拍。多数数码单反相机的取景方式和传统单反相机相同，但部分数码照相机的取景范围比实拍范围大，这时就需要使用者有意识地把被摄主体置于实拍指示框内。

2. 调整焦距

在实际拍摄过程中，为了获得清晰的图像，拍摄者需要改变镜头的焦点位置，一般家用数码照相机都是采用自动聚焦方式，而一些高档的数码照相机则保留了手动调焦方式。下面讲述自动调焦的方法。当数码照相机处于自动聚焦状态时，对准被摄物体完成取景后，拍摄者半按下快门，相机的自动聚焦电路就可以把聚焦调整到最佳状态，而不用拍摄者进行任何调整。待自动聚焦完成后，再完全按下快门即可完成照片的拍摄。还有一点很重要，数码照相机的对焦点一般位于画面中心，如果构图主体恰好偏离中心，那就需要先把相机对准拍摄主体，半按下快门以后再重新构图和拍摄。

3. 调整白平衡

白平衡调整的方式可以分为自动和手动两种调整方式。自动白平衡调整是绝大多数数码照相机都具有的功能，适合几乎所有的拍摄条件。数码照相机开机之后，默认的设置就是自动调整白平衡。在此状态下，不需要拍摄者的参与，数码照相机会根据拍摄环境的光照条件自动调整白平衡。在某些拍摄环境下，数码照相机预设的白平衡还是不够用。此时，可以用数码照相机的白平衡捕获功能来手动调节白平衡，这是最准确的方式。具有代表性的手动白平衡调整方式有两类：一类是将数码照相机镜头对准白色占绝对优势的物体，然后按下白平衡按钮（通常标示为“W. BAL”或“WB”），直到液晶显示器上代表白平衡的相应符号由出现到闪烁为止；另一类只要将模式开关拨到白平衡挡（WB 挡），再将手动白平衡挡位开关调到与拍摄光源挡位相同时即可。一般拍摄情况下，使用自动白平衡调整即可满足要求，只有比较特殊的情况下才使用手动白平衡调整。

4. 设置感光度

由于数码照相机的光圈大小和快门速度都是有限的，在拍摄运动物体时，或者在光线暗淡的环境下，有时可以采用高感光度来进行拍摄。数码照相机的感光度是可调的，数码照相机可应对不同明暗程度的拍摄环境。家用数码照相机感光度的默认设置普遍比较高，在高感光度下进行拍摄，快门速度比较快，有利于拍摄的稳定，降低了拍摄难度。但是高感光度带来的一个问题就是画面噪点的增多，但拍摄者可以通过采取缩小分辨率的方法让照片上的噪点不明显。

5. 曝光控制

数码照相机的曝光，是指影像传感器的光敏表面接收由光学镜头投射来的景物光线，并产生和输出模拟电信号的过程。简言之，就是 CCD/CMOS 的感光过程。曝光量直接受到光圈和快门速度的影响。其中光圈大小影响照片的清晰度和景深，快门速度影响记录在照片上的物体动作效果。光圈大小和快门速度与曝光量之间的关系为：快门速度不变时，光圈越小，焦距越短，曝光量越少，光圈越大，焦距越长，曝光量越大；光圈大小不变时，快门速度越快，曝光量越小，快门速度越慢，曝光量越大。

6. 景深运用

光圈可以调整通过镜头的光线强度，但是光圈还有另一个重要作用，就是可以调整拍摄主体前后的影像清晰的聚焦范围，这个范围就是景深。在景深范围内的影像具有可以接受的清晰细节。景深有短景深和长景深之分。景深在图片的拍摄中，有重要的作用。调大光圈，可以得到浅或短的景深，浅景深能虚化主体的前后景，使主体突出；缩小光圈，可以得到大或长的景深，大景深能使图片中的清晰范围扩大，表达出更多的信息。

7. 使用滤光镜

为了真实地反映和表现被摄体原有的色彩和层次，拍摄者可以使用各种滤光镜，包括 UV 镜、滤色镜、偏振镜等。为了获得高清晰度的影像，建议拍摄者不要过多地重叠使用镜片配件。

以上就是数码照相机拍摄的一系列过程，其中焦距的调节、白平衡的调整、感光度的设置都是数码照相机拍摄不同于传统相机拍摄的步骤。因此，初学数码摄影的拍摄者要尤其注意这几个步骤的操作。

3.4.3 数码相片的转移和输出

1. 数码相片的转移

数码相片拍摄完毕以后都是存储在数码照相机的存储卡上，使用时，一般需要将存储卡上的影像转移到计算机中。数码相片的转移一般采用以下几种途径。

（1）将数码相片直接复制到计算机中

这是最简单也是最常见的转移方法，其操作方法是：首先在计算机上安装好数码照相机的驱动程序，保证计算机能够识别数码相机；然后用数据线将数码相机以计算机外设的形式直接插到计算机的USB接口或其他接口上；最后利用复制文件的方法把数码相片直接转移到计算机上就可以了。

（2）将数码相片直接转移到“数码相机伴侣”中

“数码相机伴侣”是一种类似于可移动硬盘的存储器，它设有接收各种存储卡的数据接口，利用它可以直接将各种存储卡上的数码相片转移到内置硬盘上。“数码相机伴侣”一般都有20 GB以上的容量，为拍摄者提供了极大的方便。

（3）通过读卡器将图像传输到计算机中

这种转移方法操作也非常简单，直接将CF卡、XD卡和记忆棒等数码相机的存储设备取出，通过专用读卡器就可以将数码相片转移到计算机中了。

2. 数码相片的输出

数码相片的输出形式也是数码相机有别于传统相机的一大特色，它避免了烦琐的暗房冲洗、印相工作。数码相片的输出有以下几种方法。

（1）数码相片的打印

数码相片的打印是以数码摄影和喷墨打印为核心的数码影像技术的又一次革命，它彻底颠覆了人们对影像技术的传统观念。数码相片的打印方法也很简单，其操作过程是，首先在计算机上安装好数码相机的驱动程序，保证计算机能够识别打印机，然后用数据线将打印机以计算机外设的形式直接插到计算机的数据线接口上。打开影像文件，利用“文件”菜单下的“打印预览”功能对影像进行打印规格的设置以后，直接按“打印”按钮就可以了。

（2）数码相片的冲印

数码相片的冲印技术属于感光业的尖端技术。数码冲印就是用彩扩的方法，将数码图像在彩色相纸上曝光，输出彩色相片，这是一种高速度、低成本、高质量制作数码相片的方法。比较方便的途径就是通过数码影像冲印网站（如易拍等），将数字图像传送到指定的位置，冲印店会将冲印好的照片送到你的手中。

3.5 用屏幕抓图软件采集素材

“屏幕抓图”指的是将屏幕图像转换为图像或动画文件，它可分为静态屏幕的采集和动态屏幕的采集两种。静态屏幕的采集得到的是一个个静态的图像文件；动态屏幕的采集能把屏幕图像及使用者的操作都记录下来，最后获得能还原屏幕图像及操作的动画文件。

“屏幕抓图”的应用非常广泛，其中一个最主要的应用就是计算机各种软件的介绍和教学。通过截取软件界面图像，能使软件的介绍及教学更形象、更直观。本书绝大部分的插图就是通过“屏幕抓图”而获得的。

Windows系统本身就具有“屏幕抓图”的功能，只需按〈Print Screen〉键或〈Alt + Print Screen〉组合键，然后在其他软件（如Word）中按〈Ctrl + V〉粘贴即可获取屏幕图像。但这种方法有两个局限：第一，截取的图像存放在剪贴板中，只能以剪贴板文件格式（CLP）存储，如希望以其他格式存储，必须粘贴到其他应用程序中才能进行；第二，截取的范围单一，只有整屏截取和窗口截取两种，无法满足如部分截取或菜单截取等特殊要求。正因为这些特殊需求，应运而生了许多屏幕抓图软件，比较有名的有 Print Key、Hyper Snap、SnagIt、Lotus Screen Cam 等。本节主要介绍 SnagIt，因为相比之下它的功能更多一些。

抓图软件尽管种类繁多，但基本操作大致相同，一般的过程都是：启动抓图软件→调出屏幕图像→按抓图快捷键→预览结果→保存图像文件→关闭抓图软件窗口。

3.5.1 静态屏幕的抓取

1. SnagIt 9 的主要功能

SnagIt 9 是 Tech Smith 公司的产品，其功能强大，主要表现在以下方面。

1）对象的捕捉能力强。不仅支持静态图像捕捉，还支持文本捕捉和视频捕捉功能，能够生成 TXT 文件和 AVI 文件。在图 3-8 所示的主界面中可以方便地选择各种捕捉功能。

2）界面直观，操作方便。抓图前，需先设置“输入”、“输出”、“效果”和“选项”4 个菜单的参数，然后按快捷键〈Print Screen〉键就可以捕捉画面了。

3）抓图方式灵活多样。在主界面“方案”中，可选择图像的多种抓图方式，如“范围”、“窗口”、“全屏幕”、“滚动窗口”、“Web 页”、“带时间延迟的菜单”、“对象”、“来自 Web 页的图像”、“窗口文本”和“录制屏幕视频”等。

图 3-8　SnagIt 9 主界面

4）输出方式独特。单击“输出”的“预览”按钮，可选择多种输出方式，如打印机、剪切板、文件、E-mail、FTP、程序、Word、Excel 和 PowerPoint 等。

5）效果功能强大。单击“效果”的下拉列表，从弹出的快捷菜单中，可选择多种效果方式。“色深”将图像颜色转换成单色、中间色、灰度三种不同的格式，也可在“图像分辨率”中选择不同的图像分辨率。在“色彩置换”中，可将图像颜色反相或进行自定义颜色置换。还可进行“图像比例”和“边缘效果”的调整等。

6）独特的包含声音的动态视频采集功能。具体视频区域、颜色及采集速度可自行设置。

7）特有的分类浏览器有利于文件的管理。SnagIt 9 的图库浏览器，可用于文件的管理，这种完善的文件管理功能在其他抓图工具中是不多见的。

8）特有的图像编辑、修改功能。执行菜单命令“工具”→“SnagIt 编辑器”，打开如图 3-9 所示的“SnagIt 编辑器”对话框。对话框上面以分类的形式提供了许多常用的图形符号，只需把需要的图形符号从左面拖拽到编辑图形上即可。大小、线型、颜色等都可重新调节，使用非常方便。

SnagIt 9 功能较全面，它可设置的项目很多，特别是在“输入”、“输出”、“效果”菜单中都有“属性”，可进行相关选项的具体设置。

2. 使用 SnagIt 9 抓图

下面介绍两个用 SnagIt 9 抓图的实例。

（1）抓取滚动的窗口图像

如何知道 C 盘 Program Files 文件夹中到底安装了多少软件，并把查询结果保存到硬盘中？完成此操作可有多种方法，其中一种就是用抓图软件。

1）启动 SnagIt 9，在“基本捕获方案”中选择的“滚动窗口”选项，单击“输出”按钮，从弹出的快捷菜单中选择“Word”菜单项，如图 3-10 所示。

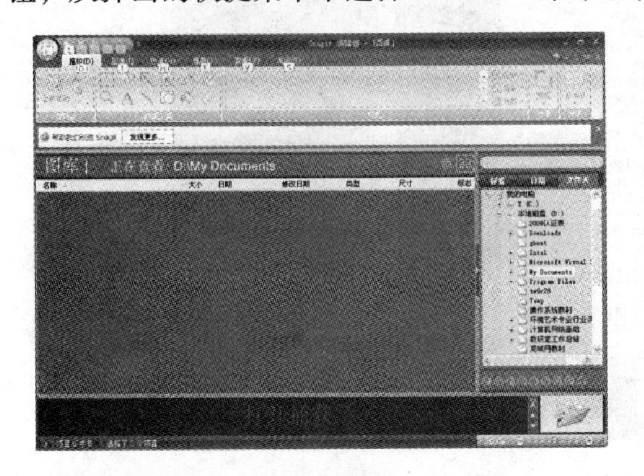

图 3-9　“SnagIt 编辑器”对话框

图 3-10　“滚动窗口”选项

2）打开资源管理器中的 Program Files 文件夹，按快捷键〈Print Screen〉后，出现手形标记，选择右面的文件列表窗口后，马上开始捕捉并出现“SnagIt 编辑器”窗口，如图3－11 所示。

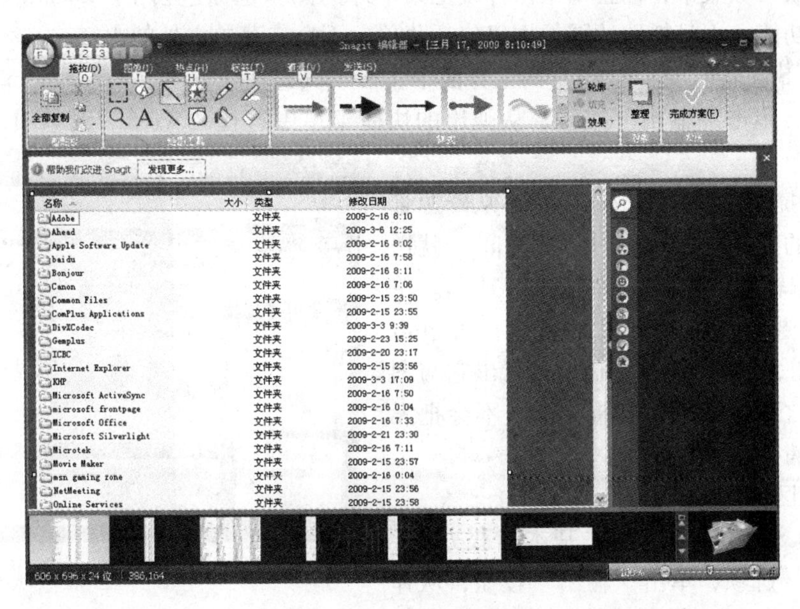

图 3-11　SnagIt 编辑器

3）如果已经满意抓取的图像，还可以为其增加箭头和说明文字。在绘图工具栏上，选择箭头工具绘制箭头，选择文字工具输入文字，如图 3-12 所示。

4）修改结束后，执行菜单命令“发送”→“Word”，将其发送到 Word 文档中。

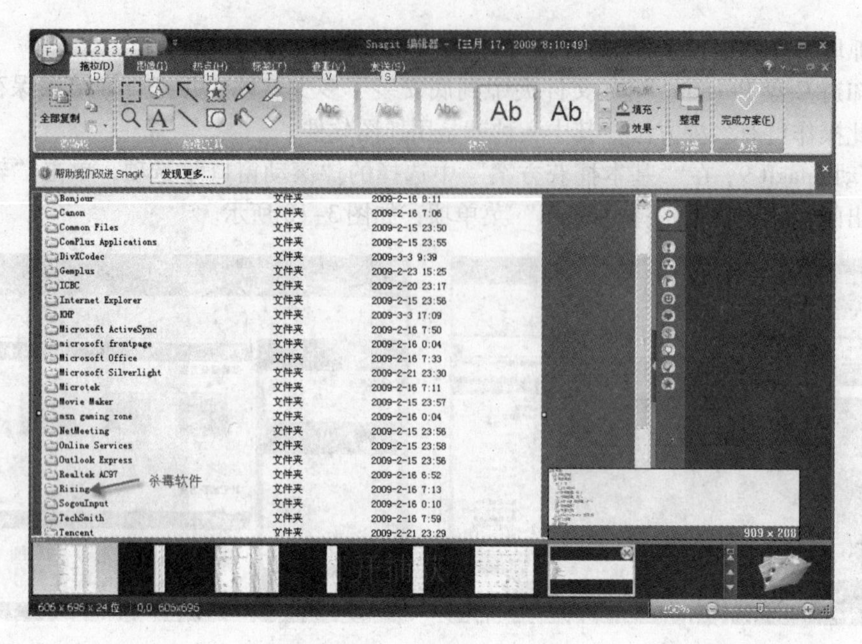

图 3-12　添加箭头及文字

（2）抓取“菜单”图像

抓取“菜单”图像是一种很常用的操作，但在有些抓图软件中，或者不能抓取菜单，或者只能抓取一级菜单，而且一不留神就把菜单外的图像也抓进去了。SnagIt 9 提供了多级菜单的抓取功能，而且抓取的图像中仅包括菜单，不会有菜单之外的内容。

1）启动 SnagIt 9，在 SnagIt 9 的主界面中，在“其它捕获方案”中选择“带时间延迟的菜单”选项，单击“输出”按钮，从弹出的快捷菜单中选择“Word”菜单项，如图 3-13 所示。

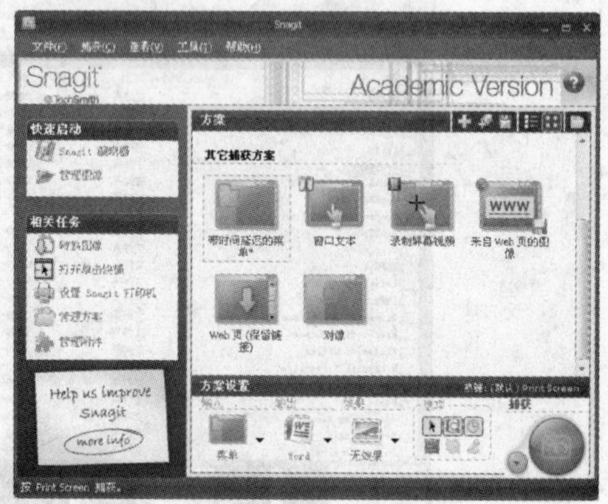

图 3-13　带延时捕获的菜单

2）按快捷键〈Print Screen〉后，从资源管理器中调出的菜单图像（延时一段时间）就送入“SnagIt 编辑器”窗口，如图 3-14 所示。单击“发送”选项卡，打开发送窗口，再单击“Word”按钮，导入 Word 文档，可看出它与图 3-15的不同之处在于它仅捕捉菜单，不会把无关的内容也捕捉进去。

3. 抓取区域图像

1）启动 SnagIt 9，选择“基本捕获方案”中的“范围”选项，单击“输出”按钮，从弹出的快捷菜单中选择“Word”菜单项。如果抓取的区域图像需包含光标或鼠标箭头，可选择“光标”选项，如图 3-16 所示。

2）如果抓取如图 3-15 所示的菜单，可单击“选项”的“计时捕获”按钮，打开“计时器设置”对话框，在“延时/计划”选项卡中选择“开启延时/计划捕获”复选框，在“延时”文本框中输入延时时间，如图 3-17 所示。

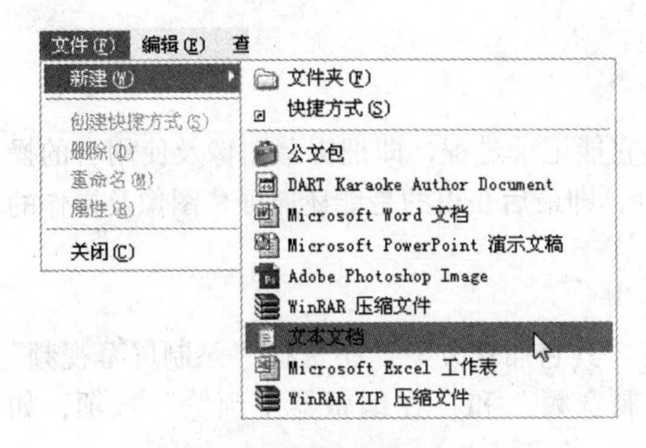

图 3-14 SnagIt 抓取的菜单图像

图 3-15 其他方法抓取的菜单图像

图 3-16 “范围”选项

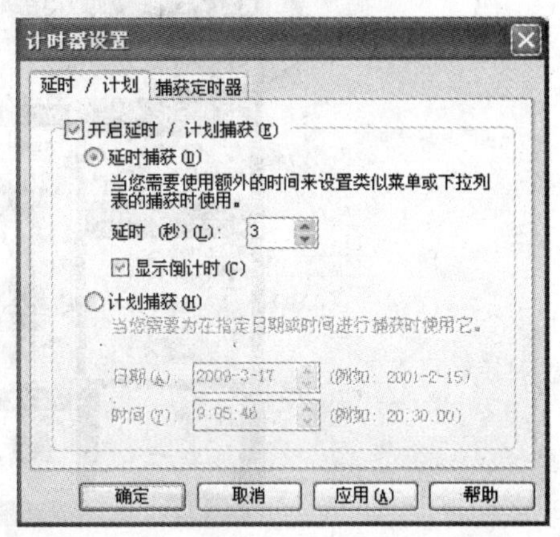

图 3-17 “计时器设置”对话框

3）单击“捕获”按钮，选择一个区域后，打开“SnagIt 编辑器”对话框，如图 3-18 所示，执行菜单命令“发送”→“Word”，导入 Word 文档。

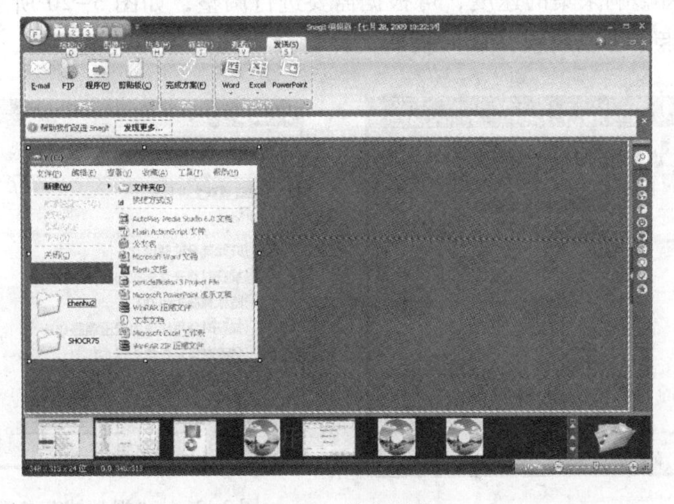

图 3-18 捕获预览

3.5.2 动态屏幕的抓取

“动态屏幕的抓取”包含两层意思：第一，它能记录过程，即把屏幕图像及使用者的操作都记录下来；第二，抓取后生成的是动画文件，即最后获得的是能还原屏幕图像及操作的动画文件。

用 Saaglt 9 抓取动态屏幕，操作步骤如下：

1）启动 SnagIt 9，在 SnagIt 9 主界面中，在“其它捕获方案”中选择“录制屏幕视频”选项，在“选项”中默认选中“光标”、“录制音频”和“在编辑器中预览”选项，如图3-19 所示。

图 3-19　抓取动态屏幕的设置

2）单击“输入”→“范围”右边的小三角形按钮，从弹出的快捷菜单中选择“属性”菜单项，打开“输入属性”对话框，在“固定区域”选项卡中设置视频采集区域的大小。视频区域的大小将影响采集的速度，可根据需要进行调整，如图 3-20 所示。在“视频捕获参数设置”选项卡中可以设置“临时捕获文件目录”的位置和其他参数，如图 3-21 所示。

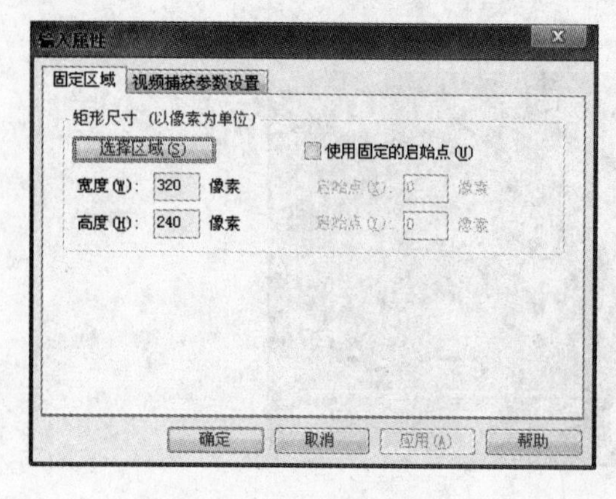

图 3-20　设置视频采集区域

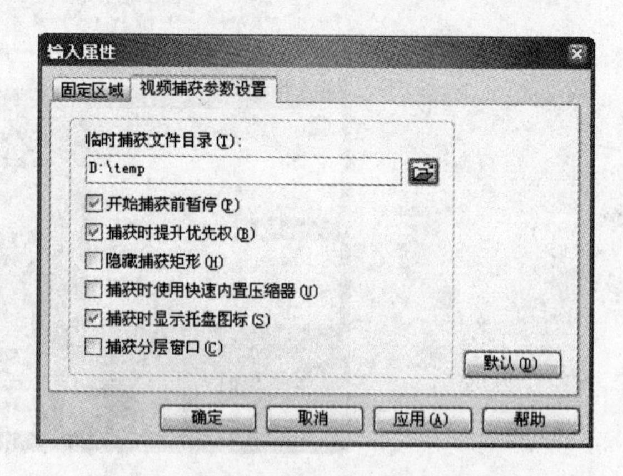

图 3-21　“视频捕获参数设置”选项卡

3）单击“捕获”按钮，选择将要采集的窗口，然后打开如图 3-22 的“SnagIt 视频捕获”对话框，说明当前采集的起始状态和采集属性。单击“开始”按钮正式开始采集，此时在视频采集区域中的鼠标移动操作，以及对着传声器进行的讲解都会被记录下来。按快捷键〈Print Screen〉可以停止采集。打开如图 3-23 所示的对话框，说明采集的时间等信息。如果单击“继续”按钮，则继续采集。

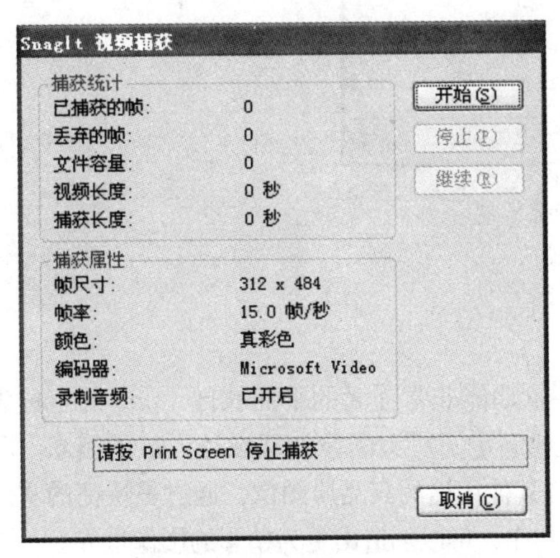

图 3-22　“SnagIt 视频捕获”对话框

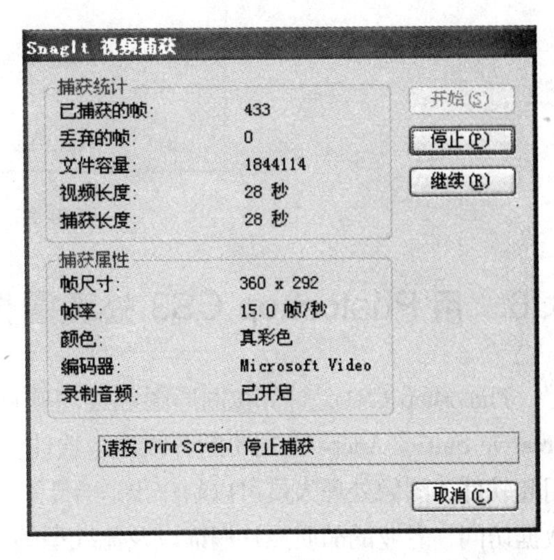

图 3-23　停止捕获

4）单击“停止”按钮，采集结束，打开如图 3-24 所示的“SnagIt 编辑器”窗口，可预览已捕获的动画文件。单击“完成”→“程序”按钮，打开“程序输出”对话框，可以选择相应的播放器，如图 3-25 所示。

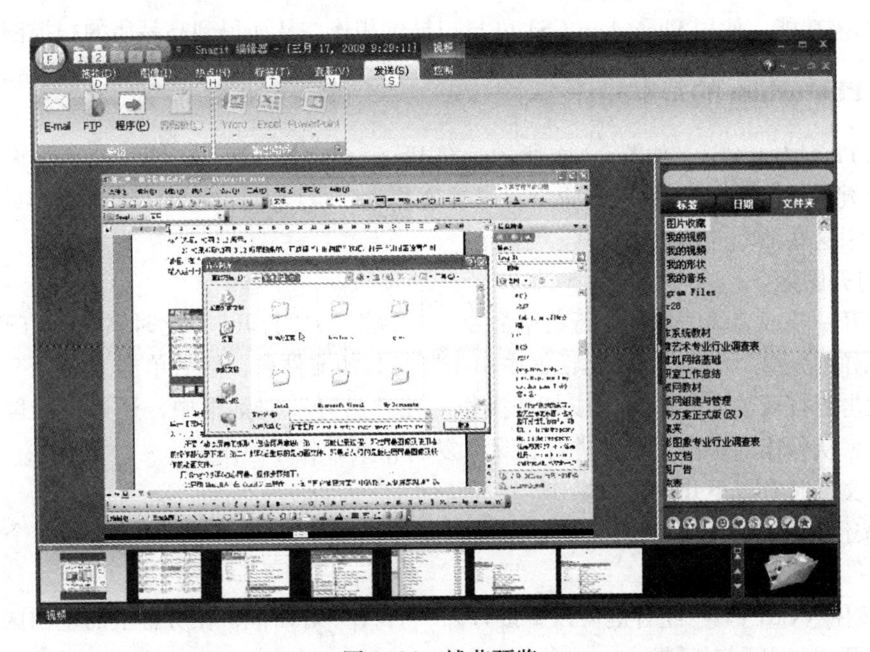

图 3-24　捕获预览

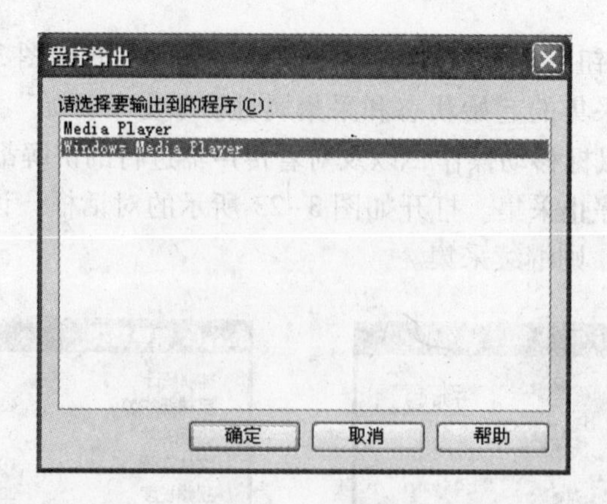

图 3-25　选择播放器

3.6　用 Photoshop CS3 处理图像

Photoshop CS3 是计算机图形图像处理软件中一款功能非常强大的平面软件，CS3 的全称为 Creative Suit3。Adobe 公司不断升级这一软件，极大地满足了广大图像处理设计人员的需求。利用此软件，图像处理人员可以制作出适合于打印或者其他用途的高品质图像，通过更快捷的文件数据访问、专业的品质照片润饰以及流线型的 Web 制作，可以创造出更为精彩的影像世界。

Photoshop CS3 的主要功能包括以下几种。

1）绘图功能。它提供了许多绘图及色彩编辑工具。

2）图像编辑功能。包括对已有图像或扫描图像进行编辑，例如放大和裁剪等。

3）创意功能。利用 Photoshop CS3 可以完成许多原来要使用特殊镜头或滤光镜才能得到的特技效果，也可产生美学艺术绘画效果。

4）扫描功能。使用 Photoshop CS3 可与扫描仪相连，从而得到高品质的扫描图像。

3.6.1　Photoshop 的基本操作

启动 Photoshop CS3，如图 3-26 所示。在 Photoshop CS3 的“文件”菜单下设置了“打开”、“新建”和“保存”等操作命令，通过这些命令可以对图像文件进行基本的编辑。下面分别介绍这些命令的基本操作。

1. 打开图像

要打开一幅或多幅图像，执行菜单命令“文件”→“打开”，此时系统会打开“打开”对话框，如图 3-27 所示。在该对话框中单击要打开的文件名，然后单击“打开”按钮，或者直接双击要打开的文件即可完成打开操作。在“打开”对话框中，还可以用鼠标右键单击文件名，从弹出的快捷菜单中进行删除、复制和重命名等操作。

打开文件时有以下几种快捷操作。

1）按住〈Shift〉键可以选择多个连续的文件，按住〈Ctrl〉键可以选择多个不连续的文件。

2）按住〈Ctrl + O〉组合键可以直接打开“打开”对话框，在屏幕上的空白区域双击鼠标也可打开“打开”对话框。

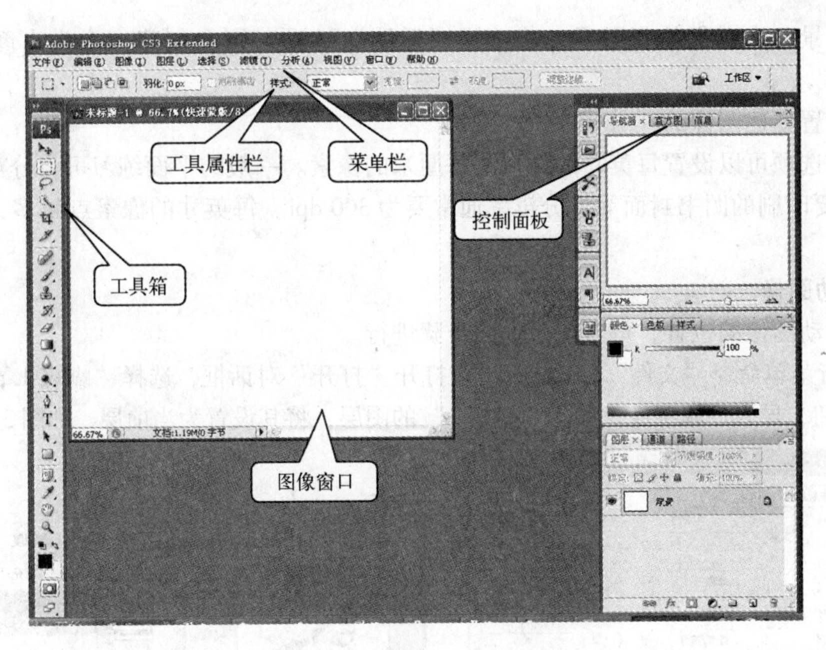

图 3-26　Photoshop CS3 窗口

2. 保存图像

要保存一幅图像，可以执行菜单命令“文件”→“存储”或“存储为”，此时系统会打开“存储为”对话框，如图 3-28 所示。

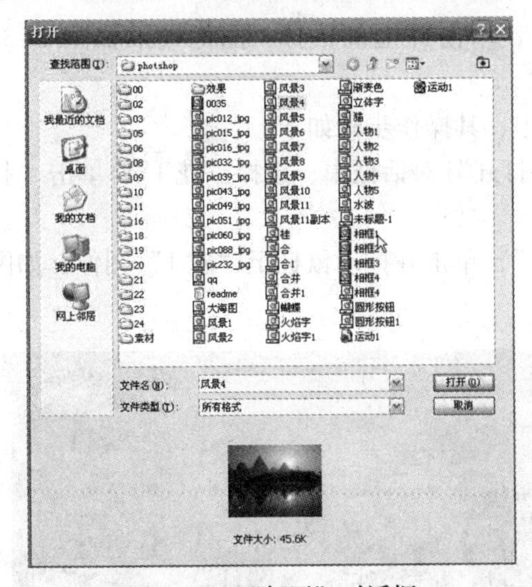

图 3-27　“打开”对话框

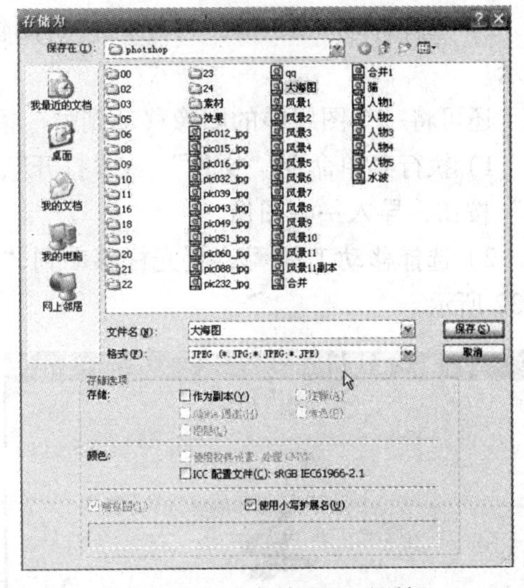

图 3-28　“存储为”对话框

3. 创建新的图像

要创建新的图像，可以执行菜单命令“文件”→“新建”，打开“新建”对话框，如图 3-29所示。

(1) 设置新建图像的“背景内容”

默认情况下，背景色将设定为白色。若在“背景内容”选项中选择“背景色”选项，将创建以背景色为底色的新图像；若选择“透明”选项，则会创建一个没有颜色的单层图像。

（2）设置新建图像的“分辨率”

分辨率选项可以设置每英寸的像素或每厘米的像素。一般的平面练习可将分辨率设置为72 dpi；需要印刷的图书封面等，分辨率通常要为300 dpi。每英寸的像素点越多，图像的尺寸就越大。

4. 移动图像

要想移动图像的位置，可以按照下面步骤进行。

1）执行菜单命令“文件”→“打开”，打开“打开”对话框，选择“蝴蝶1. psd”，单击“打开”按钮，导入一幅图像。单击“蝴蝶1”的图层，将其设置为当前层，如图3-30所示。

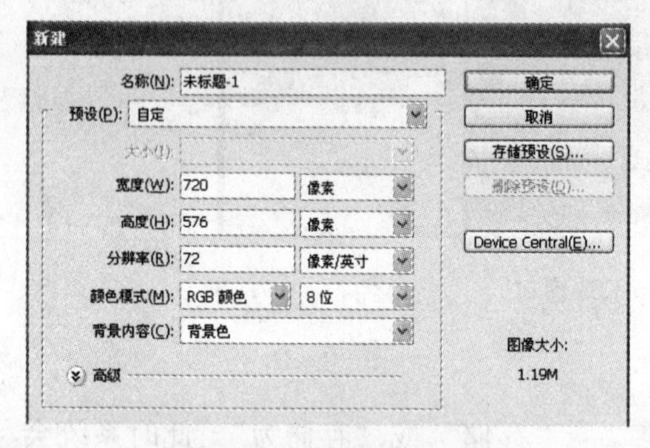

图3-29 “新建”对话框

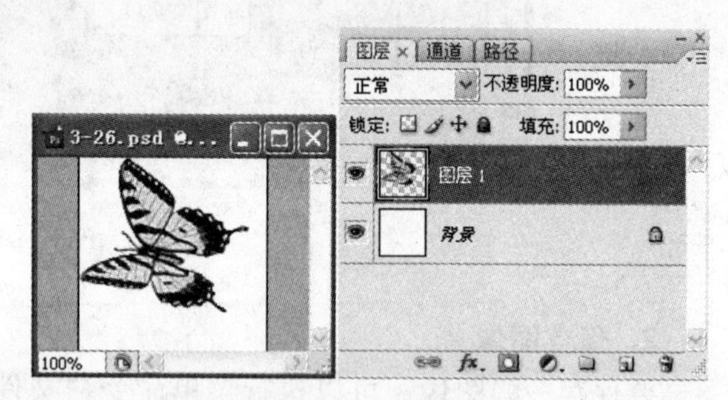

图3-30 导入图像

2）选择移动工具，将光标移到图像窗口，单击并拖动鼠标，图像效果如图3-31所示。

还可将一个图层中的图像移动到另一幅图像中，其操作步骤如下：

1）执行菜单命令“文件”→“打开”，在“打开”对话框中，选择“花1”，单击“打开”按钮，导入一幅图像。

2）选择移动工具，将光标移动到“蝴蝶1”，单击并拖动鼠标至“花1”图像，如图3-32所示。

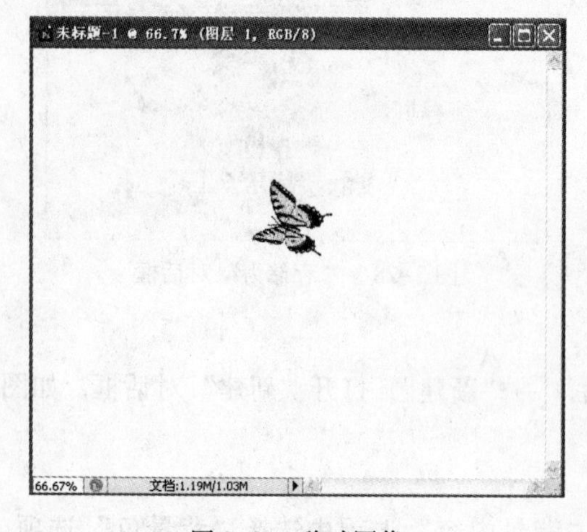

图3-31 移动图像

图3-32 移动图像到另一幅图像中

3）执行菜单命令“编辑”→“自由变换”，或按〈Ctrl + T〉组合键，将图像旋转并调整到适当大小，按〈Enter〉键结束自由变形命令。移动的图像会自动建立一个新图层，并处于图层面板最上方。此时图层面板如图 3-33 所示，图像效果如图 3-34 所示。

图 3-33　图层面板

图 3-34　图像效果

若希望移动图像保持原图像不变，即复制并移动图像，可以在选中移动工具时按住〈Alt〉键，然后再拖动鼠标即可。

5. 旋转图像

（1）旋转整幅图像

1）执行菜单命令“文件”→“打开”，在“打开”对话框中，选择“蝴蝶 2”，单击“打开”按钮，导入一幅图像，如图 3-35 所示。

2）执行菜单命令“图像”→“旋转画布”→“180 度”，如图3 －36所示。图3 －35所示的原图像将会旋转 180°，如图 3-37 所示。

图 3-35　原图像

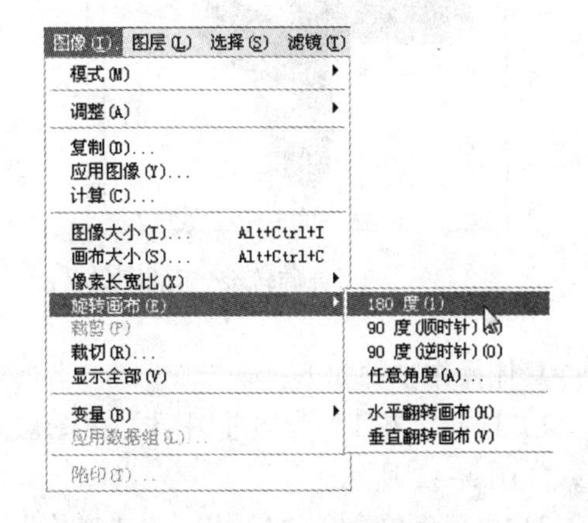

图 3-36　旋转命令

3）执行菜单命令“图像”→“旋转画布”→“任意角度”，打开如图 3-38 所示的“旋转画布”对话框。在“角度”文本框内输入旋转角度，单击“确定”按钮即可实现任意角度的旋转。图 3-39 为顺时针旋转 45°时的图像。

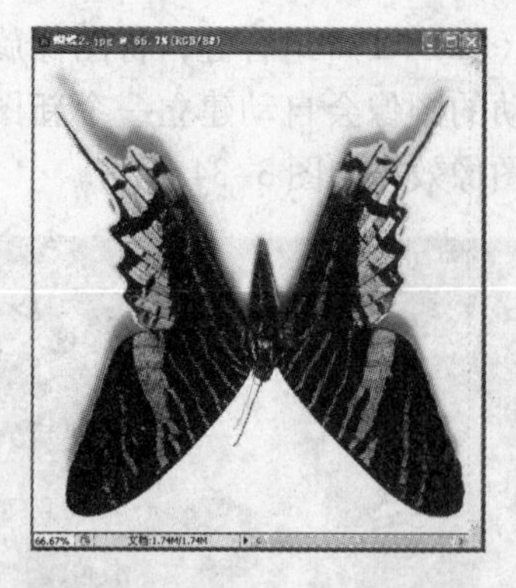

图 3-37　旋转 180°后的图像

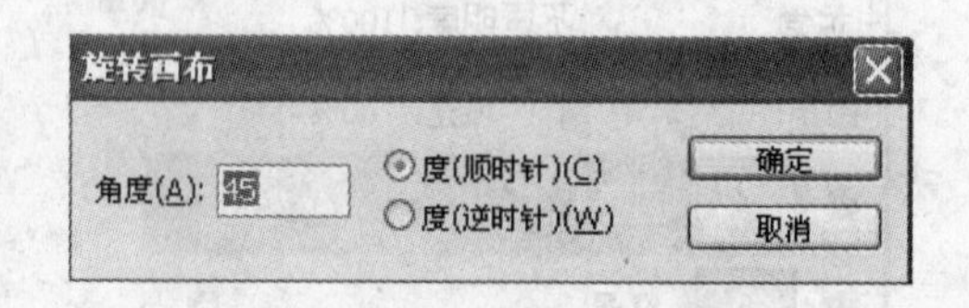

图 3-38　“旋转画布”对话框

4）执行菜单命令“图像”→“旋转画布”→“垂直翻转”或“水平翻转”，可将图像垂直翻转或水平翻转。

（2）旋转区域内的图像

选择要想旋转选区内的图像，需执行菜单命令“编辑”→“变换”中的各项，如图 3－40所示。

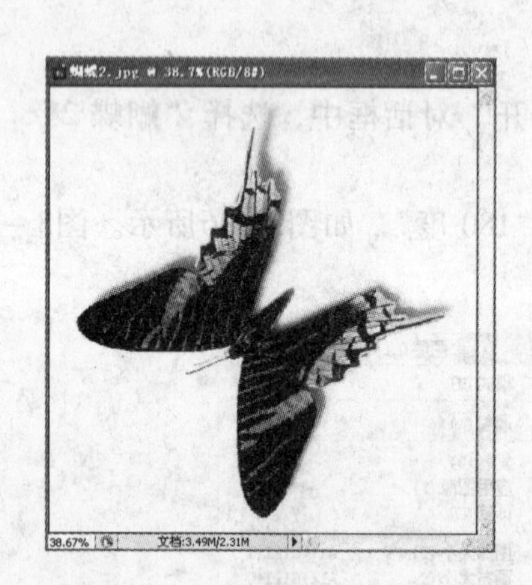

图 3-39　顺时针旋转 45°后的图像

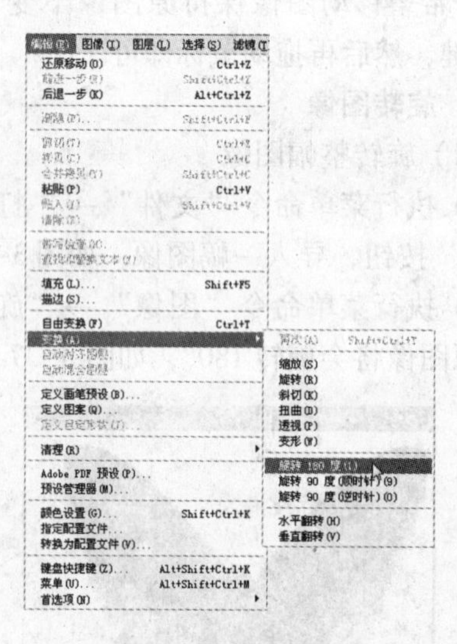

图 3-40　旋转命令

具体操作步骤如下：

1）选择“花 1”为当前图层，在图层选项卡中单击“图层 1”，即只选择图层 1 的内容，如图 3-41 所示。

2）执行菜单命令“编辑”→“变换”→“水平翻转”，其图像效果如图 3-42 所示。

6. 图像的显示

在图像编辑中，用户可能会根据需要对图像进行放大和缩小比例、改变窗口位置和排列、切换屏幕的显示模式或调整图像的显示区域等操作。为此，本节将简单地介绍一些这方面的知识。

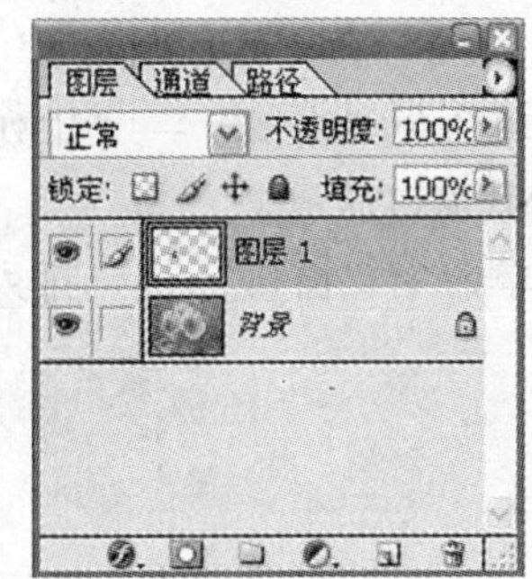

图 3-41　选择图层

（1）改变图像的显示比例

在图像操作中，用户经常会根据需要放大或缩小图像的显示，最常用的方法有以下 3 种。

图 3-42　水平翻转图像

1）利用缩放工具调整图像显示比例

- 选定缩放工具后，在图像中单击即可将图像放大，此时光标显示为；若按住〈Alt〉键在图像中单击即可将图像缩小，此时光标显示为。
- 选择缩放工具后，直接双击图像，则可以将图像以 100% 的比例显示。
- 选择缩放工具后，在图像中拖动，则可以放大拖动的图像区域。

2）通过“视图”菜单中的命令调整图像显示比例

执行菜单命令“视图”→“放大/缩小/按屏幕大小缩放/打印尺寸”，可以放大或缩小图像。

- “放大”命令：选中此命令可以将图像放大一倍。
- “缩小”命令：选中此命令可以将图像缩小为原来的二分之一。
- “按屏幕大小缩放”命令：选中此命令可以将图像以最适合屏幕的比例显示。
- “打印尺寸”命令：选中此命令可以将图像以实际打印尺寸显示。

3）通过“导航器”控制面板调整图像显示比例

在如图 3-43 所示的“导航器”控制面板中可以控制图像的显示比例，并可在导航器中显示比例。其中图像的方框代表放大或缩小的图像区域。

图 3-43　“导航器”控制面板

（2）调整图像窗口的位置和排列顺序

在实际操作中，经常会根据需要调整图像窗口的位置和排列顺序，共有以下 3 种方法可供读者调整。

1）执行菜单命令“文件”→“打开”，在“打开”对话框中，选择“花 2”、“桂林山水 1”、“桂林山水 2”和“桂林山水 3”，单击“打开”按钮，导入 4 幅图像。

2）执行菜单命令“窗口”→“排列”→“层叠”，可以将图像层层叠放在窗口中，如图 3-44 所示为其窗口显示。

3）执行菜单命令“窗口”→“排列”→“水平平铺”，可以将图像平铺在窗口中，如图 3-45 所示。

图 3-44　层叠窗口

图 3-45　水平平铺窗口

（3）调整图像的显示区域

当图像超出显示窗口时，系统将自动在窗口显示滚动条，用户可以通过调节滚动条来显示图像。另外还可以用抓手工具来改变区域。

也可以在“导航器”控制面板中，利用抓手工具移动图像来显示区域。但是不管当前使用的是何种工具，均可以使用导航器控制面板改变显示区域。

7. 改变图像所占的空间

在图像编辑的过程中，图像所占的空间会直接影响到作图的速度及图像的质量，因此设置图像的大小对于做出符合要求的图像是至关重要的。下面介绍如何设置和改变图像所占空间的大小。

（1）改变图像的尺寸

在图像操作中，用户会根据需要修改图像的大小。要改变图像的显示尺寸、打印尺寸和分辨率，可执行菜单命令“图像”→“图像大小”，或者用鼠标右键单击图像框，从弹出的快捷菜单中选择“图像大小”菜单项，系统将打开如图 3-46 所示的“图像大小”对话框，然后在对话框中进行设置即可。

（2）改变图像的分辨率

分辨率指的是在单位长度内所含点数的多少。分辨率的大小直接影响图像的大小。设定分辨率时要考虑到输出文件的用途和计算机显卡的分辨率等。

修改图像的分辨率的对话框与修改图像的大小的对话框相同，如图 3-46 所示。

(3) 改变画布的大小

如果用户不改变图像的尺寸，而是要剪裁或显示图像的空白区时，可执行菜单命令“图像”→“画布大小”，或者用鼠标右键单击图像框，从弹出的快捷菜单中选择“画布大小”菜单项，打开“画布大小”对话框，如图 3-47 所示，然后在对话框中进行设置即可。

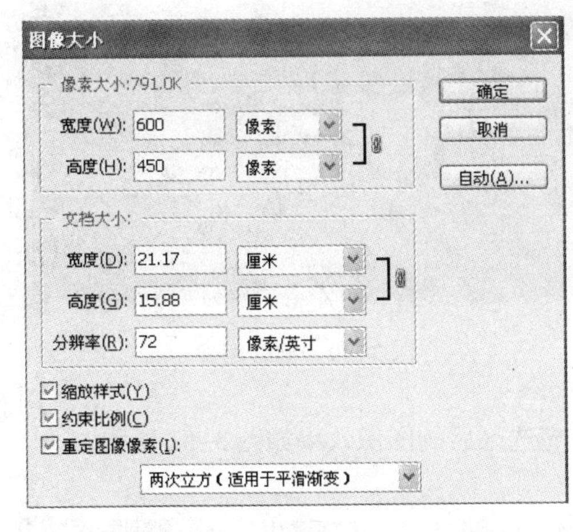

图 3-46　“图像大小”对话框

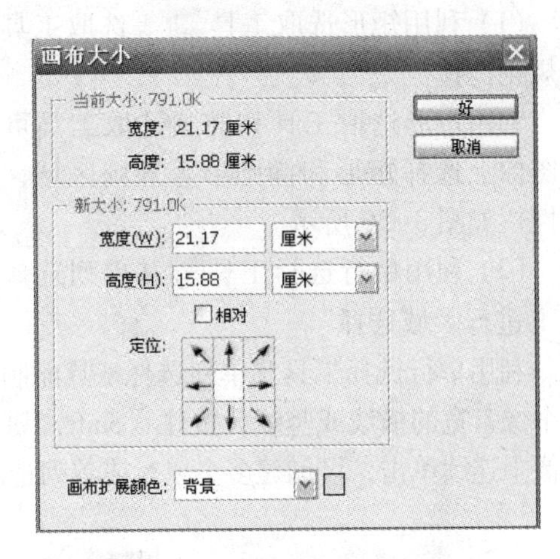

图 3-47　“画布大小”对话框

(4) 利用剪裁工具

利用剪裁工具可以剪切图像。先选择剪裁工具，然后在图像中单击第一个定位点，拖动光标至终点，按下〈Enter〉键或双击鼠标即可结束操作，如图 3-48 所示。也可以按下〈ESC〉键取消操作。

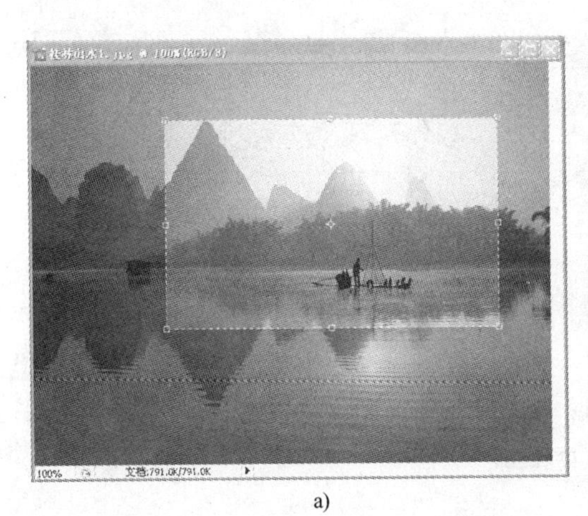

a)

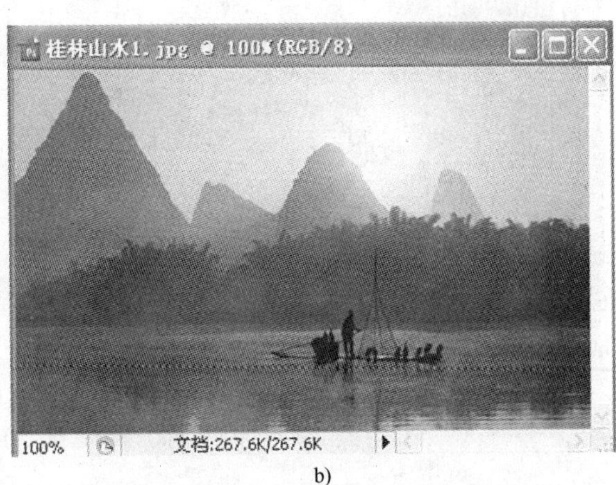

b)

图 3-48　剪裁图像

a) 原图像　b) 被剪裁部分

被剪裁部分周围的 8 个控制点可以自由活动。将鼠标放置到一个控制点附近时可以旋转图像，如图 3-49 所示。

8. **图像的选择**

在 Photoshop 中，大部分操作只对当前选区内的图像区域有效。而如何利用各种工具及命令对图像进行精确选择是图像操作的基本手段，因此读者必须很好地掌握选区的制作方法。

图 3-49　旋转图像

（1）利用矩形选取工具等选取工具进行规则选择

利用矩形选取工具和椭圆选取工具可以在图像上选择矩形和椭圆形等规则区域，其属性栏如图 3-50 所示。

（2）利用单行选择工具和单列选择工具进行区域选择

利用单行选择工具和单列选择工具能制作一个像素宽的横线或竖线，按住〈Shift〉键在图像中连续单击，可创建多个单行或单列选区，填充选区后的图像效果如图 3-51 所示。

图 3-50　属性栏

a)

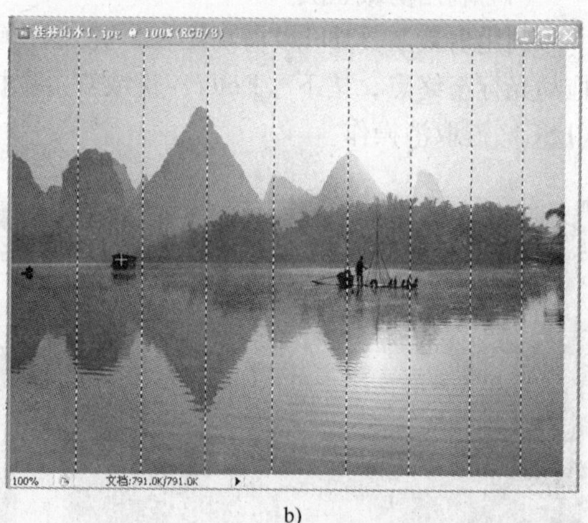

b)

图 3-51　区域选择

a）单行选择　b）单列选择

（3）利用魔棒工具进行区域选择

利用魔棒工具可以选择图像中颜色相近的区域。选择魔棒工具，在图像中要选择的区域单击，即可选择图像中颜色相近的区域，按住〈Shift〉键可以加选，按住〈Alt〉键可以减选。选中后的红花周围有一个虚线框，如图 3-52 所示。

（4）利用自由套索工具等进行不规则区域选择

利用自由套索工具、多边形套索工具及磁性套索工具，可以对不规则区域进行选择。

1）利用自由套索工具选择

利用自由套索工具可定义任意形状的区域。用自由套索工具先定义一个点，然后拖动鼠标，如图3-53所示。

图3-52 用魔棒工具进行区域选择

图3-53 用自由套索工具进行选择

2）利用多边形套索工具选择

利用多边形套索工具可以选择直线形的选区。此选取工具适合选择三角形和多边形等形状的选区。

3）利用磁性套索工具选择

利用磁性套索工具可以选择图像与背景色反差较大的区域。当所选区域的边界不是很明显，而无法精确选择边界时，可以单击鼠标手工定义节点。按〈Delete〉键可以删除所定义的节点。

3.6.2 选区的编辑

在Photoshop中，大部分操作只对当前选区有效。因此读者在学会了如何制作选区后，就需要进一步学习如何对选区进行编辑。

1. 选区的剪切、复制和粘贴

若需要对选区进行剪切、复制和粘贴，可分别执行菜单命令“编辑”→“拷贝”、“剪切”及“粘贴”，下面以实例说明。

1）打开“花3”图像并制作选区，执行菜单命令“编辑”→“剪切”，或按〈Ctrl + X〉组合键，将选区内的图像剪切到剪贴板。此时选区内的图像将被剪除，并以背景色填充，如图3-54所示。

2）打开图像“桂林山水2”，执行菜单命令“编辑”→“粘贴”，将剪贴板上的图像粘贴到图像“桂林山水2”中，如图3-55所示。

3）将图层1的模式设为“变暗”模式，如图3-56所示，图像效果如图3-57所示。

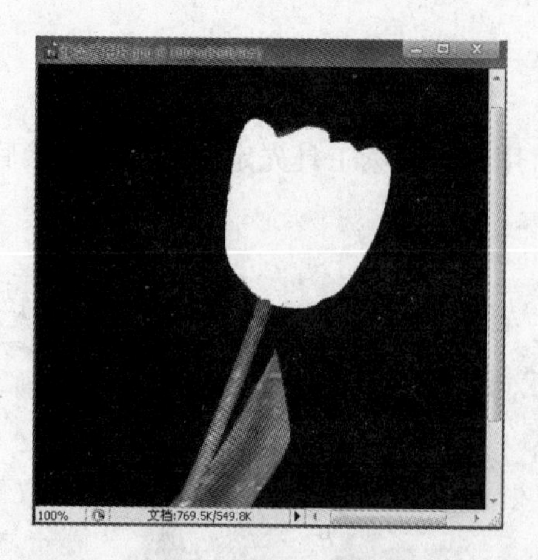

图 3-54　剪切

图 3-55　粘贴

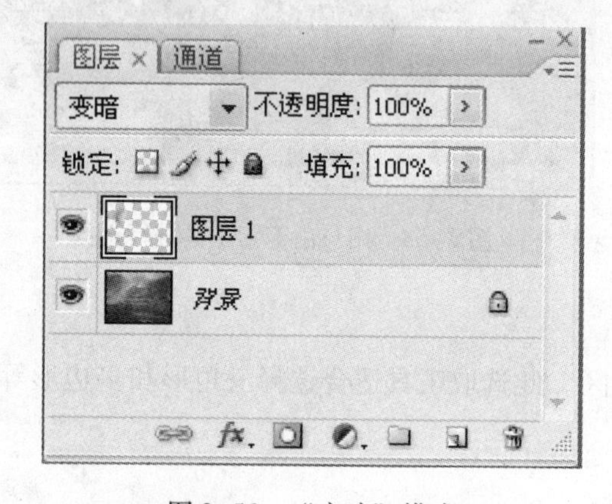

图 3-56　“变暗”模式

图 3-57　“变暗”后的图像效果

2. 清除选区图像

要想清除选区，读者可以利用“编辑”→“清除”命令实现，下面以实例说明。

1）打开一幅具有两个图层以上的图像。选择图层 3，执行菜单命令“选择”→“全选”，将图像全部选中，如图 3-58 所示。

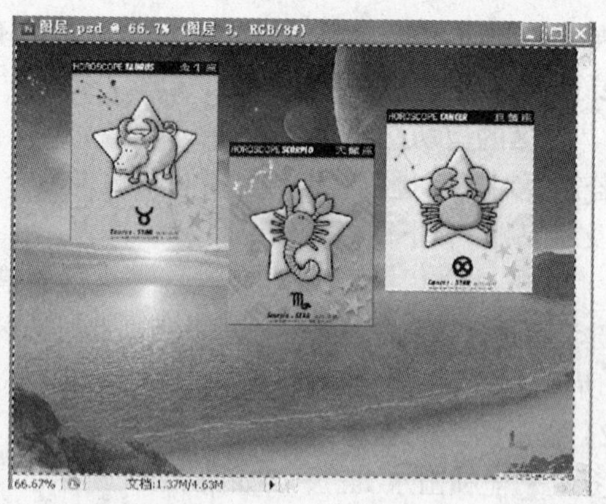

图 3-58　全选图像

2）执行菜单命令“编辑”→“清除”，清除的只是当前层的图像内容，图像效果如图3－59 所示。

3. 合并复制与贴入命令

合并复制命令是将选区内所有层的图像复制到剪贴板中，贴入命令则是将剪贴板的内容复制到选区内，下面以实例说明。

1）打开图像“花 4”，用魔棒工具选中“花 4”的空白区域，执行菜单命令“选择”→“反向”，将花选中，单击移动工具，将花拖到图像“桂林山水 1”上。

2）按〈Ctrl＋T〉组合键，将图像调整到适当大小并移到适合的位置，按〈Enter〉键结束自由变形命令，如图 3-60 所示。

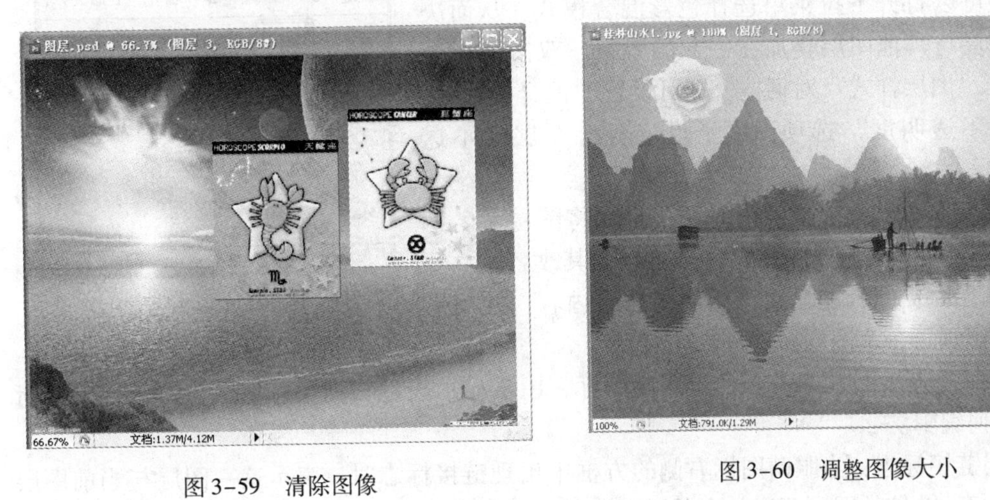

图 3-59　清除图像

图 3-60　调整图像大小

3）执行菜单命令“选择”→“全选”、“编辑”→“合并拷贝”，将选区内图像复制到剪贴板上。

4）打开图像“桂林山水 3”，并制作如图 3-61 所示的选区。

5）执行菜单命令“编辑”→“贴入”，将剪贴板上的内容粘贴到新打开图像的选区内，如图 3-62 所示。

图 3-61　制作选区

图 3-62　贴入图像

3.6.3 图层的使用

在 Photoshop 中，系统对图层的管理主要是通过图层控制面板和图层菜单来完成的。根据图层作用的不同，图层可分为多种类型，如普通层、调整层和文本层等。

1. 组成元素

在图层控制面板中，Photoshop 有着非常大的作用。利用图层可以把图像中的单独区域分离并加以处理，这样就极大地增强了制图的效果。如图 3-63 所示为其控制面板。

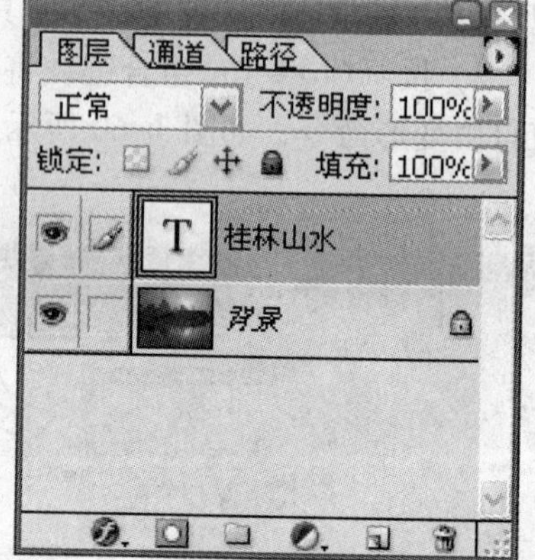

图 3-63　“图层”控制面板

1）“图层混合模式”选项：指图层的混合模式。单击该选项可以打开下拉菜单选择色彩混合模式，从而决定当前图层与其他图层叠加在一起的效果。双击“图层 1”，打开“图层样式”对话框，即可设置“混合模式”。

2）“不透明度”选项：用于设定各个图层的不透明度。

3）图层名称：在建立图层时系统自动将图层命名为图层 1 和图层 2 等。双击图层名称，可以为其改名。

4）图层缩览图：能显示该图层的缩略内容，使用户能清楚地识别每一个图层。

5）眼睛图标：图层名称左侧的眼睛图标，用于显示或隐藏图层。图层隐藏后，不能对其进行任何编辑。

6）层链接标志：当眼睛图标右侧的方框中出现链接标志时，表示这一图层与当前图层链接在一起。链接的图层可以与当前图层一起移动。

7）当前图层：在图层控制面板中，以蓝色显示的图层为当前图层。一幅图像中只有一个当前图层，并且绝大部分的编辑命令只对当前图层有效。要切换当前图层时，用鼠标单击图层面板的缩略图或名称即可。

8）锁定背景层：在图层名称的右侧有一个锁的图标，它用于将图层锁定。当图层上有这个图标的时候，则不能对它进行移动等操作。在默认状态下，背景层为锁定状态。如果需要对背景层进行操作，可以双击背景层，在打开的“新建图层”对话框中单击“确定”按钮，将背景层转换成为普通层即可。

2. 普通层

单击“图层”控制面板中的“新建”按钮，即可创建新的图层。或者执行菜单命令“图层”→“新建”→“图层”，打开“新建图层”对话框，在“名称”文本框中输入图层的名称，如图 3-64 所示，单击“确定”按钮，也可以创建新的图层。

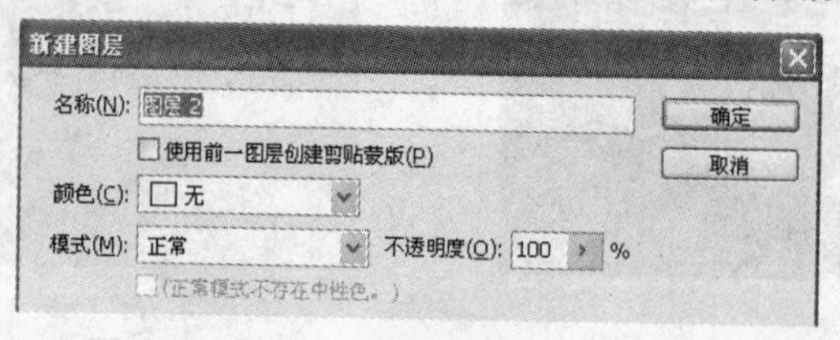

图 3-64　“新建图层”对话框

3. 调整层

利用调整层，可以将色阶等效果单独放在一个图层中，而不改变原图像。执行菜单命令“图层”→“新建调整图层”→“色阶”，即可创建调整层。或者直接单击“图层”控制面板中的调整按钮，也可以创建调整层。下面以实例加以说明。

1）打开图像“花5”，单击图层控制面板中的“调整”按钮，从弹出的快捷菜单中选择“色阶”菜单命令，如图3-65所示。

2）在打开的“色阶”对话框中调整其滑条，如图3-66所示。调整色阶后的图像效果如图3-67所示。

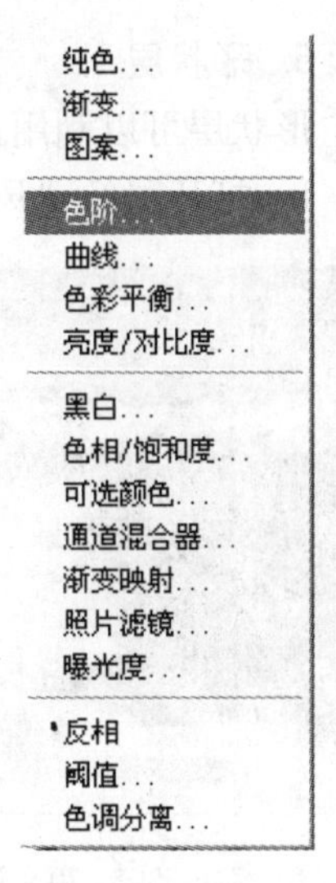

图3-65 “色阶”菜单命令

4. 填充层

填充层是一种带蒙板的图层，其内容可为纯色、渐变色或图案。填充层可以随时转换为调整层。下面通过图例说明。

1）打开图像“风景1”，如图3-68所示。

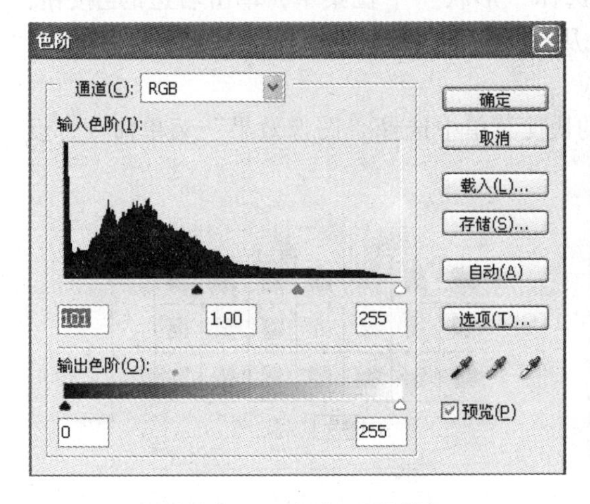

图3-66 “色阶”对话框

图3-67 调整色阶后的图像效果

2）设置前景色为白色，单击“调整”按钮，从弹出的快捷菜单中选择“渐变”菜单命令，打开“渐变填充”对话框并调整其参数，如图3-69所示。调整后的图像如图3-70所示。

图3-68 初始图像

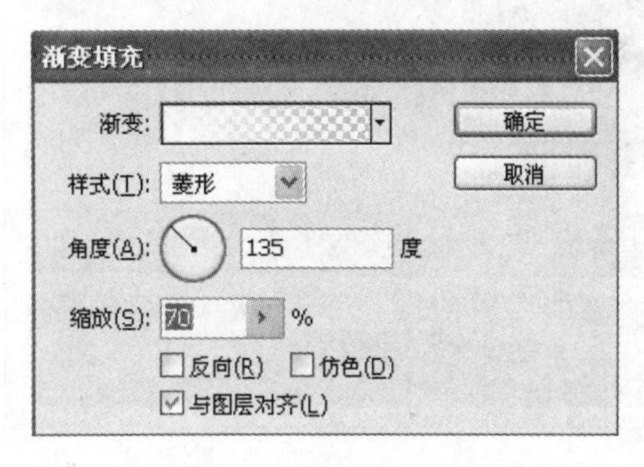

图3-69 “渐变填充”对话框

5. **形状层**

形状层可以利用工具箱中的自定义形状工具制作向量图形，下面通过实例说明。

1）打开图像“风景 2”，如图 3–71 所示。

图 3–70　调整后的图像

图 3–71　初始图像

2）在工具箱中选择自定义形状工具，选择“形状”下拉菜单，单击右边的按钮，从弹出的快捷菜单中选择“全部”菜单命令，从打开的下拉图形中选择“形状”为月亮形，如图 3–72 所示。

3）单击“样式”右边的按钮，从弹出的快捷菜单中选择“图像效果”菜单命令，设定其样式为“鳞片”，如图 3–73 所示。

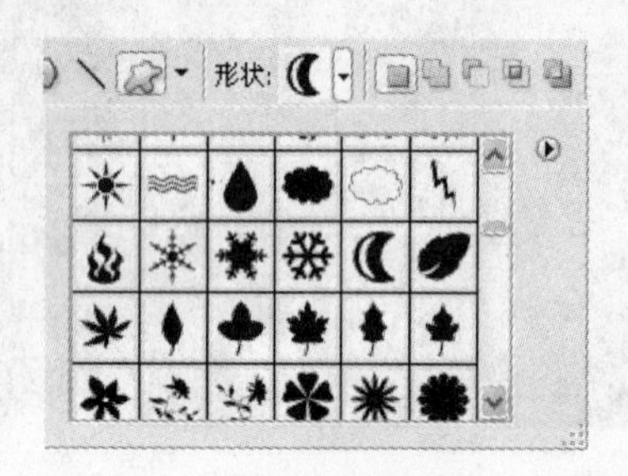

图 3–72　向量图形

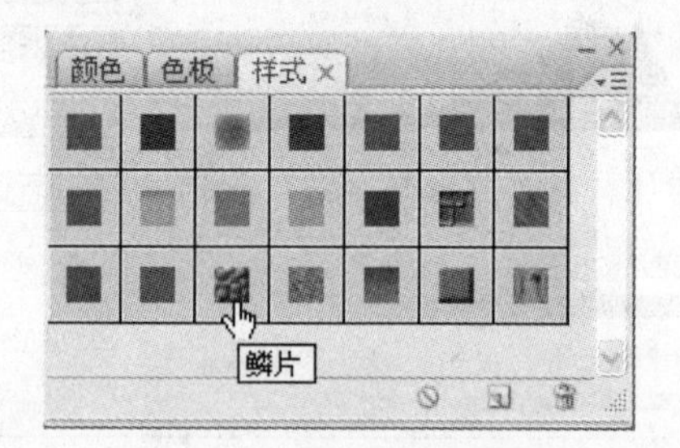

图 3–73　“样式”选项卡

4）在图像中绘制一个图形，如图 3–74 所示。可以看到“图层”面板中新增加了一个形状层，如图 3–75 所示。

图 3–74　绘制图形

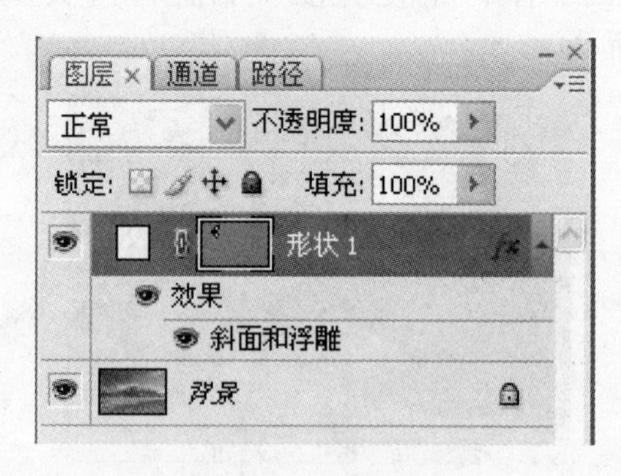

图 3–75　新增图层

5）执行菜单命令“图层”→“更改图层内容”→“图案”，打开“图案填充”对话框，如图3-76所示。单击图案框右边的小三角形，打开“图案选择”对话框。若所列的图案中没有所需要的图形，单击右上角的小三角形，从弹出的快捷菜单中选择“图案”菜单命令，再从中选择木质图案，如图3-77所示，然后单击“确定”按钮。最后的图像效果如图3-78所示。

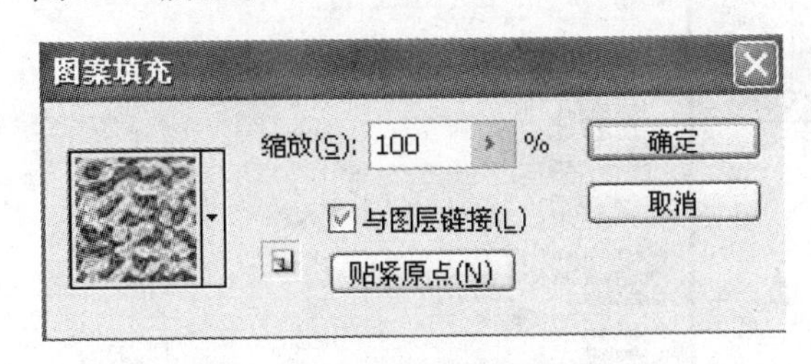

图3-76　“图案填充”对话框

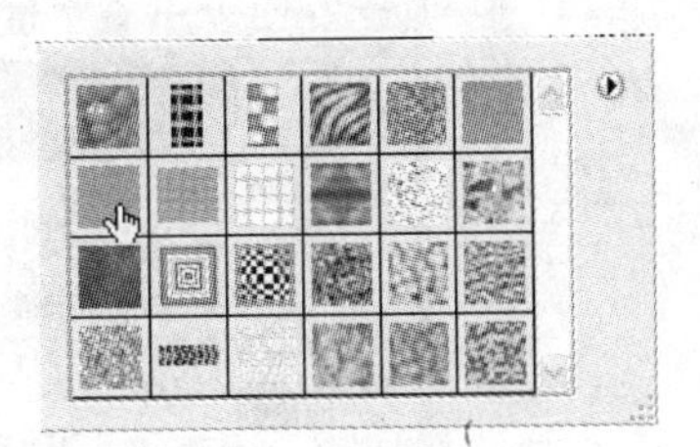

图3-77　图案选择

6. 文本层

选择横排文字工具 T，在图像中单击即可创建文本层。文本层可以制作文字阴影、内发光和浮雕等效果，但是不能用于滤镜、渐变和色彩调整等命令。因此，如需要对文字进行一些特殊的效果处理，可将文本层转为普通层。

需注意的是一旦转换为了普通层，则不能再将其转换为文本层进行文本编辑。进行转换后，图层的文本标志将消失。

执行菜单命令“图层”→“栅格化”→“图层”，可将文本层转换为普通层。

图3-78　最后的图像效果

在所有的图层中，背景层是一个特殊的图层，使用时应注意以下几点。

1）对背景层存在着特殊的限制，它只能位于图层的最下方，因此无法对其进行图层效果的处理，而且不能含有透明区或图层蒙板等。若需要对背景层进行处理，首先需将其转换为普通层。

2）要将背景层转为普通层，可以双击背景层的名称，然后在弹出的对话框中单击“确定”按钮即可。

3.6.4　图层的编辑

图层的编辑可以通过图层菜单、控制面板的快捷菜单和按钮来进行，可借助它们完成创建、复制、删除以及合并图层等操作。此外，还可根据需要创建层剪辑组等操作。图层的快捷菜单如图3-79所示。

1. 创建新图层

创建新图层可以直接在图层控制面板上单击“新建图层”按钮来实现。也可以执行菜单命令“图层”→“新建”→“图层”，打开“新建图层”对话框，如图3-80所示，单击“确定”按钮创建新图层。新建的普通图层是完全透明的，用户可以在其中进行任意的编辑。

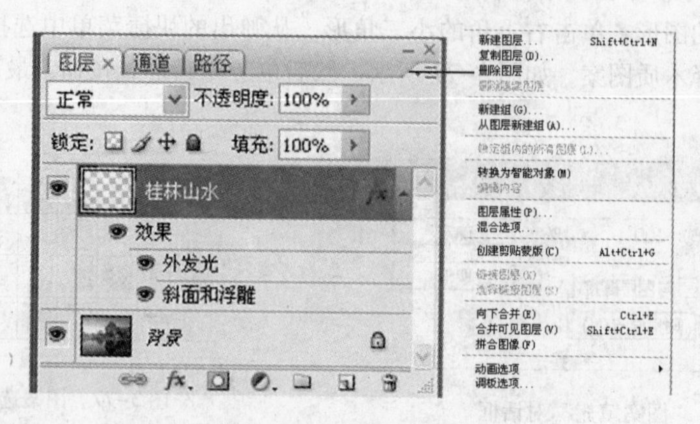

图 3-79　图层的快捷菜单

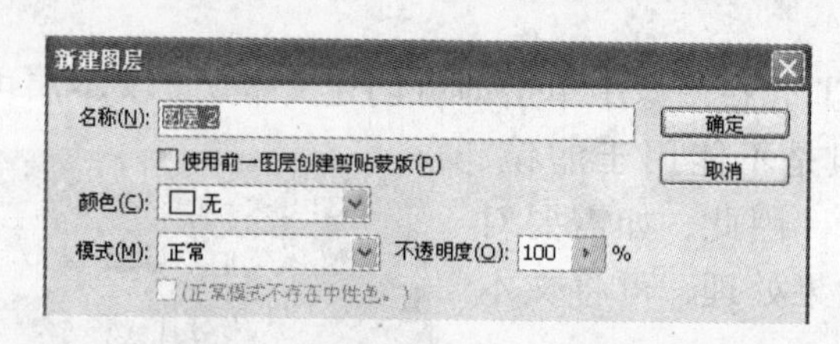

图 3-80　“新建图层”对话框

2. **复制图层**

复制图层时，可以执行菜单命令“图层”→“复制图层”；或者单击图 3-81 中图层控制面板右上角的小三角形，从弹出的快捷菜单中选择“复制图层”菜单项，如图 3-82 所示；还可以在图层控制面板中将要复制的图层拖到新建图层按钮上进行复制，如图 3-81 所示。

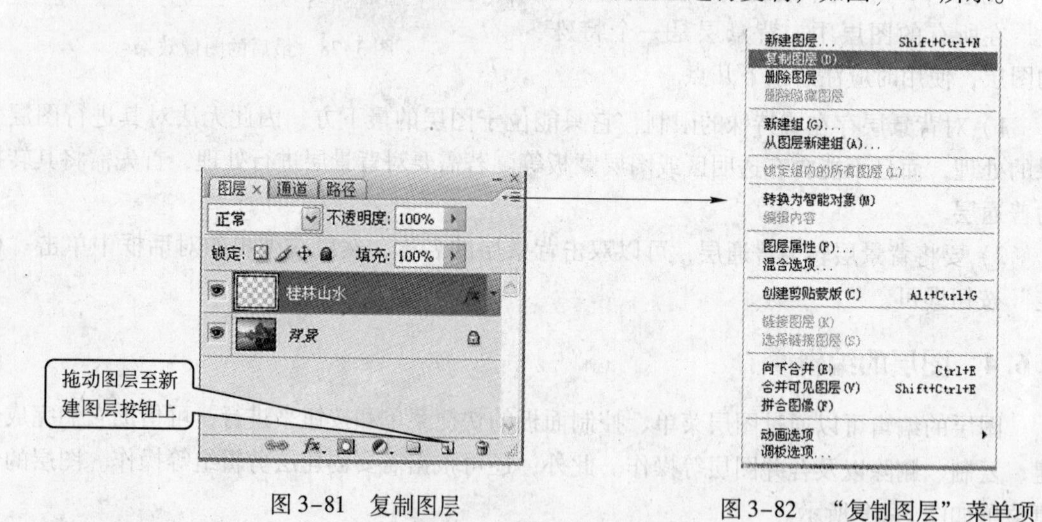

图 3-81　复制图层　　　　图 3-82　“复制图层”菜单项

3. **删除图层**

删除图层时，可以执行菜单命令“图层”→“删除”→“图层”，或者在控制面板的快捷菜单中选择“删除图层”命令，还可以在控制面板中将要删除的图层拖动到垃圾桶按钮上予以删除，如图 3-83 所示。

4. **合并图层**

合并图层指将所有的图层合并，并在合并过程中丢弃隐藏的图层，可执行菜单命令“图层”→“拼合图像”实现，图层控制面板如图 3-84 所示。快捷菜单中的“向下合并”命令不能合并隐藏层。

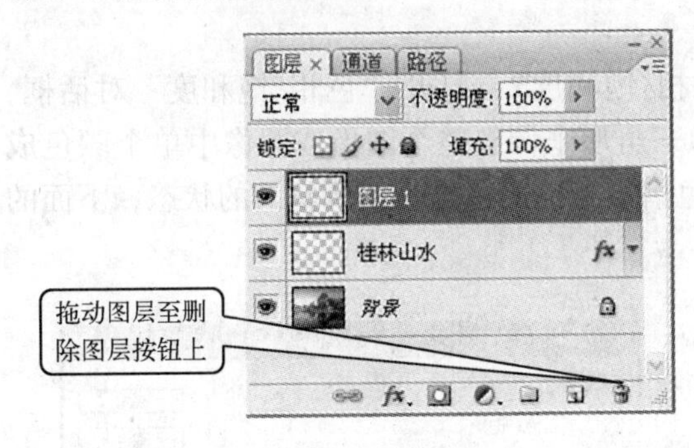

图 3-83　删除图层

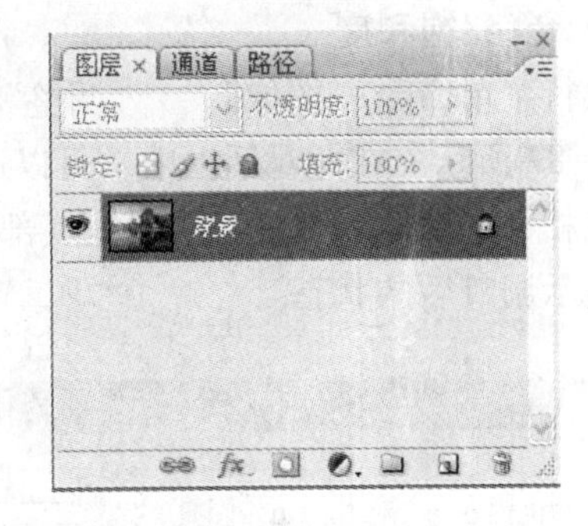

图 3-84　合并图层

5. **合并可见图层**

“合并可见图层”的功能用于将图层面板中所有可见图层合并为一层，可执行菜单命令“图层”→“合并可见层”实现，图层控制面板效果如图 3-85 所示。

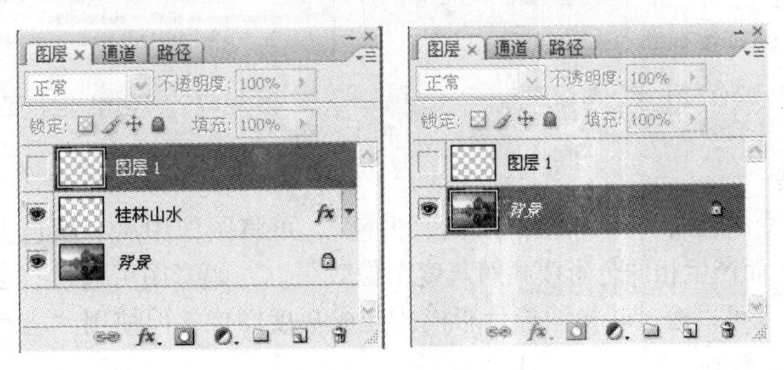

图 3-85　合并可见图层

3.6.5　图像的色彩调整

色彩调整在图像的修饰中是非常重要的一项内容，它包括对图像色调进行调节、改变图像的对比度等。

在“图像”菜单下的“调整”子菜单中的命令都是用来进行色彩调整的命令。

1. **亮度/对比度**

“亮度/对比度”命令用于概略地调节图像的亮度和对比度。

2. **色彩平衡**

“色彩平衡”命令用于改变图像中颜色的组成，解决图像中色彩的任何问题（色偏、过饱和与饱和不足的颜色），混合色彩使之达到平衡效果。该命令只适合做快速而简单的色彩调整，若要精确控制图像中各色彩的成分，应该使用色阶和曲线命令。执行菜单命令“图像”→“调整”→“色彩平衡”，打开“色彩平衡”对话框，如图 3-86 所示。

在色彩平衡选项组中有三个标尺，通过它们可以控制图像的三个颜色通道（红、绿、蓝）色彩的增减。在操作时，可以将三角形拖向要在图像中增加的颜色，或将三角形拖离要在图像中减少的颜色。

色彩标尺中在同一平衡线上的两种颜色为互补色。例如，当处理一幅冲洗成青色的照片图像时，可通过增加青色的补色即红色，对青色进行补偿，将图像调整成合适的颜色。

3. 色相/饱和度

执行菜单命令“图像”→“调整”→“色相/饱和度”，打开“色相/饱和度”对话框，如图 3-87 所示。在此对话框中，可以通过拖动三角形来调整整个图像或图像中单个颜色成分的色相、饱和度和亮度。对话框底部有两条色谱，上面的色谱表示调整前的状态，下面的色谱表示调节后的状态。

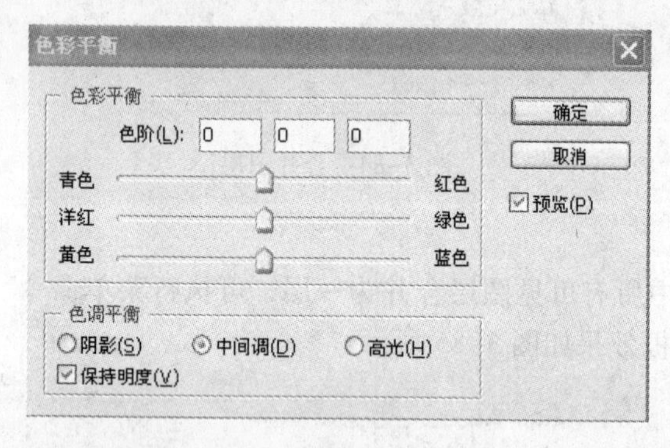

图 3-86 “色彩平衡”对话框

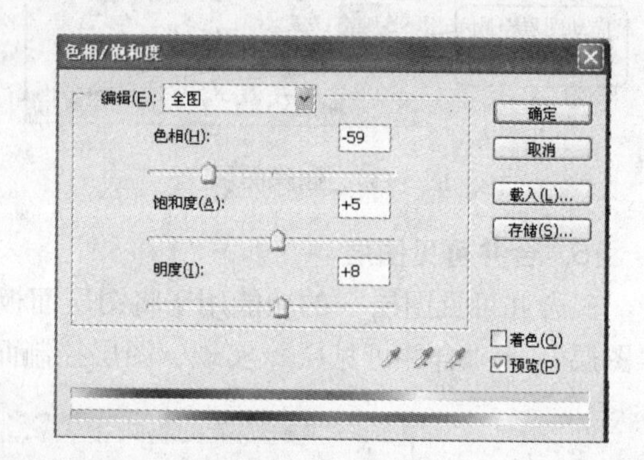

图 3-87 “色相/饱和度”对话框

4. 去色命令

执行菜单命令“图像”→“调整”→“去色”，可将图像中所有颜色去掉（即颜色的饱和度为 0），从而产生相同色彩模式的灰度图像效果。一幅彩图可通过“去色”命令产生灰度图像效果，也可以通过转换图像色彩模式变成灰度图像，但使用“去色”命令后仍可为图像添加彩色。

5. 替换颜色

使用替换颜色命令可将图像中选定的颜色替换成其他颜色。例如要将图 3-88 所示的黄色汽车替换成红色汽车，操作步骤如下：

1）执行菜单命令“图像”→“调整”→“替换颜色”，打开“替换颜色”对话框，如图 3-89 所示。

2）设定颜色容差值，以确定所选颜色的近似程度。

3）选择“选区”或“图像”选项中的一个。“选区”在预览框中显示蒙板，被蒙板区域为黑色，未蒙板区域为白色。“图像”在预览框中显示图像。

4）选用对话框中的吸管工具，在图像或预览框中选择要替换的颜色。使用带“+”号的吸管按钮可以添加区域；使用带“-”号的吸管按钮可以去掉某区域。

5）在“替换”选择组中拖移色相、饱和度和明度对应的滑块或在文本框中输入数值，使所选汽车区域的颜色为红色，如图 3-90 所示。

6）单击“确定”按钮，汽车颜色变成红色。

图 3-88　黄色汽车

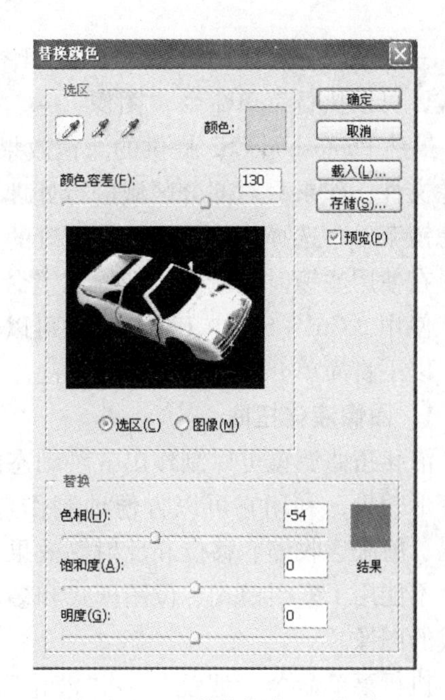

图 3-89　“替换颜色”对话框

图 3-90　变为红色汽车

3.6.6　滤镜

滤镜专门用于对图像进行各种特殊效果处理。图像特殊效果是通过计算机的运算来模拟摄影时使用的偏光镜、柔焦镜及暗房中的曝光和镜头旋转等技术，并加入美学艺术创作的效果而发展起来的。

Adobe Photoshop CS3 自带的滤镜效果有 14 组之多，每组又有多种类型，用户需要在不断实践中掌握它们的技巧。除了 Adobe 公司本身提供的若干特技效果，还有很多第三方提供的软件效果可以使用，使得 Adobe Photoshop CS3 具有迷人的魅力。

图像的色彩模式不同，使用滤镜时会受到某些限制。在位图、索引图、48 位 RGB 图、16 位灰度图等色彩模式下，不允许使用滤镜；在 CMYK、Lab 模式下，有些滤镜不允许使用。一般情况下，应用 RGB 模式编辑图像时使用滤镜不受限制。如果编辑的图像不是 RGB 模式，可以执行菜单命令“图像”→“模式”→“RGB 颜色”，将图像格式转化为 RGB 模式。虽然 Photoshop CS3 提供的滤镜效果各不相同，但其用法基本相同。首先打开要处理的图像文件，如果只对部分区域进行处理，就要选择区域，否则会对整个图像进行处理。然后从滤镜菜单中选择某一滤镜，在出现的对话框中设置参数，确认后即出现该滤镜效果。

在使用滤镜时，最近用到的滤镜命令，可以通过〈Ctrl + F〉组合键将它们重新执行一次；使用〈Ctrl + Shift + F〉组合键可以对上次滤镜效果进行重新设置。

以下将简单介绍几种滤镜的用法。

1. 图像液化扭曲

液化扭曲滤镜可以制作出各种动态的图像变形效果，利用它可以方便地制作弯曲、漩涡、膨胀、收缩、移位和反射等效果。该命令不能用于索引模式、位图模式和多通道模式的图像。

执行菜单命令“滤镜”→“液化”，打开如图 3-91 所示的“液化”对话框。

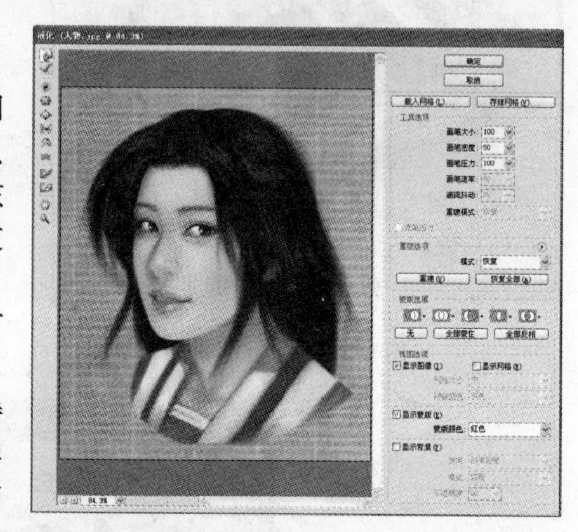

图 3-91 “液化”对话框

下面简单介绍一下对话框中各工具的特点。使用左侧的工具栏可以对图像进行变形和制作漩涡效果等操作。利用右侧的命令可以设置笔刷的大小以及蒙板和冻结的区域等。

- 向前变形工具和湍流工具：选中此工具后，在图像中单击并拖动鼠标可以弯曲图像。
- 顺时针旋转扭曲工具：在图像中单击并拖动鼠标可旋转笔刷下面的像素，产生顺时针旋转图像的效果。
- 褶皱工具和膨胀工具：可收缩或扩展笔刷下的像素。利用此工具可以轻松地调整人的比例和形态等，从而制作出特殊的效果。
- 左推工具：可以在垂直方向移动像素。
- 镜像工具：通过复制垂直于拖动方向的像素，可以产生反射效果。如沿垂直方向拖动，可沿水平方向镜像复制对象。
- 重建工具：可根据当前设置的重构模式，部分或全部恢复图像的先前状态。要设置模式，可以在“Reconstruction Options”重构选项中的“Mode”模式下拉列表中选择。
- 冻结蒙板工具：可以将选取的内容冻结，以使这部分区域不被修改。
- 解冻蒙板工具：将已冻结的区域解冻。
- 抓手工具：可以移动图像预览图。
- 缩放工具：可以放大局部区域。

下面以实例介绍此滤镜的作用。

1）打开一幅图像“人物”，如图 3-92 所示。

2）使用“顺时针旋转扭曲工具”将头发卷曲，用“膨胀工具”将眼部放大，利用“向前变形工具”将眉毛挑高，用“左推工具”将嘴巴收缩变形。调整后的图像效果如图3-93所示。

图3-92　原图

图3-93　调整后的效果图

2. 创建弯曲的文字对象

Photoshop CS3可以创建弯曲的文字形状，如波浪形、鱼形、拱形等。选择工具箱中的文字工具，单击图像区，在工具选项中单击“创建变形文本”按钮，可以打开“变形文字”对话框。“样式”下拉框中有多种风格可供选择，并可进一步设置有关参数。图3-94为“拱形”弯曲样式，其文字效果如图3-95所示。

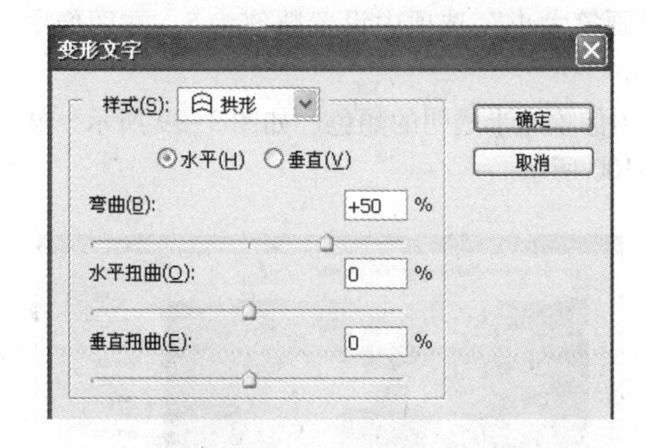

图3-94　“变形文字”对话框

图3-95　拱形文字效果

3. 抽出滤镜

抽出滤镜可以轻松地将一个前景对象从它的背景中分离出来，该命令只适合于当前工作图层。

抽出前景对象前，首先使用抽出滤镜对话框中的工具将前景物边缘高亮显示，然后选取边缘内部的物体，选取合适后确认，则将背景色擦除并变为透明区域，前景物则被保留。

具体操作步骤如下：

1）打开一幅图像“人物1”，如图3-96所示。

2）执行菜单命令“滤镜”→“抽出”，打开“抽出”对话框，如图3-97所示。用边缘高光器工具沿人物轮廓涂抹。

图3-96 原图像

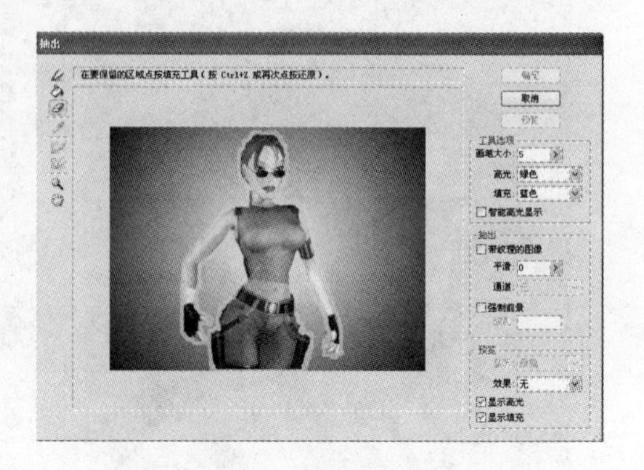

图3-97 “抽出”对话框

- 边缘高光器工具用于在图像中勾画边界，以将图像和背景分离出来。
- 填充工具用于将图像填充。
- 橡皮擦工具用于擦除高亮区域。
- 吸管工具用于吸取颜色，利用颜色的不同将图像与背景分离。
- 清除工具用于将不需要的背景擦除。
- 边缘修饰工具用于扩散边缘，将已擦除的细节恢复。
- 缩放工具用于放大局部图像。
- 抓手工具用于移动图像预览图。

3）选择放大镜工具放大图像区域，在“画笔大小”选项中设置数值为5，在图像中勾画没选上的边界，如图3-98所示。

4）选择油漆桶工具在图像内部单击，为图像填充半透明的颜色，如图3-99所示。然后单击“确定”按钮，最后的图像效果如图3-100所示。

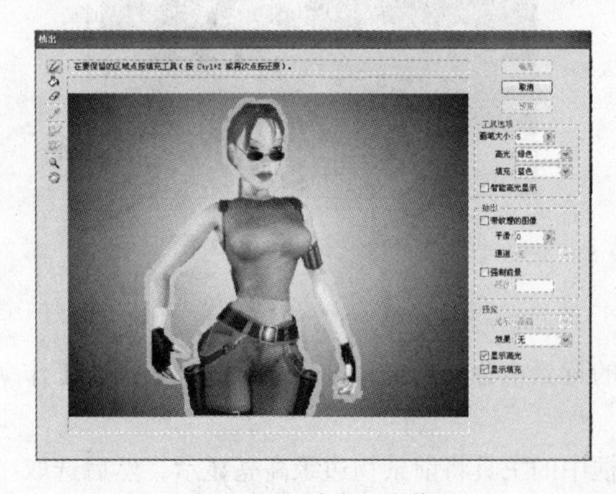

图3-98 放大的图像

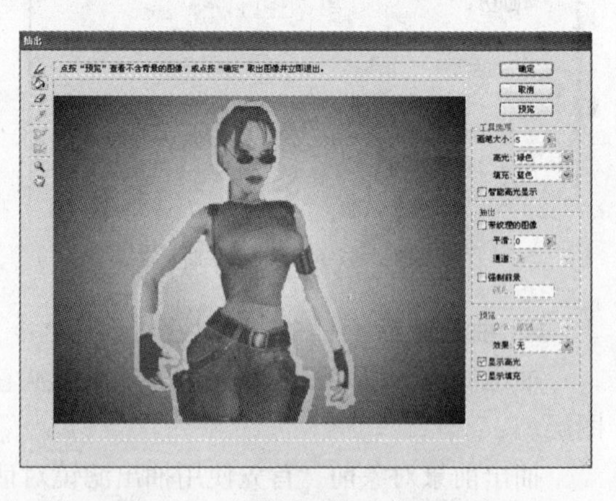

图3-99 填充半透明颜色的图像

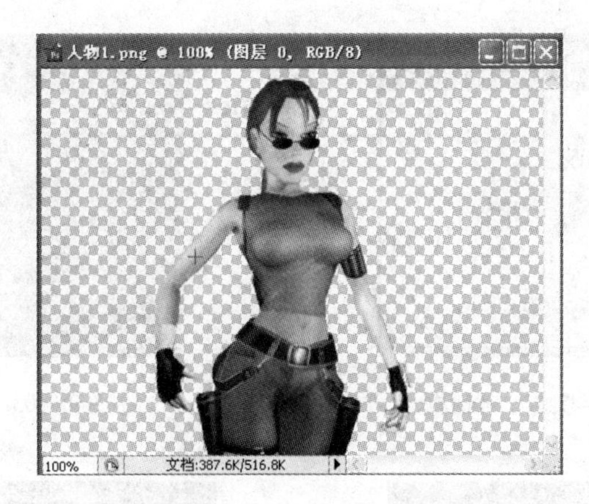

图 3-100　最后的效果图像

3.6.7　实训 1　标志设计

使用 Photoshop 不仅可以设计标志图案，还可以表现出标志的质感。本例将制作一个具有金属质感的圆形标志，并且具有环形文字。

设计要点如下：通过执行菜单命令“视图”→“新建参考线”，可以精确地设置参考线的位置；运用图层样式一步到位地制作出金属效果，是一种比较理想的表现金属质感的方法；在 Photoshop 中制作环形文字时，需要先创建一个圆形路径，然后沿路径输入文字，即可得到环形文字；运用“光照效果”滤镜和“镜头光晕”滤镜可以制作出逼真的眩光效果。

制作步骤如下：

1）按下〈Ctrl + N〉键，从弹出的“新建”对话框中设置参数，如图 3-101 所示，单击“确定”按钮，创建一个新文件。

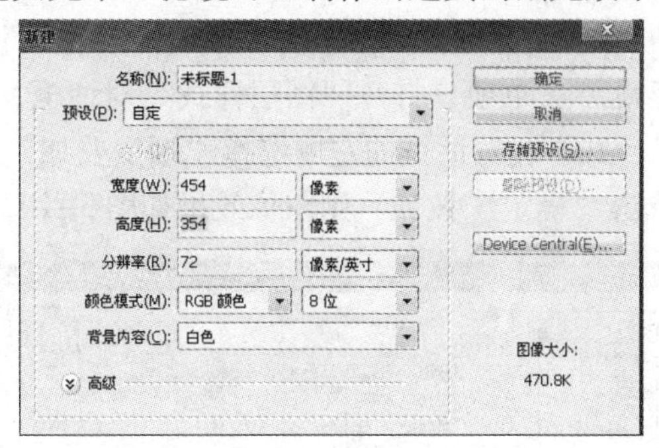

图 3-101　“新建”对话框

2）执行菜单命令“视图”→“新建参考线”，从弹出的“新建参考线”对话框中设置垂直参考线的位置，如图 3-102 所示。单击“确定”按钮，在 50% 的位置创建一条垂直参考线。

3）用同样的方法，在 50% 的位置再创建一条水平参考线。

4）分别设置前景色和背景色为默认的黑色和白色。按下〈A1t + Delete〉键，将图像背景填充为黑色。

5）在“图层”窗口中创建一个新图层“图层 1”。

6）选择工具箱中的椭圆选取工具，按住〈Shift + Alt〉键从参考线的交叉点开始拖拽鼠标，创建一个圆形选区，如图 3-103 所示。

7）按下〈Ctrl + Delete〉键，将选区填充为白色，效果如图 3-104 所示。

8）执行菜单命令“选择”→“变换选区”，为选区添加变形框，按住〈Shift + Alt〉键的同时向内拖拽角端的控制点，等比例缩小选区，然后按下〈Delete〉键删除选区内的图像，再按下〈Ctrl + D〉键取消选区，则得到圆环效果，如图 3-105 所示。

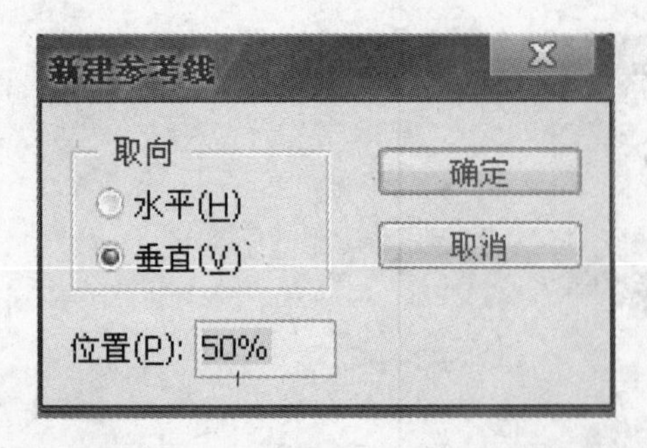

图 3-102 “新建参考线”对话框

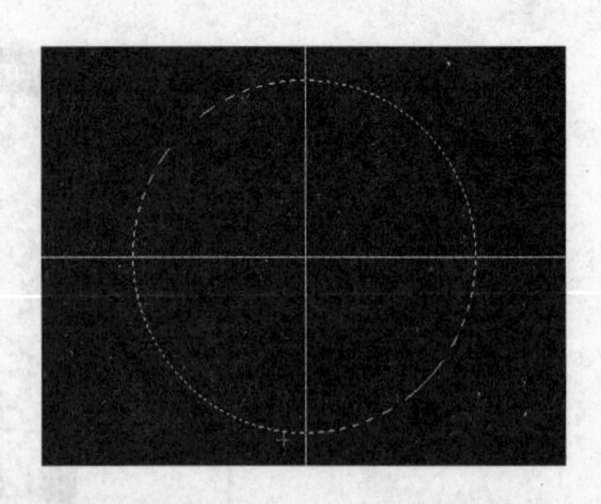

图 3-103 创建的选区

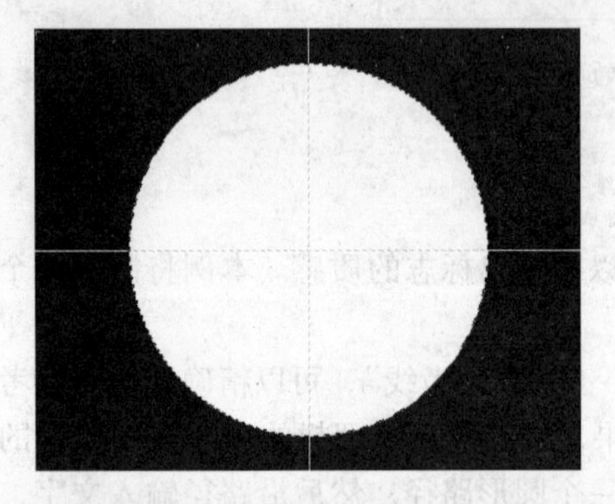

图 3-104 填充选区后的效果

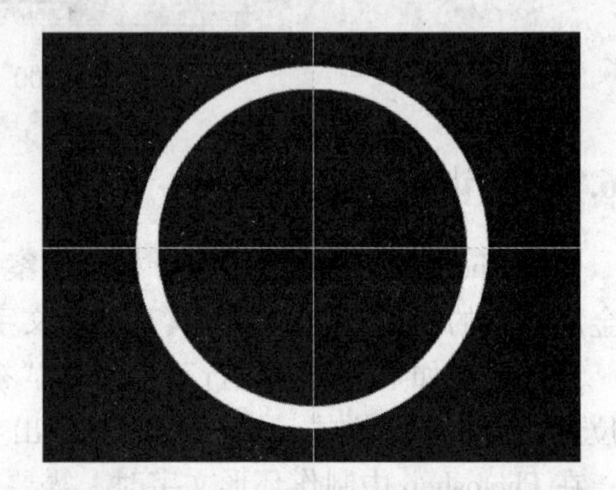

图 3-105 圆环效果

9）在图层窗口中单击“添加图层样式”按钮 fx，从弹出的快捷菜单中选择“斜面和浮雕”菜单项，打开“图层样式”对话框，各项参数设置如图 3-106 所示。

10）在对话框的左侧选择“渐变叠加”选项，设置对应的各项参数，如图 3-107 所示。单击“确定”按钮，则图像效果如图 3-108 所示。

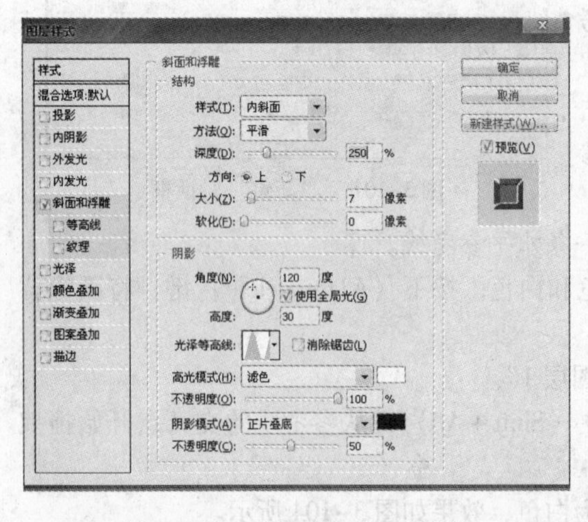

图 3-106 “图层样式”对话框

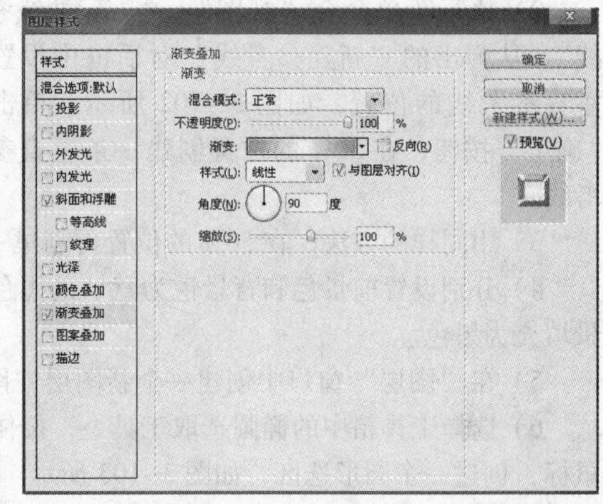

图 3-107 “渐变叠加”选项

11）参照前面的方法，使用椭圆选取工具再创建一个圆形选区，如图 3-109 所示。

12）在图层窗口中创建一个新图层“图层 2”，按下〈Ctrl + Delete〉键，将选区填充为白色，效果如图 3-110 所示。

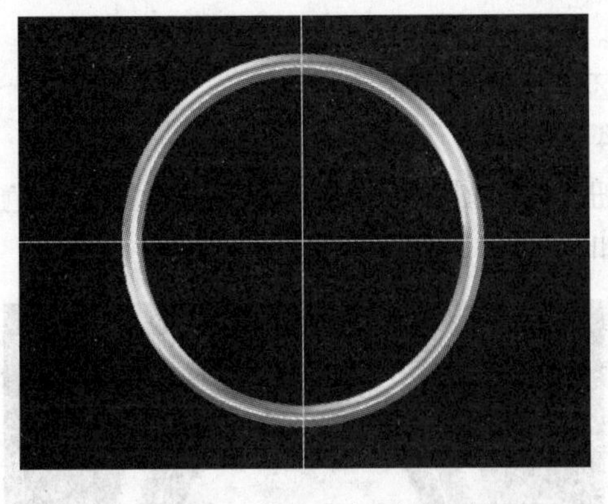

图 3-108　渐变叠加图像效果

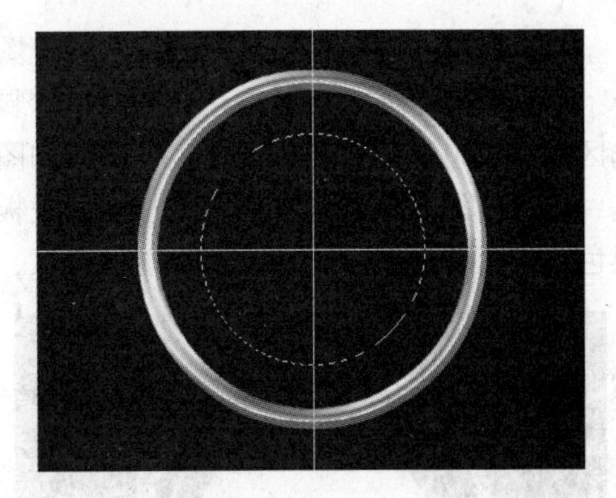

图 3-109　再创建一个选区

13）在图层窗口中创建一个新图层“图层 3”。

14）选择工具箱中的钢笔工具，在工具属性栏中单击“路径”按钮，然后在图像窗口中创建一个圆形路径，如图 3-111 所示。

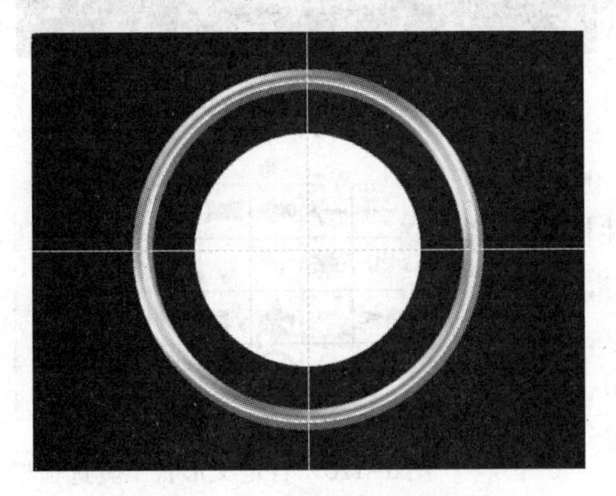

图 3-110　填充选区效果

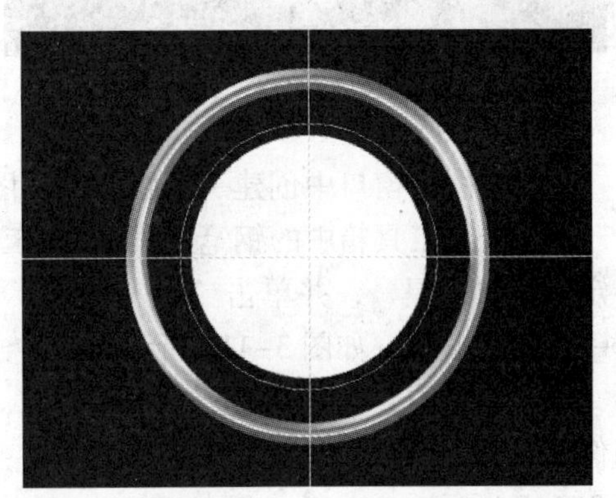

图 3-111　创建路径

15）选择工具箱中的横排文字工具，在路径上单击鼠标，沿路径输入白色文字“ChongQing”，如图 3-112 所示。

16）在图层窗口中创建一个新图层，然后继续沿着该路径输入白色文字，再执行菜单命令“编辑”→“变换路径”→“水平翻转”，改变文字的方向并调整其位置，如图 3-113 所示。

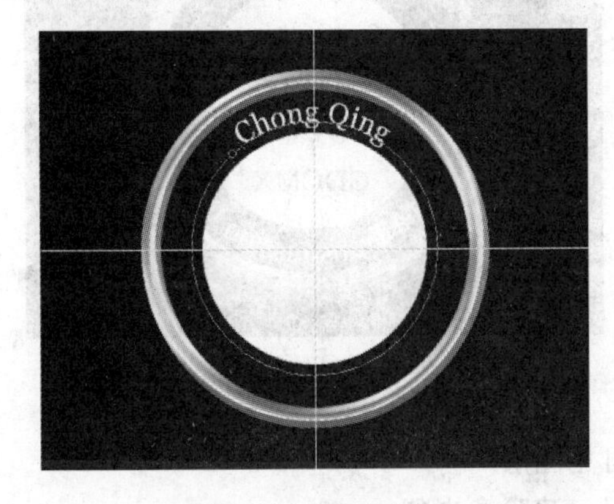

图 3-112　输入文字

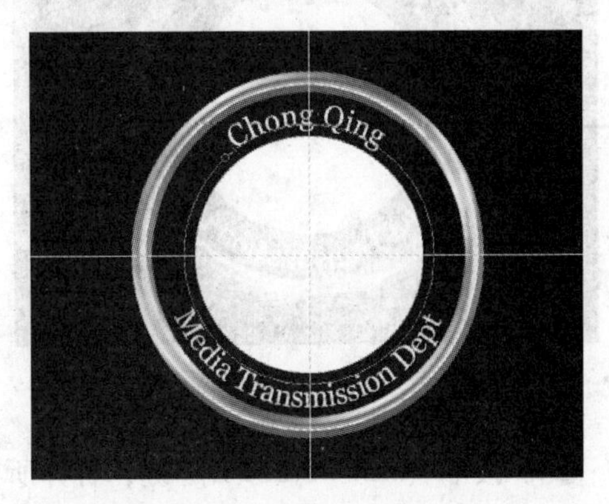

图 3-113　输入并调整文字

17）在图层窗口中创建一个新图层“图层 4”。

18）使用椭圆选取工具再创建一个圆形选区，执行菜单命令“编辑”→“描边”，对选区进行描边，描边颜色为白色，效果如图 3-114 所示。

19）在图层窗口中单击“添加图层蒙板”按钮，为图层添加图层蒙板。设置前景色为黑色，使用画笔工具在圆环上进行擦拭，得到如图 3-115 所示的效果。

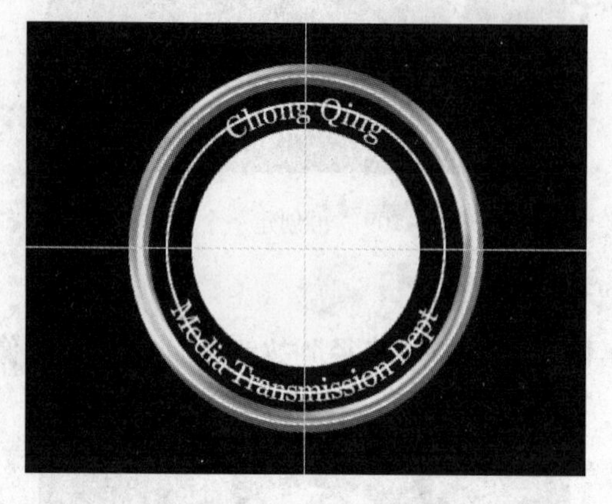

图 3-114　描边效果

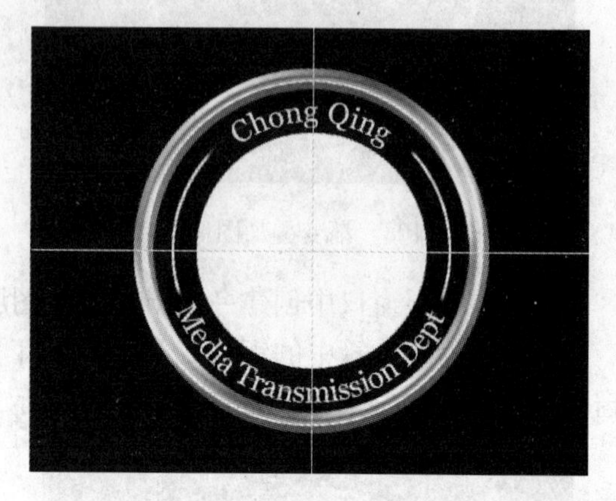

图 3-115　擦拭图像效果

20）在图层窗口中创建一个新图层“图层 5”。

21）选择工具箱中的钢笔工具，在工具属性栏中选择自定义形状工具，并单击“填充像素”按钮，然后选择一种路径形状，如图 3-116 所示。

22）设置前景色为绿色（CMYK：40、0、80、0），在图像窗口的中心位置处拖拽鼠标，绘制一个图案，效果如图 3-117 所示。

图 3-116　自定义形状工具选项栏

23）使用横排文字工具输入黑色的文字“CDCMX”，并设置适当的字体和大小，效果如图 3-118 所示。

图 3-117　绘制图案

图 3-118　输入文字

24）按下〈Ctrl + Shft + E〉键，合并所有的可见图层。

25）执行菜单命令“视图”→“清除参考线”，清除参考线。

26）执行菜单命令“滤镜”→“渲染”→“光照效果”，从打开的“光照效果”对话框中设置参数，如图 3-119 所示。单击“确定”按钮，则图像效果如图 3-120 所示。

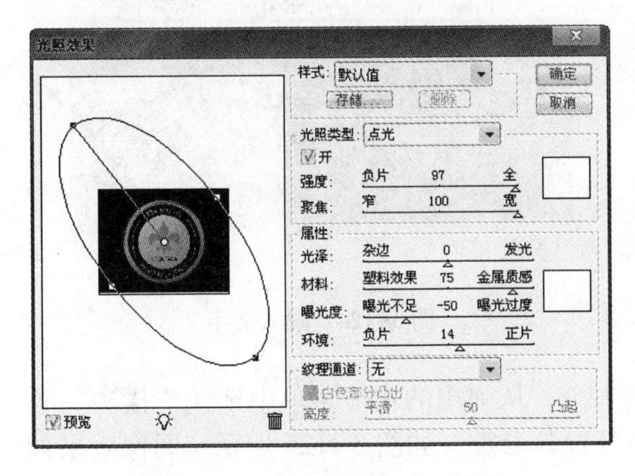

图 3-119 “光照效果”对话框

图 3-120 图像效果

27）执行菜单命令“滤镜”→“渲染”→“镜头光晕”，在打开的“镜头光晕”对话框中设置参数，如图 3-121 所示。

28）单击“确定”按钮，则本例的最终效果如图 3-122 所示。

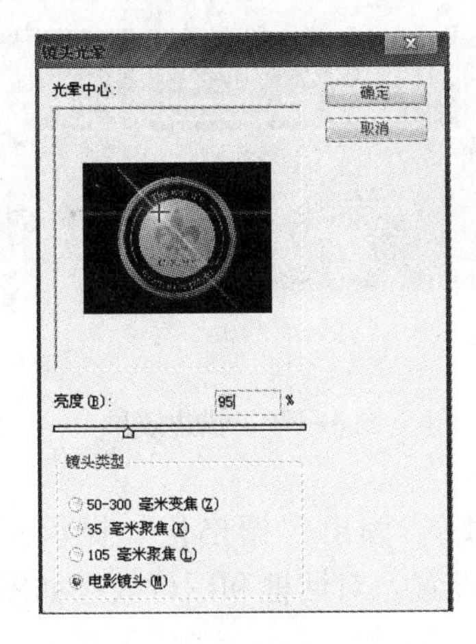

图 3-121 “镜头光晕”对话框

图 3-122 最终图像效果

3.6.8 实训 2 冰雪字

本例制作一个冰雪字效果。

设计要点：应用图层样式的“描边”可以一步到位地制作出描边效果；执行菜单命令“滤镜”→“风格化”→“扩散”，可以设置文字的扩散效果；利用旋转命令、滤镜“风”及图层样式的“斜面和浮雕”，可制作出逼真的文字冰雪效果。

制作步骤如下：

1）按下〈Ctrl + O〉键，打开一幅图像，如图 3-123 所示。

2）设置前景色为淡蓝色，选择工具箱中的横排文字工具，在图像中输入文字“林海雪原”，如图 3-124 所示。

图 3-123　原图像

图 3-124　输入文字

3）单击图层窗口下的“添加图层样式”按钮 *fx*，从弹出的快捷菜单中选择“描边”菜单项，打开“图层样式”对话框，在对话框中设置其参数，如图 3-125 所示。图像效果如图 3-126 所示。

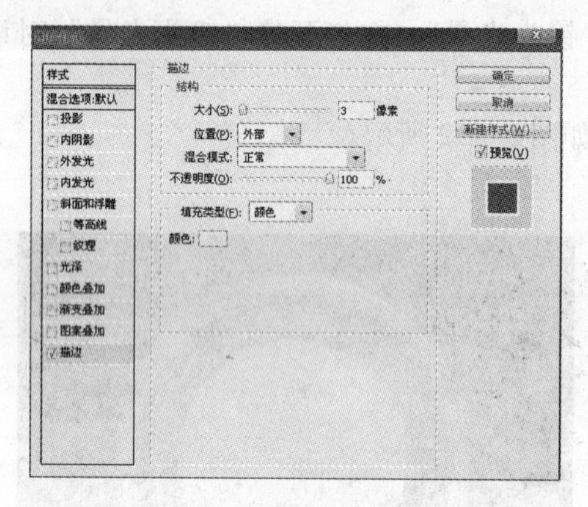

图 3-125　“图层样式”对话框

图 3-126　描边效果

4）执行菜单命令“滤镜”→“风格化”→“扩散”，弹出“栅格化”提示框，单击“确定”按钮，打开“扩散”对话框，在对话框中进行设置。对话框和图像效果如图3-127所示。

图 3-127　扩散效果

5）执行菜单命令“编辑”→“变换”→“旋转 90°（顺时针）”，将文字顺时针旋转 90°。

6）执行菜单命令“滤镜”→“风格化”→“风”，在打开的如图 3-128 所示的“风”对话框中进行设置。

7）执行菜单命令“编辑”→“变换”→“旋转 90°（逆时针）”，将文字逆时针旋转 90°。旋转完毕后的图像效果如图 3-129 所示。

8）单击图层窗口下的“添加图层样式”按钮 fx，从弹出的快捷菜单中选择“斜面和浮雕”菜单项，在打开“图层样式”对话框中设置参数，如图 3-130 所示。图像效果如图 3-131所示。

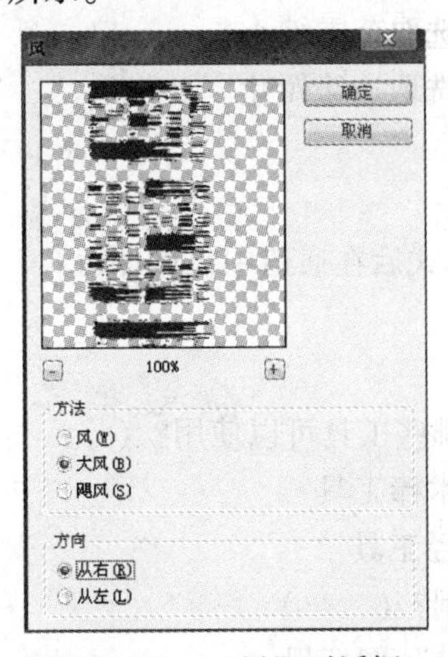

图 3-128　“风”对话框

图 3-129　旋转后的图像

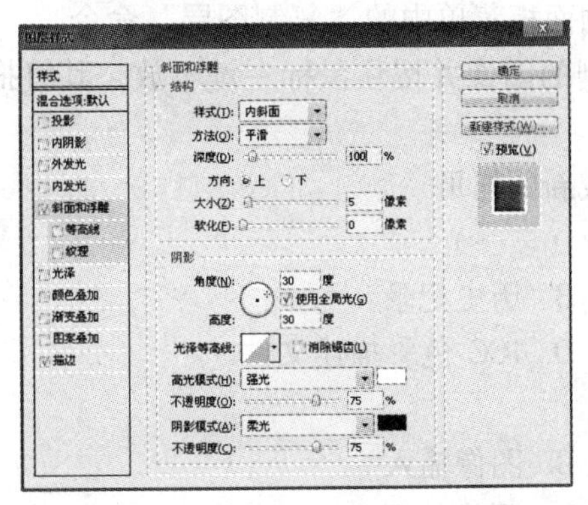

图 3-130　“斜面和浮雕”选项

图 3-131　冰雪字

3.7　习题

一、选择题

1. 下列哪些功能是 Photoshop 的主要功能？（　　）

A. 图像扫描　　B. 图像合成

C. 图像特殊效果处理　　D. 动画编辑

2. 在 Photoshop 中，对图层的描述正确的是？(　　)

A. 背景始终在图层面板中所有图层的最下面　　B. 背景层可转化为普通图层

C. 背景层肯定是不透明的　　D. 普通层是透明的

3. 对 Photoshop 中裁切工具描述正确的是？(　　)

A. 裁切工具可保留裁切框以内的区域，剪掉裁切框以外的区域

B. 裁切框可随意旋转

C. 要取消裁切操作可按 ESC 键

D. 裁切后的图像大小改变了、分辨率也随之改变

4. 在 Photoshop 中对选区的羽化描述正确的是？(　　)

A. 使选取范围扩大　　B. 使选取范围缩小

C. 使选取边缘柔软　　D. 使选取边缘锐化

5. 下面对 Photoshop 蒙板描述哪些是正确的？(　　)

A. 使用 Alpha 通道来存储和载入作为蒙板的选择范围

B. 使用快速蒙板模式可以建立蒙板通道，返回正常模式后在通道中仍然保留

C. 可在图层面板中直接建立蒙板

D. 在图层控制面板中可对所有图层建立蒙板

6. 在 Photoshop 中，若要选择图像的某一区域，下列哪些工具可以使用？( )

A. 规则选区工具　　B. 魔术棒工具

C. 套索工具　　D. 路径工具

7. 在 Photoshop 中，下列哪些操作可以实现图层的复制？(　　)

A. 将所需复制的图层拖拽到图层控制面板下方的“ ”图标里

B. 用鼠标单击所需复制的图层，执行图层控制面板菜单中的“复制图层”命令

C. 在工具箱中选择移动工具，单击所需要复制的图像并按住鼠标左键不放，其将拖拽到另一幅图像中

D. 将所需复制的图层拖拽到图层最后就可生成新的拷贝

8. 在 Photoshop 中，哪些内容不随文件而存储？(　　)

A. 通道　　B. 历史记录

C. 图层　　D. ICC 色彩描述文件

9. 扫描仪可在下列哪些应用中使用？(　　)

A. 拍摄数字照片　　B. 图像输入

C. 光学字符识别　　D. 图像处理

10. 下列关于数码照相机的叙述哪些是正确的？(　　)

A. 数码相机的关键部件是 CCD　　B. 数码相机有内部存储介质

C. 数码相机输出的是数字或模拟数据　　D. 数码相机拍照的图像可传送到计算机

二、简答题

1. 什么是图像？图像信息有哪些优点？

2. 什么是图形、图像？

3. 常见的图像文件格式有哪些？

4. 什么是颜色的三要素？

第4章　数字视频处理

本章要点

- 数字视频在计算机中的实现
- 视频格式
- 视频卡简介
- 摄像基础
- 视频格式的转换
- 用 Adobe Premiere Pro CS3 进行视频编辑和处理

数字视频全称为动态数字视频图像，简称为视频。数字视频之所以被广泛使用，一方面是由于非线性编辑具有神话般的魔力，它让人们相信自己在电视上看到的和听到的都是真实的。大家也许还记得在电影《阿甘正传》中，已故的3位美国总统竟与影片中的男主角一一握手，画面逼真，天衣无缝。还有，如电影《真实的谎言》中鹞式战斗机的空中战斗场面、《泰坦尼克号》中世纪巨轮的逼真再现。另外还有早已去世的歌手在计算机的帮助下又唱出了今天的流行歌曲等等。另一个重要的方面就是数字视频压缩技术的突破。模拟的视频图像数字化后会产生海量的数据，传输、存储和处理这些数据都很困难。要解决这一问题，除了提高数据传输速率外，一个很重要的方法就是采用压缩编码，即对数字化视频图像进行压缩编码。没有压缩编码，数字视频及其非线性编辑几乎是不可能实现的。

4.1　数字视频基础

不论是PAL制还是NTSC制视频信号，通常它们都是模拟信号，各自用不同的电压值表示不同的信息，而计算机只能以数字方式处理信息。若要让这两者能够互相沟通，就必须实现模/数转换。

4.1.1　压缩编码

模拟视频信号数字化后，数据量是相当大的。以PALITUR601标准来说，每一帧按720×576像素的图像尺寸进行采样，以4:2:2的采样格式、8 bit量化来计算，每秒图像的数据量约为21.1 MB。传输、存储和处理这么大的数据量都很困难，以计算机所使用的硬盘为例，1 GB硬盘存储不到50 s的视频图像，这得需要多大容量的硬盘来存储视频数据呢？更重要的是，目前可用的快速硬盘的速度，离21.1 MB/s还有一段距离。显然，解决这一问题的出路只有采用压缩编码技术。

数字视频压缩就是在均衡压缩比与品质损耗的情况下，按照相应的算法，对图像数据进行运算，处理其中的冗余部分和人眼不敏感的图像数据。对于ARJ、ZIP、LAH等压缩软件，可能大家已不陌生，但在JPEG标准出现之前，传统的各种压缩算法在处理视频图像方面都没有取得有意义的成功。

数字视频频信号之所以能够被压缩，是因为在数字视频中存在着大量的冗余信息。这些冗余信息有以下 3 种类型。

- 空间冗余度：这是由相邻像素之间的相关性造成的。
- 频谱冗余度：这是由不同的彩色平面之间的相关性造成的。
- 时间冗余度：这是由数字视频中不同帧之间的相关性造成的。

另外，压缩编码还有一个重要的依据，那就是显示数字视频时，为收看者显示他们的眼睛无法辨别的多余信息是没有必要的。实际上，这一依据在模拟视频中已得到了充分应用，如将亮度与色度分别进行处理，压缩色度的频带宽度等。

4.1.2 图像压缩的方法

图像压缩有许多方法，这些方法基本上可分为两类，即无损压缩和有损压缩。在无损压缩中，当数据被压缩之后再进行解压，因为不丢失任何信息，所以得到的重现图像与原始图像完全相同。但是对于数字视频来说，无损压缩的压缩比通常很小，并不适用。而在有损压缩中，解压后得到的重现图像相对于原始图像质量降低了，产生了误差，但这种误差可以是很细微的，人的眼睛分辨不出来，同时它提供了更高的压缩比。因此，有损压缩在视频处理中得到了广泛应用。

目前，常用的压缩编码技术是国际标准化组织推荐的 JPEG 和 MPEG 压缩。

- JPEG 压缩：JPEG 是 Joint Photo graphic Experts Group（联合图像专家组）的缩写，是用于静态图像压缩的标准。JPEG 可按大约 20:1 的比率压缩图像，而不会导致引人注意的质量损失。用它重建后的图像能够较好地、较简洁地表现原始图像，对人眼来说它们几乎没有多大区别，是目前首推的静态图像压缩方法。JPEG 还有一个优点是，压缩和解压是对称的，这意味着压缩和解压可以使用相同的硬件或软件，而且压缩和解压缩的时间大致相同。而其他大多数视频压缩方案做不到这一点，因为这些方案中的压缩和解压是不对称的。
- M-JPEG 压缩：M-JPEG（Motion-JPEG）针对的是活动的视频图像，用 JPEG 算法通过实时帧内编码过程单独地压缩每一帧，其压缩比不大。在后期编辑过程中可以随机存取压缩视频的任意帧，而与其他帧不相关，这对精确到帧的编辑是比较理想的。现在用于电视非线性编辑处理的视频卡，基本都采用 M-JPEG 压缩方式。
- MPEG1 压缩：MPEG 是 Motion Picture Experts Group（运动图像专家组）的缩写，是专门用来处理运动图像的标准。目前，MPEG1 在计算机和民用电视领域获得广泛的使用。MPEG1 压缩算法的核心是处理帧间冗余，以大幅度地压缩数据。它依赖于两项基本技术：一是基于 16×16 块的运动补偿技术；二是 JPEG 帧内压缩技术。
- MPEG1 压缩与 M-JPEG 的主要区别在于它能处理帧间冗余，即通过处理帧与帧之间保持不变的图像信息来更好地压缩数据。MPEG1 的压缩比高达 200:1，但重建图像的质量充其量与 VHS（家用录像机）相当。VCD 光盘就是 MPEG1 的一个代表产品。由于 VCD 的画面和声音质量都较差，许多专家认为它最终必将被 DVD（MPEG2）淘汰。
- MPEG2 压缩：MPEG2 是使图像能恢复到广播级质量的编码方法，它的典型产品是高清晰视频光盘 DVD、高清晰数字电视 HDTV 等，目前发展十分迅速，成为这一领域的主流趋势。

MPEG1、MPEG2 都是不对称算法，其压缩算法的计算量要比解压缩算法大得多，目前压缩/解压缩使用软、硬件均可。由于 MPEG 压缩所形成的视频文件不具备帧的定位功能，因此无法对它进行二次编辑。在实际视频制作过程中，往往是利用非线性编辑系统，采用通用的文件格式（如 AVI），对节目进行编辑，最后才将影片压缩成 MPEG 文件，且从 AVI 到 MPEG 的过程是不可逆的。

4.1.3 常见数字视频格式及应用

1. VCD 格式

VCD 格式的光盘标准 CD-V 于 1992 年发布，俗称白皮书，是定义存储 MPEG 数字视频、音频数据的光盘标准，是 VCD1.0、VCD1.1、VCD 2.0、VCD 3.0 标准的基础。VCD1.0 是 1993 年由 JVC、Philips、Matsushita 和 Sony 等几家公司共同制定的光盘标准，1994 年升级为 VCD 2.0，随后又推出了 VCD 3.0。VCD 标准是针对 VCD 的数字视频、音频及其他一些特性等制定的规范。不过，无论是 VCD1.0、VCD1.1、VCD 2.0，还是 VCD 3.0 标准，它们均采用 MPEG1 压缩标准，区别主要在于 VCD 其他特性的不同。

按照 VCD 2.0 规范的规定，VCD 应具有以下特性：

一张 VCD 光盘可以存放 70 min 的电影节目，图像质量为 MPEG1 质量，符合 VHS（Video Home System）质量，NTSC 制式为 352 × 240 × 30，PAL 制式为 352 × 288 × 25。数字音频质量为 CD-DA 质量标准。DAT 是 Video CD 数据文件的扩展名。

- VCD 节目可在安装有 CD-ROM 的 MPC 上播放。
- VCD 应具备正常播放、快进、慢放、暂停等功能。
- VCD 可显示按 MPEG 格式编码的两种分辨率的静态图像。其中一种为正常分辨率图像，NTSC 制式的分辨率为 352 × 240 像素，PAL 制式的分辨率为 352 × 288 像素。

2. DVD 格式

DVD 是英文 Digital Video Disk 的缩写，中文翻译为“数字视盘”，它采用 MPEG2 压缩标准。若 DVD 盘片采用双面工艺，12cm 光盘上可存储 8.4GB 的数字信息，可存放 270 ~ 284 min 更高图像质量的电影节目。

从用户的角度简单分析，DVD 与 VCD 主要有以下几点不同：

- DVD 采用 MPEG2 压缩标准，数字视频具有高达 500 线左右的图像解析度，能有效地解决目前视频图像空间上的非对称性；而普通的 VCD 节目采用 MPEG1 压缩标准，只有 240 线。
- DVD 采用 DolbyAC-3 环绕立体声，而 VCD 采用普通的双声道立体声输出。
- 单面单层 DVD 盘片数据存储量可达 4.7 GB，最多可制作双面双层，总共数据存储量可达 17GB；而 VCD 盘片的数据存储量仅为 650 MB。
- 出于保护知识产权的需要，DVD 有防复制区位编码保护，而 VCD 没有。
- DVD 具有更高的图像分辨率，NTSC 制式为 720 × 480 像素，PAL 制式为 720 × 576 像素。

3. AVI 格式

AVI 是 Audio Video Interleave 的缩写，中文翻译为“音频视频交替存放”，是目前计算机中较为流行的视频文件格式，多用于音视频捕捉、编辑、回放等应用程序中。

AVI 格式是 Microsoft 公司的窗口电视（Video for Windows）软件产品中的一种技术，其特点是兼容性好，调用方便，图像质量好，但存储空间大。伴随着 Video for Windows 软件的进一步应用，AVI 格式越来越受欢迎，得到了各种多媒体创作工具、各种编程环境的广泛支持。

4. MOV 格式

MOV 是 Macintosh 计算机使用的影视文件格式。它与 AVI 文件格式相同，也采用了 Intel 公司的 Indeo 视频有损压缩技术，以及视频与音频信息混排技术。

5. RM 格式

RM（Real Media）格式是 Real Networks 公司开发的一种流媒体视频文件格式，它主要包含 Real Audio、Real Video 和 Real Flash 三部分。Real Media 可以根据网络数据传输的不同速率制定不同的压缩比，从而实现在低速率的 Internet 上进行视频文件的实时传送和播放。

6. WMV 格式

WMV 是微软推出的一种流媒体格式，它是由"同门"的 ASF（Advanced Streaming Format）格式升级延伸来得。在同等视频质量下，WMV 格式的文件所占的空间非常小，因此很适合在网上播放和传输。

4.2 视频卡

随着数码技术的普及，数码产品也越来越为人们所认可，从最初功能单一的 VHS 模拟摄像机到现在功能繁多的数码摄像机，摄像机开始走入普通家庭，数码技术越来越被人们所了解。但是，许多人在购买了数码摄像机之后才发现，要制作一盘完美的数码影像光盘，光有数码摄像机是远远不够的，后期制作也十分地重要。

如何进行数码影像的后期制作呢？首先要把数码摄像机中的内容传输到计算机中，然后才能利用各种软件进行影像的编辑。那么，怎样传输数码数据呢？这就要用到视频卡了。由于一般计算机上没有设置视频端口，所以必须先在计算机上安装一块视频卡才能和数码摄像机连接。

多媒体计算机中处理活动图像的适配器称为视频卡。视频卡是一种统称，可分为压缩/解压卡、电视卡、1394 卡、电视录像卡和视频捕捉卡等。

压缩/解压卡用于将连续图像的数据进行压缩和解压。连续图像的数据量很大，传输、存储和处理起来都很困难。为了解决这个问题，人们对连续图像的数据进行压缩以减少存储量。图像在重放时要进行解压以便重现图像，解压方法和压缩方法相反。

电视卡相当于电视机的高频头，起选台的作用，并让用户在在计算机上观看电视节目。

目前，以上两种视频卡都没有单独使用，而是和其他视频卡配合使用，完成对视频图像的传输与处理。

4.2.1 1394 卡

1394 卡的全称是 IEEE 1394 Interface Card。这一接口技术是由计算机厂商苹果公司率先创立的，苹果公司称之为 Firewire，所以很多人也习惯叫 1394 卡为火线卡。其初衷是把它作为一种高速数据传输界面。1995 年电气和电子工程师协会（IEEE）把它作为正式新标准，编号 1394，这就是 IEEE 1394 这个名字的由来。不同的公司对 1394 接口技术也有不同的叫法，源于各自厂商注册的商标名称不同。例如，Sony 称之为 i. Link，Texas Instruments 称之为 Lynx 等，实际上都是一种东西。

IEEE 1394 是一种外部串行总线标准，它可以达到 400MB/s 的数据传输速率，十分适合视频影像的传输。作为一种数据传输的开放式技术标准，IEEE 1394 被应用在众多的领域，包括数码摄像机、高速外接硬盘、打印机和扫描仪等多种设备。标准的 1394 接口可以同时传送数字视频信号以及数字音频信号。相对于模拟视频接口，1394 技术在采集和回录过程中没有任何信号的损失。正是由于这个优势，1394 卡更多地是被人们当作视频卡来使用，它的其他功能反而被忽视了。最初的 1394 卡动辄就要数千元，近年来，随着生产成本的下降，最便宜的卡只要几十元，1394 卡正迅速普及到更多的普通家庭。

1. 1394 卡的分类

目前市场上的 1394 卡基本上可以分成两类：带有硬压缩编码功能的 1394 卡和用软件实现压缩编码的 1394 卡。前一种的价格较贵，而后一种的价格很便宜，只要 100 元左右。

带有硬压缩编码功能的 1394 卡，不仅能将电视机或者录像机的视频信号输入计算机，还具备了硬件压缩功能，可以将视频数据实时压缩成 MPEG1 或 MPEG2 格式的视频数据流并保存为 MPEG 文件或者 DAT 文件，从而可以方便地制作视频光盘。

用软件实现压缩编码的 1394 卡可以将视频信号输入计算机，成为计算机可以识别的数字信号，然后在计算机中利用软件进行视频编辑。它同时具备软件压缩功能，将视频数据实时压缩成 MPEG1 或 MPEG2 格式的视频据流并保存为 MPEG 文件，只是软件压缩后的图像质量较硬件压缩稍差一点而已。

一般家庭使用软件实现压缩编码的 1394 卡就可以了，其使用过程如下：通过 1394 卡把摄像带的内容传输到计算机硬盘，生成为 AVI 文件，使用软件进行后期编辑制作，把编辑好的素材生成为 MPEG1 或 MPEG2 文件，刻成 VCD 或 DVD 光盘永久保存。

2. 常见产品介绍

下面介绍几款市场上常见的 1394 卡，让大家对 1394 卡有一个实物上的认识。

（1）天敏 DV3000XP

这款 1394 卡属于实时压缩的 1394 卡，采用高质量 MPEG1、MPEG2 压缩引擎，可实时录制标准的 DVD、VCD 文件及自定义质量的 MPEG 影片文件；其软件可直接控制 DV 摄录机及 Sony Digital 8 摄录机；支持数码相机、数码摄像机、硬盘驱动器、打印机、数字电视、DVR 等 1394 设备；支持静态图像捕捉，实时压缩录像以及预览，随机自带应用程序。其外形如图 4-1 所示，市场售价仅为 180 元左右，比较便宜。

（2）EZDV 采集编辑卡

这款采集卡可以全面兼容 DV 和 Digital 8 摄像机；采用数字接口连接，采集回放绝无损失；使用专业 SONY DVBK1 编解码芯片，确保图像质量；自带 EZEDIT 编辑软件，可以轻松编辑影片；SoftXplode 三维特技引擎，提供专业三维特技；字幕制作方便快捷，具有运动、浮雕、阴影等多种效果；高质量的视频过滤和图象增强，可采集静帧图像制作照片；支持 16:9 和 4:3。目前的市场售价为 1500 元左右。

4.2.2 电视录像卡

电视录像卡可以让用户在计算机上收看和录制电视节目。目前市场上电视录像卡有“二合一”及“三合一”等多种种类。二合一电视录像卡一般是AV&S端子集成TV，它不仅可以看电视节目，还可以把录像带通过模拟视频（Composite & S-Video）输入端子接口转换成MPEG格式，刻录成VCD/DVD。三合一电视录像卡集成了AV&S端子、DV和TV，是新一代的数码DV和传统的视频设备全兼容的采集剪辑编辑压缩系统，整合了高速IEEE 1394 DV接口、模拟视频（Composite & S-Video）输入端子及全频电视功能，可将任何影片立即压缩成VCD/SVCD/DVD文件，兼具完整相容性及视听娱乐功能，如图4-2所示。

图4-1　天敏DV3000XP

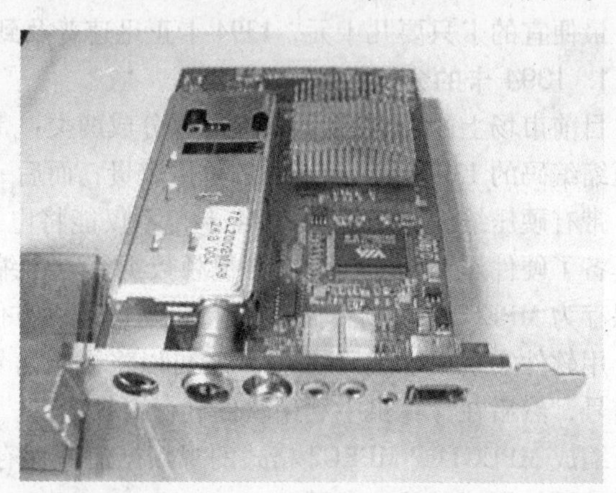

图4-2　电视录像卡

4.2.3 视频采集卡

视频采集卡又叫视频捕捉卡，可以将模拟摄像机、录像机、DVD机、电视机等输出的视频数据或者视频音频的混合数据输入计算机，并转换成计算机可辨别的数字数据，存储在计算机中，成为可编辑处理的视频数据文件。视频采集卡可以在捕捉视频信息的同时录制伴音，还可保证音视频同步保存、同步播放。

按照其用途不同，视频采集卡可分为广播级视频采集卡和专业级视频采集卡，它们档次的高低主要是采集图像的质量不同。广播级视频采集卡的优点是采集的图象分辨率高、视频信噪比高，缺点是视频文件所需硬盘空间大、压缩比小，一般连接BetaCam摄/录像机，所以它多用于录制电视台制作的节目。

专业级视频采集卡的档次比广播级的性能稍微低一些。两者分辨率相同，但专业级视频采集卡的压缩比稍微大一些，其最大压缩比一般在6:1以内。专业级视频采集卡的输入输出接口为AV复合端子与S端子，此类产品适用于广告公司和多媒体公司制作节目及多媒体软件应用。

计算机可以通过视频采集卡接收来自视频输入端的模拟视频信号，并对该信号进行采集、量化，使其成为数字信号，然后压缩编码成数字视频。大多数视频卡都具备硬件压缩的功能，在采集视频信号时首先在卡上对视频信号进行压缩，然后再通过PCI接口把压缩的视频数据传送到主机上。一般的视频采集卡采用帧内压缩的算法把数字化的视频存储成AVI

文件，高档视频采集卡还提供了硬件压缩功能，直接把采集到的数字视频数据实时压缩成MPEG1、MPEG 2 格式的文件。

视频采集卡除了上述数据卡的功能外，还带有实时编辑功能，添加字幕、特技效果都是由硬件完成，这就是通常意义上的非线性编辑卡。除了 AV、S-Video 接口以外，这类卡一般还配有 1394 接口。

由美国品尼高公司推出的 DC2000 是一款广播级的实时编辑卡，如图 4-3 所示。它既可以使用 MPEG2 的 4:2:2 格式进行采集编辑，用于高质量 BetaCam 录像带的制作；也可以使用 MPEG2 IBP 格式采集编辑，并直接输出 DVD 格式。与传统的 Motion-JMPEG 和全 I 帧的 MPEG2 格式相比，在相同采集质量的前提下，可节省 50% ~70% 的硬盘空间。为了最大限度提高采集质量，使用者还可选择恒定码流和可变码流两种采集模式。所有用 DC2000 采集的素材，不论是采用何种格式，均可在同一时间线上进行混编，而这一切依旧是实时的。

DC2000 能提供各种视频及音频接口，其中分量 YUV 和平衡音的输入及输出接口，能够保证画质在传输过程中不受损失；S 端子、复合端子和非平衡音的接口又为普通用户使用的非专业录放设备提供了用武之处；而 DV1394 接口选件同样也为广大数字媒体用户提供了输入输出方案的解决之道，如图 4-4 所示。DC2000 还支持对 RS-422 传统设备精确到帧的遥控，可以在 Premiere 中轻松地进行批量采集、编辑及回录，将手中 BetaCam 录像机的应用发挥到极致。

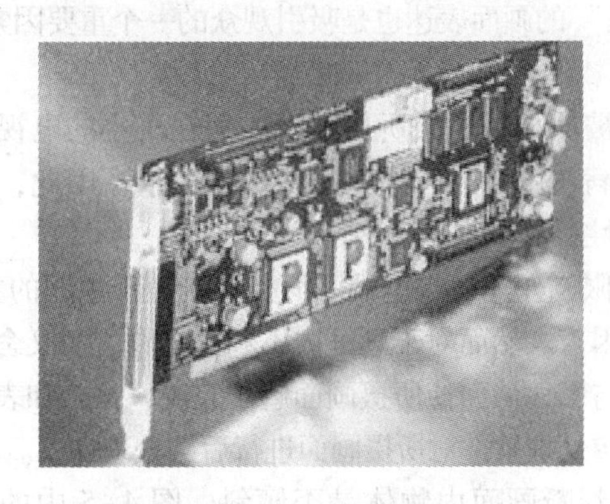

图 4-3　DC2000 编辑卡

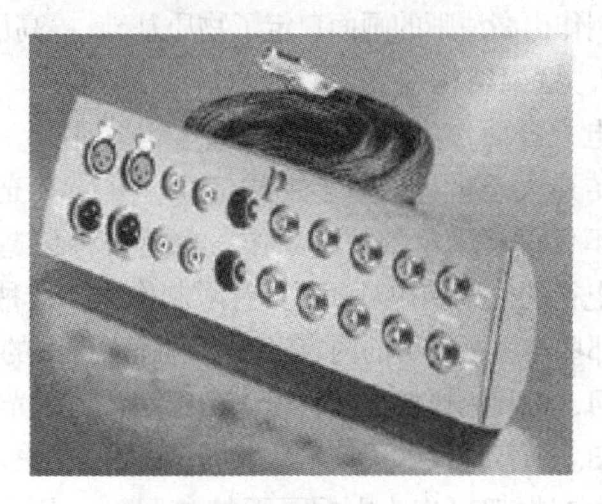

图 4-4　DC2000 接口

4.3 摄像基础

电视画面的作用与造型特点，决定了它的地位和画面构成。电视摄像的基本活动是取景与构图，它包括景别、角度、画面布局等。运动摄像是电视画面特有的造型手段，其运动形式有：推、拉、摇、移、跟、升降和综合运动。摄像的意识决定了摄像的方法与手段。在电视摄像中，镜头调度、蒙太奇、同期声的拾取、长镜头拍摄等构成了电视摄像的意识。

4.3.1 电视画面

1. 地位与作用

当人类发明了用电传输语音信息的电话和传输静止图片的传真机以后，人们开始梦想用电来传输活动图像，电视的产生使这一梦想成为事实。被摄景物的图像，在传送过程中，被分解为许多像素，并由这些像素组成一帧画面，在电视屏幕上再现。根据人的视觉暂留效应，在电视屏幕上以 25 帧/s 的速度传输，这样就形成活动图像。这些采用电子摄录系统摄制，由电视屏幕显现的图像，称为电视画面。由摄像机从开机到关机不间断地摄录下来的一个片段，称为一个电视镜头，也叫电视画面。由于现代电子技术的发展，电视可以将画面与声音同时摄录、同时传输。它不仅能传送语言和音乐信息，而且能传送文字、图片等信息。它传承了传统媒体的各种功能，不断扩大自身的优势。

电视画面是电视节目内容的主要体现者，画面直观、形象，即使有时没有语言、文字、音乐等，也能传送信息、说明问题。电视画面是电视节目结构的主体，其他表现形式是依附于画面的。

电视同时传送画面与声音，人们同时从这两种表现元素中获取信息。画面直观却不够理性，声音理性又不够直观，声音与画面的互补关系使电视传送信息既直观又理性。自然界中有些物质具有共同的特征，如果没有声音叙述，单凭外表就无法分辨；加上文字描述，画面变得一目了然。因此尽管画面在电视艺术表现元素中最常用，是电视节目的主要表现形式，但是声音也不能轻视。

电视画面不是孤立静止的，是连续运动的，所表现的内容互相联系、互为因果。一档好的电视节目除构思新颖外，还必须通过严谨的画面结构及组接方式才能得以表现。此外，新技术的发展为制作出高清晰的画面奠定了物质基础，“高质”的画面表达也是吸引观众的一个重要因素。

2. 框架结构

电视画面作为电视节目的基本组成部分，被屏幕的框架所局限。如何在小小的电视屏幕之间传递大千世界的众多视觉信息，并使其充满艺术魅力，这是摄像师的追求。因此，摄像工作不仅仅是简单的技术工作，也是一种创造性极强的艺术工作。

电视的框架结构对画面具有限制作用，这种限制作用使得电视画面摄取能表现主题的主体，舍去那些与主题无关的内容以及影响画面构图的因素。然而对于画框内不利于主题、而又舍不掉的东西，可利用摄像技巧，虚化、压缩、巧用光与影，从而使所摄画面趋于完善，符合和表达创作意图。随着现代电子技术的发展，还可采用图像处理软件对所摄画面进行后期处理加工。

电视框架可作为电视画面的参照物，用来判断画面内物体是否倾斜。图 4-5 中的人物在与电视框架边沿的水平线与垂直线对比过程中，明显出现了倾斜，而红旗与框架水平边垂直。电视框架还可以用来感知画面内物体的运动速度及运动方向。人们感知运动与否都要以一定的物体作为参照，电视框架两条水平线与两条垂直线是电视画面内运动物体的参照基准。如图 4-6 所示，画面内帆船的运动速度与运动方向，因船帆与框架存在的角度和弧度而被电视观众感知。

图 4-5　画面的参照物

图 4-6　运动速度与方向

通过以上实例可以了解到电视画面与框架间是一种相互依存的关系，框架虽然制约了画面取景范围的无限扩大，但却使观众对画面外的景物产生了无限的遐想。

3. 平面造型

电视画面是二维的，这决定了电视画面属于平面造型。用平面造型反映三维空间的现实生活，无疑是有一定难度的。如何增强画面的立体感呢？通常我们采用以下方式：

1）人眼在获得立体感时，景物反映在脑中的色调是近浓远淡、物体是近大远小、线条的透视感是近疏远密。同属于平面造型的绘画艺术，正是基于此而获得立体感的。在摄制电视画面时，可以选取大小成一定比例的物体来表现纵深空间，采用广角镜头、小光圈摄制物体，加强景物的纵深感；也可以通过选景与摄制技巧处理好景物色调的近浓远淡；还可通过选取互相平行的线条使其消失在视平线的主点上，增强透视感。

2）电视画面的摄制具有连续性，表现运动中的物体能够展示其运动的轨迹、近大远小的梯度变化、时间与速度的个体差异，以上这些因素使二维画面中的景物看起来具有三维空间的纵深感。电视画面利用可连续摄制的特点来表现运动中的物体，在画面内部形成了具有动感的纵深画面，这是绘画艺术与图片摄影所无法比拟的。

3）摄像机的纵深运动引导观众的视点发生变化，近处不断出画的物体与远处不断入画的物体使观众的视线由近及远，人们通过摄像机镜头直接感知纵深空间的连续变化，由此获得立体感。

4. 电视画面

优秀的电视节目要有一个好的主题，然而主题在一定程度上是由画面结构中的主体传达给观众的。主体离不开陪衬的说明，也不可能脱离环境而存在，因此在电视画面结构中，一般有这样几种元素：主体、陪体、前景、后景等，它们合理的配置（布局）组成了电视画面。

（1）主体

主体是画面要表现的主要对象，是主题思想的直接体现者，也是画面结构的中心。在进行构图过程中，首先要明确主体，其次要处理好主体在画面中的位置，突出主体。

（2）陪体

陪体对主体起陪衬作用，是对主体的补充说明。从画面构图上来看，陪体能够增加画面的纵深感，也能使画面均衡。从画面的影调与色调方面看，陪体能丰富画面影调层次，使画面色彩和谐，有美化画面的作用并能烘托主体。陪体有时可以是前景、背景。

（3）前景

所谓前景是画面主体前的景物，也是画面空间上距离视线最近的景物。什么物体作为前景，一般没有限制，只要与主题内容或画面主体能够相互衬托，彼此呼应即可。凡属与主体无关且可有可无的前景，都应毫不犹豫地排除在画面之外。前景的处理可虚可实，虚则前景模糊，可突出主体、点明主题；实则衬托主体、点缀画面。如何选择前景，要根据作者的创作意图来定。

（4）背景

背景是位于画面主体后的景物，其作用主要是用来衬托主体、突出主体、向观众交代主体所处的环境及氛围，丰富主体的内涵。在拍摄时注意背景要简洁，要选择富有特征的背景来说明主体，以便观众更好的理解主题思想。

4. 3. 2　取景与构图

《东方时空》栏目中常见的画面，如图 4–7 所示。在这一画面中，摄像师采用了全景、前斜侧平角度拍摄，嘉宾和主持人被安排在不同的位置，既有呼应又突出了主体人物。这就是摄像师取景与构图的摄影技巧。

无论是哪一位摄像师，在拍摄电视画面时，首先遇到的问题就是如何用镜头准确、高质量地让观众看到他们需要看的和想看的对象，这就要求摄像师首先学会如何取景和构图。取景与构图是两个关系密切而又有区别的概念。

取景是指在视觉空间内取用哪些被摄对象来构成画面，以及如何向观众表现这些对象，包括镜头前人物的取舍、采取何种景别以及选用什么样的拍摄角度等。构图则是指画面的结构布局，就是把摄像机取景范围内的各种对象进行艺术地、真实地、合乎情理地排列组合，使之产生视觉上的美感。

1. 取景

取景的过程既包含技术因素，也包含艺术成分。技术上要保证所摄画面的完整与清晰，摄像机运动时要稳、平、准、匀；艺术上要根据内容选择视点确定机位。在多远的距离拍摄、用什么景别、取怎样的拍摄角度，这些对于摄像师成功地创造视觉空间至关重要。

（1）画面清晰，主体突出

画面清晰，主体突出是取景时的基本要求。在决定画面构成时，既要突出主体，又要通过画面的视觉形象向观众传递足够的信息，从而体现节目的主题思想。镜头信息含量的多少又与景别有关，因此对于具体镜头的要求和处理是有所不同的。

（2）景别

景别是指被摄主体在电视屏幕框架结构中所呈现出的大小和范围。景别是摄像师在创作中组织画面、制约观众视线、规范画内空间、暗示画外空间、决定观众看什么、以什么方式观看的一种极有效的造型手段。

景别的大小与两个方面的因素有关：一是摄像机和被摄主体之间的实际距离，二是摄像机镜头的焦距长短。距离的改变可使画面主体形象大小发生变化，距离靠近则主体形象变大（景别变小），距离拉远则形象变小（景别变大）。当然，镜头焦距的变化也可改变画面主体形象的大小，焦距变长，画面形象变大（景别变小）；焦距变短，画面形象变小（景别变大）。

景别一般被划分为远景、全景、中景、近景和特写，不同景别的表现内容和作用是不相同的。而且各类景别的名称有一定伸缩性，在应用时应视被摄对象和题材而定。在实际拍摄中，景别是以成年人在画面中被画框截取的身体部位多少为标准来进行划分的，如图 4–8 所示。

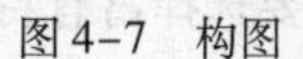

图 4–7　构图

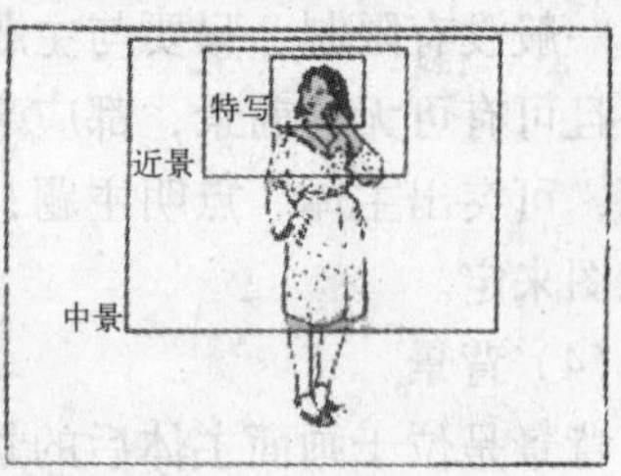

图 4–8　景别

1）远景。远景是表现广阔场面的电视画面。它包括的景物范围大，着重于整体气势，如自然景致、盛大的集会、地理环境等。远景画面内容的中心不明显，如图 4-9 所示。

2）全景。全景是表现成年人全身的电视画面，它可以使观众看清楚人物的形体动作及人物和环境的关系。全景往往是一个场面中的总角度，它制约着该场面分切镜头中的光线、影调、色调、人物方向和位置，常常也被称为“定位镜头”，所以，一般都应先拍。要注意用全景镜头拍摄人体时，必须把被摄对象的脚全部拍下来，不要在足面以上开始分截，如图 4-10 所示。

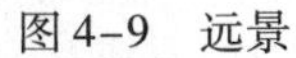

图 4-9　远景

图 4-10　全景

3）中景。中景是表现成年人体膝盖以上的电视画面，它能使观众看清人物半身的形体动作和情绪交流。拍摄中景镜头时，应以被摄主体富有表现力的局部为主，而环境则降到了次要的地位。应用中景视距，常需交代背景或动作线路，如果把它和展示全貌的全景镜头交替使用会获得更好的效果。由于中景镜头在电视作品中占较大的比例，这就要求摄像师在处理中景时注意使人物和镜头富于变化。中景镜头处理得好坏，往往是决定一部电视作品造型成败的重要因素，如图 4-11 所示。

4）近景。近景是表现成年人体胸部以上的电视画面。用近景画面表现人物时的重点在于处理好眼神光，达到以眼传神的效果。近景是拍摄时经常采用的视距之一，它可以使观众看清主体的面部表情和细微的动作，展示人物心理活动。近景使观众仿佛置身于事件之中，容易产生交流。拍摄人物的近景画面时，一般多用平角度，镜头的视平线以眼睛为齐。拍摄时主要以突出面部神情或质感为目的。用近景画面表现物体时，应着重外部的纹理结构，以达到仿佛可触摸的真实质地感，如图 4-12 所示。

5）特写。特写是表现成年人体肩部以上的电视画面，常被用来细腻地刻画人物性格，表现其情绪。拍摄特写镜头的关键在于抓住值得特写的局部，其中最能获得突出心理效果的镜头，莫过于面部表情的特写。例如，表现人物的内心感情，应以眼睛作为特写的对象（又称局部特写）。通过对眼睛的表现，揭示出人物内心的喜怒哀乐。拍摄人物面部特写时，要注意表现其皮肤的质感。如果被摄对象是婴儿或少女，可选用柔和的散射光以表现其细嫩光润的皮肤；如果被摄对象是老年人，则宜选用侧光机位，以表现其粗糙的皮肤。但这只是一般的规律，在具体拍摄时，要根据作品情节的要求，灵活运用，如图 4-13 所示。

由于电视屏幕尺寸的制约，如果想让观众清楚地看到被摄对象，必须在电视画面内让他们显得较大一些。换句话说，就是要多拍摄一些近景、中景镜头。这种景别能充分地体现出电视中的人物特点，也是用镜头叙事的较好景别。

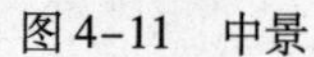

图 4-11　中景

图 4-12　近景

图 4-13　特写

（3）角度

拍摄角度是电视摄像艺术中非常重要的造型元素，角度的选择反映了摄像师对现实生活的理解、主观意图、创作风格、艺术修养和画面取材能力。拍摄角度是指摄像机的位置同被摄对象之间构成的实地空间中的角度，是现场拍摄时确定的视点，它包含拍摄方向和高度两方面的因素，如图 4-14 所示。方向指在水平面上摄像机与被摄对象之间的相对位置，如图 4-15 所示。高度指摄像机与被摄对象在垂直平面上的相对位置。拍摄角度担负着交待情节内容，提示人物心理和构成画面造型的重要任务。

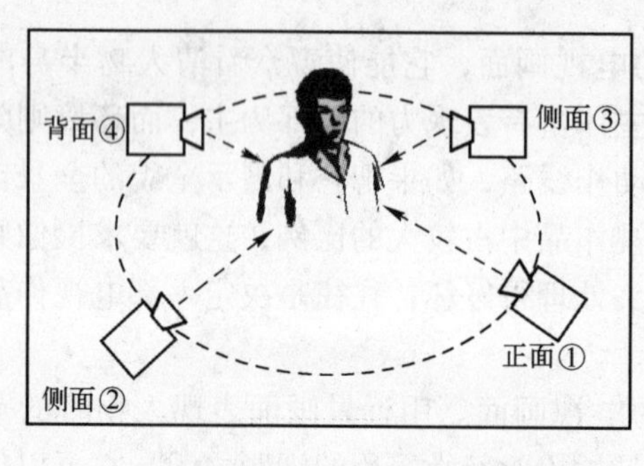

图 4-14　角度

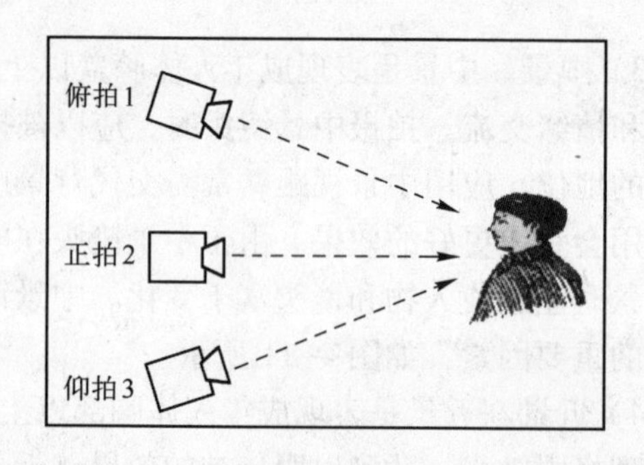

图 4-15　方向

1）平拍。平拍是以人们日常观察事物平视时的视点来进行拍摄。图 4-16 所示是从四个不同的方向平拍的画面。从正面方向拍摄的画面，可以看到人物完整的面部特征及神情。从背面方向拍摄的画面，注重以人物的姿态来表现内心感情。从侧面方向拍摄的画面，有助于突出人物的轮廓线条。从前斜侧方向拍摄的画面，有利于表现景物的立体感和空间感，并可使被摄对象产生明显的形体透视变化。平角度的拍摄客观真实，在运动拍摄时会使观众产生一种身临其境之感。

图 4-16　平拍

2）仰拍。仰拍指摄像机低于被摄对象向上拍摄。图 4-17 中的仰角度拍摄可使被拍摄对象显得高大、挺拔，有较强的主观色彩，给人一种高大、威严、崇高的感觉。另外，用仰角度拍摄的画面，往往有舒展、开阔、崇高、景仰的感情色彩。

3）俯拍。俯拍指摄像机高于被摄对象自上而下拍摄。图 4-18 中用俯角度配以短焦镜头拍摄，给人以宽广、深远的画面效果，多用来向观众交待环境，展示宏大的场面。用俯角度拍摄人物时，宜于展示人物与环境的整体气氛，不适宜表现人物的神情及人物之间细致的感情交流。在拍摄以人物为主的中近景画面时，不要随便运用俯角度，否则可产生贬低蔑视的效果。

图 4-17　仰拍

图 4-18　俯拍

景别与角度在很大程度上决定了观众的观看范围，是取景的两个非常重要的内容。对此摄像师应多作研究，在实际拍摄中要根据不同的题材、内容、对象、场景等因素来灵活使用，使之为节目主题服务，给观众带来美感。

2. 构图

电视的框架结构限制了电视画面的取景范围，如何在画面中既表现出纪实特点，又具有一定的艺术性，摄像师的构图技巧是关键，即在一定的取景范围内，如何筛选、组织对象，处理好被摄主体的方位与后继运动方向及光线、影调、色调等造型元素，还应考虑到画面最终的效果是否具有新意，表现内容是否一目了然，主题是否鲜明等。画面构图的基本规则应遵循人们的审美要求、心理需求，首先保持画面的对称与均衡；其次要求画面的兴趣点集中，事物多样化和个性统一；还应采用对比、呼应等手法渲染气氛。对称与均衡给人以稳定、和谐之感，兴趣点集中有利于突出主体。构图处理得如何，关键取决于画面主体表现得是否成功，以及主体与陪体、环境和画框之间的相互关系处理是否得当。围绕着突出主体，有以下几种构图形式。

（1）画面中心法

电视画面中，最稳定和最突出的位置是画面中心，把被摄对象放在这个位置上给人以稳定感，对于一个静态的人物就把他放在画面这个位置上比较好。例如，正对着摄像机的新闻播音员常常被放置在画面中心位置上，如图 4-19 所示。

（2）对称法

如果把上例中的播音员偏离中心位置，就会影响观众接受信息，因为这种非对称的构图使画面失去稳定，会分散观众的注意力。但是，如果在画面的另一边再加进一个人物，画面就会感到对称、平衡，有稳定感。对于男女两个播音员常采用这种对称法来处理画面构图，如图 4-20 所示。

(3) 并字法

在给画面布局时，为了使主体鲜明突出，应该把主体放在画面的视觉趣味中心，画面的中心位置显然是其视觉趣味中心。但是，主体置于这个位置上会使画面呆板、沉重，没有活力。当用四条线把画面分成九个均匀方格时，纵横线条的交叉点也可作为画面的趣味中心。若将主体置于任一交叉点上，主体鲜明突出，画面也显得生动有趣，富于动感，如图 4-21 所示。

图 4-19 画面中心法

图 4-20 对称法

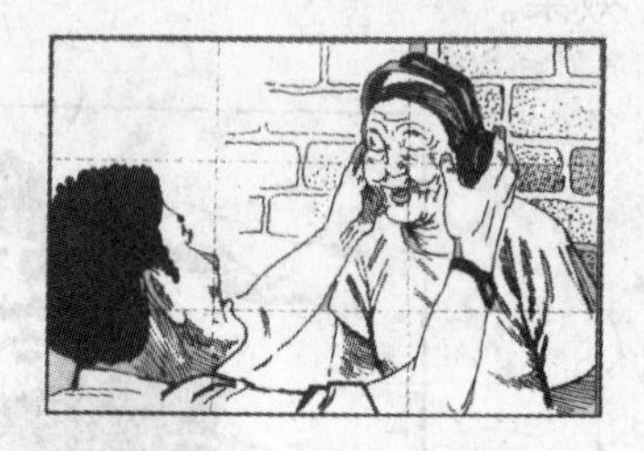

图 4-21 并字法

电视画面是一个二维的平面，它在反映现实的三维场景时，是利用画面中线条的变化来实现的。以画面中呈现的线型结构来构图又有以下几种常见的形式。

(1) 三角形构图

三角形构图通常以同性质的人和物或自然景观构成三角形，常见的有正三角形和斜三角形构图，它们的画面具有极强的稳定感。如广告摄影中叠放的酒杯、山村梯田，如图 4-22 所示。

(2) 横长形构图

横长形构图画面稳定、开阔。水平线常作为画面中的主线条，适宜拍摄草原、海洋、大地等，如图 4-23 所示。

(3) 垂直式构图

垂直式构图能充分显示景物的高大，使高层建筑（如塔、高楼）给人以高耸之感，让树木（如苍松）给人以挺拔、刚直之感，如图 4-24 所示。

图 4-22 三角形构图

图 4-23 横长形构图

图 4-24 垂直式构图

(4) 对角线式构图

对角线式构图易产生动感与纵深感。有的以实际存在的线条出现在画面的对角线上，如公路、河流等，另一些以人或物的运动轨迹、视线等方式出现于画面，如从左上方向右下方俯冲的雄鹰、斜向运动的人等，如图4-25所示。

（5）S形构图

S形线条处于画面中会给人以优美感，引导观众视线向纵深方向移动，使主体与环境紧密地联系在一起。S形构图适宜表现有曲线的景物，如河流、曲径等，如图4-26所示。

（6）圆形构图

圆形构图指画面中的主体是圆形，多因被摄对象是圆形而采用，如太阳、圆形建筑物等，给人一种强烈的向心力，如图4-27所示。

图4-25　对角线式构图

图4-26　S形构图

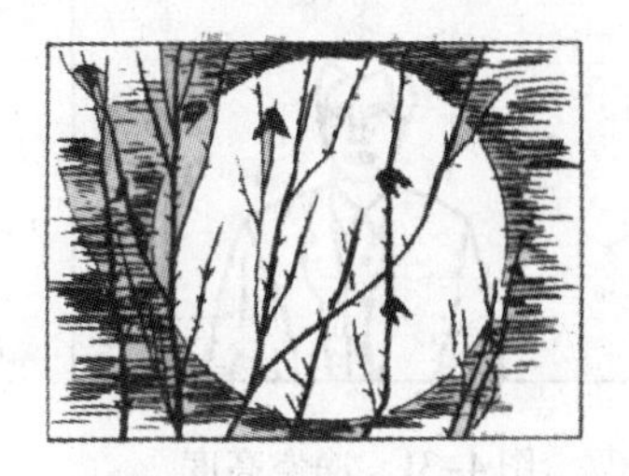

图4-27　圆形构图

（7）弧形构图

大多数情况下，由于景物的轮廓呈弧形而采用弧形构图，如拱桥、半圆结构门等。弧形构图使观众有流畅感与韵律感，如图4-28所示。

（8）布满式构图

布满式构图是将被摄体布满整幅画面，用于表现数量较多的情况，适宜拍摄水果、粮食、禽蛋、工业制品等，如图4-29所示。

（9）散点式构图

散点式构图是以分散的点状构成画面，给人以疏密有致感，常用来俯拍草原上的牛马羊群、平原农场下的拖拉机及仰拍天空上的鸟群等，如图4-30所示。

图4-28　弧形构图

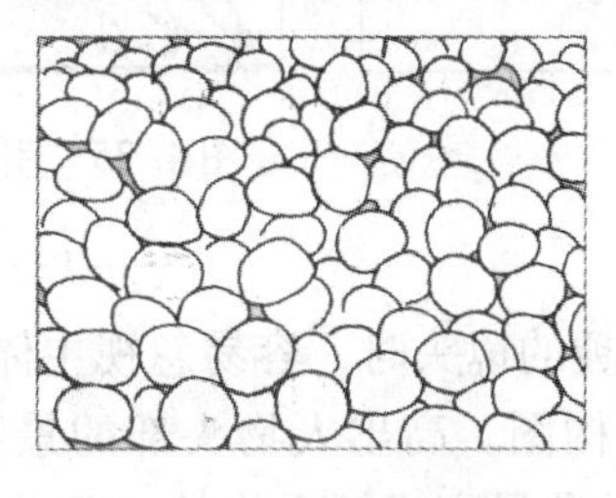

图4-29　布满式构图

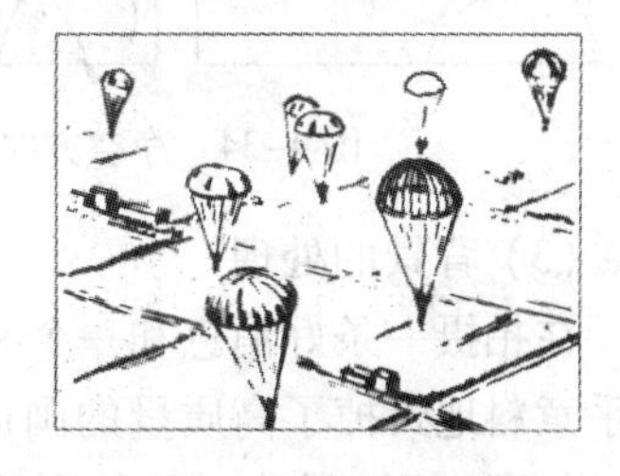

图4-30　散点式构图

以上是几种的常见构图方式，摄像师应本着构图为主题服务的原则，创作出主题鲜明、艺术感染力强的作品。在摄制过程中，我们既不主张只注意内容，而忽视表现形式，也不主张只求构图美而不注重所拍摄对象的做法。画面构图应该是内容与形式的完美组合。

3. 几个应该注意的问题

如何准确地取景、构图不仅依赖于拍摄者对画面的理解，还与其对节目构思的认识有关，而灵感和才气也是摄取画面的重要因素。

对于初学者还应注意这样几个问题。

（1）净空高度

在实际的取景活动中，要表现的人物无论是在室内还是室外，无论是拍全景还是拍近景，人物的头顶都要给画面的上边框留出合适的空间，称为净空高度，如图 4-31 所示。如果缺乏净空高度，人物在画面中就显得拥挤，如图 4-32 所示。净空高度如果留得过多，画面就会失去平衡，如图 4-33 所示。一般较好的画面效果是人物的眼睛位于屏幕上沿三分之一处，如图 4-31 所示。

图 4-31　净空高度

图 4-32　缺乏净空高度

图 4-33　空高度过多

（2）前方空间与引向空间

画面表现的人物望着、指向或移向某个特定方向而不是径直朝向摄像机时，一定要给所望（指、移）的方向留有足够的空间。静止人物所望（指）方向的空间称为前方空间，如图 4-34 所示。人物朝着屏幕一边运动的空间称为引向空间，如图 4-35 所示。

图 4-36 由于没有前方空间，人物好像面对墙壁，画面显得失衡；而图 4-37 中运动的人物紧靠在右边沿，人物运动好像被画框阻挡住了。

图 4-34　净空方向

图 4-35　引向空间

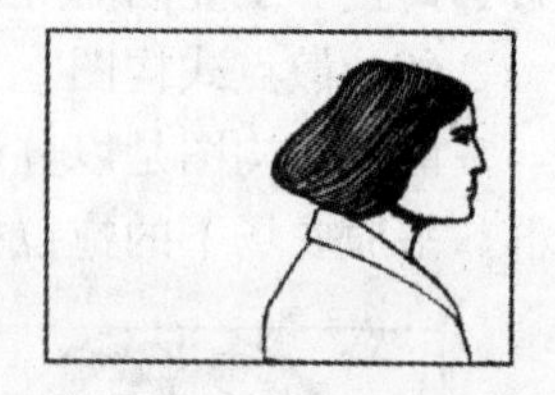

图 4-36　无前方空间

（3）背景的处理

在拍摄一条好消息和一个有趣的镜头时，容易忽视主体后面的背景。然而，往往是背景出乎意料地毁掉了高质量的画面构图。高出人物头部的景物和水平线都是最常见的构图问题。如图 4-38 所示，观众看到的背景变成了人物的一部分，图中的植物和路标好似从人物的头部长出来一样。处理这样的背景时，需要在取景时调节一下拍摄的角度，就能避免这种现象的出现。图 4-39 中的记者好像站得笔直，但是倾斜的房屋表明画面是斜的。

图 4-37　紧靠右边沿

图 4-38　植物和路标好似从人物的头部长出

（4）纵深安排

电视屏幕是一个二维平面，若要逼真地表现三维立体空间，应安排画面的纵深突出画面的立体感。构图时，可利用透视原理（近大远小，近浓远淡）和在画面中安排必要的前景（过肩镜头、框架构图、树叶作前景）等来表现画面的纵深感，如图 4-40 所示。

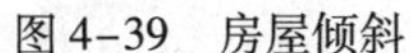

图 4-39　房屋倾斜　　　图 4-40　纵深感

取景和构图是一个摄像师最基本的工作，也是必须具备的能力，不能忽视。电视画面是运动的，取景与构图应该考虑运动的因素，不能照搬构图的一般性规律与方法，应在运动中取景、构图，让观众看到真实完整、富有韵律和运动美感的画面形象，使节目的主题得到鲜明、突出的表现。

4.3.3　运动摄像

1. 运动摄像的概念

所谓运动摄像，就是在摄像时，当摄像机的机位、镜头的光轴、镜头焦距三个因素中有一个发生改变时，进行的拍摄。通过这种拍摄方式得到的画面称为运动画面或运动镜头。运动摄像包括推、拉、摇、移、跟、升降和综合运动等几种形式。

运动摄像是电视画面特有的造型表现手段。运动扩大了观众的视野，同时运动产生的节奏和韵律给观众带来美的享受。运动摄像有助于描述事件发生、发展的真实过程，交代事件的环境、规模及气氛，给人以真实感。

运动摄像使得拍摄的方向、角度、景别不断变化，摄像机从多个层面、多个角度，并以不同的视距来表现被摄对象，观众通过画面的变化从形到神对被摄对象有一个全面的了解与认识。

2. 运动摄像的形式

（1）推镜头

推镜头是指摄像机向某个主体靠近，让主体逐渐在画面上占有越来越大的面积，用来突出主体或表现某一个局部。

在实际拍摄中推镜头有两种运动方式。一种是改变摄像机和景物之间的实际距离，利用移动轨或肩扛向被摄体靠近。这种推镜头的方式，主体和背景之间的空间关系不断发生变化，空间透视感很强。另一种方式就是机位不动，利用变焦距镜头来推进。这种方式的拍摄，空间的关系不发生变化，只是越往前推，空间背景的范围越小，似乎要靠在一起，但主体比较突出。采用哪种方式要视情况而定，在一些摄像机难以靠近的情况下，用变焦距拍摄比较方便；如果可以靠近被摄对象最好是靠近，以强调出空间变化及向人靠近的真实感受，如图 4-41所示。

（2）拉镜头

拉镜头是和推镜头相反的一种运动方式，就是指摄像机的机位从拍摄主体的一个主要的局部慢慢向后拉出，让周围的环境不断地进入画面，原来的主体慢慢变小，融入到周围的环境中，如图 4-41 所示。与推镜头相对应，拉镜头也有两种方式：一种是改变摄像机和主体之间的实际距离，另一种是利用变焦距来拉。

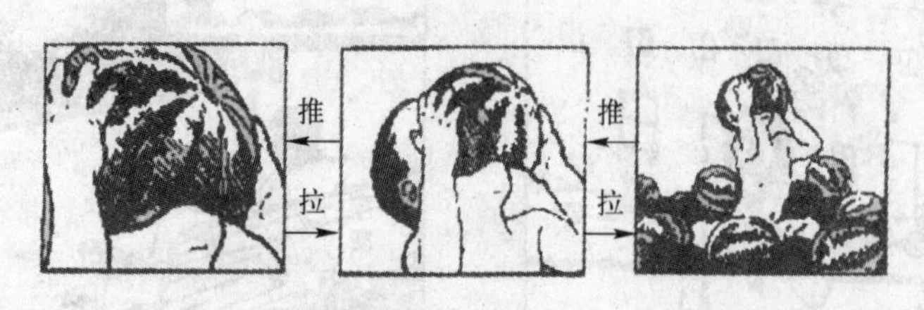

图 4-41　推（拉）镜头

实际拍摄中，推镜头的用途往往是将观众的注意力引向特定的主体，并保持该主体在画面上的位置。当某一特定的主体对下一个画面有意义的时候，拉镜头便发挥了作用。拍摄时，推入和拉出的速度应符合电视节目的节奏要求。快速运动适合表现明快、欢乐、兴奋的情绪，还可以产生震动感和爆发感。而缓慢的运动常用于表现悲哀、悬念或宁静的气氛，也可产生紧迫感。

推镜头和拉镜头分为起幅、运动、落幅三个部分，在一般的情况下，落幅画面是表现的重点，对它的构图要严谨、规范、完整。拍摄时要注意，如果不是特殊的需要，应当让主体形象始终保持清晰的图像。当摄像机纵向运动时，要注意保持主体在画面结构中的位置，使其一直处在趣味的中心。起幅和落幅当作固定画面对待，保持适当的长度，有利于给后期编辑提供足够的选择余地。

（3）摇镜头

摇镜头指的是机位不动，只是镜头的光轴作上下、左右或环摇运动。左右摇摄一般用来展现比较宽阔的场面、介绍环境，如图 4-42 所示。当作左右摇摄时，要注意两脚叉开与肩同宽，腰部扭动自如，保持机身的水平位置，起幅和落幅要稳定一段时间，否则，所摄的画面将会给人一种没有结束和不完整的感觉。上下摇摄时，一般用来表现高大的物体或表现事物上下的联系。上下摇摄要遵循的规律和左右摇摄的规律相同。另外一种就是环摇摄，即以摄像机为中心，进行360°的环摇。环摇往往用来表现某种特定的环境和情感的抒发。摇摄是比较自由的，但要把握的是，在摇的过程中一定要有吸引人的东西将镜头引导过去。当镜头开始摇动时，观众就会产生期望，因此落幅一定要有趣味点。

（4）移镜头

移镜头是指摄像机的机位沿水平面朝各方向移动时所拍摄到的画面，可借助于移动轨或摄像师扛着摄像机移动，或将摄像机置于汽车、飞机、自行车等运动工具上拍摄。移动镜头中主体和周围环境之间的关系不断发生变化，有利于连续交代环境空间，产生巡视或展示的视觉效果，如图 4-43 所示。当拍摄运动对象时，移镜头可在画面上产生跟随的视觉效果，人们常常又把这种主体移动、摄像机也跟着移动的拍摄称为跟镜头。

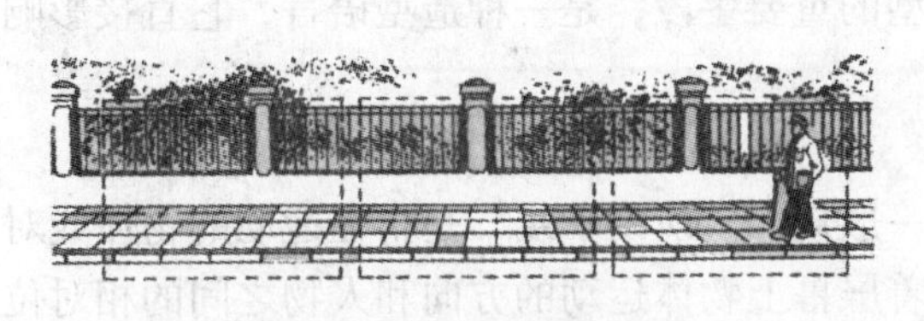
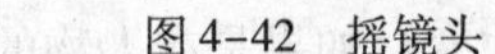

图 4-42　摇镜头

图 4-43　移镜头

（5）升降镜头

升降镜头是指摄像机借助于升降装置作上下运动时所拍摄到的电视画面。升降拍摄是运动摄像中非常富有表现力的一种方式。升高以后是一个大俯角，视野比较开阔，前后的景物交代得比较清楚。机位降下后，先平视，再仰视，视觉变化丰富，角度的变化产生了视觉的美感。

（6）综合镜头

在实际拍摄中，摄像机往往不是进行一种单独的运动，而是将几种运动配合起来使用，产生一种综合的画面效果。例如，《同一首歌》就是采用吊背摄像机的综合运动来表现演唱会的宏大场面、演员表演时的神情和优美的舞蹈动作，渲染了演唱会的气氛，扩大了观众的视野，有一种身临其境的感觉。伴随着音乐声，画面的运动更富有节奏，产生一种韵律美。

4.3.4　摄像的意识

1. 摄像师

一名摄像师在实际的拍摄过程中，应该对拍摄现场的环境条件迅速作出反应，比如：采用什么拍摄方式，如何调动各种视觉和听觉元素为画面造型和表现节目的主题内容服务。摄像师具备的这种本能是在长期的工作实践中形成的。

当你和一位资深的摄像师外出采访拍摄之前，他常会问你带录像带没有？电池充满电了吗？记住别忘了带上话筒，还有灯具与三角架。当你们提前到达现场，他又会问你："你觉得我们应该怎样来拍？机位如何设置？镜头该怎样调度？用什么景别、采用何种角度？"起初你可能会觉得他很"烦"，但几次以后，你会从心里敬佩他。因为，当接到一个突发事件的报道任务后，你会看到他不顾一切地冲到事件发生的现场，第一时间对事件作出报道，同时也表现出他的摄像意识和素质。

2. 镜头调度意识

在一个具体的场景中，如何设置机位、如何调度可按照摄像师的意图来进行，这样有利于表现内容和主题，创造出典型化、富有概括力和表现力的视觉形象，并尽量使这种画面表现形式更加真实自然而又富有创意，从而活跃并推动观众的联想和想象，满足观众的审美享受和欣赏要求。这就是人们常说的电视场面调度。场面调度包括两个方面：一是画面中人物的调度，二是镜头的调度。

（1）镜头调度

镜头调度指摄像师运用不同的拍摄方向、不同的拍摄角度、不同的拍摄景别和不同的运动，获得不同的视角、不同的视距、不同景别的画面。

在大量的纪实性节目，特别是新闻节目中都是用镜头调度来灵活、动态地捕捉生活中的

"瞬间"。应该说，电视镜头调度是电视摄像师应当掌握的要点。

镜头调度是摄像师塑造形象，进行画面造型的重要手段，是一种造型语言，它直接影响着镜头组接和内容表达。

（2）轴线规律

轴线规律是摄像过程中镜头调度所遵循的一般规律。所谓轴线，是指在运动的物体或对话的人物之间存在的一条看不见的线，它影响着屏幕上物体运动的方向和人物之间的相对位置。在两个人物的一侧拍摄时，上下画面中人物的位置不会改变；如果是在人物的两侧来回拍摄，则上下两画面中人物位置就会换位。

由此可见，实际拍摄应保证被摄对象在电视画面空间中位置正确、方向一致，摄像机要在轴线一侧 180°之内的区域设置机位。这就是摄像师处理镜头必须遵守的"轴线规律"。如果拍摄过程中摄像机的位置始终保持在轴线的同一侧，那么不论摄像机的高低俯仰如何变化，镜头的运动如何复杂，从画面来看，被摄主体的位置关系以及运动方向总是一致的。倘若摄像机到轴线的另一侧区域去进行拍摄，则称为"越轴"。此时，被摄对象与原先所拍画面中的位置和方向是不一致的。一般来说，越轴前所拍画面与越轴后所拍画面无法进行组接。否则，将发生视觉上的混乱。

遵守轴线规律就能保证画面方向的一致。如果需要拍摄越轴画面，为了不造成剪辑后带来的视觉混乱，就应该多拍几个中性的画面，以便在组接两个越轴画面时使用。

（3）基本机位的设置

在如今的电视节目中，访谈性节目越来越多。那么拍摄这类节目时机位是如何确定的呢？我们通过图 4-44 来进行分析。

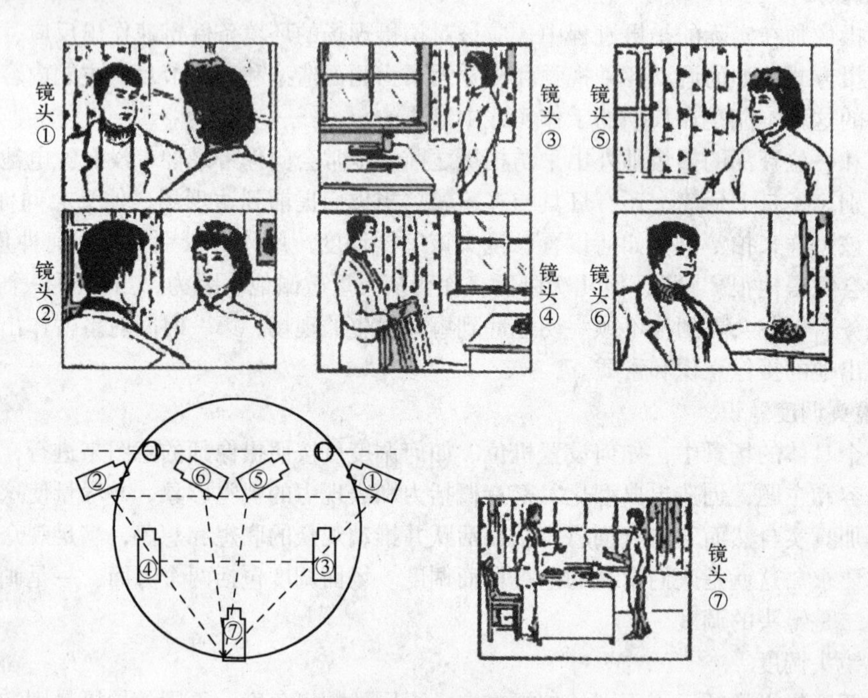

图 4-44　机位设置

摄像时的基本机位设置首先要遵循轴线规律，保持在关系轴线一侧拍摄，可以选择三个顶端位置，这三个顶端构成了一个底边与关系轴线平行的三角形。三个顶端位置上的摄像机，形成一个相互联系的三角形机位布局，它是镜头调度中最基本的机位布局：有外反拍机位、内反拍机位、平行机位和顶角机位等。恰当地运用基本机位布局，会使画面的内容显得连贯、生动、真实，并能产生最佳的造型效果。

外反拍机位是位于三角形底边上的两台摄像机，它们分别处于两个被摄人物的背后，向里把两人拍入画面。外反拍机位见图 4-44 中的①、②号摄像机，画面效果如镜头①和镜头②所示。外反拍三角形机位布局具有两个优点。其一是底边上的两机位所拍得的画面中，两人物可以互为前景和后景，呈透视关系，增加了构图的主体效果。其二，两个被摄人物一个面向摄像机，处于开放的形体位置，另一个背向摄像机，是关闭的形体位置。这样可以使面向观众的人物受到充分地突出和注意。

外反拍三角形布局的底边顶端上的两个机位（①号机位与②号机位），是一种客观性拍摄角度。当拍摄主持人或出镜记者采访某人时，经常运用这种外反拍拍摄角度。从画面上看，摄像机是在记者的身后越过其肩头拍摄接受采访的人，因而这种拍摄角度也称为过肩镜头。需要指出的是，拍摄过肩镜头时，背向观众的人在画面中所展现出的脸部侧影，一般应以不露出鼻尖为宜。

内反拍机位位是三角形底边上的两台摄像机处在两个被摄人物之间，靠近轴线向外拍摄，机位见图 4-44 中⑤、⑥号摄像机。内反拍机位可以利用位于底边上的两个顶端位置的机位，分别表现两个人物。

图 4-44 中③、④号摄像机的视轴相互平行，称为平行机位。平行机位布局常用于并列表现同等地位的不同对象，比如拍摄两个人的对话。这两个机位各拍摄一个人物，它带有客观和同等评价的含义。画面效果见图中镜头③和镜头④。

顶角机位于三角形的顶角，机位见图 4-44 中的⑦号摄像机，它常用于表现对话场面的开始和结束，是一种常用来交待环境和人物关系的机位。画面见图中镜头⑦。

上面谈及的外反拍、内反拍可以组合成一个机位多样的大三角形布局。一个大三角形内，包含 7 个摄像机视点，除内反拍和平行位置外，所有的机位均可成对组合，用以拍摄两个人物或多个人物。

在拍摄一个场景时，至少要从两个摄像机视点来拍摄，而且必须在某一视点上拍下整个场面，这样，后期编辑时就能通过组接不同视点所拍画面得出整个场面的视觉印象。镜头调度的三角形设置能够比较经济实用地达到这一要求。例如，在电视访谈节目中，主持人与被采访者“面对面”地交谈。处理面对面的二人谈话场面，最简单的方法是拍一组外反拍角度画面。在外反拍三角形底边上的两个机位所拍的画面中，主持人和受访者互为前景和后景，构图比较富有纵深感，是最常用的一种方法。

如果要突出被采访者，让他成为画面的中心和观众注目的焦点，可将一个内反拍镜头与一个外反拍镜头结合使用，从而使被采访者处于画面的显著位置，如图 4-45 所示。

从图 4-45 可以看到，图 4-44 的 1 号机位是一个外反拍角度，画面效果是记者为前景的过肩镜头；2 号机位是一个内反拍角度，画面单独表现了被采访者。在这两个镜头中，主持人处于相对次要的位置，接受采访的人处在比较突出的中心地位。

图 4-45　内反拍镜头与外反拍镜头

3. 蒙太奇意识

从电视屏幕上看到的电视节目不是一个镜头完成的，它是由许多在内容上相关、在视觉上连贯、符合日常生活逻辑、符合人们观察认识事物时心里变化的镜头组接而成的。在节目的制作中，镜头的组接是按照创作思想，根据一定的剪辑规律连接在一起的。镜头的组接，涉及到镜头匹配、轴线规律、景别衔接、角度择取等多方面的因素。因此，在前期拍摄时，不能只考虑单个镜头的摄取，还要考虑节目的构成，拍摄的每一个镜头都应该注意承上启下、相互关联，用蒙太奇思维指导具体的拍摄。

一名电视摄像师应该掌握节目制作中的蒙太奇技巧，理解节目的整体构思，掌握镜头组接的基本规律，在拍摄中形成蒙太奇意识，并在画面的造型中体现出来，为节目的制作作好前期的服务。

4. 拾取同期声意识

电视节目中的同期声是指拍摄画面过程中的人物语言、环境音响、现场音响等多种声音。由于同期声增加了电视传播的信息、增强了画面内容真实感、活跃了画面、表现了环境特点，因此它已经是电视画面不可缺少的重要表现元素。同期声的拾取对于摄制人员就显得更为重要。

拾取同期声的主要工具是传声器。传声器按照与摄像机连接的方式分为随机传声器和外接传声器。随机传声器安装在摄像机机头上，它非常适合于拾取现场音响。对语言拾取要求较高的采访型、谈话型节目则可采用外接传声器录音。对于大型现场直播节目常采用无线传声器，而有隐蔽要求的采访可采用胸针式传声器。在同期声录制现场，除了要求语言的拾取要清晰以外，还要注意以下几点。

第一，尽量使讲话的人不产生紧张的情绪，保持原来的自然状态。许多人在摄像机和传声器的面前都会感到紧张和不自然，这时摄影师应该看看被摄者是属于哪种类型的人物，然后再决定采用什么方法进行同期声采录。对那些适应能力较强的人可以手持传声器直接采访拍摄，而对于适应能力差的人，则应该尽量减少摄像机和传声器对被拍摄对象的心理压力。例如，使用长焦距镜头与超指向性传声器，或用胸针式无线传声器在较远的距离拍摄，有时甚至采用偷拍的方法。让被拍摄对象保持自然状态非常重要，只有在这种状态下的讲话才是真正有价值的。

第二，画面拍摄要服从语言的完整性。完整性是指画面的总长度必须长于实际使用的同期声讲话的时间总长度。在现场拍摄时摄像师应该在说话人开始讲话之前至少提前 5 秒钟开机，所录的第一句话才能完整地被记录在录像带上。等整段话讲完再停机。在拍摄时应该尽可能使用三角架，这样能使画面质量得到保证。如果只能用肩扛拍摄时，画面景别应该以中近景为宜。

第三，画面的拍摄要考虑同期声剪辑的需要。有些同期声语言在后期编辑时要进行删节，这时虽然声音可以做到天衣无缝，但是观众会明显地从画面上感觉到讲话被删节了。为了避免这种情况的产生，摄像师应该专门拍摄一些备用镜头用来修补删节的痕迹。比如，可多拍一些看不清讲话者口型变化的全景镜头或讲话现场一些与讲话内容有关的景物特写镜头，剪辑时把这些镜头插入在删节的衔接处，可以使观众感到同期声讲话是一气呵成。要注意，这些备用镜头最好在拍摄同期声讲话之前或是之后拍摄。

5. 长镜头意识

在丰富多彩的电视屏幕上，纪实节目以其真实生动的客观形象、连续完整的时空原貌，给观众以亲切、自然、身临其境的感觉。

这种纪实摄像要求与生活同步，并完整记录生活的流程，在生活的流动中把人物的形象、声音，以及人物之间的关系和心态完整地记录下来，以“场”信息的结构形态让观众从中观察体验，获得鲜活的素材。长镜头特有的纪实本质特征，实现了这一要求，所以在现代纪实节目中得到了广泛的采用。

长镜头是现代电视纪实的一种拍摄方法，它是指在一个统一的时空里不间断地展现一个完整的动作或事件。长镜头记录的是现实生活的原形，平实质朴，让观众有一种生活的亲近和参与感。

长镜头保持了时间和空间上的连续。在这一过程中，人物的行为、动作、交流能形成一定的环境氛围，能够展示人物的生存状态。在现代纪实中，人的生存状态、生活的环境、相互交流的心态，都是观众非常想看的，体现了现代纪实的美感。

长镜头在电视节目中常用来抒发情感，尤其是在一些高潮段落和一些大的场面之后，应该有一个比较长的镜头，给所记录的事件一些情感抒发的时空，给观众一种回味的余地，达到感情上的延伸和内容上的拓展。

一个摄像师，要对长镜头的这些本质特征有所掌握，在实际的拍摄中利用好长镜头，确立长镜头摄像的意识。

4.4 视频格式的转换

视频转换工具 ProCoder 拥有高质量的 Canopus DV 和 MPEG 编解码技术，并且可以将任何视频输入转换成各种流行的格式，包括 MPEG1，MPEG2，Windows Media，QuickTime、RealVideo 和 DivX。为了方便起见，ProCoder 还提供了拖放式的“查看”文件夹，在将文件放到指定文件夹时，它可以支持自动编解码，并且支持时间线插件输入，包括 Canopus Let’s EDIT、Canopus EDIUS 和 Adobe Premiere 等非线性编辑软件。

ProCoder 的主要功能是为 DVD、网页或更多应用准备视频，把互联网电影预告片转换为可以刻录 VCD 的文件，从编辑软件时间线上保存视频项目或把编码好的家庭电影以高质量的视频文件发送给朋友。ProCoder 适用所有的视频格式，直观的导航界面说明了该软件的使用方法，所以，即使用户不是顶级的视频编码专家，也可以创建出看起来非常专业的视频节目。Procoder 甚至可以帮助用户根据互联网的链接类型选择最理想的网络视频设置。

4.4.1 使用 ProCoder 3 向导实现视频转换

ProCoder 有一个导航界面，它可以指导用户一步一步地创建视频。直观的导航界面也可以帮助用户选择最佳设置，包括网页、邮件、DVD 和高清晰度回放，而无需用户定义压缩比例。

1）在桌面上单击 ProCoder 3 Wizard 图标，打开“ProCoder 3 Wizard”主界面，如图 4-46所示，单击“下一步”按钮。

2）打开“加载原始文件”对话框，单击“载入”按钮，打开“打开”对话框，选择要进行格式转换的文件，单击“打开”按钮，如图 4-47 所示，单击“下一步”按钮。

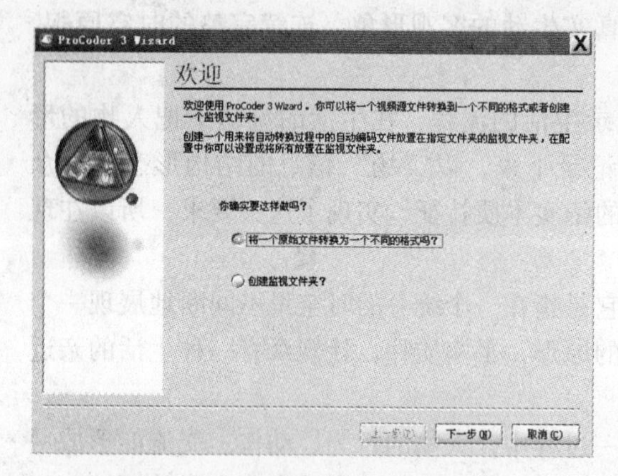

图 4-46　ProCoder 3 Wizard 主界面

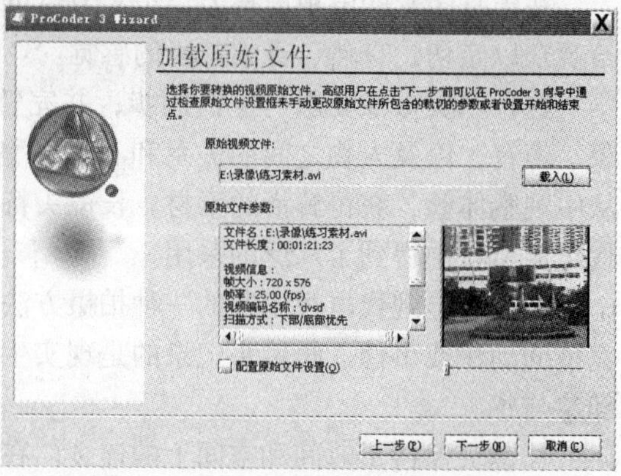

图 4-47　“加载原始文件”对话框

3）打开“使用向导或选择一个历史记录点”对话框，选择“使用 ProCoder 3 向导来选择一个目标文件”单选按钮，如图 4-48 所示，单击“下一步”按钮。

4）打开“选择目标”对话框，选择“DVD”单选按钮，如图 4-49 所示，单击“下一步”按钮。

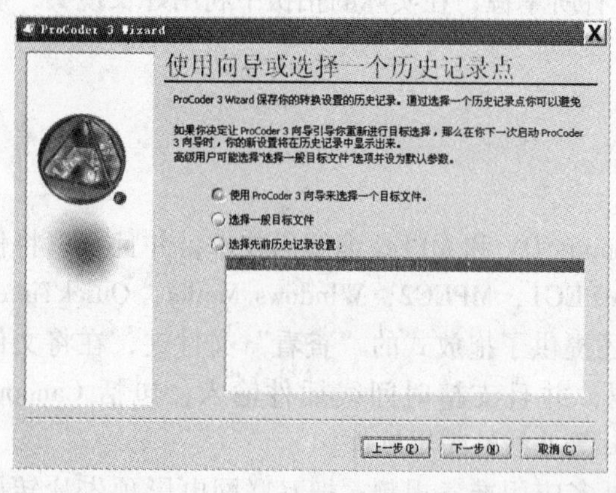

图 4-48　“使用向导或选择一个历史记录点”对话框

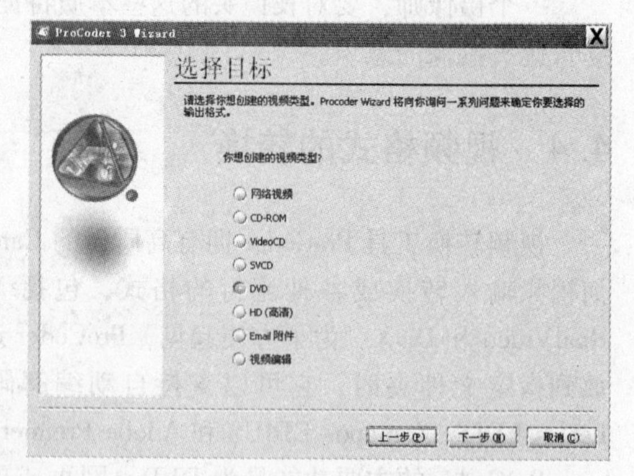

图 4-49　“选择目标”对话框

5）打开“DVD 格式”对话框，选择“PAL”单选按钮，如图 4-50 所示，单击“下一步”按钮。

6）打开“DVD 文件类型”对话框，选择“用于 DVD 创作的 MPEG-2 程序流（. m2p）

文件”单选按钮，如图4-51所示，单击“下一步”按钮。

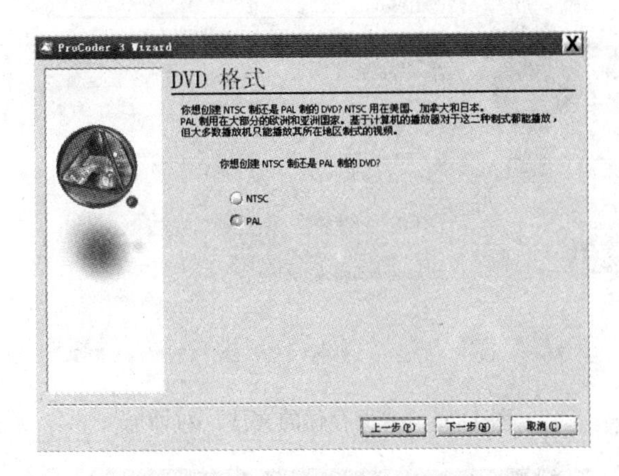

图4-50　“DVD格式”对话框

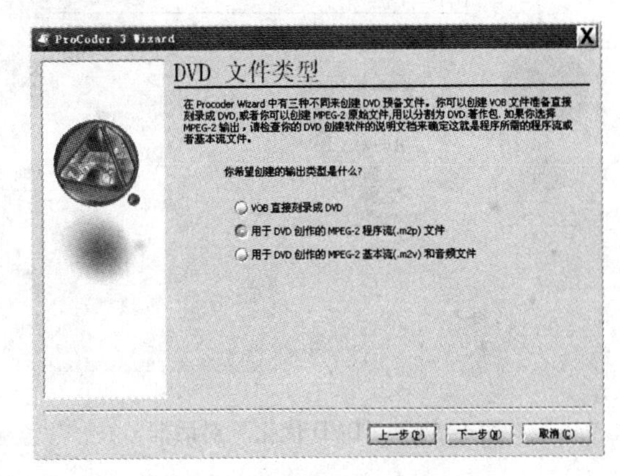

图4-51　“DVD文件类型”对话框

7）打开“DVD编码选择”对话框，选择“恒比特率（CBR)”单选按钮，如图4-52所示，单击“下一步”按钮。

8）打开“DVD时间”对话框，选择“最大60分钟”单选按钮，如图4-53所示，单击“下一步”按钮。

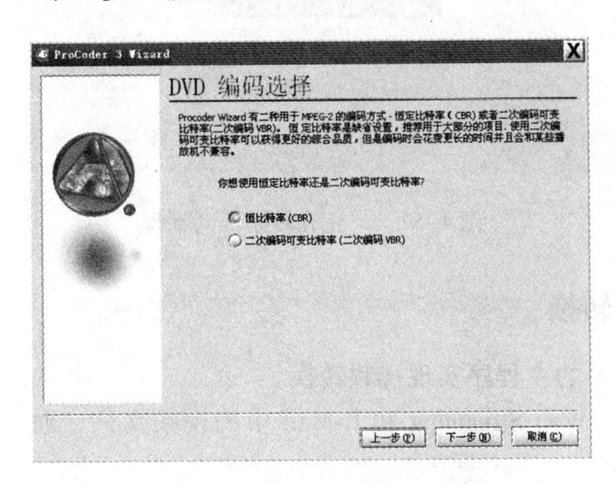

图4-52　“DVD编码选择”对话框

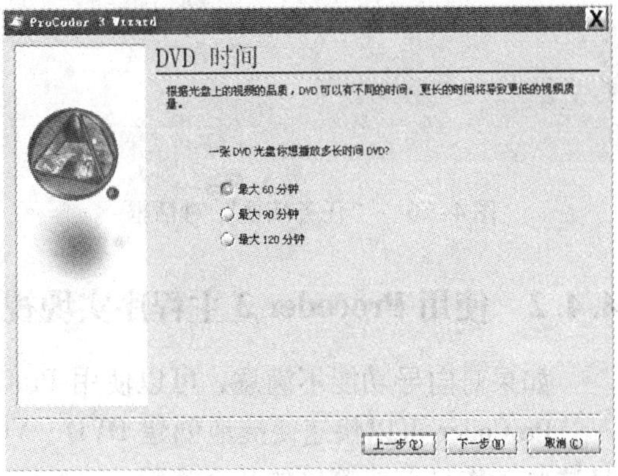

图4-53　“DVD时间”对话框

9）打开“DVD优化”对话框，选择“优化品质”单选按钮，如图4-54所示，单击“下一步”按钮。

10）打开“保存你的文件”对话框，选择保存文件的路径和名称，如图4-55所示，单击“下一步”按钮。

11）打开“任务摘要”对话框。如果输出格式不正确，可单击“高级输出设置”按钮，进入“配置”对话框，再进行设置。设置完成后单击“关闭”按钮，如图4-56所示，单击“转换”按钮。

12）打开“正在转换”对话框，如图4-57所示，完成转换后单击“下一步”按钮。

13）在弹出的“转换完成”对话框中，单击“结束”按钮，如图4-58所示。

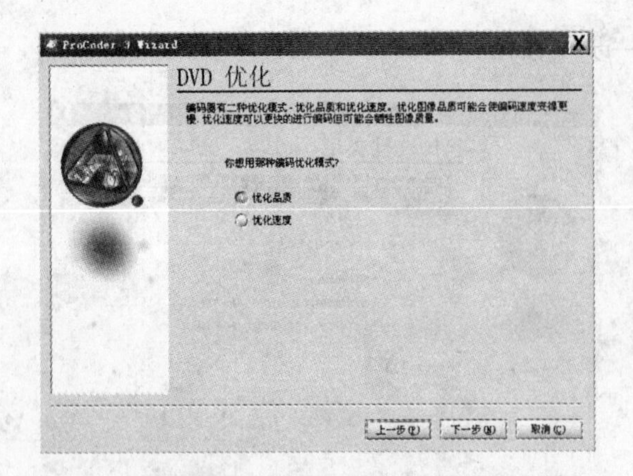

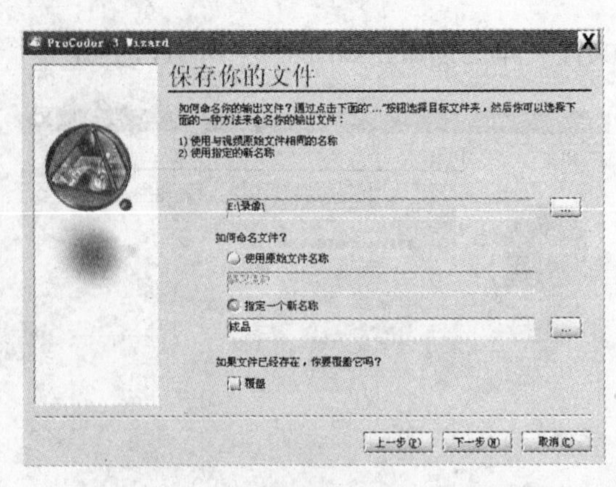

图 4-54　“DVD 优化”对话框　　图 4-55　“保存你的文件”对话框

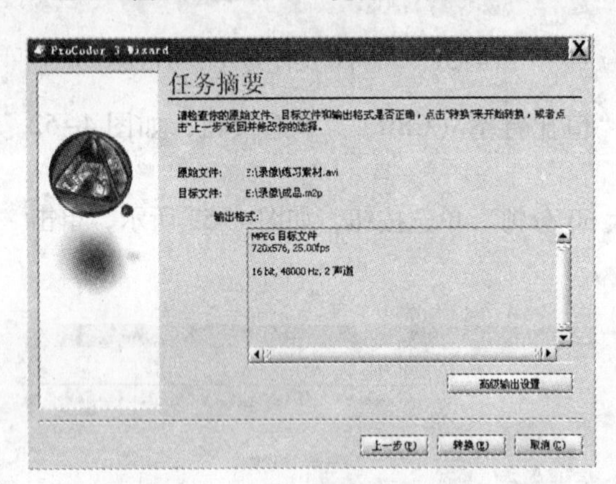

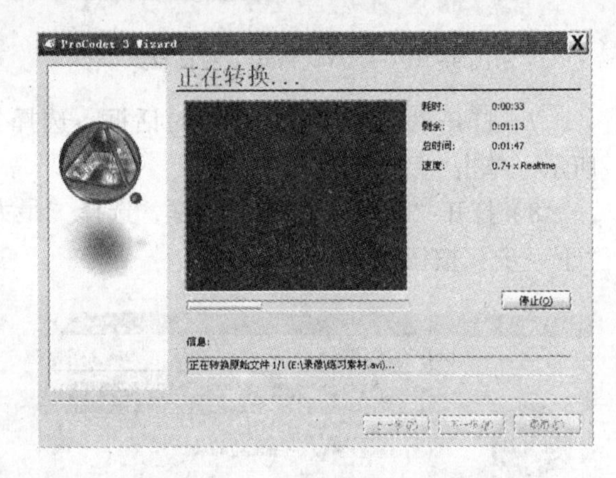

图 4-56　“任务摘要”对话框　　图 4-57　“正在转换”对话框

4.4.2　使用 Procoder 3 主程序实现视频转换

如果对向导功能不满意，可以使用 ProCoder 的主程序实现视频转换。

ProCoder 可以快速便捷地创建 DVD、VCD、Web Streaming 和 E-Mail 中的视频文件，而且这些工作只需要简单的几个步骤。

1）在桌面上双击“ProCoder 3”图标，打开“ProCoder 3”窗口，如图 4-59 所示。

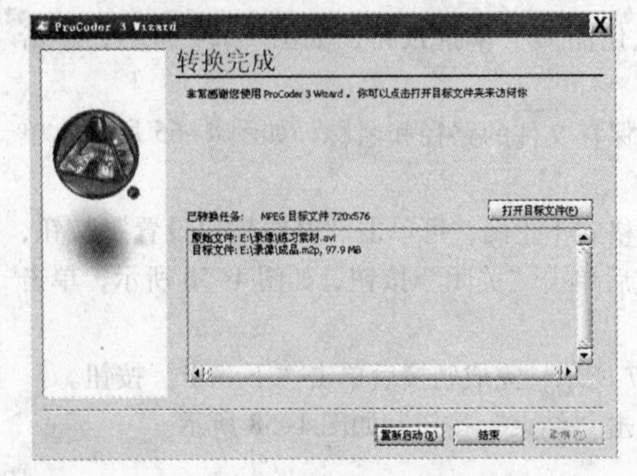

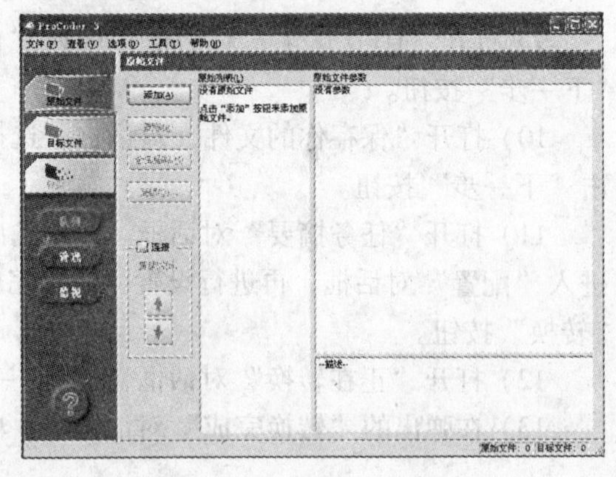

图 4-58　“转换完成”对话框　　图 4-59　ProCoder 3 窗口

2）单击“添加”按钮，打开“打开”对话框，选择要转换的视频文件，单击“打开”按钮，导入要转换的文件，如图 4-60 所示。

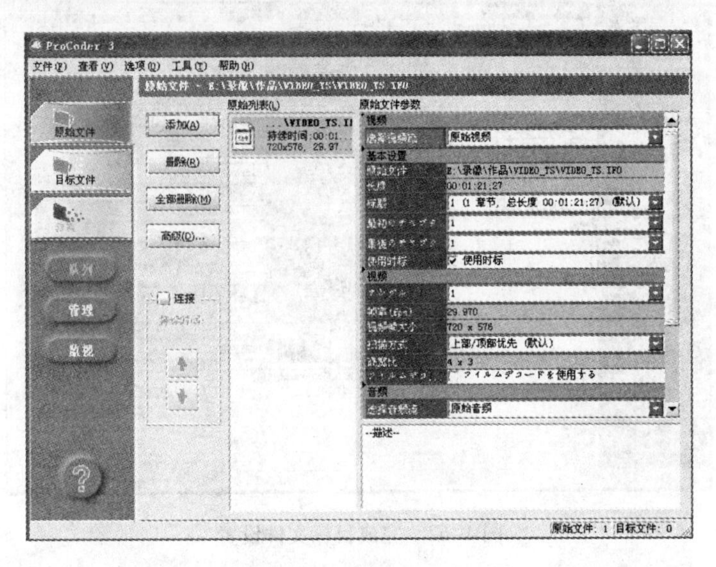

图 4-60　添加视频文件

3）单击“目标文件”选项卡，打开“目标文件”窗口，单击“添加”按钮，打开“加载目标文件预置”对话框，如图 4-61 所示。

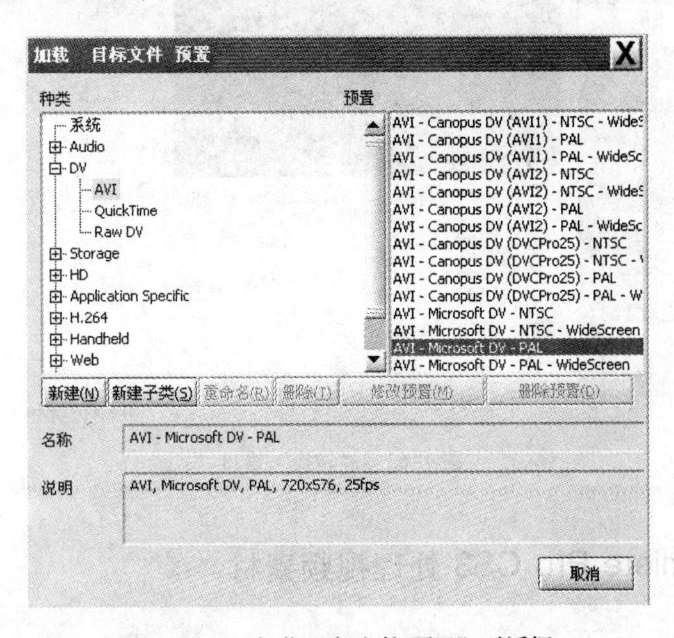

图 4-61　“加载 目标文件 预置”对话框

4）从“种类”窗口中选择“DV→AVI”，双击右边的“AVI-Microsoft DV- PAL”，返回“目标文件”窗口，在“目标文件参数”列表内可进行路径、文件名等设置，如图 4-62 所示，设置完成后，单击“转换”选项卡。

5）在“转换”窗口中，单击“转换”按钮，开始转换，如图4-63所示。

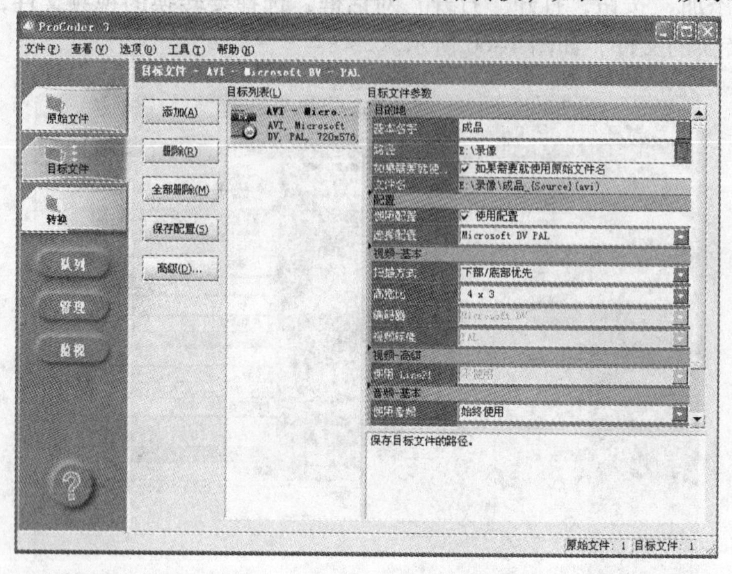

图4-62　完成目标文件设置

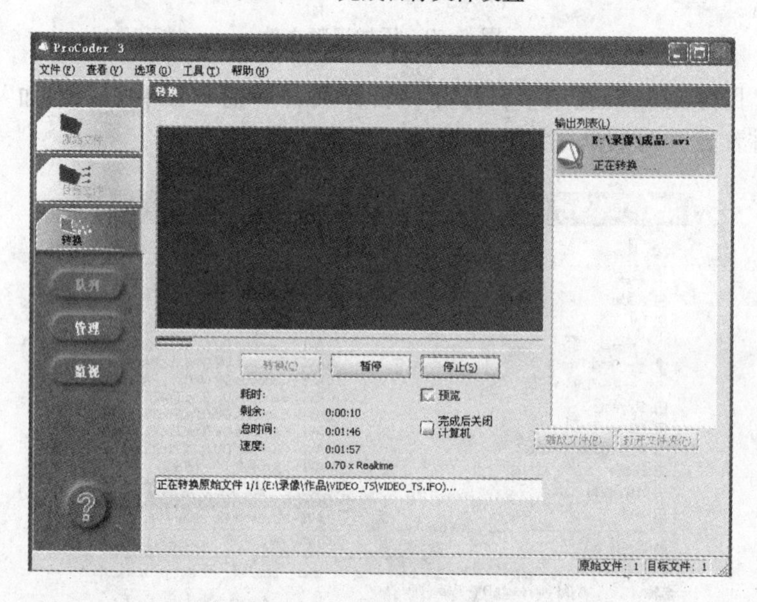

图4-63　“转换”窗口

4.5　用Premiere Pro CS3处理视频素材

Adobe Premiere Pro CS3是一款非线性编辑软件，编辑对象是数字信息，包括图像、声音与文本，工作平台是微型计算机和网络，与周边设备沟通的桥梁是信号线、模拟或数字硬件接口。

Adobe Premiere经历了一个从较为专业的影音编辑软件发展到中高端影视非线性编辑软件的过程，并不断融入与科技发展紧密相连的诸多元素，使Adobe Premiere从6.0版本开始，登上了广播级专业非线性编辑软件的平台。

Adobe Premiere Pro 是 Adobe 于 1991 年推出 Premiere 之后所作的最大幅度的革新。新版本改变了关键性的工作流程，减少了系统运算负荷，增加了许多剪辑方式，允许创作人员自定义快捷键，创造出得心应手的编辑环境。

4.5.1 DV 采集卡的安装与连接

1. 安装 DV 采集卡

首先关闭计算机电源，打开计算机主机箱，然后将 IEEE1394 卡插入到 PCI 扩展槽中。启动计算机后 Windows XP 系统会自动安装新硬件，完成后即可在设备管理器中发现已经安装的 IEEE1394 设备。

2. 连接 DV 与 IEEE1394 接口

数码摄像机与计算机可以通过 IEEE1394 卡连接。一般数码摄像机才有 DV 输出口，即通常说的 IEEE1394 接口，通过该接口就可与 IEEE1394 卡连接，从而把摄像机的录像传输到计算机中。另外，还可以将数码摄像机与非线性编辑卡连接，比如前面提到的 DC2000 非线性编辑卡，此类非线性编辑卡也提供了一个 IEEE1394 接口，同样可以将 DV 摄像机中的影像传输到计算机中保存。

将 IEEE1394 连线的一端接口插入 DV 的 DVOUT 端口，然后将连线的另外一段插入计算机 IEEE1394 接口。打开 DV 的电源开关，并切换到 VCR 放像模式，然后启动计算机，具体连接方法如图 4-64 所示。

图 4-64　数码摄像机与计算机相连

4.5.2 用 Premiere Pro CS3 捕获 DV 视频素材

可以使用 Premiere Pro 提供的视频捕获功能，将已经拍摄好的影片采集并保存到计算机硬盘中，再通过 IEEE1394 接口或者视频采集卡进行视频信号获取。连接好设备以后，就可以启动 Adobe Premiere Pro，并进行视频的捕获了。

1. 项目属性设置

1）启动 Premiere Pro CS3，打开“欢迎使用”对话框，如图 4-65 所示。

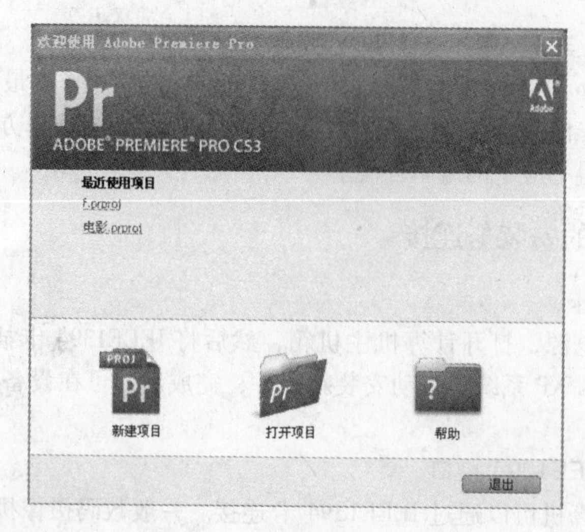

图 4-65　“欢迎使用”对话框

2）单击“新建项目”选项，打开“新建项目”对话框。默认状态下，新建项目对话框显示其“加载预置”选项卡，如图 4-66 所示。在“有效预置模式”栏中，可以选择一种合适的预置项目设置。右侧的“描述”栏会显示预置设置的相关信息。还需要在“位置”和“名称”中设置磁盘存储路径和项目名称。

单击“自定义设置”选项卡，如图 4-67 所示。“常规”中各参数的含义如下。

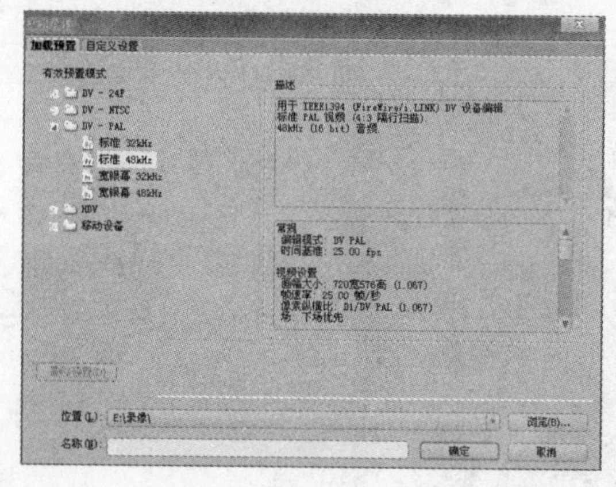

图 4-66　“加载预置”选项卡

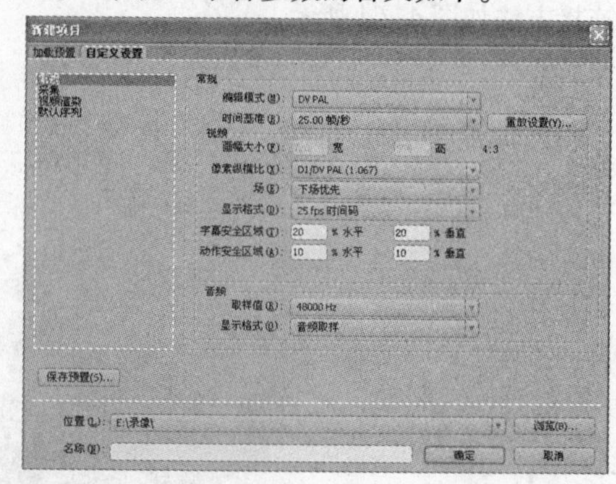

图 4-67　“自定义设置”选项卡

- “编辑模式”用于选择视频播放和编辑的模式，如桌面编辑模式、DV NTSC、DV PAL、DV 24p、HVD1080i、HDV 1080p 和 HDV 720p 等。
- “时间基准”决定多少帧构成一秒，系统依据时间基准来定位片段。一般来说，电影编辑用 24 帧/s，PAL 制式的视频编辑用 25 帧/s，NTSC 制式的视频编辑用29.97 帧/s。
- “画幅大小”以像素为单位指定从“时间线”窗口播放视频的尺寸，如果系统反应速度比较慢，可以用小一点的帧尺寸。PAL 制式通常选择 720 × 576 像素。
- “像素纵横比”可以控制视频输出到监视器时的画面宽高比。输出到电视时一般选择 D1/DV PAL (1.067)。

●“场”这个下拉菜单包括“无场”、“上半场优先”及“下半场优先”三个选项。“无场”相当于逐行扫描，用于在计算机上预演。在 PAL 或 NTSC 制式的电视机上预演时就要选“上半场优先”或“下半场优先”。
●“显示格式”下拉菜单决定了项目显示时间的方式，一共有 4 个选项。
●“字幕安全区域”用来设定字幕显示的安全范围。
●“动作安全区域”用来设定移动物体的安全范围。
●“取样值”决定了在“时间线”窗口中播放节目时的采样速率，数值越大则系统处理时间越长，播放节目的质量也越好，但需要的存储空间也越大。所以用户最好以合适的频率来采集数据。
●“显示格式”决定音频数据在“时间线”窗口中以哪种格式显示。

3）选择“采集”选项。在“采集格式”下拉列表框中选择用于视频采集的格式，比如 DV 采集或 HDV 采集，如图 4-68 所示。

4）从“视频渲染”选项中，选择“优化静帧”复选框，可以有效地利用项目中的静止图片素材，如图 4-69 所示。

图 4-68　采集

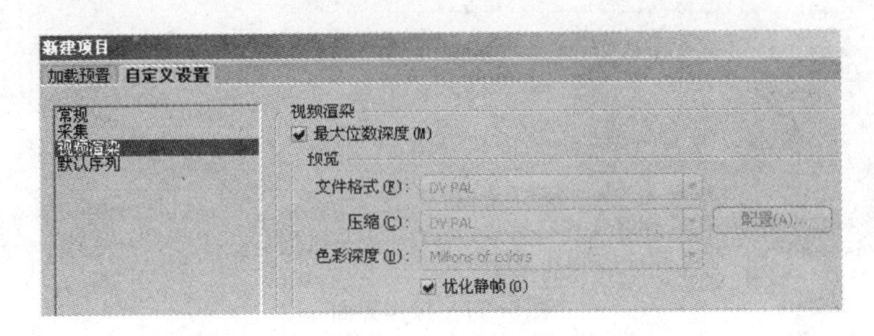

图 4-69　视频渲染

5）在“默认序列”选项中，可设置视频轨道的数量，如 3 个轨道；还可设置音频轨道，如单声道、立体声和 5.1 声道，如图 4-70 所示。

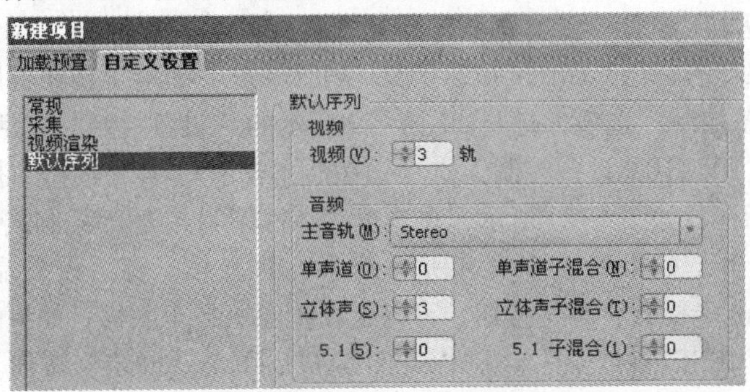

图 4-70　默认序列

6）在“位置”和“名称”处输入采集文件或编辑文件所在的路径和文件名。完成以上设置后，单击“确定”按钮完成项目文件的配置，并进入 Premiere Pro CS3 主界面窗口，如图 4-71 所示。Premiere 的主界面主要包括项目窗口、时间线窗口、信息窗口、过渡窗口、预演窗口等。如果要修改项目的设置，可执行菜单命令“项目”→“项目设置”→“常规”，打开“项目设置”窗口，重新设置。

7）用户也可以装载系统已有的设置，选择“装载预置”选项卡后，在“可用预置模式”列表中对照描述，选择一个适合的设置，如 DV-PAL/Standard 48kHz，在“位置”和“名称”处输入采集文件或编辑文件所在的路径和文件名，单击“确定”按钮即可。

注意：如果预置中没有用户想要的设置，系统可对用户的自定义设置进行保存。以后想用的时候，在“欢迎使用”对话框中直接载入即可。

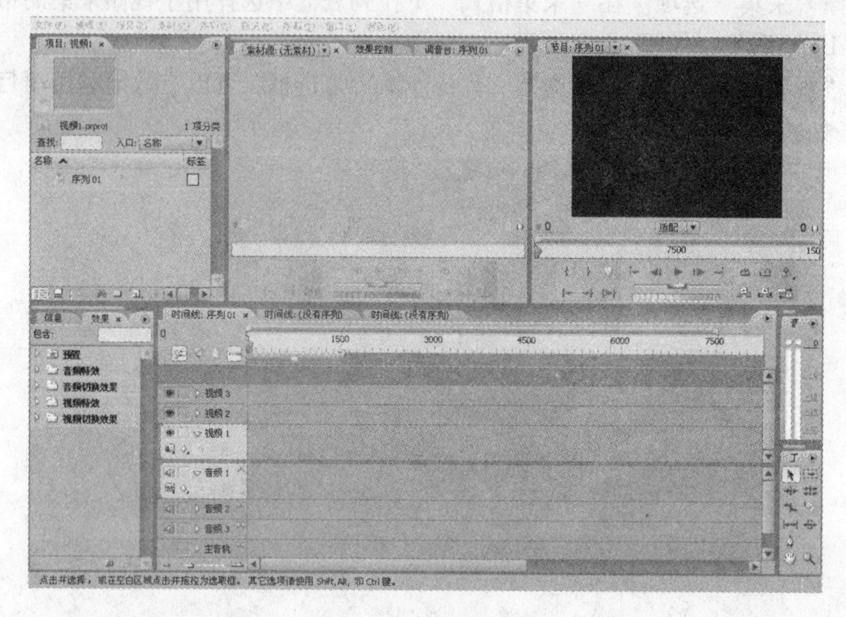

图 4-71　操作界面

2. 视频文件捕获

1）在开始视频捕获之前，需要设置视频和音频文件采集后的保存位置。执行菜单命令“编辑”→“参数”→“暂存盘”，打开“参数”设置对话框，在这里可以设置视频捕捉的路径。在“采集视频”右侧单击“浏览”按钮，打开“浏览文件夹”对话框，选择视频和音频采集后文件保存的路径，如图 4-72 所示，然后单击“确定”按钮返回。

2）单击“设备控制”选项，打开如图 4-73 所示的“设备控制”对话框，单击“设备”下拉列表，选择“DV/HDV 设备控制”选项，然后单击“选项”按钮，打开“DV/HDV 设备控制设置”对话框，如图 4-74 所示，在这里选择视频制式为 PAL 制式。此外还可以选择摄像机品牌、型号等。如果列表中没有所用摄像机的型号，将“设备品牌”选项设置为“通用”即可。单击“检查状态”按钮，可以检查摄像机是否联机。如果是离线脱机，说明摄像机已关闭或者 IEEE1394 卡没有成功安装。完成后单击“确定”按钮。

3）完成以上设置后就可以开始视频采集了。在主界面窗口中执行菜单命令“文件”→

"采集"或按快捷键〈F5〉，打开"采集"对话框，如图 4-75 所示。

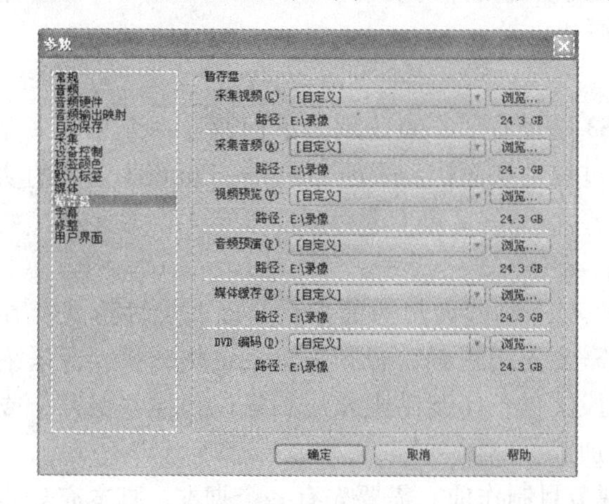

图 4-72　设置暂存盘

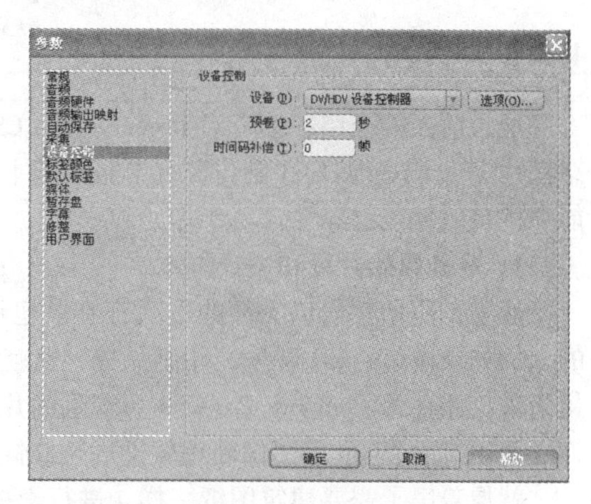

图 4-73　设备控制

图 4-74　DV/HDV 设备控制设置

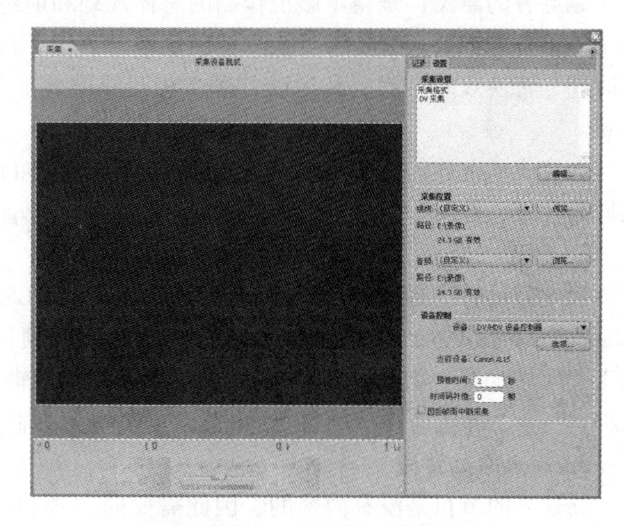

图 4-75　"采集"对话框

4）在这个窗口中不但可以对视频进行捕获，而且还可以进行预览和一些初步的加工处理。单击窗口右上角的箭头，可以在弹出的菜单中选择"录制音频和视频"，如图 4-76 所示。

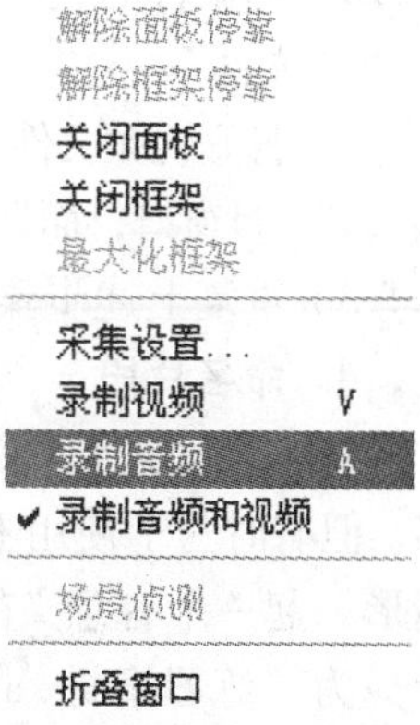

5）如果外接数字设备已经打开电源，在"采集"对话框下面的控制区中单击"播放"按钮，就可以控制摄像机的播放了。

在预览过程中，还可以单击控制区中的响应按钮实现对 DV 播放设备的控制，比如暂停、快进、快退等。如果准备开始采集，可单击红色的"录制"按钮，即可开始采集视频。

6）停止视频捕获，可以按下快捷键〈Esc〉，此时将打开"保存采集文件"对话框，在"文件名"中输入文件名，并在"描述"中填写关于这段录像的说明信息后，单击"确定"按钮完成。

7）关闭视频捕获窗口，返回到 Adobe Premiere 主界面窗口，此

解除面板停靠
解除框架停靠
关闭面板
关闭框架
最大化框架
采集设置...
录制视频　V
录制音频　A
✔ 录制音频和视频
场景侦测
折叠窗口

图 4-76　选择录制项目

时会发现刚才采集的视频片段已经被自动导入到项目文件列表中了。

4.5.3 片段的剪辑与编辑

通过前面的介绍，读者对 Premiere Pro CS3 已经有了一点了解。下面通过一个实例来介绍使用 Premiere Pro CS3 制作影视节目的基本过程，从而初步展现 Premiere Pro CS3 强大的功能和优良的性能。

1. 准备原始片段和设计脚本

通常，原始片段以文件的形式存在。也许有一些读者想用的素材是以非文件形式存在的，例如录像带、CD 音乐、印制品等，这就需要先用视频、音频采集系统将影视、音乐采集下来，保存为 Premiere Pro CS3 可识别的片段文件；印制品则须用扫描仪扫描并保存，或许还要用 PhotoShop 等图像处理软件进行修饰加工。

就像盖房子需要建筑图纸一样，进行影视节目制作前，需要先有一个脚本。脚本充分体现了编导者的意图，是整个影视作品的总体规划和最终期望目标，也是编辑制作人员的工作指南。准备脚本，是一步不可缺少的前期准备工作，其内容主要包括各片段的编辑顺序、持续时间、转换效果、滤镜和运动处理、相互间的叠加处理等等。脚本通常可设计成表格的形式。

在完成了上述的准备工作以后，即可开始影视节目的编辑制作。它包括创建新节目、输入原始片段、剪辑片段、加入特技和字幕、为影片配音、影片生成等几个步骤。

2. 创建一个新节目

建立节目时，必须进行节目设置。Premiere Pro CS3 在每次启动时都会进入“欢迎使用 Adobe Premiere Pro”界面，用户可创建一个“新建项目”，创建方法同前。也可单击“最近的工程”中的某一项，进入 Premiere Pro CS3 节目编辑界面，在运行过程中，执行菜单命令“文件”→“新建”→“项目”，也可以实现同一功能。

3. 输入原始片段

新建立的节目是没有内容的，因此需要向“项目”窗口中输入原始片段，如同盖房子需要准备水泥、钢筋等建筑材料一样。具体步骤如下。

1）用鼠标右键单击项目窗口，从弹出的快捷菜单中选择“导入”菜单命令或执行菜单命令“文件”→“导入”或按组合键〈Ctrl + I〉，打开“导入”对话框，如图 4-77 所示。

2）打开视频文件夹，选择其中的“练习素材.avi”文件，单击“打开”按钮，该文件即被输入到项目窗口，而且它的名称、媒体类型、持续时间、画面大小等信息都显示在项目窗口中。

3）重复上述步骤，将文件序列 01.wav 输入到项目窗口中，如图 4-78 所示。

4. 命名片段

将文件输入到项目窗口以后，Premiere Pro CS3 自动依照输入的文件名为建立的片段命名。但有时为了使用上的方便，需要给它们另起个名字。特别是类似于“练习素材.avi”的情形，起一个有意义的名字就更重要了。

为“练习素材.avi”片段更名的步骤如下。

1）在项目窗口中用鼠标右键单击要更名的片段，从弹出的快捷菜单中选择“重命名”菜单项或单击片段名，片段名变成了一个文本输入框与另一种颜色，如图 4-79 所示。

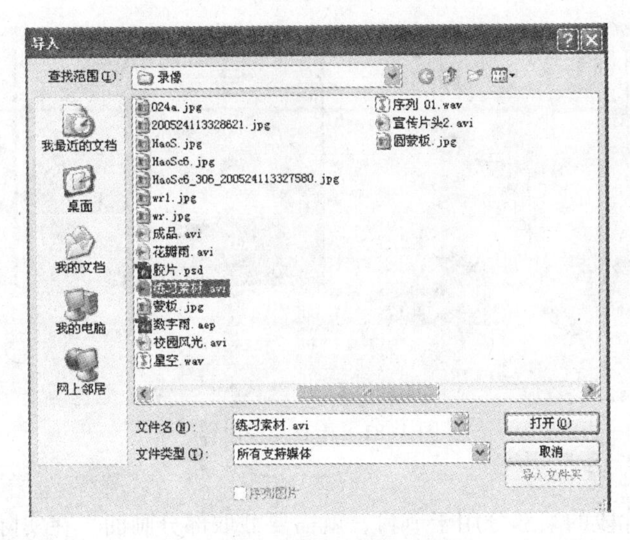

图 4-77 “导入”对话框

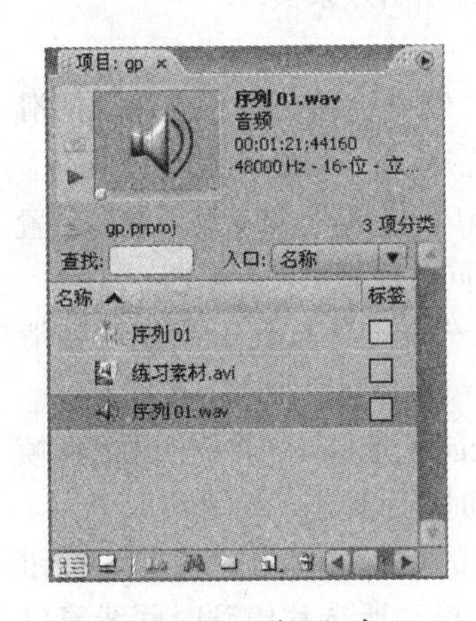

图 4-78 “项目”窗口

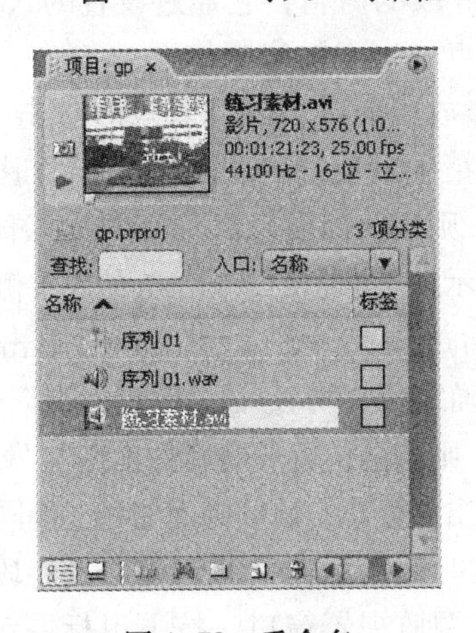

图 4-79 重命名

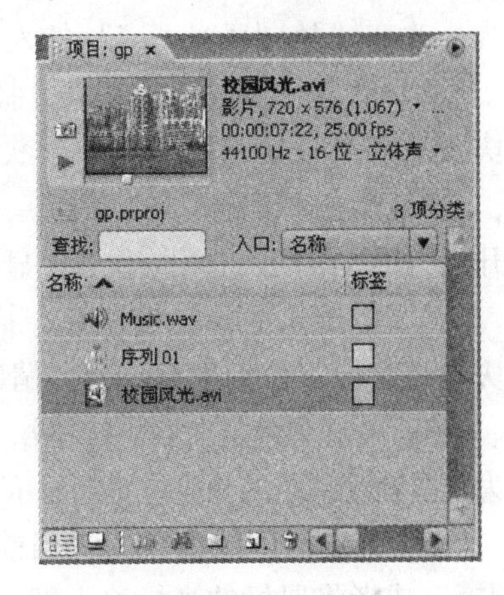

图 4-80 重命名之后

2）在文本框中输入“校园风光 . avi”，按下〈Enter〉键，完成修改。项目窗口中相应的“练习素材 . avi”被改为“校园风光 . avi”，如图 4-80 所示。

3）用同样的方法，将另一个“序列 01. wav”片段更名为“Music. wav”。

5. 检查片段内容

片段准备完毕以后，通常要打开并播放它，以便选择其内容。检查片段的方法很多，例如：

方法一，在项目窗口中，双击片段名，则在素材源监视器窗口中显示“校园风光 . avi”的首帧画面，单击源素材监视器下方的 ▶ 按钮，播放“校园风光 . avi”的内容，如图 4-81 所示。

方法二，将鼠标光标移入项目窗口，指向“校园风光 . avi”的图标或名称，按下鼠标左键拖动“校园风光 . avi”的图标至素材源监视器窗口中，此时鼠标光标变成小手形状。松开鼠标，素材源监视器中窗口的显示内容被“校园风光 . avi”的首帧画面取代，单击 ▶ 按钮，播放“校园风光 . avi”。

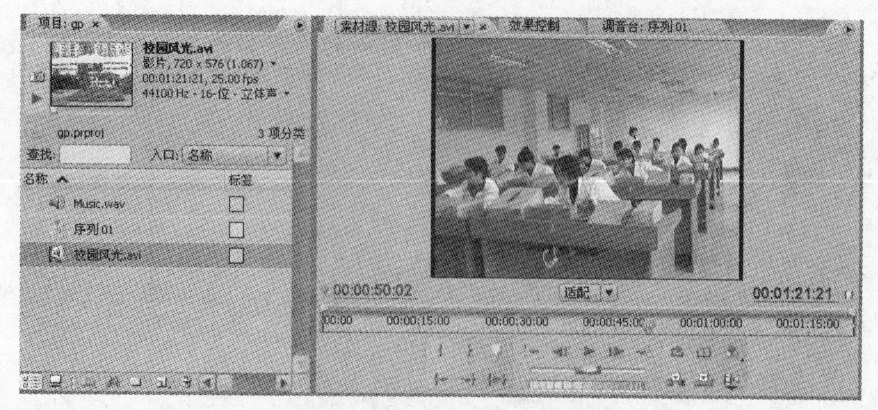

图 4-81　检查片段内容

6. 片段的剪辑

如果只需要将片段的某部分用于节目，就需要截取部分画面。在实际工作中，这是常常遇到的问题。这个过程称为原始片段的剪辑，它通过设置的入点和出点来实现。

改变“校园风光 . avi”的入点和出点的步骤如下：

1）单击“播放”按钮▶，播放当前片段，到入点时单击“停止”按钮■，或拖动帧滑块，将片段定位到入点。若欲精确定位，可使用“单步后退”◀或“单步前进”按钮▶。

2）单击“设定入点”按钮，则当前帧成为新的入点，“校园风光 . avi”将从帧所在的位置开始引用。滚动条的相应位置上显示入点标志，该帧画面的左上侧同时也显示入点标志。

3）单击“播放”按钮▶，播放当前片段，到出点时单击“停止”按钮，或拖动帧滑块，将片段定位到出点。若欲精确定位，可使用“单步后退”◀或“单步前进”按钮▶。

4）单击“设定出点”按钮，则当前位置成为新的出点，“校园风光 . avi”将仅使用到此帧为止。在滚动条的相应位置上显示出点标志，该帧画面的右上侧同时显示标志，如图 4-82 所示。

5）移动时间线窗口的“当前时间指示器”到要加入片段的位置，单击“覆盖”按钮，或者将鼠标的光标移入素材源监视器窗口，按下鼠标左键拖动所选片段到时间线窗口指定的位置，松开鼠标左键，这样入点和出点之间的画面就加到时间线窗口上了。

图 4-82　确定入点与出点

6）一个片段可反复使用。重复上述步骤，用户可以按照编导的意图将文件“校园风光.avi”所需要的部分加到时间线窗口上。经过上述处理的片段，在时间线窗口中，仅使用入点和出点之间的画面。也可将项目窗口中的片段直接拖到时间线窗口上，然后在时间线窗口再作调整。

7. 片段的基本编辑

在时间线窗口中，按照时间线顺序组织起来的多个片段，就是节目。对节目的编辑操作如下。

单击“视频 1”轨道左侧的三角按钮展开“视频 1”轨道，然后单击“视频 1”轨道左下方的“设置显示风格”按钮，可以改变显示风格。这里选择“显示全部帧”方式，如图 4-83 所示。

图 4-83　设置显示风格

对片段所作的一切编辑操作都是建立在对片段选择的基础之上的。选择片段的方法如下。

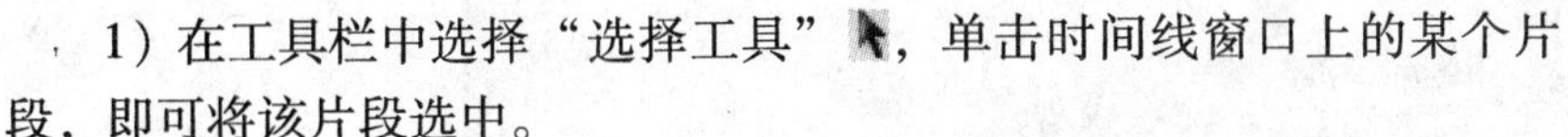

1）在工具栏中选择“选择工具”，单击时间线窗口上的某个片段，即可将该片段选中。

2）在工具栏中选择“轨道选择工具”，在时间线窗口上单击某一条轨道后，从单击处向右的片段都将会被选中。

3）使用“选择工具”，在按住〈Shift〉键的同时单击需要选择的片段，可以同时选中各个片段。

4）使用“轨道选择工具”，在按住〈Shift〉键的同时单击需要选择的轨道，可以同时选中多个轨道，如图 4-84 所示。

素材被添加到时间线窗口后，有可能需要进行分割操作。如果需要将某个片段进行分割，可以使用工具栏中的“剃刀工具”。剃刀工具的具体使用方法如下。

选取工具栏中的“剃刀工具”，将鼠标移动到需要进行分割的片段上，单击鼠标可以将其一分为二，如图 4-85 所示。

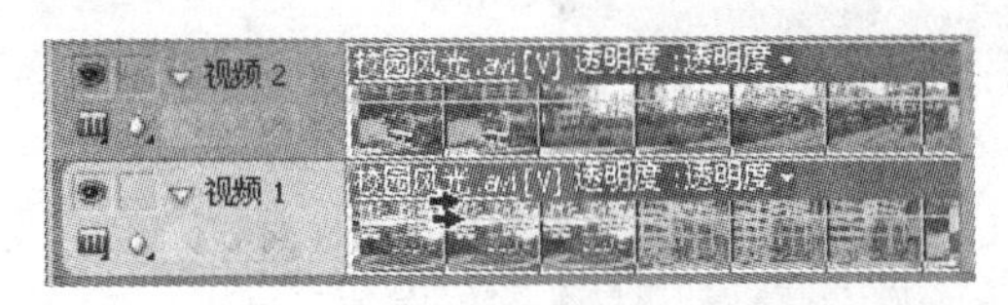

图 4-84　同时选择多个轨道

图 4-85　分割片段

有时需要将片段删除，此时需用鼠标右键单击要删除的片段，从弹出的快捷菜单中选择“清除”或“波纹删除”菜单项；或者选择需要删除的片段，按下〈Delete〉键，即可将片段删除。

在工具栏中选择“选择工具”，将鼠标光标移向某一片段的右边界，鼠标光标变成左右箭头状，按下鼠标左键并左右拖动，片段持续时间将随之改变，释放鼠标左键则确认。但不管如何变化，对于非静止图像而言，时间均不能超过原文件的持续时间。时间线窗口的顶部是时间标尺和工作区域，组接到该窗口的片段，按时间标尺显示相应的长度。拖动工作区域左右侧的箭头，调整工作区域，使其包含所有片段。

8. 增加/删除轨道

1）添加轨道。执行菜单命令“序列”→“添加轨道”，或在轨道控制区上单击鼠标右键，从弹出的快捷菜单中选择“添加轨道”菜单项，打开“添加视音轨”对话框，确定增加轨道数，选择轨道放置位置，选择音频轨类型，还可增加子混音轨道，如图 4-86 所示。需注意的是，音频轨道只能接纳与轨道类型一致的素材。

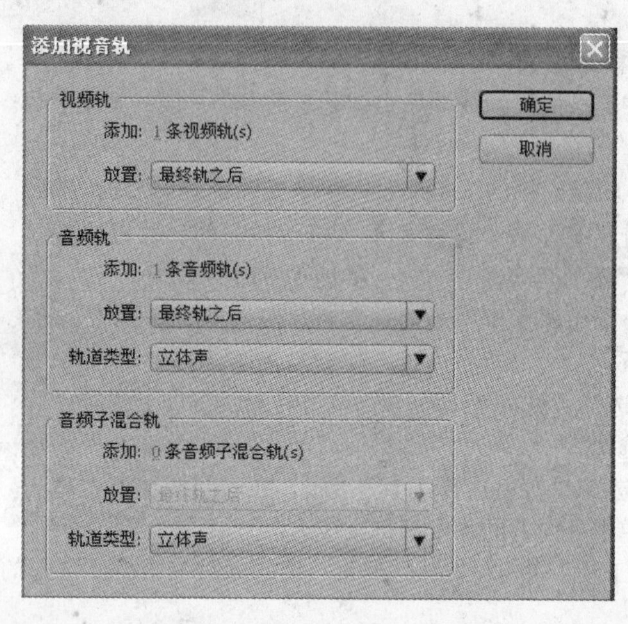

图 4-86 “添加视音轨”对话框

2）删除轨道。选择目标轨道，在轨道控制区上单击鼠标右键，从弹出的快捷菜单中选择“删除轨道”菜单项，打开“删除视音轨”对话框。选择删除轨道的类型，如选择“删除视频轨道”复选框，在其下拉列表中选择“目标轨道”，如图 4-87 所示，单击“确定”按钮，完成轨道删除。

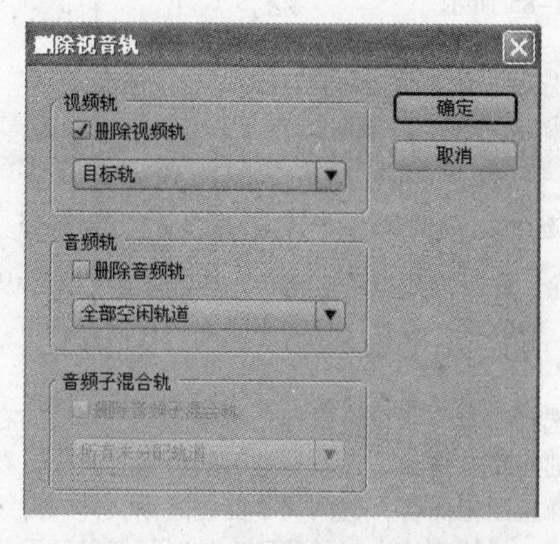

图 4-87 “删除视音轨”对话框

9. 改变片段的播放速度

在 Premiere Pro CS3 中可以改变片段的播放速度，也就是说将改变片段原来的帧速率、片段的持续时间，并使一些画面被遗漏或重复。具体操作步骤如下。

选择时间线窗口的某一片段，用鼠标右键单击该片段，从弹出的快捷菜单中选择“素材速度/持续时间”菜单项或按快捷键〈Ctrl + R〉，打开“素材速度/持续时间”对话框，在“速度”右侧对应的文本框中输入 50，选择“速度反向”复选框，影片将反向播放；选择“保持音调”复选框，将保持片段的声音播放速度，如图 4-88 所示。单击“确定”按钮，确认退出。此时，片段持续时间自动增加，以适应新的播放速度。

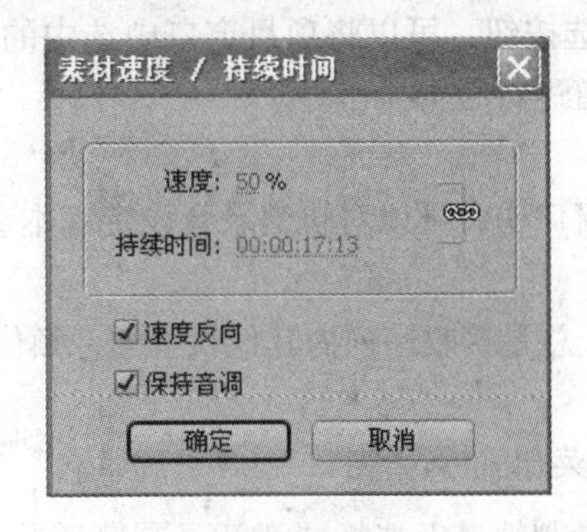

图 4-88　“素材速度/持续时间”对话框

在 Premiere Pro CS3 中，还可以设置静态图像导入时的默认长度，具体操作步骤如下。

执行菜单命令“编辑”→“参数选择”→“常规”，在打开的“参数”对话框的“静帧图像默认持续时间”文本框中重新输入静态图像的持续时间，如图 4-89 所示。单击“确定”按钮，这样以后导入的图像都将会使用这个长度。

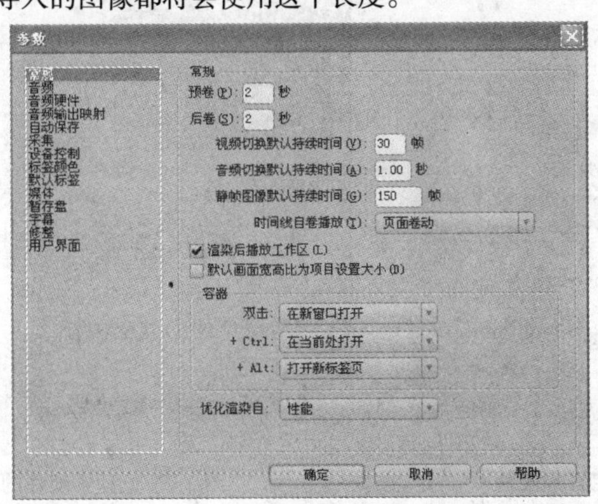

图 4-89　设置静态图像的持续时间

10. 同步配音

在项目窗口，选择片段 Music. wav，用鼠示将其拖放至时间线窗口中的“音频 1”轨道。移动该片段，使其与视轨的左边界对齐。用“剃刀工具”将其剪断，多余的部分删除，然后利用前面步骤 7 所述的方法，调整它的持续时间，使其与已编好的影像节目同宽。

11. 声道分离

在项目窗口中选择一个立体声或 5. 1 环绕声素材，执行菜单命令“素材”→“音频选项”→“转换为单击声道”，可将声道分裂为多个单声道。立体声可分为两个、5.1 环绕声可分为六个。如果源素材音视频一体，则视频单独存为一个文件，硬盘中的原始文件保持不变。

12. 单声道素材按立体声素材处理

有时需要将单声道的音频素材作为立体声素材，使其与立体声轨道相吻合，从而对其进行编辑操作。执行菜单命令“素材”→“音频选项”→“源声道映射”，在“源声道映射”对话框中选择“立体声”单选按钮，可以将项目窗口中选中的单声道素材片段视为立体声素材，将其添加到立体声轨道进行编辑操作。

13. 轨道录音

在音频硬件设置对话框窗口中，可以对轨道录音设定基本参数。如利用 ASIO 设置音频输入连接。

“子混合”和“主音轨”总是接收序列内其他轨道的音频信号，因此这两种轨道都不可以设作录音轨道。

1）设置轨道输入。执行菜单命令“窗口”→“调音台”→“序列 01”，打开“调音台”窗口，在调音台窗口的录制轨道上选择“激活录制轨道”按钮，激活录音功能。在按钮上方的小窗口中指定音频硬件，如图 4-90 所示。

2）调整音频硬件参数。执行菜单命令“编辑”→“参数选择”→“音频硬件”，打开参数对话框，具体参数设置如图 4-91 所示。

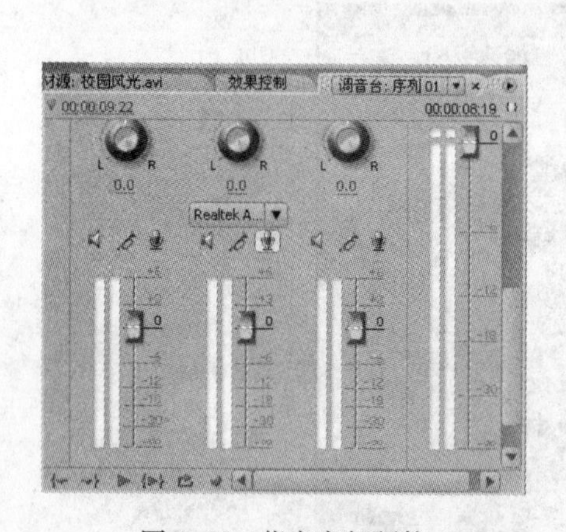

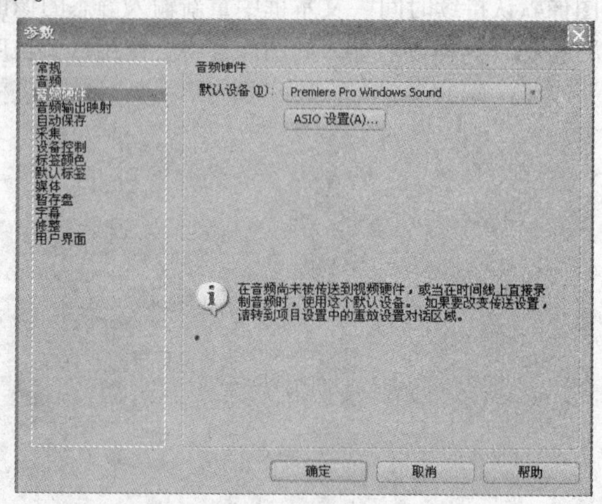

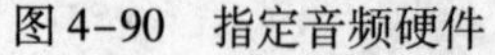

图 4-90　指定音频硬件　　　　图 4-91　音频硬件的参数设置

ASIO 即 Audio Stream Input Output，该设置取决于计算机中音频硬件和驱动程序的设定，与 Premiere Pro CS3 没有直接关系。

3）声音的录制。在调音台窗口中单击的“录音”按钮→“播放”按钮▶，则开始录音。录音结束单击“停止”按钮。

14. 链接与解链

在 Premiere Pro CS3 中，可以将一个视频剪辑与音频剪辑连接在一起，这就是所谓的软链接。从摄像机中捕获到的文件，已经连接了视频和音频剪辑，这就是所谓的硬链接。在影像编辑过程中，经常遇到要独立编辑入点和出点，这时断开音频和视频链接是非常有用的。

（1）解链剪辑

1）在素材源监视器窗口中，将“校园风光.avi”5s 长的片段，拖动到时间线窗口的“视频 1”轨道上。

2）用鼠标右键单击该片段，从弹出的快捷菜单中选择“解除视音频链接”菜单项，可以解除链接关系，使一个链接的影片素材变为独立的一个视频素材片段和一个音频素材片段，从而对其进行单独操作。

（2）链接片段

在时间线窗口中，按住〈Shift〉键，选择要链接的音、视频片段，然后用鼠标右键单击，从弹出的快捷菜单中选择“链接视音频”菜单项，可以将断开链接的素材片段重新链接起来。

15. 编组与取消编组

上述的方法仅可以对一个视频素材片段和一个音频素材片段进行链接，无法对同类型的素材片段进行链接。欲将同类型的素材片段作为一个整体，可以使用编组的方法。

（1）编组

执行菜单命令“素材”→“编组”或利用快捷键〈Ctrl + G〉，可以将选中的素材片段结成一组。按住〈Alt〉键，可以对组中的单个素材片段进行单独操作。

（2）取消编组

必要时，还可以使用菜单命令“素材”→“取消编组”或利用快捷键〈Ctrl + Shift + G〉将编组的素材片段解除编组。

16. 保存节目

保存节目，即将我们对各片段所作的有效编辑操作以及现有各片段的指针全部保存在节目文件中，同时还保存了屏幕中各窗口的位置和大小。节目的扩展名为“prproj”。在编辑过程中应定时保存节目。

执行菜单命令“文件”→“另存为”，打开“保存项目”对话框，选择保存节目文件的路径，并输入文件名，单击“保存”按钮，节目被保存。同时，在项目窗口的标题中显示了节目的名称。

保存节目时，并未保存节目中所使用到的原始片段，所以片段文件一经使用，在没有生成最终影片之前切勿将其删除。

4.5.4 使用转场

如果节目的各片段间均是简单的首尾相接，则一定很单调。在很多娱乐节目和科教节目中，都大量使用了转场，能够产生较好的效果。

1. 创建转场

1）在效果窗口中，展开“视频切换效果”文件夹或“音频切换效果”文件夹及其子文件夹，在其中找出所需的转场。可以在效果窗口上方的“包含”后面的搜索栏中输入转场名称中的关键字进行搜索。

2）将转场从效果窗口拖拽到时间线窗口中两段素材之间的切线上，当出现如图 4-92 所示的图标时释放鼠标。

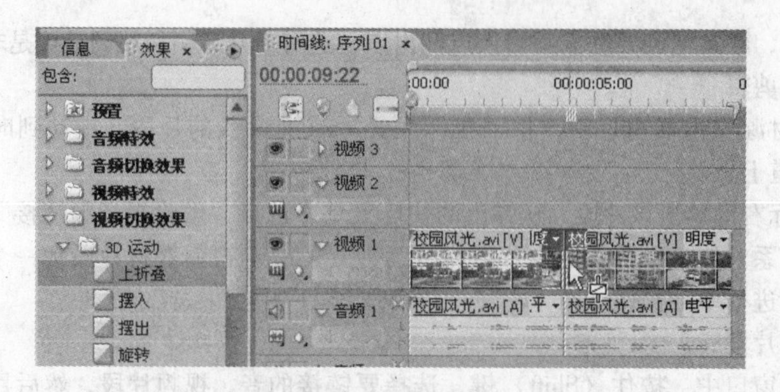

图 4-92　添加转场

Adobe Premiere Pro CS3 提供多达 73 种转场效果，按照分类不同，分别放置在不同的文件夹中。

3）设置默认的持续时间。执行菜单命令“编辑”→“参数”→“常规”，打开“参数”对话框，在“视频切换默认持续时间”的文本框中输入数字，如“50 帧”，即 2s，如图 4-93 所示。

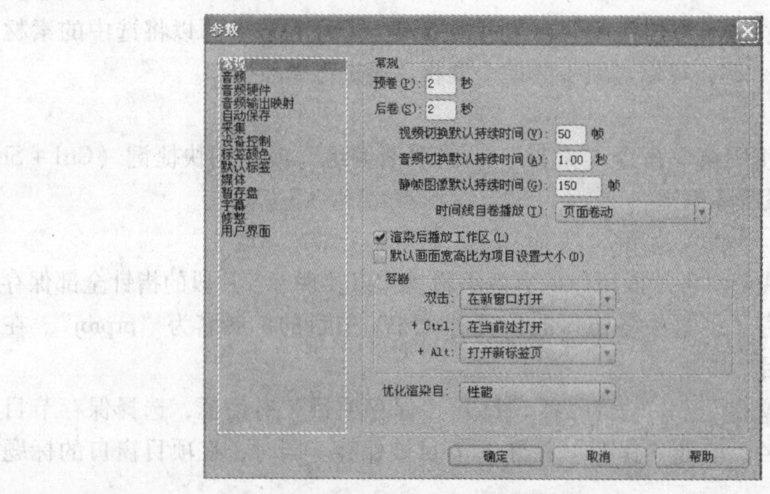

图 4-93　设置默认的持续时间

4）在效果窗口中展开“视频转换”→“擦除”选项，将其中的“擦除”转场添加到“视频 1”轨道的素材上，并放在两个片段的结合处，释放鼠标左健，它们将自动调节自身的持续时间，以适应设置好的时间，如图 4-94 所示；要想清除转场效果，用鼠标右键单击该“视频 1”轨道的“擦除”转场，在弹出的快捷菜单中，单击“清除”菜单项即可。

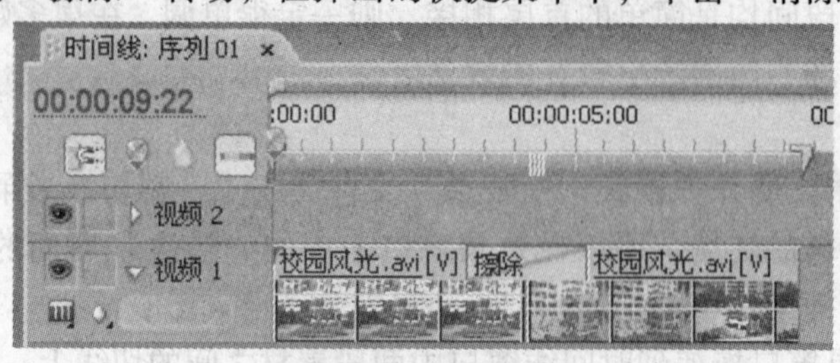

图 4-94　使用转场

5）双击“视频 1”轨道的“擦除”转场，打开效果控制窗口，调整其设置，选择“显示实际来源”复选框，如图 4-95 所示。

6）拖动播放轴可以改变前后两个影像片段的切换位置。此时，鼠标变成▣状，如图 4-96 所示。

图 4-95 设置转场

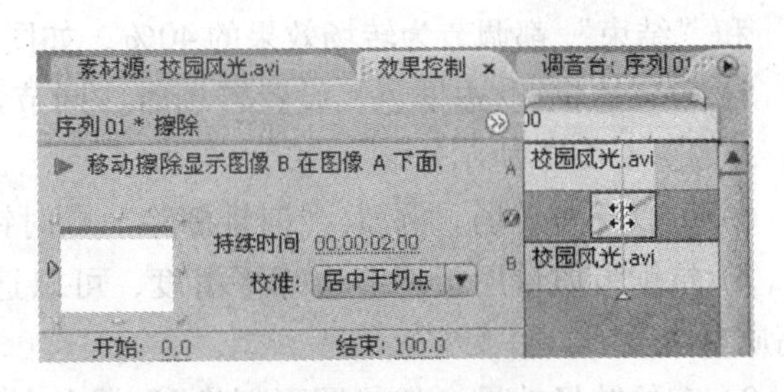

图 4-96 拖动播放轴

7）拖动切换区域可以改变前后两个影像片段在整个切换过程中所占的时间。此时，鼠标变成▣状，如图 4-97 所示。

8）拖动切换区域边框可以调整切换过程所占用的时间。此时鼠标变成▣状，如图 4-98 所示。

2. 选项设置

1）设置转场时间。单击“持续时间”之后出现持续时间文本框。输入想要切换持续的时间，如 300（即 3s），按〈Enter〉键，如图 4-99 所示。

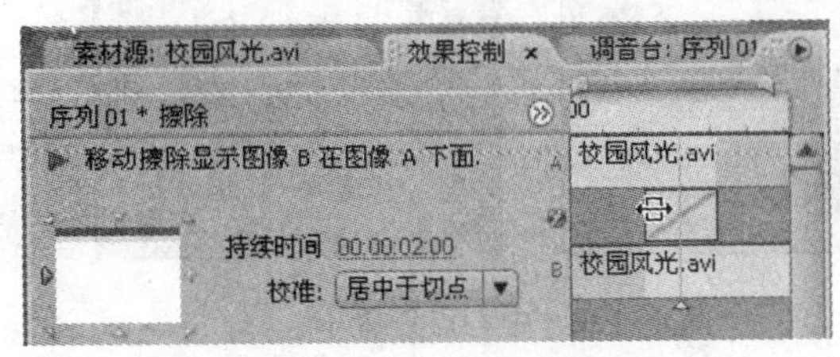

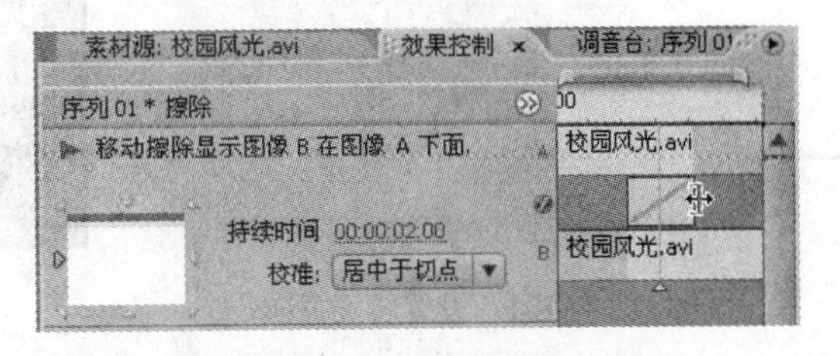

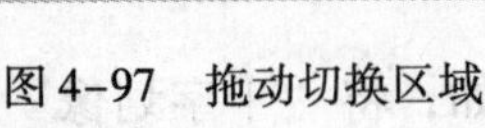
图 4-97 拖动切换区域

图 4-98 调整切换过程占用的时间

2）选择切换位置。从“校准”下拉列表的“居中在切口”、“开始在切口”和“结束在切口”中选择一个，它们将分别在选区开始处、选区中央或选区结束处发生切换，如图 4-100所示。

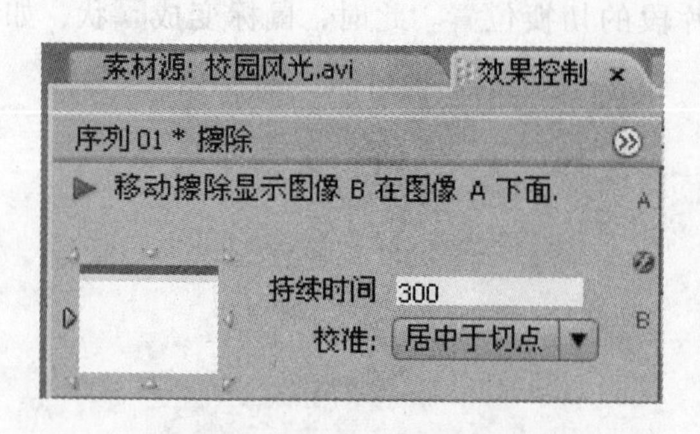

图 4-99　设置切换持续的时间

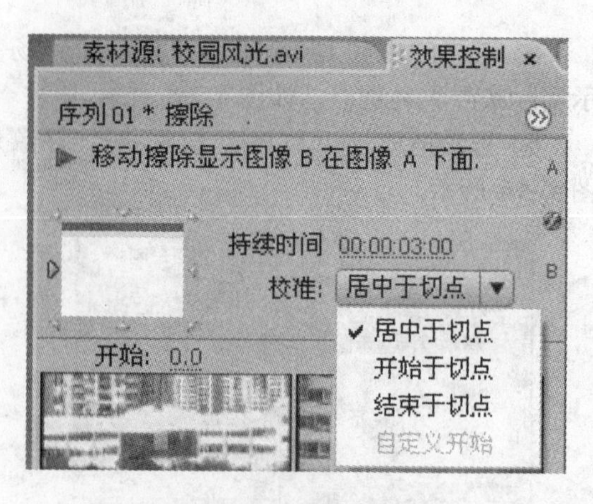

图 4-100　选择切换位置

3）设置转场方向，如图 4-101 所示。

4）设置转场开始和结束的画面。如果按下〈Shift〉，可以同时调节 A 和 B。例如“开始”和“结束”都调节为转场效果的 40%，如图 4-101 所示。

5）设置边框宽/边框色。设置转场时，调节素材间的边缘宽度和颜色，边界宽度设为 1.1，如图 4-101 所示。

6）可以反转转场。例如，“时钟擦除”顺时针划像转场，反转后成为逆时针效果。

7）抗锯齿质量用于调节边缘平滑度，可以选择“关闭”、“低质量”、“中等质量”、“高质量”。

8）有的转场效果（如“圆形划像”）带有中心点设置，如图 4-102 所示。此时需要设定转场开始位置。用鼠标可以在效果控制面板中直接调整中心点，系统默认在画面中心。

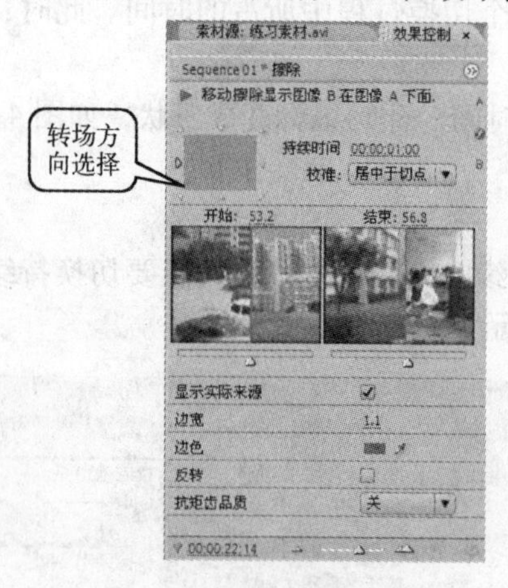

图 4-101　设置转场方向

图 4-102　中心点设置

9）当修改项目时，往往会涉及对转场效果的修改。例如，将“十字划像”换为“菱形划像”，将新的转场拖放至旧的转场位置即可实现替换。替换转场时，转场的对齐方式和持续时间保持不变，其他属性自动更新为新转场的默认设定。

10）设置完成后，在节目监视器的序列 01 窗口中单击“播放/停止”按钮，就可以预览整个影片剪辑，也能够清楚地反映出影片切换的整个过程。

4.5.5 使用运动

运动（Motion）是很多软件中都会提到的一种功能，Adobe Premiere Pro CS3 这个软件当然也不例外。它的运动命令，可以为片段提供运动功能。使用这项功能，任何静止的东西都可以动起来。要清楚的是，片段运动的设置与片段内容的运动无关，它只是一种处理方式。

其具体操作步骤如下。

1）在时间线窗口中，分别在“视频 1”和“视频 2”轨道上添加一段 5s 的视频。单击时间线窗口“视频 2”轨道中的素材使其处于选择状态，激活效果控制窗口，展开“运动”属性，单击“运动”左侧三角形扩展标志，即可展开“运动”效果的调节参数，如图 4-103所示，通过节目监视器可看到运动的动态效果。

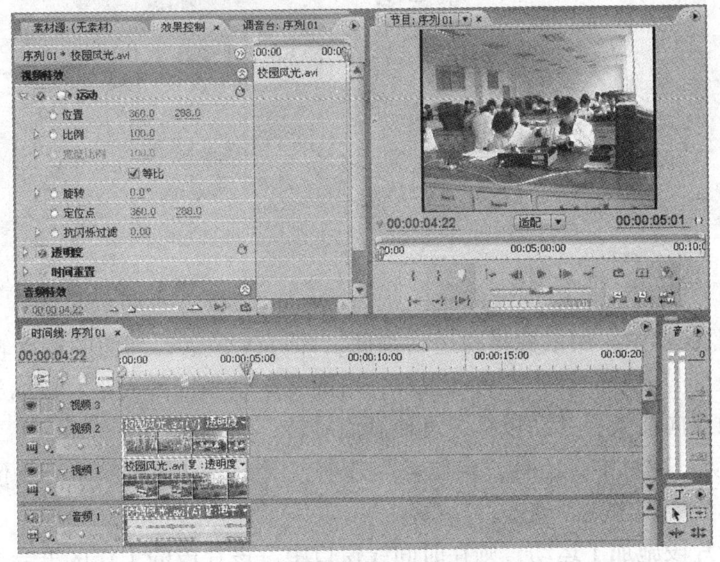

图 4-103　导入视频素材

2）按〈Home〉键将当前编辑线移到该片段的起点，将“比例”的值设为 50%、“旋转”设为 30°，单击“位置”左侧的小码表设定一个关键帧并设其值为（－215，283.6），使画面正好移出目标监视器的左边，如图 4-104 所示。

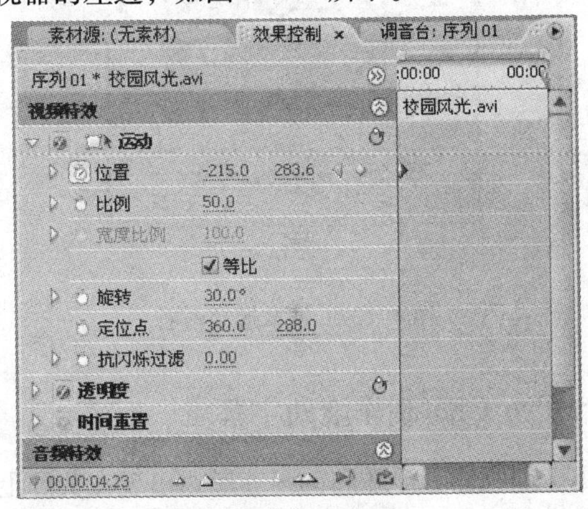

图 4-104　运动的起点

3）按〈End〉键移动当前编辑线到该片段的尾部，再按“←”键向后退一帧，调节“位置”的值为934，使画面正好移出目标监视器的右边，如图4-105所示。

4）单击效果控制窗口的“运动”，在节目监视器中显示画面运动轨迹。在时间线窗口中移动“编辑线”，就可在目标监视器中单击运动画面中心点添加关键帧，如图4-106所示。

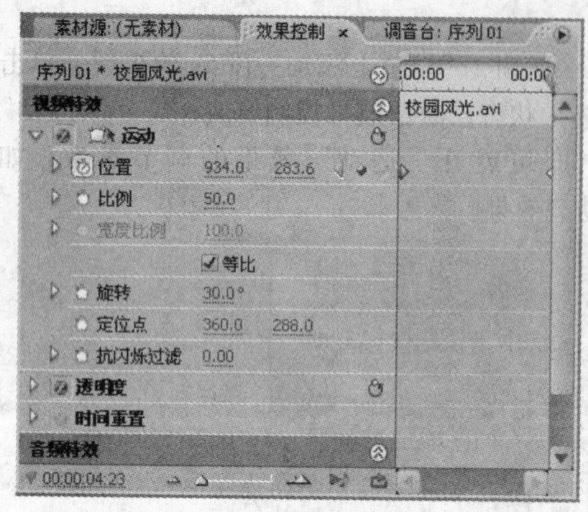

图4-105　运动的结束点

图4-106　添加关键帧

5）在节目监视器中，用鼠标移动运动画面，即可改变运动画面的运动轨迹；鼠标放在运动画面的边缘，变成双向箭头，移动鼠标，可改变运动画面的大小；鼠标放在运动画面的边缘，变成弯曲双向箭头，移动鼠标，可使画面旋转，如图4-107所示。

6）在“运动”项目中，还有“定位点”选项，用于设置片段的中心点位置，可根据脚本作任意调整。

如果对一个片段施加了运动，则在时间线窗口中，该片段的工作区里会显示一条深红色的横线。

图4-107　调节运动画面

4.5.6　利用Premiere Pro CS3制作滚动字幕

字幕，是以各种书体、印刷体、浮雕和动画等形式出现在荧屏上的中外文字的总称，如影视片的片名、演职员表、译文、对白、说明及人物介绍、地名和年代等。字幕的设计与书写是影视片的造型艺术之一。

中文字幕的字体有行书、草书、美术体等，各种外文的印刷体、书写体也经常用到。其表现手段有书写、浮雕、动画、线画等，出现形式则有单排、多排，单幅字幕、长条字幕等。运动形式有竖滚、横滚之分。

字幕中字体的选择、构图、色彩，因内容题材、风格、内容不同而各异，以影视片的创作意图和整体风格设计为依据。

根据对象类型不同，Adobe Premiere Pro CS3 的字幕创作系统主要由文字和图形两部分构成。制作好的字幕放置在叠加轨道上与其下方素材进行合成。

字幕可以作为一个独立的文件保存，它不受项目的影响。在一个项目中允许同时打开多个字幕窗口，也可打开先前保存的字幕进行修改。制作和修改好的字幕放置在项目窗内管理。具体操作步骤如下：

1）执行菜单命令“字幕”→“新建字幕”→“滚动字幕”或按〈Ctrl + T〉，打开“新建字幕”对话框，在“名称”文本框内输入“滚动字幕”，如图 4-108 所示，单击“确定”按钮。

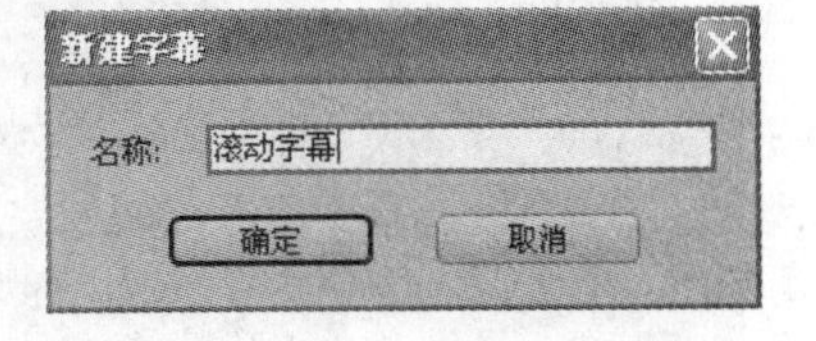

图 4 - 108　Adobe 字幕设计窗口

2）打开“字幕设计”对话框，如图 4-109 所示，选择 T 工具，在字幕制作区域单击鼠标左键，在“属性”分类夹的字体下拉列表中选择“STXingkai”。

图 4-109　“字幕设计”窗口

3）输入文字并进行排版。制作滚动字幕时，一定要将字符超出绘制区域，否则看不到字幕滚动效果。通过字幕设计窗口右边的“字幕属性”窗口中的选项选择字幕的各种属性，如图 4-110 所示。

4）拖动字幕制作区域右边的滑块，将文字上移。选择 T 工具，在字幕制作区域单击鼠标左键，然后输入制作单位名及年月日等，让其滚动完后静止 3 秒。如果字幕的位置不合适，可按〈Enter〉键和退格键加以调整，如图 4-111 所示。

图 4-110 制作滚动字幕

5）单击“滚动/游动选项”按钮，打开“滚动/ 游动选项”对话框，对其中各项参数进行设置，如图 4-112 所示。具体参数含义如下。

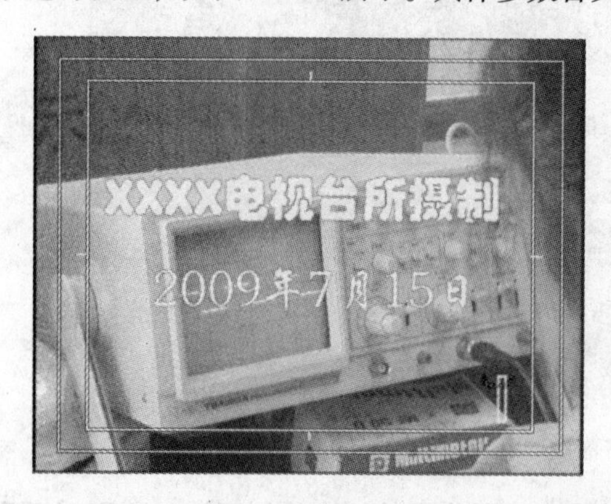

图 4-111 最后停留的字幕

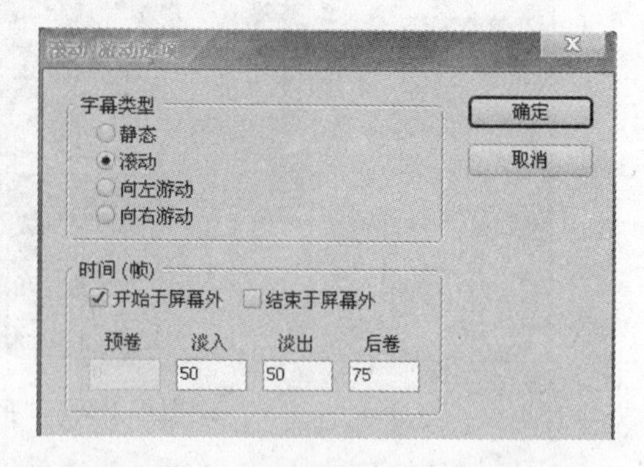

图 4-112 “滚动/ 游动选项”对话框

- “开始于屏幕外”：勾选该选项，文字开始时在屏幕外面，否则停在初始位置。
- “结束于屏幕外”：勾选该选项，文字结束时在屏幕外面，否则停在初始位置。
- “预卷”：从入点起多少帧是静止的。

- “淡入”：滚屏开始后，用多少帧从静止加速到正常速度，较大的值可以产生缓慢的加速。
- “淡出”：用多少帧减速到停止，较大的值可以产生缓慢的减速。
- “后卷”：滚屏停止后，静止多少帧。

6）字幕的各项参数设置完毕，单击“确定”按钮。

7）单击“关闭”按钮☒，关闭字幕窗口，刚才制作的字幕成为了新的素材，如图 4-113所示。

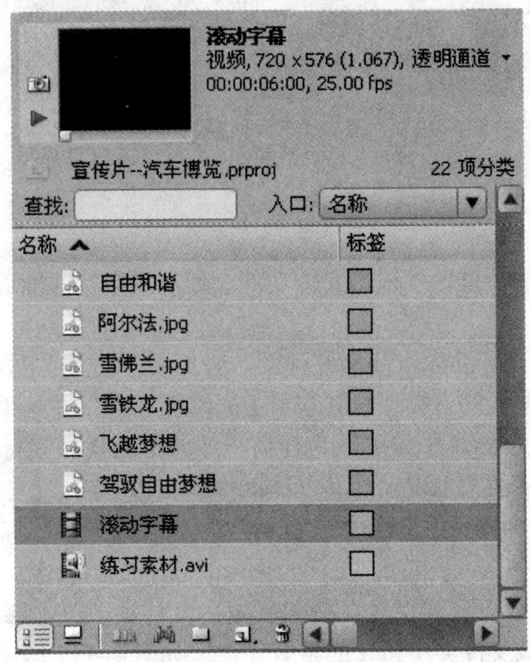

图 4-113　新素材

8）在项目窗口中，将“滚动字幕”文件拖到“视频 2”轨道上，如图 4-114 所示。

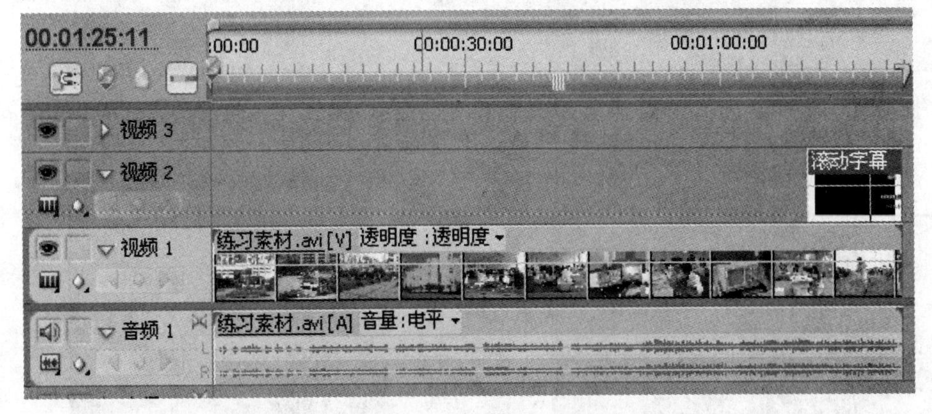

图 4-114　加载字幕

9）预演影片，可以对字幕中不合适的地方进行调整，直到满意。预览其播放速度，并调整其延续时间完成最终效果，如图 4-115 所示。

图 4-115 预演影片

4.5.7 视频特效

1. 概述

视频特效是非线性编辑系统中很重要的功能，使用视频特效能够使一个影视片段拥有更加丰富多彩的视觉效果。

Adobe Premiere Pro CS3 包含一百余种视频、音频特殊效果，这些效果命令包含在特效窗口中，将其拖放到时间线的音频或视频素材上并双击，可以在效果窗中调整效果参数。

在 Adobe Premiere Pro CS3 中，可以为任何视频轨道的视频素材使用一个或者多个视频特效，以创建出各式各样的艺术效果。其具体操作步骤如下：

1）在效果窗口中，单击“视频特效”文件夹左侧三角形扩展标志，展开这个窗口，如图 4-116 所示。

2）在效果窗口中，可以看到很多“视频特效”文件夹。单击每一个文件夹左侧三角形的扩展标志，都可展开该文件夹中包含的特效文件，如图 4-117 所示。

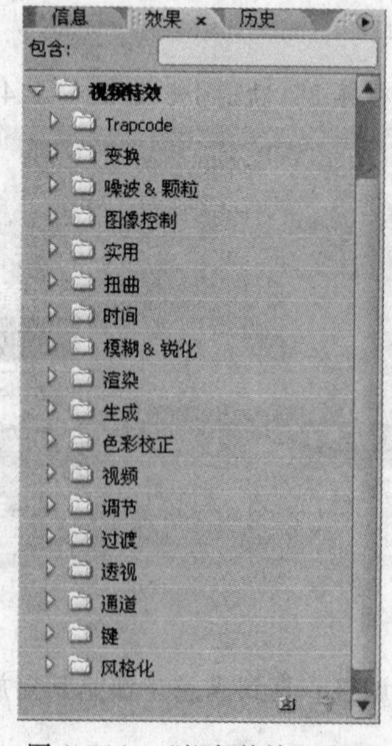

图 4-116 “视频特效”选项

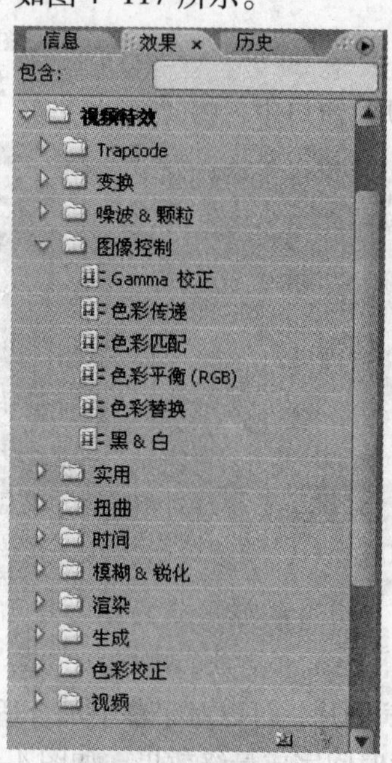

图 4-117 特效文件

3）在效果窗口中，展开“视频特效”→“色彩校正”特效，将其中的“亮度 & 对比度”效果拖放到“视频1”轨道上的片段上，如图4-118所示。

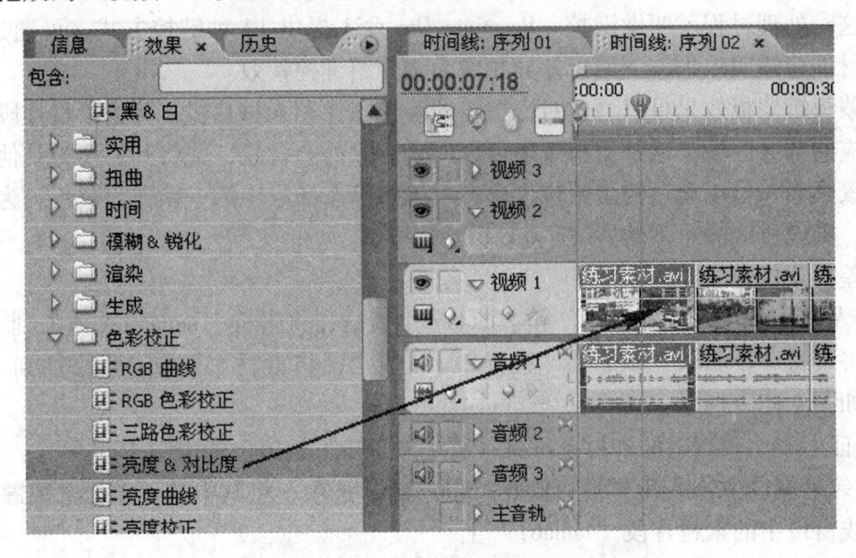

图4-118　将特效拖动到视频轨道中

4）在效果控制窗口中展开“亮度 & 对比度”参数，调节“亮度”与“对比度”参数，直到效果满意为止，如图4-119所示。

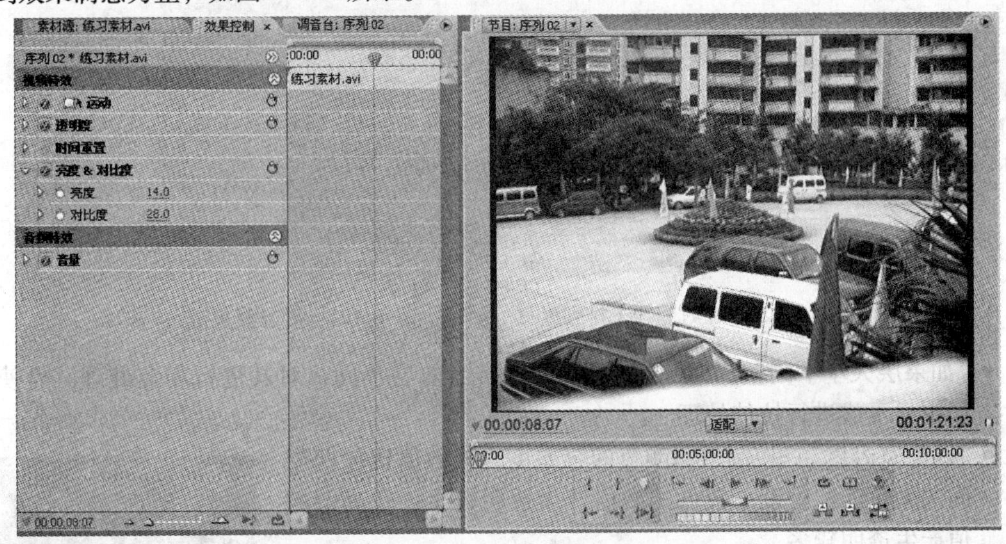

图4-119　调节“亮度”与“对比度”

5）要想删除视频特效，则在效果控制窗口中用鼠标右键单击要删除的特效，从弹出的快捷菜单中选择“清除”菜单项，即可删除该视频特效。

2. 差异蒙板键

色键（抠像）在影视节目制作中用来完成特殊画布的叠加与合成，是电视播出的一种特技切换方式。它能把演播室单色幕布（常用蓝色幕布）前表演的演员镶嵌到另一背景。

色键是键控的一种形式。使图像中某一部分透明，将所选颜色或亮度从图像中去除，从而使去掉颜色的图像部分透出背景，没有去掉颜色的部分依旧保留原来的图像，以达到合成的目的，这一处理过程就叫做键控。Premiere Pro CS3 提供 14 种键控方式，可通过这 14 种方式为素材创建透明效果，下面以差异扣像为例介绍键控特效。

差异蒙板键蒙板效果可以通过对比指定的静止图像和素材片段，除去素材片段中与静止图像相对应的部分区域。这种蒙板效果可以用来去除静态背景，并将其替换为其他的静态或动态的背景画面。可以通过输出未包含动态主体的静态场景中的一帧作为蒙板。为了取得最好的效果，摄像机应静止不动。

应用差异蒙板键的方法如下。

1）导入“laola61”、“laola63”和“laola62”素材，将素材“laola63”添加到“视频 1”轨道上，将素材“laola61”添加到“视频 2”轨道上，将素材“laola62”添加到“视频 3”轨道上，如图 4-120 所示。

2）保证用于比较轨道的素材不可见（将“视频 3”轨道上的关闭）。

3）在效果窗口中，展开“视频特效”→“键”选项，将其中的“差异蒙板键”特效拖放到时间线窗口中的素材片段“laola61”上。

4）在效果控制窗口中，展开“差异蒙板键”效果，在“差异层”选择“视频 3”，如图 4-121 所示，具体参数的含义如下。

- “查看”：指定在合成图像窗口中显示的图像视图。
- “差异层”：用于键控比较的静止背景。

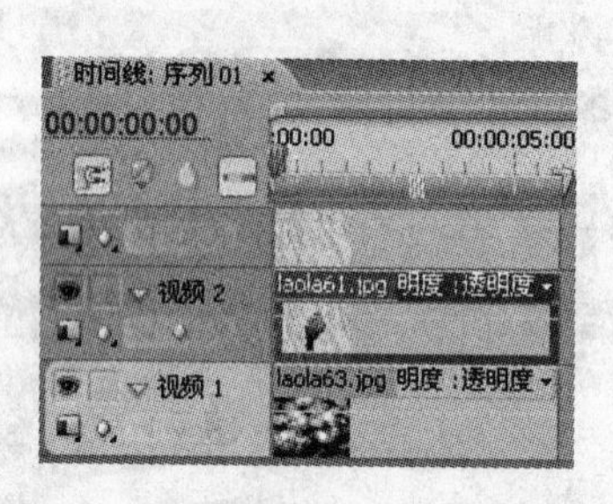

图 4-120　在时间线上排列素材

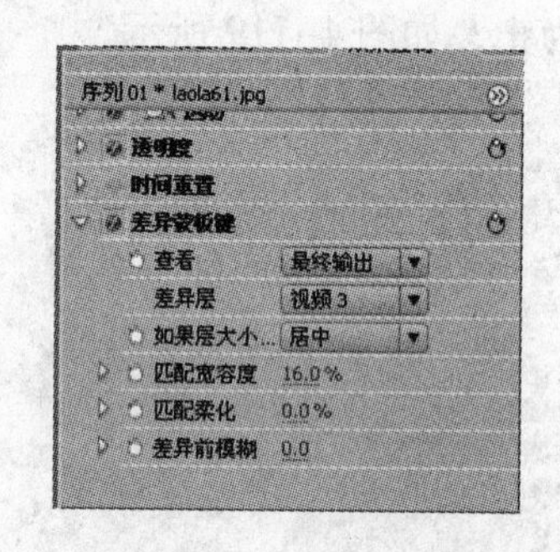

图 4-121　差异蒙板键

- “如果层大小不同”：如果对比层的尺寸与当前层不同，对其进行相应处理。可使其居中显示或进行拉伸处理。
- “匹配宽容度”：控制透明颜色的容差度，该数值比较两层间的颜色匹配程度。较低的数值产生透明较少，较高的数值产生透明较多。
- “匹配柔化”：调节透明区域与不透明区域的柔和度。
- “差异前模糊”：通过比较，对两个层做细微的模糊处理，清除图像的杂点，取值范围 0～1000。

图 4-122　合成效果

5）拖动“匹配宽容度”滑块调整宽容程度，直到效果基本满意。拖动“匹配柔化”及“差异前模糊”滑块，对比较粗糙的边缘进行柔化和模糊，效果如图 4-122 所示。

4.5.8 输出多媒体文件格式

在 Adobe Premiere Pro CS3 中，不但可以输出 AVI、MOV 等基本的视频格式，还可以输出为 WMA、RM、MPEG 等多媒体文件格式。

1. 输出文件的基本方法

编辑完成后的序列中包含的素材片段与磁盘空间中素材文件相对应。当对一个序列进行输出时，会继续调用源文件数据。可以将素材或序列输出为影片、静止图片或音频文件，以创建一个新的独立的文件。输出文件的过程会占用时间以进行渲染，并输出为所选的格式。渲染时间取决于系统的处理速度、素材源文件的基本属性和所选的输出格式的设置。

Premiere Pro CS3 提供了两种输出文件的方法：基本的输出命令和 Adobe Media Encoder，可以根据实际需要选择使用。

执行菜单命令“文件”→“导出”→“影片”，可将影片输出为音频文件、视频文件或图像序列；执行菜单命令“文件”→“导出”→“单帧”，可以将时间指针所在当前帧输出为图像文件；执行菜单命令“文件”→“导出”→“音频”，可以仅输出音频文件。

1）执行菜单命令“文件”→“导出”→“影片/单帧/音频”，在打开的“导出影片”对话框中选择硬盘空间，并输入文件名，如图 4-123 所示。

2）单击“设置”按钮，在打开的“导出影片设置”对话框中对输出格式和输出区域等各选项进行设置，如图 4-124 所示。

图 4-123 “导出影片”对话框

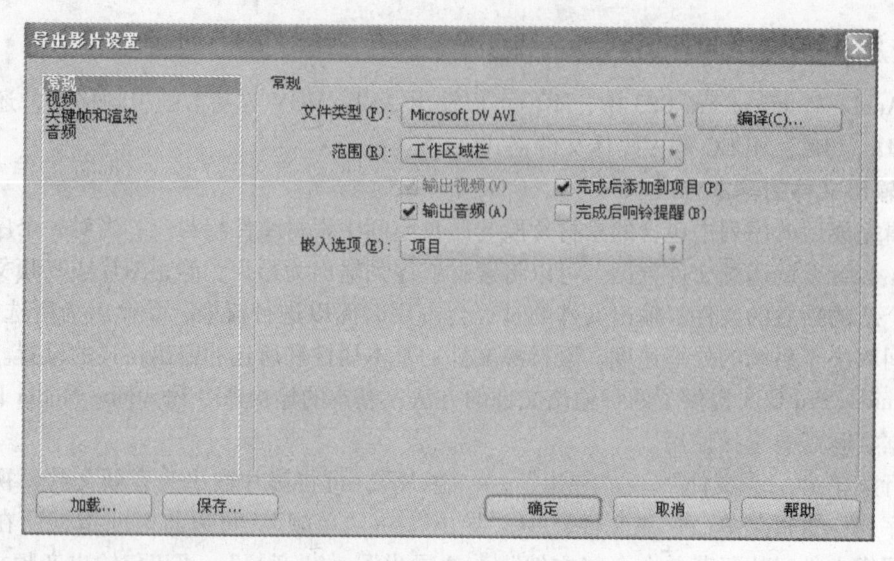

图 4-124 “导出影片设置”对话框

- “文件类型”：从菜单中选择一种欲输出的文件格式，所选文件格式会影响到其他输出设置，如图 4-125 所示。

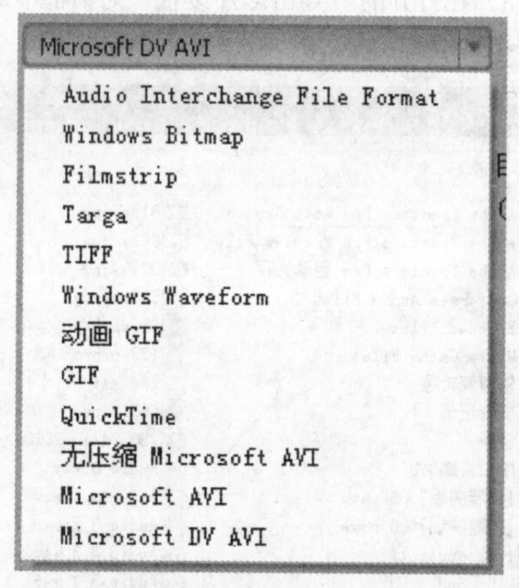

图 4-125 “文件类型”对话框

- “范围”：对于序列，可以选择输出整个序列，或者工作区域中的部分序列；而对于素材片段，可以选择输出整个素材片段，或者入点到出点之间的部分。
- “输出视频”：勾选后输出视频轨道，取消勾选则可以避免输出。
- “输出音频”：勾选后输出音频轨道，取消勾选则可以避免输出。
- “完成后添加到项目”：勾选此项，可以在输出完毕后，将输出所得文件作为素材导入。
- “完成后响铃提醒”：勾选此项，会在输出结束时发出提示音。

● “嵌入选项”：选择是否在输出的文件中包含一个项目链接。在菜单中选择“项目”，可以嵌入项目连接；选择“没有”则不嵌入。

3）在“导出影片设置”对话框左边的栏中单击“视频”，打开“视频”的相关选项，并进行设置，如图 4-126 所示。

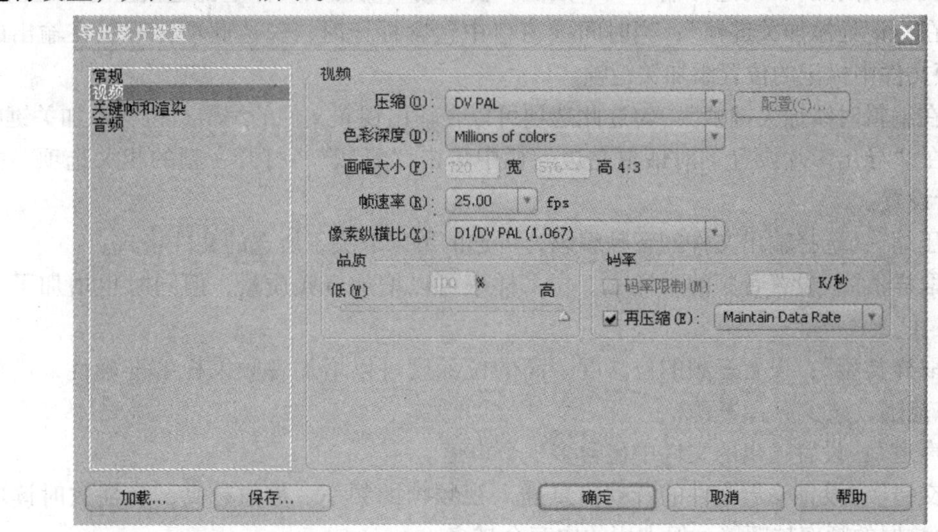

图 4-126　视频设置

● “压缩”：选择输出视频文件的视频编码，可选的编码取决于所选的文件格式。
● “色彩深度”：选择输出视频文件的色彩深度。当所选的编码只支持一种色彩深度时，则无法进行选择。
● “画幅大小”：以像素为单位设置输出视频帧的分辨率。帧尺寸越大，显示细节越丰富，但所需磁盘空间和渲染时间会增长。
● “帧速率”：选择输出视频文件每秒钟所包含的帧数。帧速率越大，则视频中的动作越平滑，但所需磁盘空间和渲染时间会增长。
● “像素纵横比”：设置输出视频文件帧的像素宽高比。当像素宽高比不是 1.0 时，视频画面使用矩形像素。这种画面在使用方形像素显示的计算机显示屏上会发生变形，但放在适当的视频监视器上，则可以正常显示。
● “品质”：设置视频画面的质量。质量越高，文件尺寸越大。将输出的画面质量与采集画面质量相匹配，可以节约渲染时间。
● “码率限制”：勾选此项并输入一个码率，可以设置输出视频文件播放码率的上限。
● “再压缩”：勾选以确定输出的视频文件低于设置的码率。选择“始终”则压缩每一帧；而选择“保持数率”，则只压缩超过上限的帧，以保护画面质量。

4）在“导出影片设置”对话框左边的栏中单击“关键帧和渲染”，打开关键帧和渲染的相关选项，并进行设置。

● “场”：为输出的视频选择场。选择“无场”，即逐行扫描，适用于计算机显示或动画电影。而当输出为 PAL 制式的视频文件时，应选择“上场优先”或“下场优先”。
● “视频反交错”：当序列中包含交错视频素材，而欲输出非交错视频文件时，应勾选此项。

- “优化静帧”：选择此项可以有效地在输出的视频中使用静止图像。例如，一个静止图像在一个 25 帧/s 的序列中持续了 2s，则系统会创建一个 2s 的帧，以替代 50 个 1/25s 的帧，大大节约了资源。
- “关键帧间隔”：勾选并输入一个数值，会在输出的视频文件中创建相应的关键帧。
- “在标记处添加关键帧”：当时间线窗口中包含标记时，勾选此项，可以在输出的视频文件中标记的位置添加关键帧。
- “在编辑时添加关键帧”：勾选此选项可以在输出视频文件的编辑点位置添加关键帧。

5）在“导出影片设置”对话框左边的栏中单击“音频”，打开音频的相关选项，并进行设置。

- “压缩”：选择输出文件的音频编码，可选的编码取决于所选的文件格式。
- “取样值”：设置音频的采样率。高采样率可以增加音频质量，但同时也增加了文件尺寸。
- “取样类型”：设置音频的位深度。高的位深度可以增加音频采样的准确性，增加动态范围，减少声音失真。
- “声道”：设置输出的文件中包含多少个声道。
- “交错”：设置输出文件的音频信息插入视频帧的频率。数值越高，在播放时读取音频数据的频率越频繁，但占用的内存会越多。

6）一切设置完毕，单击“确定”按钮，回到“导出影片”对话框，单击“保存”按钮，即可按照设置输出为所需格式。

2. 输出 AVI/QuickTime/Filmstrip 格式的视频文件

AVI、QuickTime 和 Filmstrip（电影胶片）格式的视频文件，是最常遇到的视频文件。输出 AVI/QuickTime/Filmstrip 格式的文件的操作步骤如下。

1）首先确定时间线窗口的工作区范围，让它包含所有需要输出的片段。

2）执行菜单命令“文件”→“导出”→“影片”，打开“导出影片”对话框，然后单击“设置”按钮，打开“导出影片设置”对话框。

3）在“常规”设置页面选择需要输出的视频具体格式，如 Microsoft DV AVI、Microsoft AVI、QuickTime 或 Filmstrip 格式。

注意：电影胶片不包含音频，“视频”设置页面中的“压缩”和“色彩深度”参数都不可用。

4）单击“确定”按钮，关闭“导出影片设置”对话框。

5）在“导出影片”对话框中为输出的影片设置一个合适的存储位置，然后在“文件名”文本框中填入输出视频文件的文件名。

6）单击“保存”按钮，开始输出影片，同时弹出“已渲染”消息框指示输出进度和剩余时间。

3. 使用 Adobe Media Encoder 进行输出

Adobe Media Encoder 是一个由 Premiere Pro CS3、After Effects 和 Encore DVD 共同使用的高级编码器，属于媒体文件的编码输出。根据输出方案，Adobe Media Encoder 提供了特定的输出设置（Export Settings）对话框以对应不同的输出格式。对于每种格式，输出设置对话框中还提供了大量的预置参数，还可以使用此预置功能，将设置好的参数保存起来，或与其他人共享。

当输出一个影片文件用于网上传阅时，不像全屏显示和全帧速率的电视视频，经常需要对其转换交错视频帧、裁切画面或施加一些特定的滤镜。通过输出设置对话框，Adobe Media Encoder 提供了这些功能。

执行菜单命令“文件”→“导出”→“Adobe Media Encoder”，打开如图 4-127 所示的“Export Settings”（输出设置）对话框。在“Format”（输出格式）中选择所需的文件格式（MPGE2-DVD），并根据实际应用，在“Range”（工作范围）中选择输出工作区（Work Area）或整个序列；在“Preset”（预置）中选择一种预置的规格（PAL 高品质），或在下面的各项设置栏中进行自定义设置。设置完毕，单击“OK”按钮，从打开的“保存文件”对话框中选择路径，在文件名文本框内输入文件名后，单击“保存”按钮，即可按设置将影片输出为所需格式的文件。

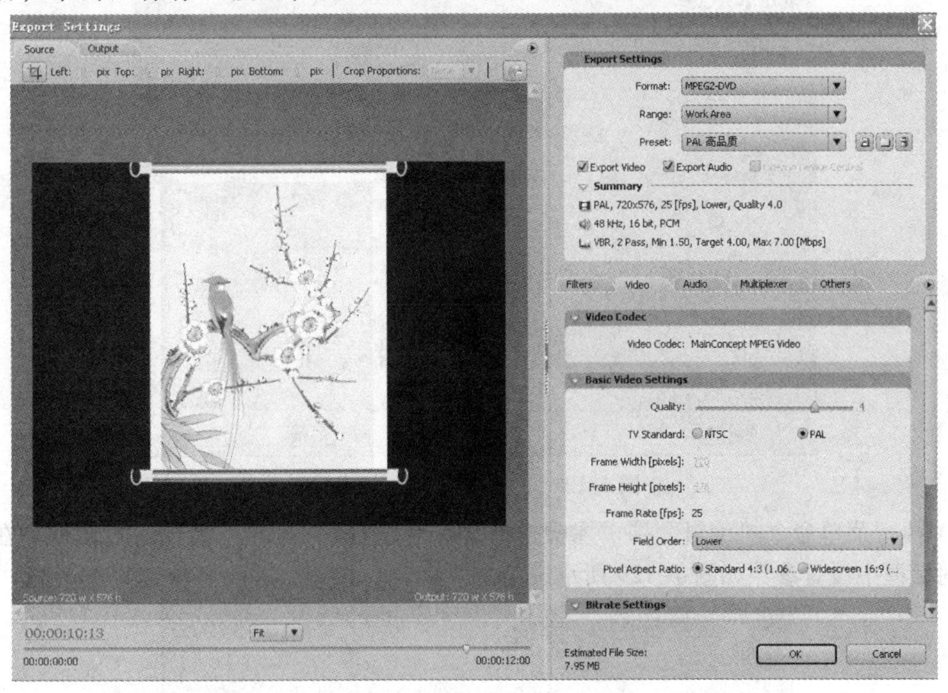

图 4-127 “输出设置”对话框

注意：Adobe Media Encoder 可以输出包含 DVD 编码格式和几种主流流媒体格式在内的几乎所有的常用视频格式。

4.6 实训 1 制作汽车宣传展览影片

汽车已成为人们生活水平的标志之一。将各种名车图片巧妙地组合在一起，并为其添加特效、文字以及背景音乐等，可以制作出具有时尚气息的汽车宣传展览影片。

知识要点：新建项目、设置项目参数、设置“运动”参数、调整素材大小、综合运用并设置转场效果、制作不同标题字幕、制作标题特殊效果、添加音频及音频转场、输出影片。

操作步骤：本实例操作过程分为 7 个步骤，分别为新建项目并设置项目参数、导入素材并调整素材大小、制作场景转换、制作标题字幕、制作标题字幕特殊效果、添加音乐及音频特殊效果、输出影片。

1. 新建项目并设置项目参数

1）启动 Premiere Pro CS3，打开启动窗口，在该窗口中单击“新建项目”图标，打开“新建项目”对话框。

2）在“加载预置”选项卡下选择“有效预置模式”中“DV－PAL”的“标准 48 kHz”选项，在“名称”文本框中输入文件名“宣传片——汽车博览”，并设置文件的保存位置，如图 4-128所示，单击“确定”按钮，进入 Premiere Pro CS3 的工作界面。

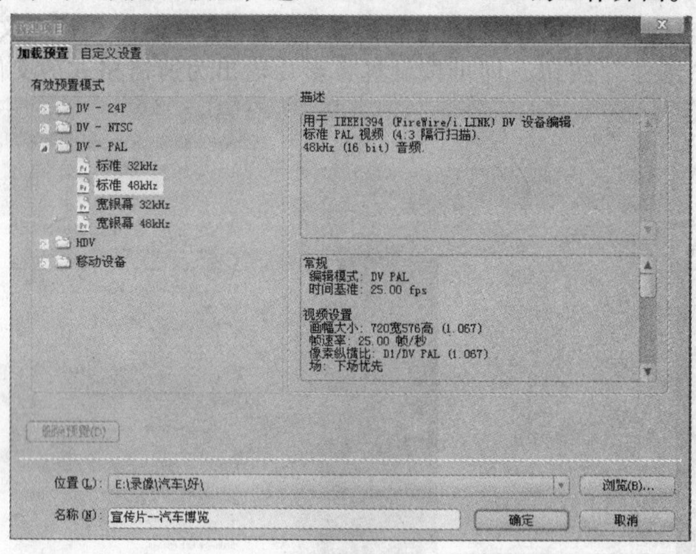

图 4-128　“新建项目”对话框

3）执行菜单命令“编辑”→“参数选择”→“常规”，打开“参数”对话框。在“参数”对话框中设置参数如图 4-129 所示，单击“确定”按钮，关闭“参数”对话框。

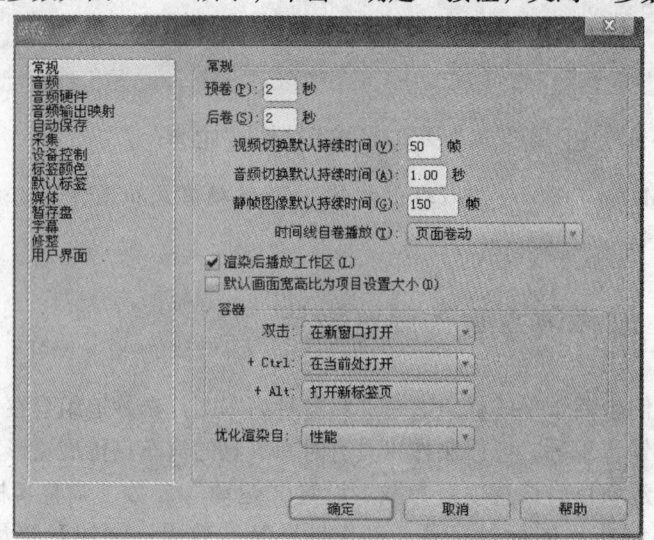

图 4-129　“参数”对话框

2. 导入素材并调整素材大小

1）双击项目窗口的空白处，打开“导入”对话框，在该对话框中选择需要导入的素材，如图 4-130 所示。

2）单击“打开”按钮，将所选的素材导入到项目窗口的素材库中，如图 4-131 所示。

图 4-130 “导入”对话框

图 4-131 导入的素材

3）将导入的素材添加到“视频 1”轨道上，并按如图 4-132 所示的顺序排列好。

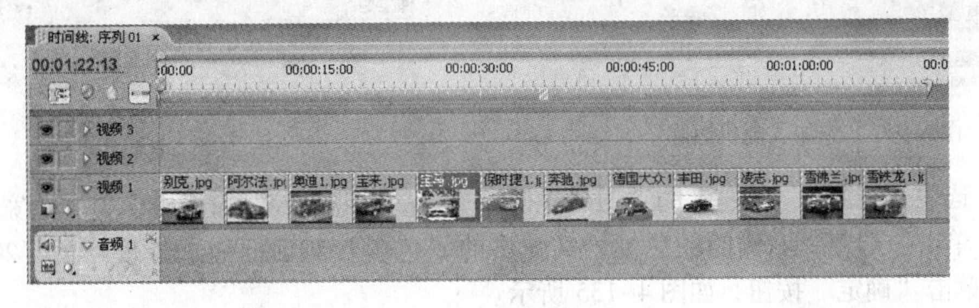

图 4-132 添加素材

4）选中素材“别克 . jpg”，将当前时间指针移到该素材上。在节目监视器中预览该素材的大小，此时素材并没有完全显示在节目监视器中。用鼠标右键单击该素材，从弹出的快捷菜单中选择“画面大小与当前画幅适配”菜单项，使之与画幅匹配。

5）在特效控制窗口中展开“运动”选项，将“等比”勾选去掉，设置“高度比例”值为 112，将素材调整到全屏状态。

6）参照步骤 4）、5），将其他的素材都调整到全屏状态。如果添加的素材执行完 4）是全屏显示在节目监视器中，则不需要设置“高度比例”值。

3. 制作场景转换

1）在特效窗口中展开“视频转换”→“擦除”选项，将其中的“随机擦除”转场添加到“视频 1”轨道上的“别克 . jpg”与“阿尔法 . jpg”之间，如图 4-133 所示。

2）在特效窗口中展开“视频转换”→“擦除”选项，将其中的“划格擦除”转场添加到“视频1”轨道上的“阿尔法.jpg”与“奥迪.jpg”之间。

3）选中“视频1”轨道上的“划格擦除”转场，在特效控制窗口中设置“边宽”为3。

4）单击“边色”左侧的颜色框，从弹出的“色彩”对话框中选择黄色，单击“确定”按钮，如图4-134所示。

5）将“时钟擦除”转场添加到“视频1”轨道上的“奥迪.jpg”与“宝来.jpg”之间。

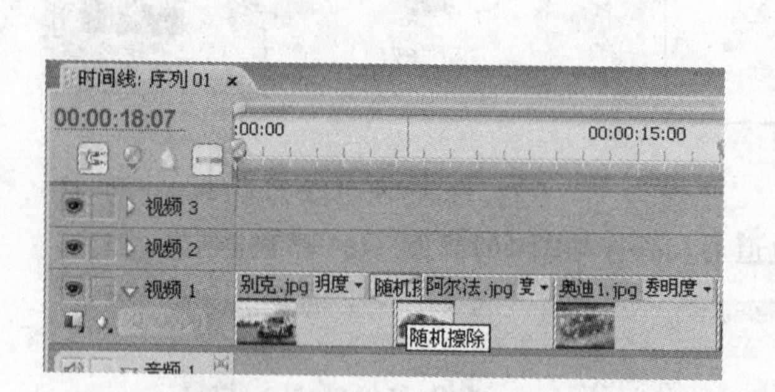

图4-133　添加“随机擦除”转场

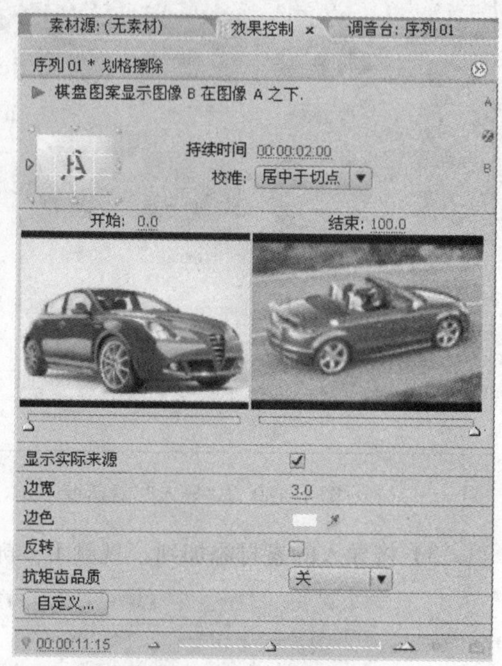

图4-134　设置黄色

6）选中“视频1”轨道上的“时钟擦除”转场，在特效控制窗口中设置“边宽”为3。

7）单击“边色”右侧的颜色框，从弹出的“色彩”对话框中选择玫红色（208，15，242），单击“确定”按钮，如图4-135所示。

8）在特效窗口中展开“视频转换”→“拉伸”选项，将其中的“伸展入”转场添加到“视频1”轨道上的“宝来.jpg”与“宝马.jpg”之间。

9）选中添加的转场，在特效控制窗口中选中“反转”复选框，如图4-136所示。

10）将“擦除”类的“插入”转场添加到“视频1”轨道上的“宝马.jpg”与“保时捷.jpg”之间。

11）将“擦除”类的“楔形擦除”转场添加到“视频1”轨道上的“保时捷.jpg”与“奔驰.jpg”之间。

12）将“擦除”类的“纸风车”转场添加到“视频1”轨道上的“奔驰.jpg”与“德国大众.jpg”之间，选中添加的转场，在特效控制窗口中设置“边宽”为2.5。

13）单击“边色”右侧的颜色框，在弹出的“色彩”对话框中选择浅蓝色（17，235，242），单击“确定”按钮，如图4-137所示。

14）单击“播放/停止”按钮，观看转场效果。

15）将“擦除”类的“棋盘”转场添加到“视频 1”轨道上的“德国大众 . jpg”与“丰田 . jpg”之间。

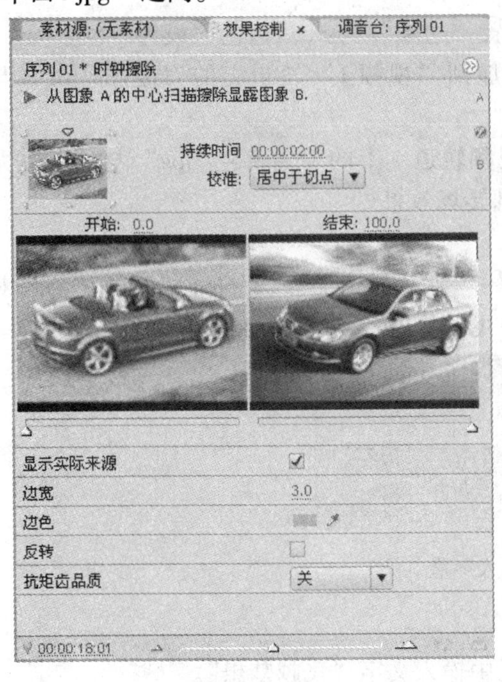

图 4-135　设置玫红色

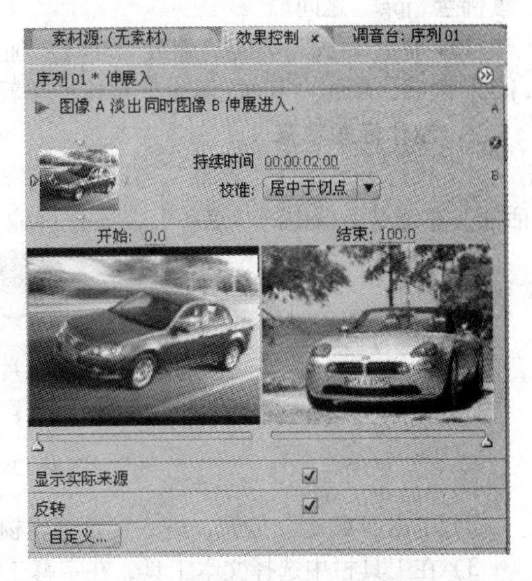

图 4-136　选中“反转”复选框

16）选中添加的转场，在特效控制窗口中设置“边宽”为 3，单击“边色”右侧的颜色框，在弹出的“色彩”对话框中选择蓝色（32，21，237），单击“确定”按钮，选中“反转”复选框，如图 4-138 所示。

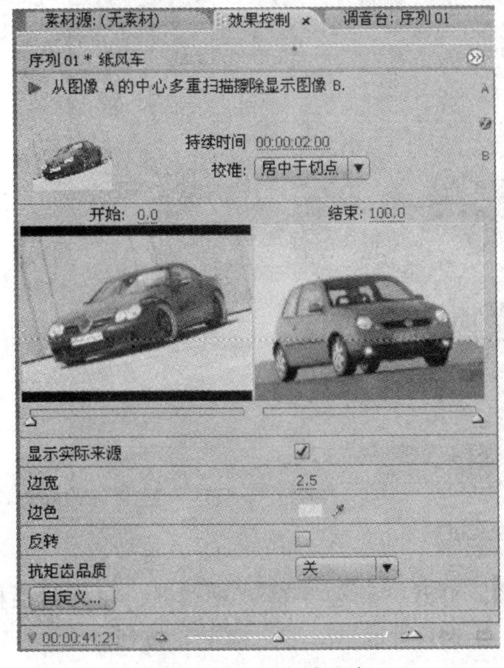

图 4-137　设置浅蓝色

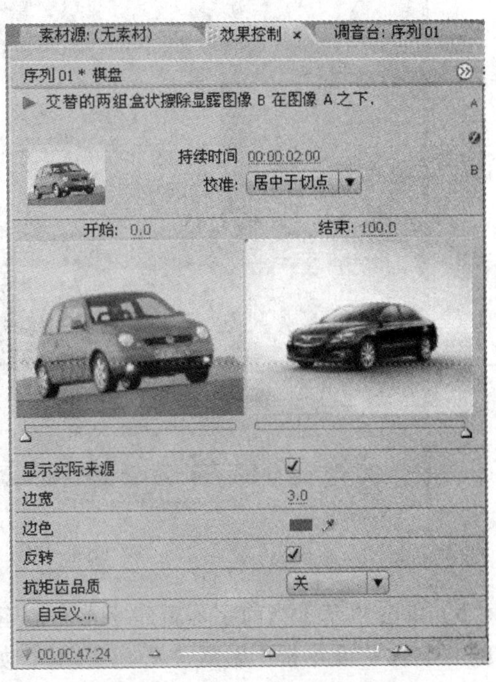

图 4-138　选中“反转”复选框

17）将“擦除”类的“z 开划片”转场添加到“视频 1”轨道上的“丰田 . jpg”与“凌志 . jpg”之间。

18）选中添加的转场，在特效控制面板中设置“边宽”为 3，“边色”设为白色。

19）将“伸展”类的“交接伸展”转场添加到“视频 1”轨道上的“凌志 . jpg”与“雪佛兰 . jpg”之间。

20）将“缩放”类的“缩放”转场添加到视频轨道 1 上的“雪佛兰 . jpg”与“雪铁龙 . jpg”之间，单击“播放/停止”按钮，观看全部转场效果。

4. 制作标题字幕

1）执行菜单命令“字幕”→“新建字幕”→“默认静态字幕”，打开“新建字幕”对话框，在该对话框中的“名称”文本框中输入“飞越梦想”，如图 4-139 所示。

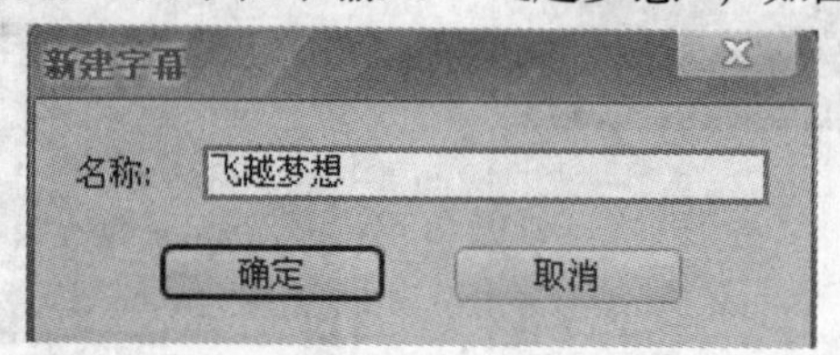

图 4-139　输入字幕

2）单击“确定”按钮，进入字幕编辑窗口。

3）在工具栏中选择文本工具，在字幕工作区中输入文字“飞越梦想”。

4）选中输入的文字，单击属性“字体”右侧的下拉按钮，从弹出的下拉列表中选择 STXingkai，并在“字幕样式”区域选择“方正金质大黑”，效果如图 4-140 所示。

图 4-140　设置文字效果

5）单击“基于当前字幕新建字幕”按钮，打开“新建字幕”对话框，在该对话框中的“名称”文本框中输入“心随我动”，如图 4-141 所示，单击“确定”按钮。

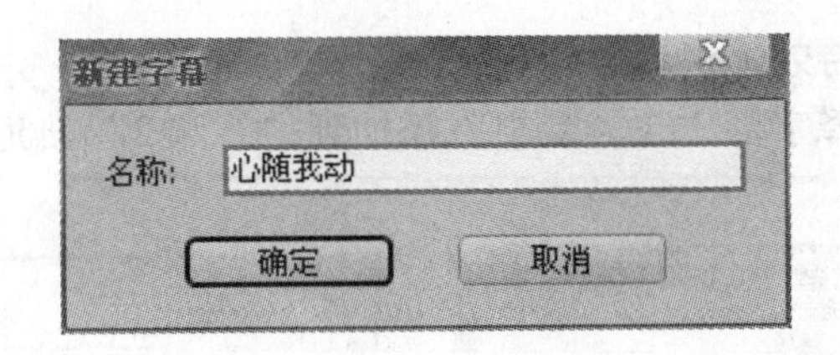

图 4-141　输入字幕

6）在工具栏中选择文本工具，在字幕工作区中选择“飞越梦想”，输入文字“心随我动”。

7）选中输入的文字，单击属性“字体”右侧的下拉按钮，从弹出的下拉列表中选择 STXinwei，并在“字幕样式”区域选择“方正金质大黑”，效果如图 4-142 所示。

图 4-142　设置文字效果

8）用同样的方法，新建字幕“纵情广阔天地”、“驾驭自由梦想”、“自在和谐”和“完美呈现”，输入并设置其他的文字。其中，“纵情广阔天地”的字体为 FZChaoCuHei-M10S，“驾驭自由梦想”的字体为 FZZongY-M05S，“自在和谐”和“完美呈现”的字体为 FZXing-Kai-S045。效果如图 4-143 所示。

9）关闭字幕编辑窗口，返回到 Premiere Pro CS3 的工作界面。

5. **为标题字幕制作特效**

1）在项目窗口中选择字幕“飞越梦想”添加到“视频 2”轨道上，入点位置为 00:00:00:00，如图 4-144 所示。

图 4-143　输入并设置其他的文字

2）选中添加的字幕，选择“素材速度/持续时间”命令，在弹出的“素材速度/持续时间”对话框中调整“持续时间”为 00:00:12:00，如图 4-145 所示。单击“确定”按钮，效果如图 4-146 所示。

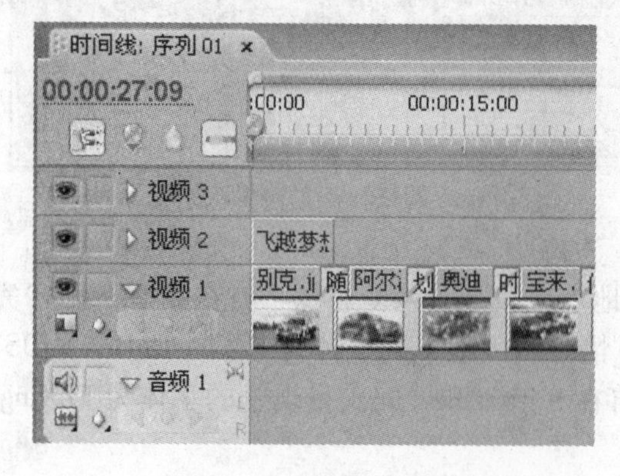

图 4-144　添加字幕

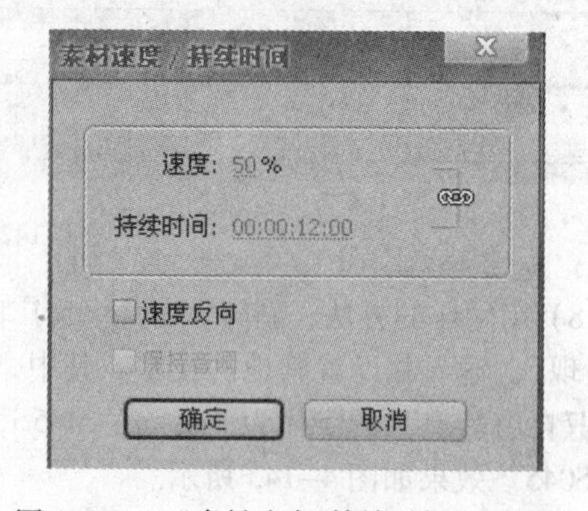

图 4-145　“素材速度/持续时间”对话框

3）选中添加的字幕，在特效控制窗口中展开“运动”和“透明度”选项，将当前时间播放指针移到00:00:00:00的位置，并添加第一组关键帧，“位置”参数设为（990，288），“透明度”参数设为60%。

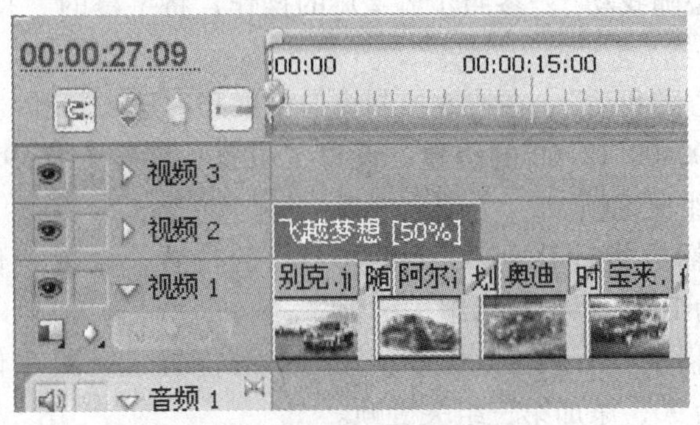

图4-146　设置持续时间后的文字

4）将当前时间播放指针移到00:00:04:00的位置，设置“位置”参数为（700，288），“透明度”参数为100%，添加第二组关键帧。

5）将当前时间播放指针移到00:00:08:00的位置，设置“位置”参数为（300，288），添加第三个关键帧。

6）将当前时间播放指针移到00:00:10:00的位置，设置“位置”参数为（450，650），“透明度”参数为100%，添加第四组关键帧。

7）将当前时间播放指针移到00:00:12:00的位置，设置“透明度”参数为0%，如图4-147所示。

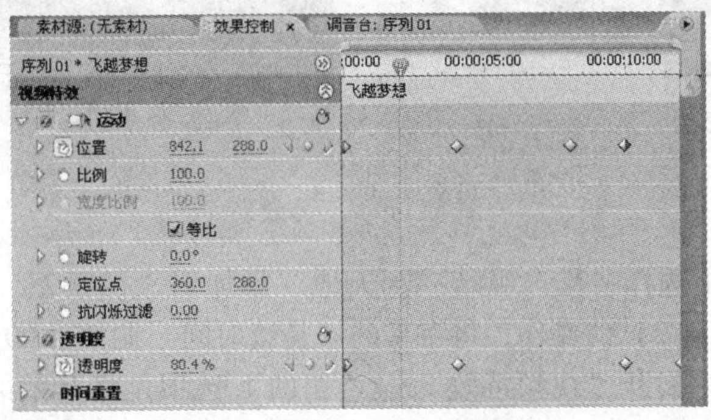

图4-147　添加关键帧并设置透明度

8）单击“播放/停止”按钮，字幕效果如图4-148所示。

图4-148　字幕效果

9）在项目窗口中选择字幕“心随我动”添加到“视频 2”轨道上，入点位置为 00:00:12:00。

10）选中字幕“心随我动”，参照步骤 2）的操作，将字幕的“持续时间”调整为 00:00:10:00。

11）选中字幕“心随我动”，在特效控制窗口中展开“运动”和“透明度”选项，将当前时间播放指针移到 00:00:12:00 的位置，设置“位置”参数为（395，420），“比例”参数为 60，并添加第一组关键帧。

12）将当前时间播放指针移到 00:00:16:00 的位置，设置“位置”参数为（360，288），“比例”参数为 100，添加第二组关键帧。

13）将当前时间播放指针移到 00:00:20:00 的位置，设置“位置”参数为（360，650），“比例”参数为 90，添加第三组关键帧。

14）将当前时间播放指针移到 00:00:23:00 的位置，设置“位置”参数为（995，650），“比例”参数为 60，添加第四组关键帧。

15）单击“播放/停止”按钮，字幕效果如图 4-149 所示。

图 4-149　字幕效果

16）在项目窗口中选择字幕“纵情广阔天地”添加到“视频 2”轨道上，入点位置为 00:00:24:05，参照步骤 2）的操作，将字幕的“持续时间”调整为 00:00:11:00。

17）在特效窗口中展开“视频特效”→“扭曲”选项，将其中的“波形弯曲”特效添加到字幕“纵情广阔天地”上，此时该素材下方会出现一条绿色的直线，如图 4-150 所示。

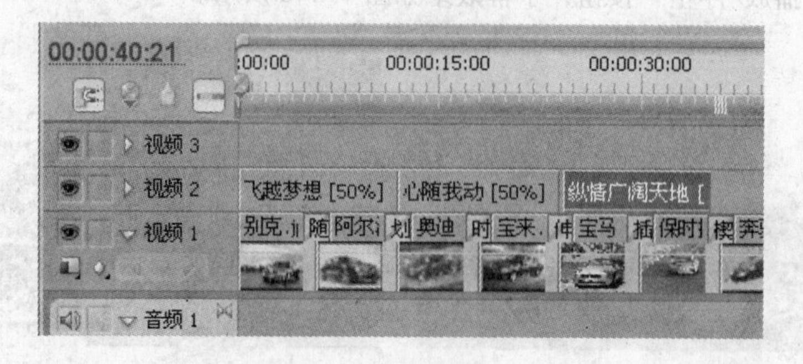

图 4-150　添加“波形弯曲”特效

为字幕添加“波形弯曲”特效后，不需要设置任何参数，字幕就具有波浪效果了。当然，读者也可以根据需要进行相关参数的设置。

18）选中字幕“纵情广阔天地”，在特效控制窗口中展开“运动”选项，将当前时间播放指针移到00:00:24:05的位置，设置“位置”参数为（580，680），添加第一个关键帧。

19）将当前时间播放指针移到00:00:28:00的位置，设置“位置”参数为（400，580），添加第二个关键帧。

20）将当前时间播放指针移到00:00:31:00的位置，设置“位置”参数为（360，300），添加第三个关键帧。

21）将当前时间播放指针移到00:00:35:02的位置，设置“位置”参数为（-300，300），添加第四个关键帧。

22）单击“播放/停止”按钮，字幕效果如图4-151所示。

图4-151 “波形弯曲”字幕效果

23）在项目窗口中选择字幕“驾驭自由梦想”添加到“视频2”轨道上，入点位置为00:00:36:10，参照步骤2）的操作，将字幕的“持续时间”调整为00:00:12:00。

24）将“模糊 & 锐化”类的“快速模糊”特效添加到字幕“驾驭自由梦想”上，此时该素材下方会出现一条绿色的直线。

25）选中添加了特效的字幕，在特效控制窗口中展开各选项，将时间线移到00:00:36:10的位置，设置“位置”参数为（360，288），“模糊程度”参数为20，添加第一组关键帧。

26）将当前时间播放指针移到00:00:39:00的位置，设置“位置”参数为（280，288），“模糊程度”参数为10，添加第二组关键帧。

27）将当前时间播放指针移到00:00:42:00的位置，设置“位置”参数为（300，350），“模糊程度”参数为1，添加第三组关键帧。

28）将当前时间播放指针移到00:00:46:00的位置，设置“位置”参数（399，620），“模糊程度”参数为2，添加第四组关键帧。

29）单击“播放/停止”按钮，字幕效果如图4-152所示。

30）在项目窗口中选择字幕“自在和谐”添加到“视频2”轨道上，入点位置为00:00:48:20，参照步骤2）的操作，将字幕的“持续时间”调整为00:00:11:05。

31）选中添加的字幕，在特效控制窗口中展开“运动”和“透明度”选项，将当前时间播放指针移到00:00:48:20的位置，设置“位置”参数为（-200，288），“透明度”参数为65%，添加第一组关键帧。

图4-152 “快速模糊”字幕效果

32）将当前时间播放指针移到00:00:51:20的位置，设置“位置”参数为（420，350），“透明度”参数为100%，添加第二组关键帧。

33）将当前时间播放指针移到00:00:55:20的位置，设置“位置”参数为（420，650），“透明度”参数为100%，添加第三组关键帧。

34）将当前时间播放指针移到00:00:59:00的位置，设置“位置”参数为（-200，650），“透明度”参数为60%，添加第四组关键帧。

35）单击“播放/停止”按钮，字幕效果如图4-153所示。

图4-153 字幕效果

36）在项目窗口中选择字幕“完美呈现”添加到“视频2”轨道上，入点位置为00:01:00:00，参照步骤2）的操作，将字幕的“持续时间”调整为00:00:12:00。

37）选中添加的字幕，在特效控制窗口中展开“运动”和“透明度”选项，将时间线移到00:01:00:00的位置，设置“位置”参数为（400，288），“比例”参数为100，添加第一组关键帧。

38）将当前时间播放指针移到00:01:06:00位置，设置“位置”参数为（380，350），“比例”参数为50，添加第二组关键帧。

39）将当前时间播放指针移到00:01:09:00的位置，设置“位置”参数为（400，450），“比例”参数为110，“透明度”参数为100%，添加第三组关键帧。

40）将当前时间播放指针移到 00:00:59:00 的位置，设置“位置”参数为（480，660），“比例”参数为 85，“透明度”参数为 65%，添加第四组关键帧。

41）单击“播放/停止”按钮，字幕效果如图 4-154 所示。

图 4-154　字幕效果

6. 添加音乐及音频转场

1）按〈Ctrl + I〉键，导入音频文件“music. mp3”。

2）将导入的音频素材添加到“音频 1”轨道上，入点位置为 00:00:00:00，如图 4-155 所示。

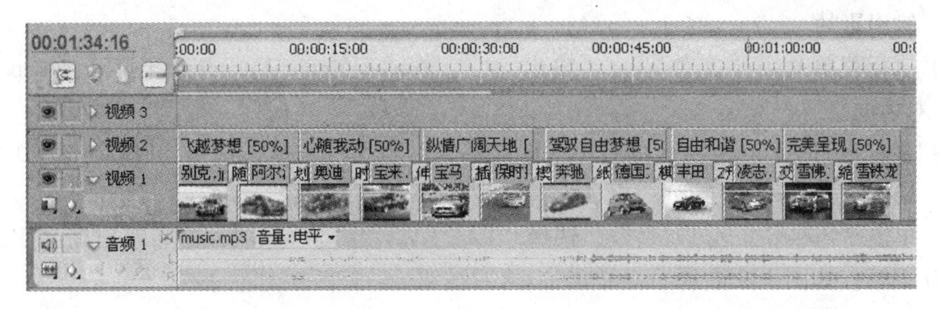

图 4-155　添加音频素材

3）选中音频素材，将时间线移到 00:01:34:16 的位置，在工具栏中选择剃刀工具，在时间线所在位置上单击，将当前音频素材剪辑成两段。

4）利用选择工具选中剪辑前的素材，单击鼠标右键，从弹出的快捷菜单中选择“删除”选项，并用“选择工具”将其拖到起点位置。

5）选中音频素材，将时间线移到 00:01:12:00 的位置，在工具栏中选择剃刀工具，在时间线所在位置上单击，将当前音频素材剪辑成两段。

6）利用选择工具选中剪辑后的素材，按下〈Delete〉键，删除不需要的音频素材，结果如图 4-156 所示。

7）在工具箱中选择“钢笔工具”，按〈Ctrl〉键，鼠标在“钢笔工具”图标附近出现加号，在 00:00、02:00、01:10:00 和 01:12:00 的位置上单击，加入四个关键帧。

8）放开〈Ctrl〉键，拖起始点和张点的关键帧到最底点位置上，这样素材就出现了淡入淡出的效果，如图 4-157 所示。

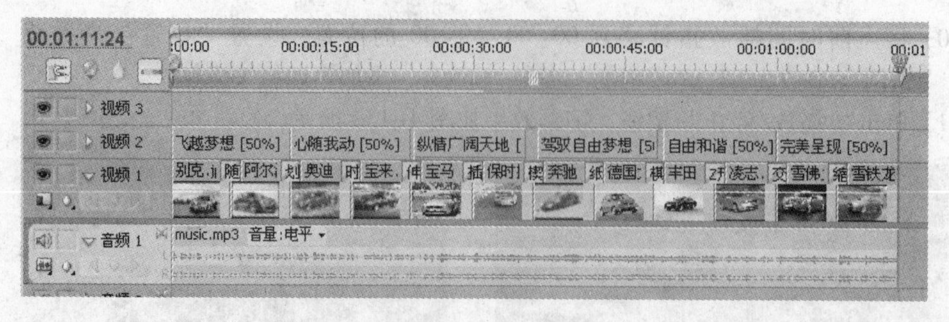

图 4-156　剪辑后的音频素材

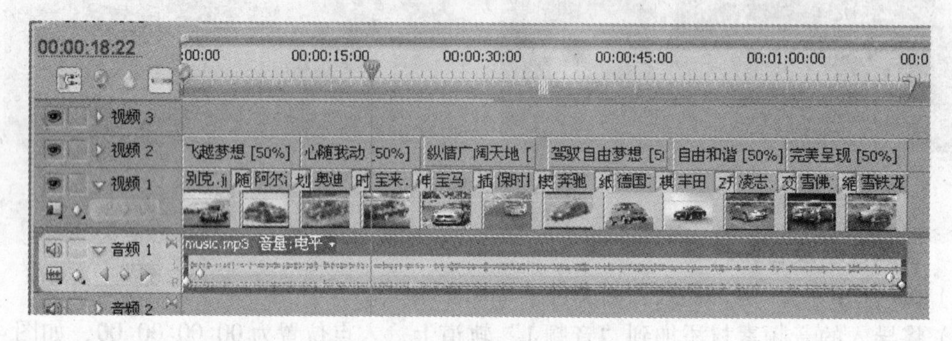

图 4-157　音频淡入淡出效果

7. 输出影片

1）执行菜单命令“文件”→“输出”→“Adobe Media Encoder”，打开“Export Settings”对话框。

2）在右侧的“Format”选项组中单击“格式”下拉列表框，选择 MPEG2－DVD 选项。

3）单击“Range”下拉列表框，选择“Work Area”选项。

4）单击“Preset”下拉列表框，选择“PAL DV 高品质”选项，准备输出高品质的 PAL 制 DVD 视频，如图 4-158 所示。单击“OK”按钮。

5）打开“保存文件”对话框，在其中输入 DVD 视频文件的名称“汽车博览”，视频格式为默认的 MPG 格式，单击“保存”按钮，开始输出，如图 4-159 所示。

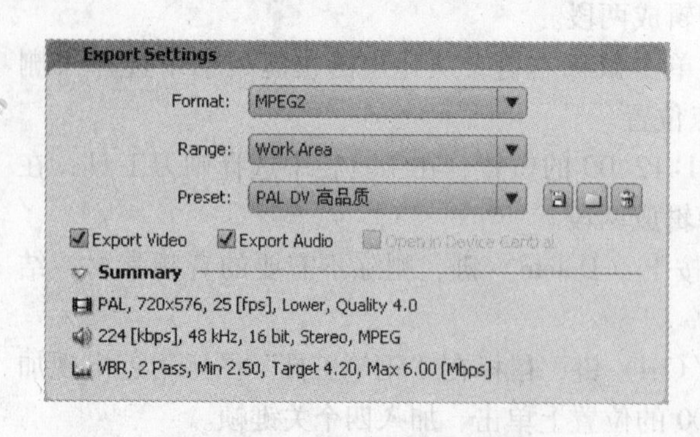

图 4-158　“输出设置”对话框

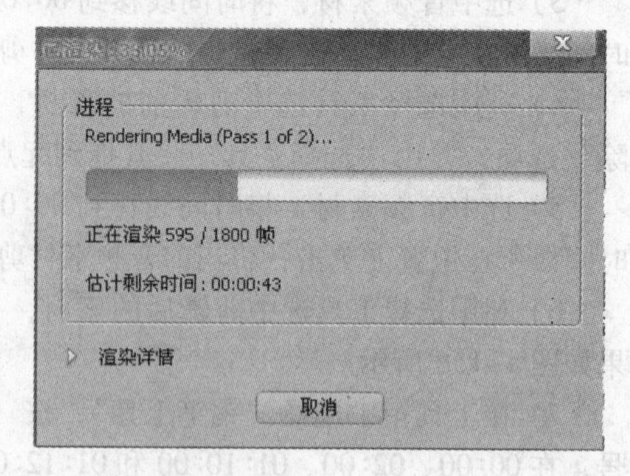

图 4-159　渲染影片

4.7 实训 2 制作卡拉 OK 影碟

制作卡拉 OK 影碟和制作普通影碟没有什么区别，但卡拉 OK 的字幕需要变色，也就是要随着歌曲的推进，一个字一个字地变色以引导演唱者演唱。这样的字幕如果靠手工来制作会非常麻烦，工作量也相当大。读者可以使用专业的卡拉 OK 字幕制作工具——Kbuilder Tools 来制作字幕。

Kbuilder Tools 又叫小灰熊字幕软件，它的最新版本（Kbuilder 3.5）需要和 Premiere Pro CS3 配合起来使用。Kbui1der 在安装的最后会要求安装一个 Kbuilder for Premiere 的插件。选择安装目录（如 D:\Program Files\Adobe\Adobe Premiere Pro CS3\Plug-ins\en_US），安装完成就会打开窗口 Select Default Character Set 窗口，双击“Simplified Chinese Characters (GB2312)”简体中文字符，打开 Kbuilder Tools 窗口，这样 Premiere Pro CS3 就可以导入用 Kbuilder 制作的卡拉 OK 字幕描述脚本文件。将脚本文件放入到视频轨之上即可生成带有字幕的卡拉 OK 影片了。

执行菜单命令“帮助”→“注册 Kbuilder”，打开“打开”对话框，在 Kbuilder 安装文件夹选择 user. dat 注册文件，单击“打开”按钮，打开“Register Kbuilder”对话框。选择安装文件夹中的 sn. txt 文件将注册码复制到“注册码”文本框内，如图 4-160 所示，单击“确定”按钮，返回 Kbuilder Tools 窗口。

1. 准备素材

制作卡拉 OK 字幕之前先要准备好歌曲的歌词文本及相应的音频、视频媒体文件。歌词文本多数都可以从网上找到，也可以用记事本程序手工输入。歌词最好先用记事本程序编辑好，并且每句歌词单独成行，如图 4-161 所示。

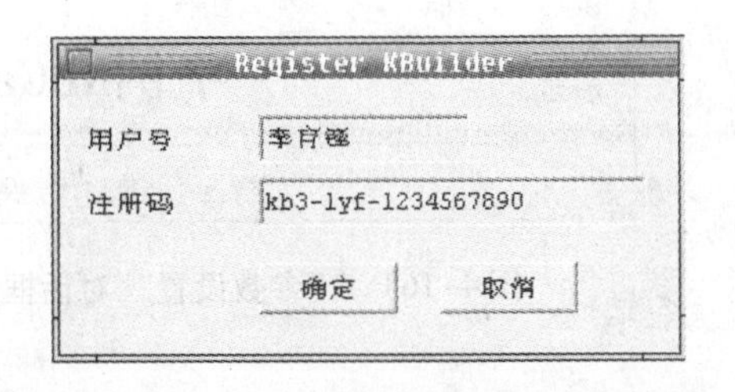

图 4-160 “Register Kbuilder”对话框

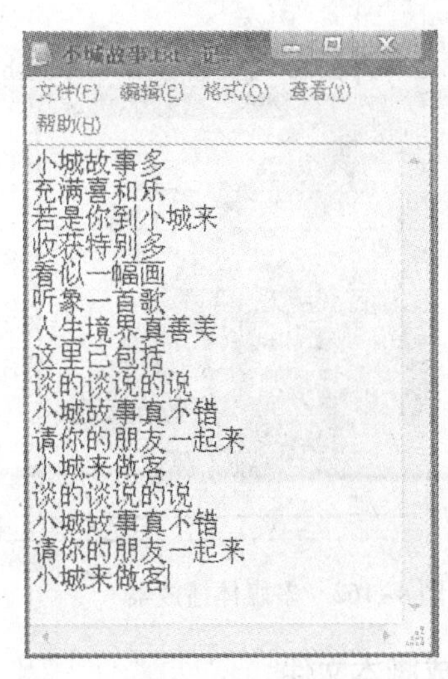

图 4-161 歌词文本

媒体文件可以是 MP3、WAV、WMA 格式的原唱歌曲文件及包含有该歌曲的 MPEG、AVI 视频文件。除了原唱歌曲文件外，还要找到与原唱配套的伴奏文件。如果是伴奏和原唱没有分离的歌曲，可使用 Audition 来消除歌曲中的原唱声音。

2. **导入媒体文件和字幕**

1）执行菜单命令“文件”→“打开”，打开“打开”对话框，选择“小城故事.txt”文件，单击“打开”按钮，窗口中自动加上三行代码。字幕编辑框有两种状态，一种是编辑状态，在这种状态下可以编辑歌词文本；另一种是取时状态，在这种状态下可以设置每行歌词的起始时间以及字幕中每个字（单词）的变色时间。这两种状态之间可以通过按〈F2〉键相互切换。在编辑状态时，编辑框的背景色是白色的。在取时状态，编辑框的背景色则是灰色的，而插入点光标当前行的字幕效果也会在编辑框上方显示出来。

2）执行菜单命令“文件”→“打开多媒体文件”，打开“打开”对话框，导入包含有原唱歌曲的音频或视频文件，如“小城故事.mpg”。导入成功后会弹出一个“多媒体播放器”窗口，单击该窗口即可播放或暂停播放媒体文件，如图4－162所示。

3）执行菜单命令“文件”→“选项设置”，打开“参数设置”对话框。在这里可以设置字幕的颜色、边框厚度、视频图像、字幕对齐方式及字体等内容。如果要设置字体，可单击“字体”栏中的“字例ABCabc”按钮，如图4-163所示，然后即可在打开的“字体”对话框中进行具体的设置。通常“字体”使用宋体或幼圆，“字体大小”一般可设置为36或40。另外，“边框厚度”可设置为2~3，“图像大小”中的“宽度”要设置为720，“高度”设置为“自动高度”即可。

4）为了使生成的字幕效果更好，可在桌面空白处单击鼠标右键，从弹出的快捷菜单中选择“属性”菜单命令，打开“显示属性”对话框，在“外观”选项卡中单击“效果”按钮，打开“效果”对话框，选择“使用下列方式将使屏幕字体边缘平滑”复选框，并在下拉列表中选择“清晰”方式。这样制作出的字幕边缘平滑，效果更好。

图4-162 多媒体播放器

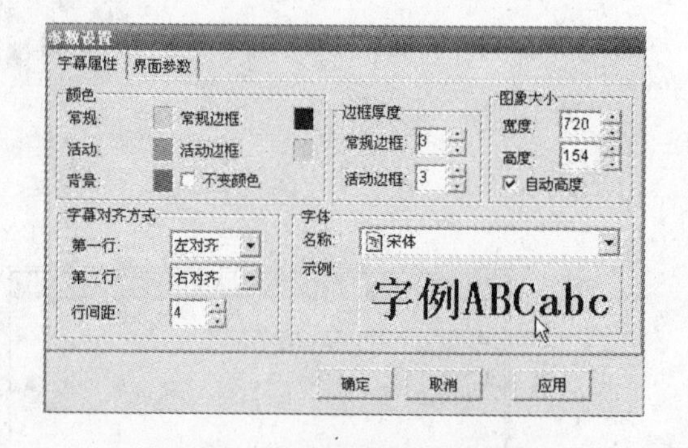

图4-163 “参数设置”对话框

3. **生成脚本文件**

生成脚本文件之前，每一句歌词和每一个字都要生成相应的时间代码。时间代码的生成需要在取时状态下进行。

1）在取时状态下将光标定位在第一句歌词上。单击媒体播放器窗口进行播放，当第一句歌的第一个字唱出来的同时，按下空格键即可使字幕的第一个字变色，接下来每出现一个字的时候按一下键，这样字幕就会配合歌曲逐字进行变色，如图 4 - 164 所示。

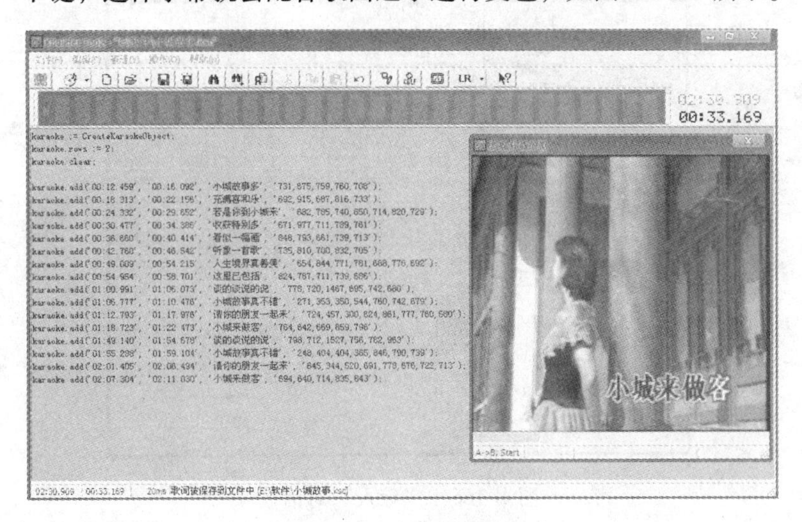

图 4-164　生成脚本文件

注意：编辑时最好按音乐的节奏来敲击键盘。另外，最好事先将歌曲多听几遍，对歌曲要相当熟悉，这样才能做到准确无误。

2）时间代码生成好之后，就可以单击工具栏中的“卡拉 OK 预览”按钮，打开“卡拉 OK 预览”窗口进行播放预览，如图 4-165 所示。

图 4-165　卡拉 OK 预览

3）执行菜单命令“文件”→“歌词脚本语法检查”，对脚本中的代码进行检测。检测无误后可执行菜单命令“文件”→“另存为”，将它命名保存为 . ksc 字幕描述脚本文件。

4. 用 Premiere Pro CS3 合成字幕与视频

1）在 Premiere Pro CS3 中新建一个工程文件，然后用鼠标右键单击项目窗口的空白处，从弹出的快捷菜单中选择“导入”菜单项，打开“导入”对话框，可以看到在 Premiere Pro CS3 可导入的文件列表中多了一种“Kbuilder Scripts File (* . ksc)”，如图 4-166 所示。也就是通过 Kbuilder 插件，使 Premiere Pro CS3 支持了 Kbuilde 字幕描述脚本文件。此时，我们可以把准备好的视频、音频文件及 KSC 字幕文件逐一导入到项目窗口的素材列表中。

2）将背景视频在时间线窗口的“视频 1”轨道上编辑好，翻唱歌曲拖放到“音频 1”轨道上，字幕脚本文件拖放到“视频 2”轨道上。各轨道上的素材要从左边对齐，如图 4-167所示。

3）在节目监视器窗口中单击“播放”按钮进行预览，如图 4-168 所示。如果满意了就可以将文件输出了。输出时可使用 Adobe Media Encoder 将文件编码为 MPEG1 或 MPEG2 文件。这样，一个包含有变色字幕、翻唱歌曲音轨的 MPEG 文件就制作出来了，它可以很方便地刻录成 VCD 或 DVD。

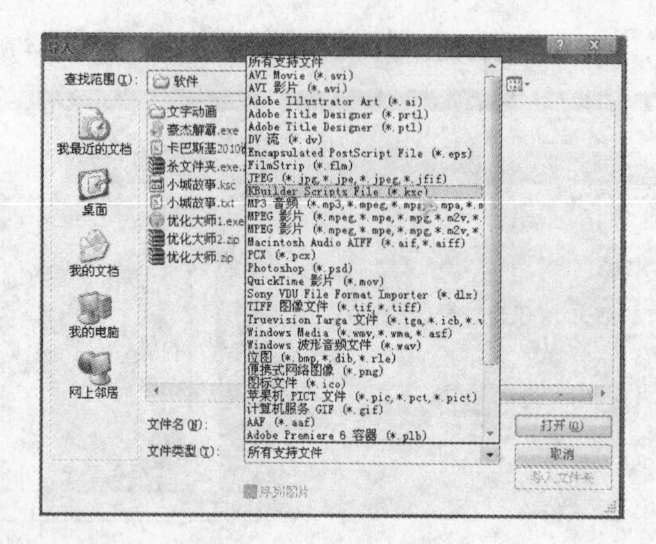

图 4-166　“导入”对话框

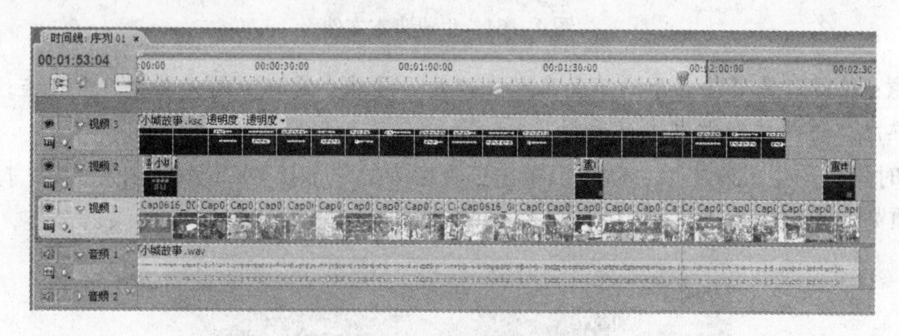

图 4-167　合成视频和字幕

图 4-168　预览效果

4.8　习题

一、选择题

1. 视频采集卡支持多种视频源输入，下列哪些是视频采集卡支持的视频源？

A. 放像机　　B. 摄像机　　C. 影碟机　　D. CD - RW

2. 关于 PAL 制式影片帧速率的正确说法是 ________ 。

A. 24fps B. 25fps C. 29.97fps D. 30fps

3. Premiere Pro CS3 编辑的最小时间单位是 ________。

A. 帧 B. 秒 C. 毫秒 D. 分钟

4. 我国普遍采用的视频制式为 ________。

A. PAL 制 B. NTSC 制 C. SECAM 制 D. 其他制式

5. A1pha 通道是指在 ________ 位真彩色基础上加上 8 位灰度通道。

A. 8 B. 16 C. 24 D. 32

6. PAL 制式帧尺寸为 ________？

A. 720×576 像素 B. 640×480 像素

C. 320×288 像素 D. 576×720 像素

7. 构成动画的最小单位为 ________。

A. 秒 B. 画面 C. 时基 D. 帧

8. 项目窗口主要用于管理当前编辑中需要用到的 ________。

A. 素材片段 B. 工具 C. 效果 D. 视频文件

9. 效果控制窗口不用于控制素材的 ________。

A. 运动 B. 透明 C. 切换 D. 剪辑

10. 下面哪个选项不是导入素材的方法？

A. 执行菜单命令“文件”→“导入”或直接使用该菜单的快捷键〈Ctrl+I〉

B. 在项目窗口中的任意空白位置单击右键，从弹出的快捷菜单中选择“导入”菜单项

C. 直接在项目窗口中的空白位置双击即可

D. 在浏览器中拖入素材

11. 下面哪个选项可以改变的播放长度？

A. 在时间线窗口中直接拖动素材

B. 更改素材的“持续时间”

C. 更改素材的“速度”

D. 更改“编辑”→“参数”→“常规”中的“静帧图像默认持续时间”

12. 默认情况下，为素材设定入点、出点的快捷键是 ________。

A. I 和 O B. R 和 C C. <和> D. +和-

13. 使用“缩放工具”时按________键，可缩小显示。

A.〈Ctrl〉 B.〈Shift〉 C.〈Alt〉 D.〈Tab〉

二、简答题

1. 为什么要对数字视频进行压缩？
2. 数字视频为什么可以压缩？
3. 什么是 M-JPEG 压缩？
4. 常见数字视频格式有哪些？
5. 什么是视频卡？市场常见的视频卡有哪些？
6. ProCoder 可进行哪些视频格式的转换？
7. Premiere Pro CS3 是什么软件？
8. 如何设置静态图片的默认持续时间？

9. 练习闪电效果的使用。

10. Premiere Pro 能进行哪些视频格式的编码？

11. 在实拍训练中，通过对不同对象的拍摄，找出取景构图与画面造型的关系。

12. 找一个拍摄对象，用固定摄像表现运动对象，再用运动摄像表现被摄对象。分析两种运动，说明各自的特点。

13. 试着运用各种运动方式拍摄一组镜头，分析每种运动的表现作用。

14. 什么是轴线？什么是“跳轴”？为了保持画面方向的一致性，在拍摄中要注意什么？

15. 拍摄记者采访的镜头，通过实例说明外反拍和内反拍有什么作用。

第5章　Flash 动画

本章要点

- Flash 软件的基本概念
- Flash 动画的制作

5.1　制作 Flash 动画

Flash 是美国 Adobe 公司出品的集矢量图形编辑、动画创作和交互设计三大功能于一身的专业软件，主要用于网页设计和多媒体创作等领域。

利用该软件制作的矢量图和动画具有以下特点。

- 文件占用空间小，特别适合于网页设计。
- 由于是矢量图形，因此能无损放大，这是与点阵图形最大的区别。
- 有独特的过渡动画变形效果，比 GIF 动画更逼真。
- 有很强的用户交互功能。
- 以时间线为基础的动画编制和播放。
- 支持 Alpha 通道编辑。
- 采用信息流传送方式，可以边下载边播放。

5.1.1　Flash CS3 的基本概念

在创建和编辑动画时，常用到矢量图、位图、场景、层、帧和动画等术语，下面对其进行说明。

1. 矢量图和位图

根据显示原理的不同，计算机中的图形可以分为矢量图和位图。

1）矢量图是由计算机根据矢量数据计算后绘制而成的，它由线条和色块组成。矢量图的特点如下：

- 文件的大小与图形的复杂程度有关，但是与图形的尺寸无关。
- 图形的显示尺寸可以进行无极限缩放，缩放程度不影响图形的显示精度和效果。

2）位图是由计算机显示器上的行扫描和列扫描点阵组成的，每个扫描点可以独立显示不同的色彩。位图的特点如下：

- 文件的大小由图形的尺寸和色彩深度来决定。
- 在同一分辨率下，图形的显示尺寸固定不变。

当图形的复杂程度不是很大时，采用矢量图形可以减小文件，并且可以进行极限缩放。

2. 场景

场景是用于绘制、编辑和测试动画的地方，一个场景就是一段相对独立的动画。一个 Flash 动画，可以由一个场景组成，也可以由几个场景组成。若一个动画有多个场景，动画会按场景的顺序播放。若要改变动画的播放顺序，可在场景中使用交互功能。

3. 层

层主要在制作复杂 Flash 动画时，用于绘制图形、创建元件和动画片段等。在时间轴中动画的每一个动作都放置在一个 Flash 图层中，每层部包含一系列的帧，各层中帧的位置一一对应。Flash 中的图层与 Photoshop 和 CorelDraw 软件的图层功能一样。

4. 帧

帧是构成 Flash 动画的基本单位。每帧都对应于动画的相应动作（如图形、音频、素材元件及嵌入对象等）。在时间轴中，帧由时间轴上的小方格表示。Flash 中有三种帧。

（1）关键帧（Key frame）

关键帧是指动画表演过程中具有关键性内容的帧，以一个黑色的实心小圆点来表示。

（2）过渡帧（Frame）

过渡帧是两个关键帧之间或者关键帧与空帧之间的帧，以灰色表示。多增加一些过渡帧，可以使动画播放的时间长一些。

（3）空帧（Blank Key frame）

空帧里面空无一物，从字面意思来理解的话，就是“空白关键帧”。

5. 动画

按 Flash 动画的制作方法和生成原理，可将 Flash 动画分为逐帧动画和渐变动画两种。

（1）逐帧动画

逐帧动画由位于时间轴上同一层的一个连续的关键帧序列组成，每个关键帧都可以独立编辑，并且在相邻关键帧中的图形变化不大，在播放时因每个帧的内容不同而产生动画效果。

利用逐帧动画，可以做出任意的动画效果，但由于每个关键帧中的内容都要手动编辑，工作量很大，而且生成的文件也很大，因此除制作特殊的效果外，一般不用逐帧动画。

（2）渐变动画

与逐帧动画相比，渐变动画的渐变过程更连贯，文件更小而且操作更方便。制作渐变动画 时，只需建立动画片断的第一个关键帧画面和最后一个关键帧画面即可，中间的动作由 Flash 软件自动完成。

渐变动画又分为变形动画、移动渐变及颜色渐变等多种动画。

6. 交互

一个交互是由一个事件和引发的响应动作组成的。事件是产生交互的原因（如播放到时间轴上的指定帧或单击某个按钮），而响应是交互的结果或目的（如停止或继续动画的播放、跳转到另外一个场景等）。

在 Flash CS3 中可设置交互操作的有按钮操作、键盘按键交互、表单交互、弹出式菜单、下拉菜单、命令菜单和下拉列表框等。

5.1.2 Flash CS3 的工作环境

第一次打开 Flash CS3 的时候，用户见到的是一个全新的界面。现在我们先来了解 Flash CS3 的整个操作界面，如图 5-1 所示。

A 处是“工具栏”，通过它在编辑区域中进行操作。工具栏可以通过执行菜单命令“窗

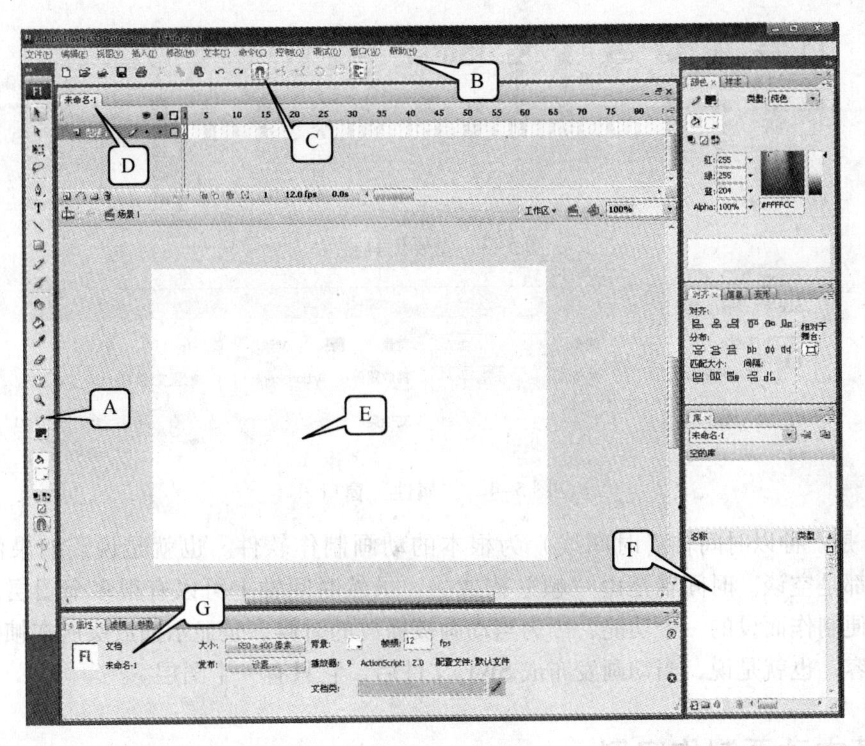

图 5-1　操作界面

口”→“工具”，或使用快捷键〈Ctrl + F2〉打开，如图 5-2 所示。

B 处是“菜单”。

C 处是“主要工具栏”，它里面包含有许多常用工具的快捷按钮，如“打开”、“保存”等。主要工具栏可以通过执行菜单命令“窗口”→“工具栏”→“主要工具栏”打开，如图 5-3 所示。

D 处是“文件切换”，在这里可以切换打开的多个文件，同时也可以切换一个文件中的不同场景。

E 处是“编辑区域”，也称“舞台”，我们所制作的一切东西都发生在这个区域内。

F 处是“窗口控制面板”，可以将菜单“窗口”中需要的控制面板打开并拖到“窗口控制面板”里，按个人的使用习惯排列；也可以按〈F4〉键打开或隐藏这些面板。

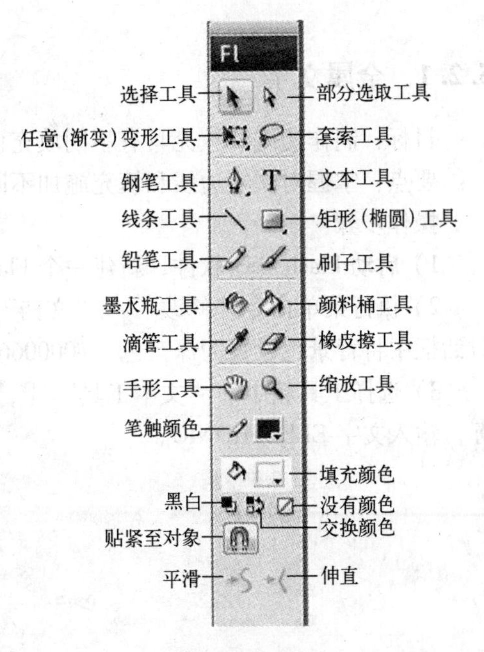

图 5-2　工具栏

G 处是“属性”面板，它是 Flash 的智能化“属性”窗口，是 Adobe 公司产品的特色之一。它会根据用户选择的不同对象而显示不同的内容。通过执行菜单命令“窗口”→“属性”，或使用快捷键〈Ctrl + F3〉都可以打开“属性”窗口，如图 5-4 所示。

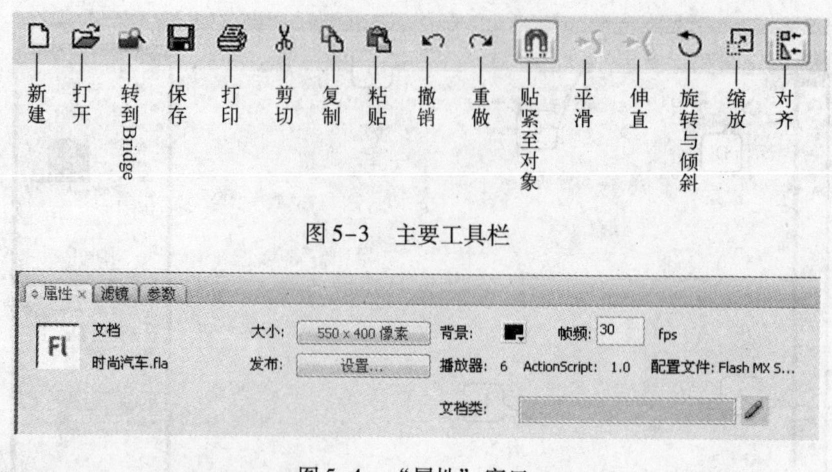

图 5-3　主要工具栏

图 5-4　“属性”窗口

Flash 是一种以时间轴（时间线）为根本的动画制作软件。也就是说，如果没有时间轴，一切都是空谈。时间轴是由“帧”构成的。虽然时间轴上可以有很多个图层，但这只是为了方便制作而设的一个功能，因为当动画被播放的时候，是显示播放头所在帧数的所有图层的内容。也就是说，当动画发布成 SWF 文件后，它只有一个图层。

5.2　基本动画制作实例

5.2.1　金属文字

目标：制作边线和填充具有不同填充色的金属文字。

要点：掌握对文字边线和填充施加不同渐变色的方法。

操作步骤：

1）启动 Flash CS3 软件，新建一个 Flash 文件。

2）执行菜单命令“修改”→“文档”（快捷键为〈Ctrl + J〉），从弹出的“文档属性”对话框中将背景色设置为深蓝色（#000066），然后单击“确定”按钮。

3）选择工具箱中的“文本工具” T，设置参数如图 5-5 所示。然后在工作区中单击鼠标，输入文字 ELECTRONIC。

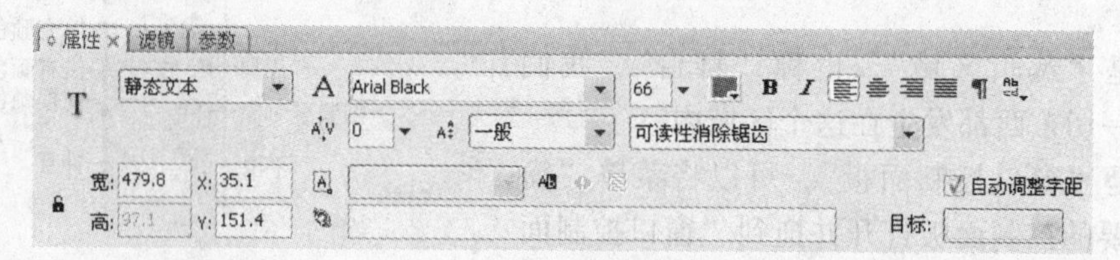

图 5-5　设置文字属性

4）调出“对齐”面板，将文字中心对齐，效果如图 5-6 所示。

5）执行菜单命令“修改”→“分离”（快捷键为〈Ctrl + B〉）两次，将文字分离为图形。

6）单击工具栏上的“墨水瓶工具”，将笔触颜色设置为，依次单击文字边框，此时文字周围将出现黑白渐变边框，如图 5-7 所示。

图 5-6　输入文字并中心对齐

图 5-7　对文字进行描边处理

7）执行菜单命令“修改”→“转换为元件”（快捷键为〈F8〉），在打开的“转换为元件”对话框中输入元件名称 ele，如图 5-8 所示。单击“确定”按钮，进入 ele 元件的影片剪辑编辑模式，如图 5-9 所示。

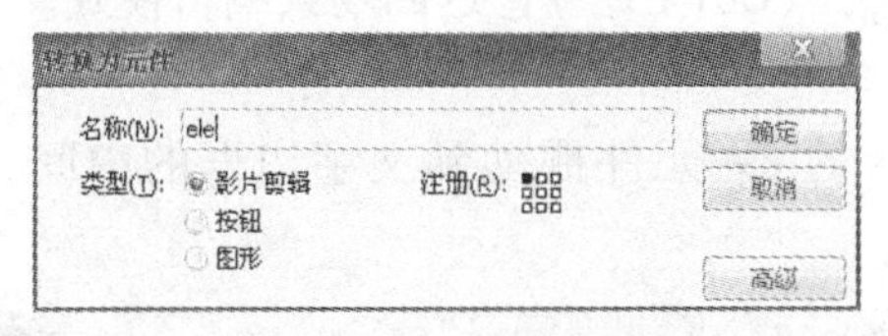

图 5-8　输入元件名称

图 5-9　ele 元件的影片剪辑编辑模式

8）对文字边框进行处理。按下键盘上的〈Delete〉键删除 ele 元件，然后利用“选择工具”框选所有的文字边框，在“属性”面板中将笔触高度改为 5，效果如图 5-10 所示。

提示：由于将文字填充区域转换为元件，因此虽然暂时删除了它，但以后我们还可以从库中随时调出 ele 元件。

9）此时黑-白渐变是针对每一个字母的，这是不正确的。为了解决这个问题，需要选择工具栏上的“墨水瓶工具”，在文字边框上单击，从而对所有的字母边框进行一次统一的黑-白渐变填充，如图 5-11 所示。

图 5-10　将笔触高度改为 5

图 5-11　对字母边框进行统一的黑-白渐变填充

10）此时渐变方向为从左到右，而我们需要的是从上到下变化。为了解决这个问题，需要选择工具箱上的“渐变变形工具”处理渐变方向，效果如图 5-12 所示。

11）对文字填充部分进行处理。执行菜单命令“窗口”→“库”（快捷键为〈Ctrl+L〉），打开“库”窗口，如图 5-13 所示。双击 ele 元件，进入影片剪辑编辑状态。接着选择工具箱上的“颜料桶工具”，将填充色设置为，对文字进行填充，如图 5-14 所示。

图 5-12　调整文字边框渐变方向

图 5-13　“库”窗口

12）选择工具栏中的“颜料桶工具”，对文字进行统一渐变颜色填充，如图 5-15 所示。

图 5-14　对文字进行填充 　　　图 5-15　对文字进行统一渐变颜色填充

13）选择工具箱上的“渐变变形工具”，调整填充文字的渐变方向，如图 5-16 所示。

14）单击时间窗口上方的 场景 1 按钮（快捷键为〈Ctrl + E〉），返回场景编辑模式。

15）将库中的 ele 元件拖到工作区中。

16）选择工具箱上的“选择工具”，将调入的 ele 元件挪动到文字边框的中间，效果如图 5-17 所示。

图 5-16　调整填充渐变方向 　　　图 5-17　将文字填充和边框部分进行组合

17）执行菜单命令“控制”→“测试影片”（快捷键为〈Ctrl + Enter〉），即可看到最终效果。

5.2.2　水滴落水动画

目标：制作水滴滴到水面，溅起水花并出现水波纹的效果。

要点：掌握利用 Alpha 值来控制元件的不透明度、将线条转换为填充、柔化填充边缘和加入声音的综合应用。

操作步骤：

启动 Flash CS3 软件，新建一个 Flash 文件。执行菜单命令“修改”→“文档”（快捷键为〈Ctrl + J〉），在打开的“文档属性”对话框中将背景色设置为深蓝色（#000099），单击“确定”按钮。

1. 制作一圈水波纹扩大的动画

1）执行菜单命令“插入”→“创建新元件”（快捷键为〈Ctrl + F8〉），在打开的“创建新元件”对话框中进行设置，如图 5-18 所示，然后单击“确定”按钮，进入 bowen 元件的图形编辑模式。

2）选择工具箱上的“椭圆工具”，设置笔触高度为 2，笔触颜色为蓝－白渐变，填充为无色，如图 5-19 所示，然后在工作区中绘制一个椭圆。接

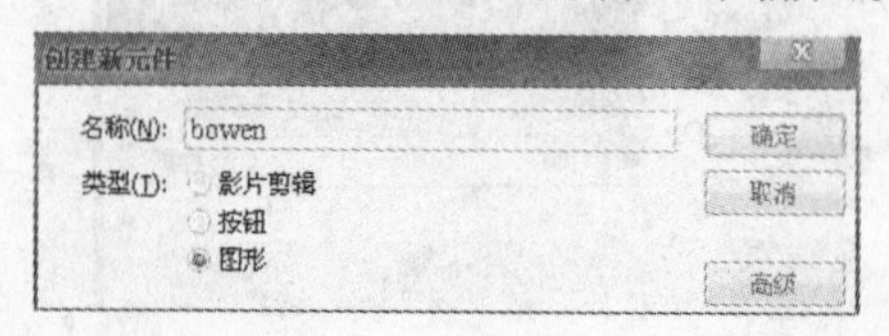

图 5-18　创建 bowen 元件

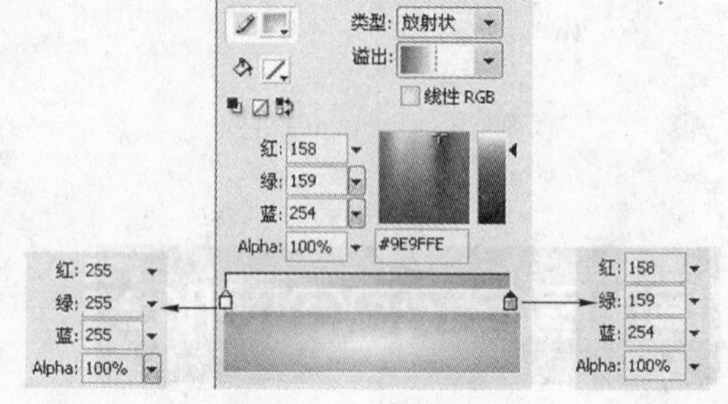

图 5-19　设置填充色

着在“信息”面板中设置椭圆大小为30像素×6像素，效果如图5-20所示。

3）选中椭圆线条，执行菜单命令“修改”→“形状”→“将线条转换为填充”，将其转换为填充区域，然后执行菜单命令“修改”→“形状”→“柔化填充边缘”，在打开的“柔化填充边缘”对话框中进行设置，如图5-21所示。单击“确定”按钮，效果如图5-22所示。

图5-20　绘制椭圆

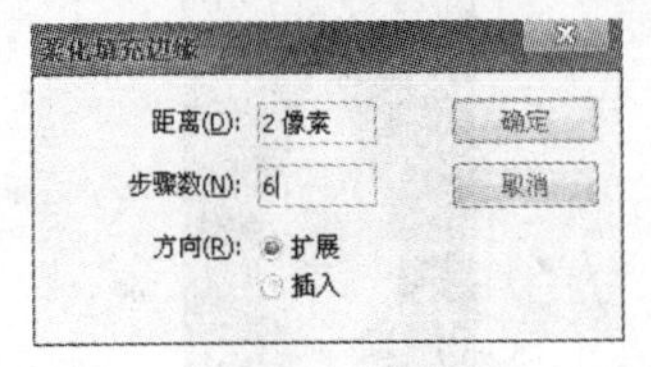

图5-21　设置“柔化填充边缘”参数

图5-22　“柔化填充边缘”效果

4）用鼠标右键单击时间轴的第30帧，从弹出的快捷菜单中选择“插入空白关键帧”（快捷键为〈F7〉）命令，插入一个空白的关键帧。

5）选择工具箱上的“椭圆工具”，设置笔触高度为2，笔触颜色为蓝-白渐变，填充为无色，然后在第30帧绘制一个椭圆，接着在“属性”面板中设置椭圆大小为300像素×70像素，如图5-23所示。

6）选中第30帧的椭圆线条，执行菜单命令“修改”→“形状”→“将线条转换为填充”，将其转换为填充区域。然后执行菜单命令“修改”→“形状”→“柔化填充边缘”，在打开的“柔化填充边缘”对话框中进行设置，如图5-24所示。单击“确定”按钮，效果如图5-25所示。

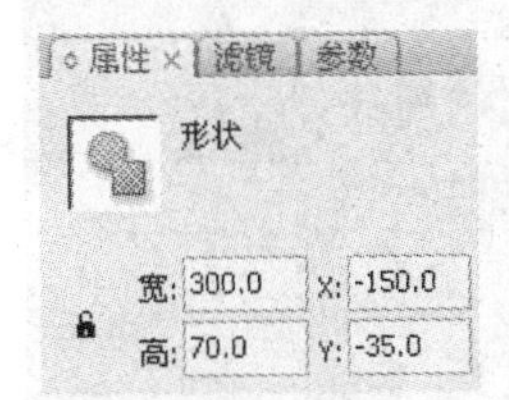

图5-23　设置椭圆大小

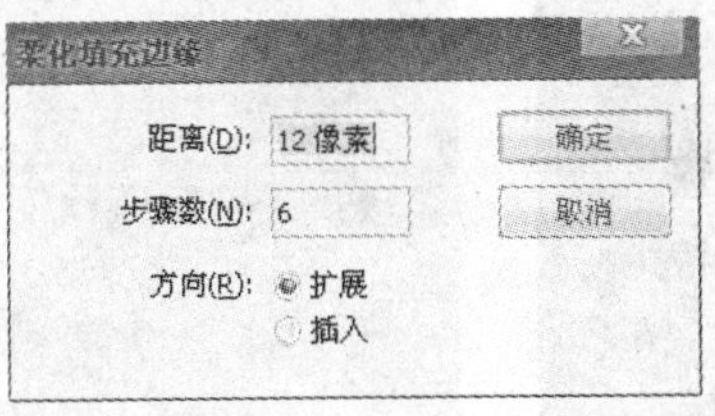

图5-24　设置“柔化填充边缘”参数

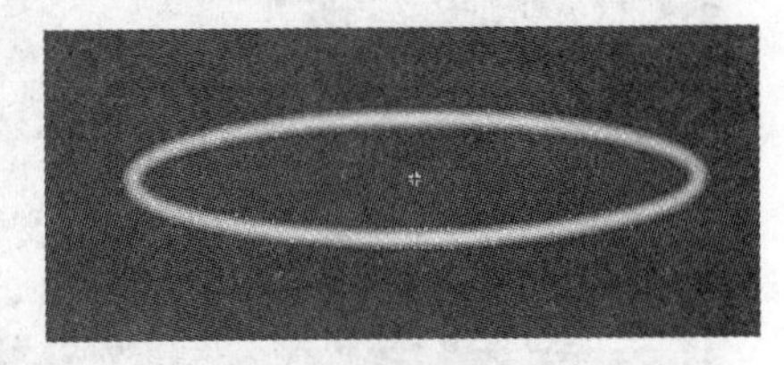

图5-25　“柔化填充边缘”效果

7）单击第1~30帧中的任意一帧，然后在“属性”面板中选择“形状”补间。

8）按键盘上的〈Enter〉键，即可看到水波由小变大的效果。

2. 制作水滴图形

1）执行菜单命令“插入”→“创建新元件”命令，在打开的“创建新元件”对话框中进行设置，如图5-26所示。然后单击“确定”按钮，进入shuidi元件的图形编辑模式。

2）选择工具箱上的“椭圆工具”，设置笔触高度为1，笔触颜色为无色，填充为蓝-白放射状渐变，然后按下〈Shift〉键在工作区中绘制一个圆形，如图5-27所示。

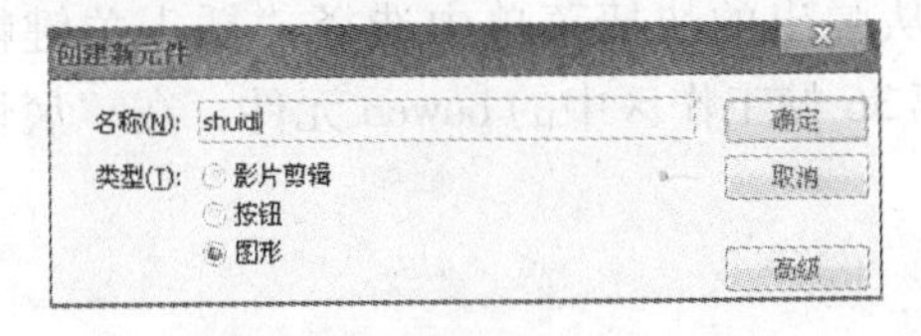

图5-26　创建shuidi元件

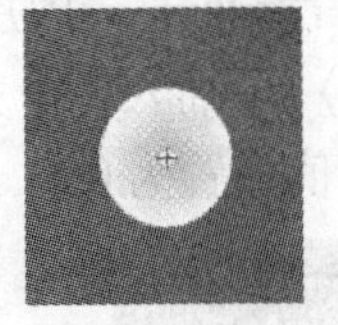

图5-27　绘制圆形

3）选择工具箱上的“选择工具”，按住键盘上的〈Ctrl〉键，在圆形上端拖动鼠标，使圆形上方出现一个尖角，如图5-28所示。释放〈Ctrl〉键后拖拽尖角两侧的弧形线，使圆形变为水滴形，如图5-29所示。

4）为了使水滴更形象，可以选择工具箱上的“颜料桶工具”，在水滴右侧单击，使颜色渐变偏离中心，如图5-30所示。至此水滴制作完毕。

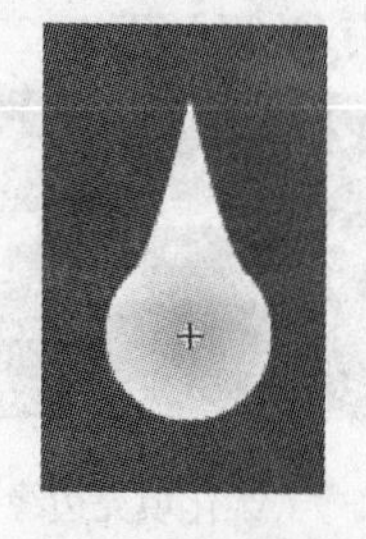

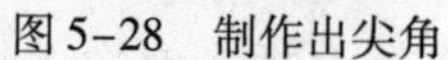

图5-28　制作出尖角　　图5-29　调整为水滴形状　　图5-30　使颜色渐变偏离中心

3. 合成场景

1）单击“场景1”按钮 场景1 回到“场景1”，从“库”窗口将shuidi元件拖到工作区中，如图5-31所示。

2）用鼠标右键单击第7帧，从弹出的快捷菜单中选择“插入关键帧”菜单项，插入一个关键帧，然后配合键盘上的〈Shift〉键，向下拖动shuidi元件，如图5-32所示。

图5-31　将shuidi元件拖到工作区中

图5-32　将shuidi元件向下拖动

3）用鼠标右键单击第1～7帧的任意一帧，从弹出的快捷菜单中选择“创建补间动画”命令。

4）单击“插入图层”按钮，新建“图层2”，然后用鼠标右键单击“图层2”的第7帧，从弹出的快捷菜单中选择“插入空白关键帧”菜单项。接着从库中将bowen元件拖入工作区，放置位置如图5-33所示。

5）用鼠标右键单击“图层2”的第36帧，从弹出的快捷菜单中选择“插入关键帧”（快捷键为〈F6〉），插入一个关键帧，然后单击第36帧工作区中的bowen元件，在“属性”面板中将Alpha值设置为0%，如图5-34所示。

图5-33　将bowen元件拖入工作区

图5-34　将Alpha值设置为0%

6）用鼠标右键单击第7～36帧的任意一帧，从弹出的快捷菜单中选择“创建补间动画”命令。此时水波在放大的同时将逐渐消失。

7）连续单击“插入图层”按钮 4次，新建4个图层。然后按住键盘上的〈Shift〉键，同时选中这4个图层。接着单击鼠标右键，从弹出的快捷菜单中选择“删除帧”菜单项。

8）在“图层2”的第7～36帧拖动鼠标，从而选中这30帧，如图5-35所示，然后单击鼠标右键，从弹出的快捷菜单中选择“复制帧”菜单项，接着用鼠标右键单击“图层3”的第13帧，从弹出的快捷菜单中选择“粘贴帧”菜单项。

9）同理，分别在“图层4”的第19帧、“图层5”的第25帧和“图层6”的第31帧粘贴帧，效果如图5-35所示。

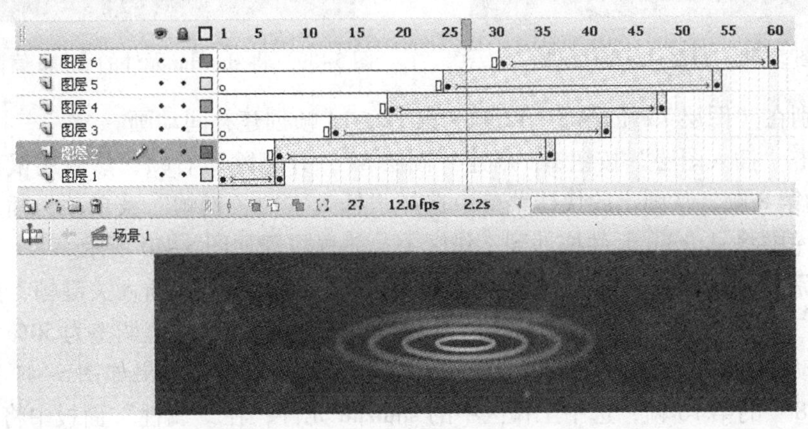

图5-35 图层分布

10）按快捷键〈Enter〉键预览动画，即可看到水滴落下，并荡开涟漪的动画。

11）制作水滴落到水面后溅起水珠的效果。执行菜单命令“插入”→“创建新元件”，在打开的“创建新元件”对话框中进行设置，如图5-36所示。然后单击“确定”按钮，进入shuizhu元件的图形编辑模式。

12）选择工具箱上的“椭圆工具” ，设置笔触颜色为无色，填充为蓝－白放射状渐变，然后在工作区中绘制一个圆形。

13）单击 按钮，回到“场景1”，然后单击“插入图层”按钮 ，新建“图层7”，并删除所有帧。接着用鼠标右键单击“图层7”的第8帧，从弹出的快捷菜单中选择“插入空白关键帧”（快捷键为〈F7〉），插入一个关键帧。最后从库中将shuizhu元件拖动到工作区中，放置位置如图5-37所示。

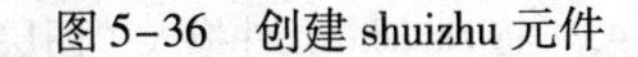
图5-36 创建shuizhu元件

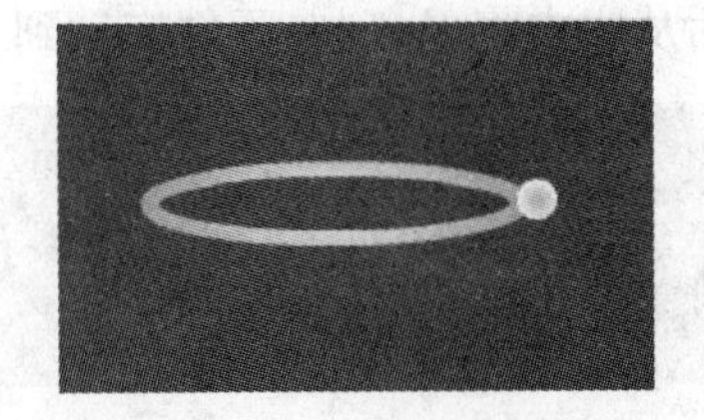

图5-37 将shuizhu元件拖动到工作区中

14）分别在“图层7”的第12帧和第14帧按快捷键〈F6〉，插入关键帧。然后单击第12帧，选中工作区中的shuizhu元件，在“属性”面板中将Alpha值调整为50%。接着将其向斜上方移动，并利用工具箱上的“任意变形工具”适当放大，效果如图 5-38 所示。

15）单击“图层 7”的第 14 帧，选中工作区中的 shuizhu 元件，在“属性”面板中将 Alpha 值调整为 0%。接着将其向斜下方移动，效果如图 5-39 所示。

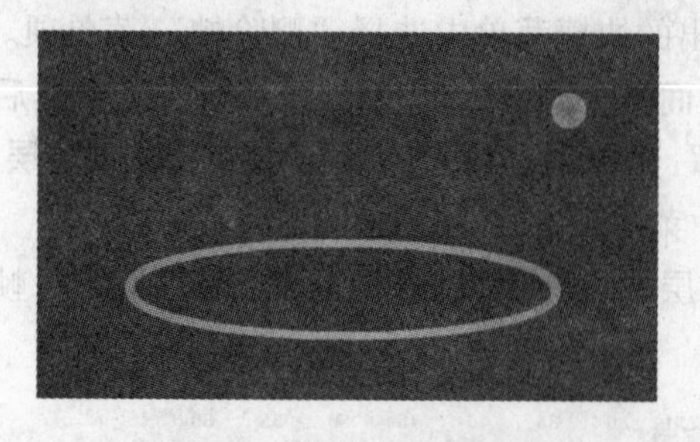

图 5-38　调整 shuizhu 元件

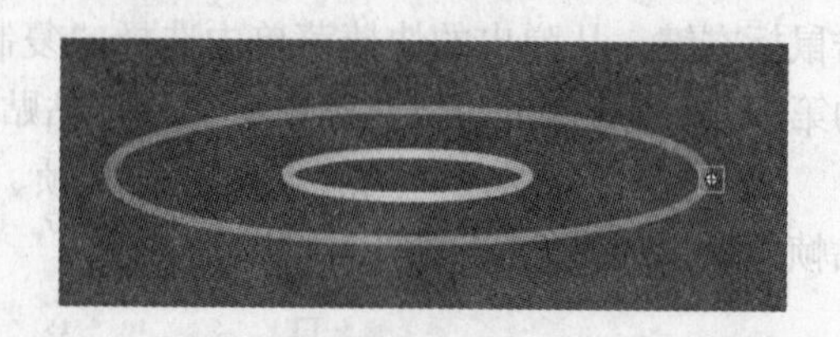

图 5-39　将 shuizhu 元件的 Alpha 值调整为 0%

16）分别在“图层 7”的第 8 ~ 12 帧和第 12 ~ 14 帧创建补间动画。

17）单击“插入图层”按钮，新建“图层 8”，并删除所有帧，然后用鼠标右键单击“图层 8”的第 8 帧，从弹出的快捷菜单中选择“插入空白关键帧”菜单项，插入一个关键帧。最后从库中将 shuizhu 元件拖动到工作区中，放置位置如图 5-40 所示。

18）分别在“图层 8”的第 13 帧和第 16 帧按快捷键〈F6〉，插入关键帧，然后单击第 13 帧，选中工作区中的 shuizhu 元件，在“属性”面板中将 Alpha 值调整为 50%。接着将其向斜上方移动，并利用工具箱上的“任意变形工具”适当放大，效果如图 5-41 所示。最后单击“图层 8”的第 16 帧，选中工作区中的 shuizhu 元件，在“属性”面板中将 Alpha 值调整为 0%。接着将其向斜下方移动，效果如图 5-42 所示。

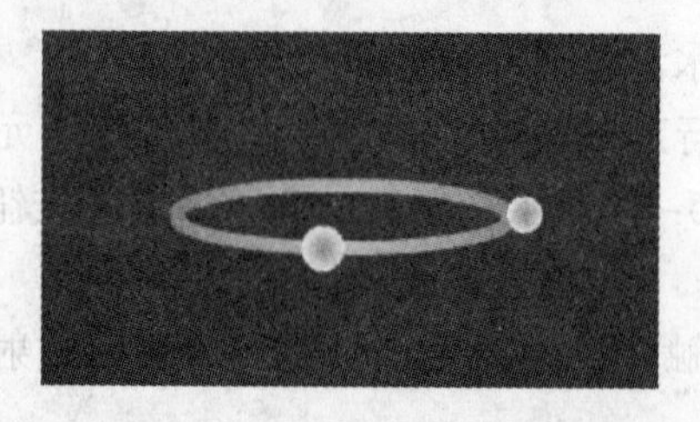

图 5-40　将 shuizhu 元件拖动到工作区中

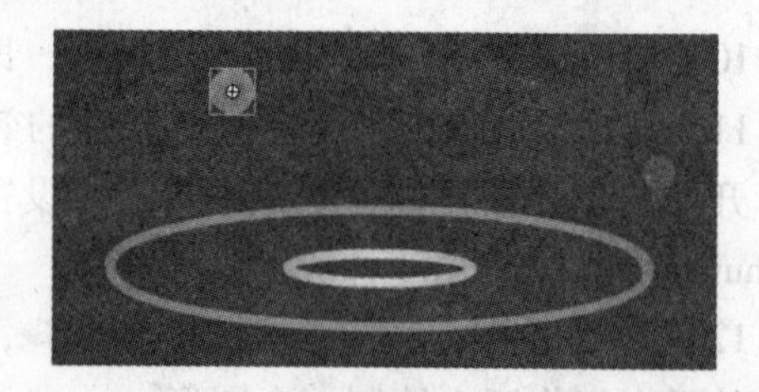

图 5-41　调整 shuizhu 元件

19）分别在“图层 8”的第 8 ~ 13 帧和第 13 ~ 16 帧创建补间动画。

20）单击“插入图层”按钮，新建“图层 9”，删除所有帧。接着用鼠标右键单击“图层 9”的第 8 帧，从弹出的快捷菜单中选择“插入空白关键帧”菜单项，插入一个关键帧。最后从库中将 shuizhu 元件拖动到工作区中，放置位置如图 5-43 所示。

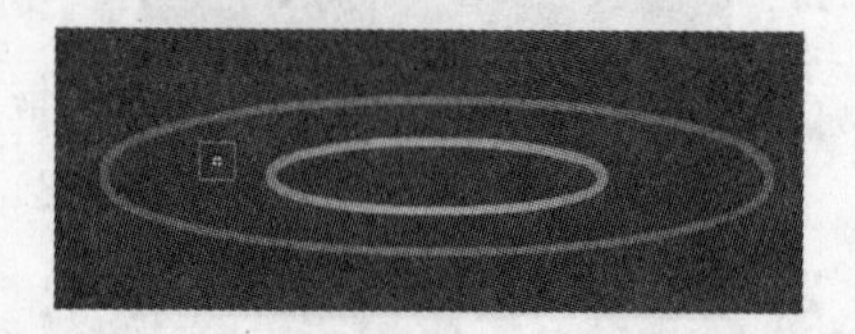

图 5-42　将 shuizhu 元件的 Alpha 值设为 0%

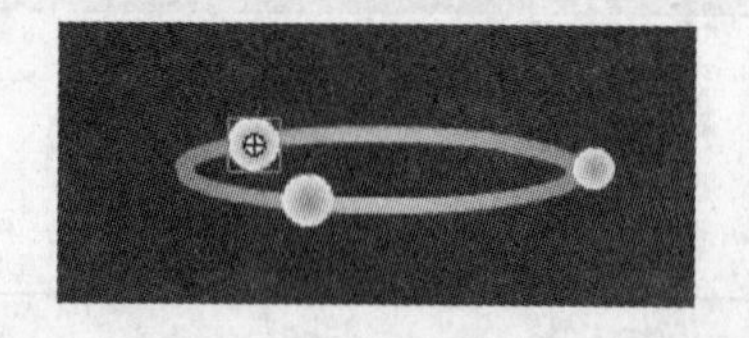

图 5-43　将 shuizhu 元件拖入“图层 9”

21）分别在“图层 9”的第 13 帧和第 16 帧按快捷键〈F6〉，插入关键帧。然后将“图层 9”第 13 帧的 shuizhu 元件移动到如图 5-44 所示的位置，并将它的 Alpha 值设为 50%，使之半透明。接着将“图层 9”第 16 帧的 shuizhu 元件移动到如图 5-45 所示的位置，并将它的 Alpha 值设置为 0%，使之全透明。

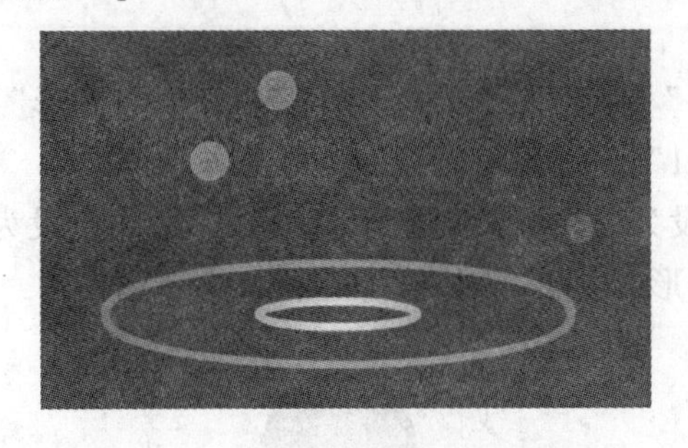

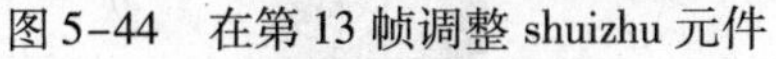

图 5-44　在第 13 帧调整 shuizhu 元件　　　图-45　将第 16 帧 shuizhu 元件的 Alpha 值设为 0%

22）分别在“图层 9”的第 8 ~ 13 帧和第 13 ~ 16 帧创建补间动画，此时时间轴如图 5-46所示。

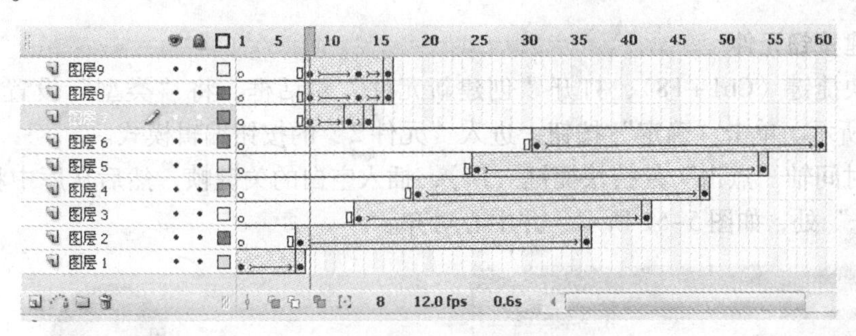

图 5-46　创建补间动画的时间轴

23）导入水滴落下时的声音。执行菜单命令“文件”→“导入到库”，从打开的“导入到库”对话框中选择滴水声“02. wav”文件，然后单击“打开”按钮。接着单击“图层 9”的第 9 帧，从库中将“02. wav”拖入工作区即可，此时时间轴如图 5-47 所示。

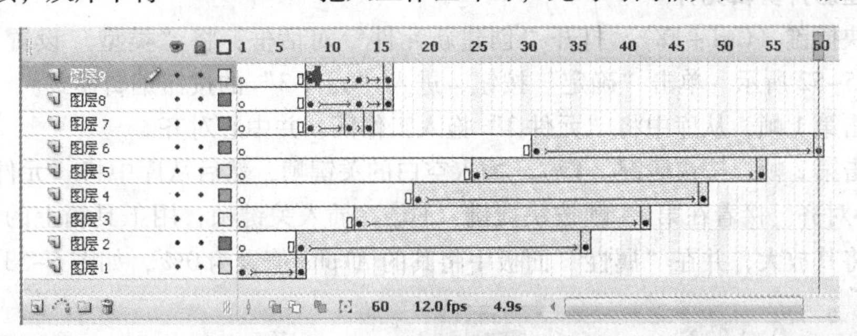

图 5-47　导入音频文件后的时间轴

24）至此整个动画制作完成。执行菜单命令“控制”→“测试影片”，打开播放器，即可观看到水滴落下并溅起水花荡开涟漪的动画效果。

5.2.3　鼠标跟随

目标：制作小球跟随鼠标移动的效果。

要点：掌握 stop、on（rolloyer）和 gotoAndPlay 常用语句的应用。

操作步骤：

启动 Flash CS3 软件，新建一个 Flash 文件。

1. 创建图形元件

1）按快捷键〈Ctrl + F8〉，打开“创建新元件”对话框，将“类型”设置为“图形”，如图 5-48 所示。单击“确定”按钮，进入“元件 1”的图形编辑模式。

2）选择工具箱上的“椭圆工具”，填充色设为黑 - 绿放射状渐变填充，边线色设为，然后配合键盘上的〈Shift〉键，绘制一个正圆形，并中心对齐，如图 5-49 所示。

图 5-48 创建“元件 1”

图 5-49 绘制正圆形

2. 创建按钮元件

1）按快捷键〈Ctrl + F8〉，打开“创建新元件”对话框，将“类型”设置为“按钮”，如图 5-50 所示。单击“确定”按钮，进入“元件 2”的按钮编辑模式。

2）在时间轴“点击”处按快捷键〈F7〉，插入空白的关键帧，然后从库中将“元件 1”拖入“点击”处，如图 5-51 所示，并中心对齐。

图 5-50 创建“元件 2”

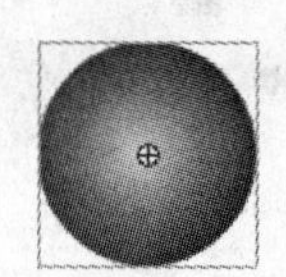
图 5-51 将“元件 1”拖入“点击”处

3. 创建影片剪辑元件

1）按快捷键〈Ctrl + F8〉，打开“创建新元件”对话框，将“类型”设置为“影片剪辑”，如图 5-52 所示。单击“确定”按钮，进入“元件 3”的按钮编辑模式。

2）单击第 1 帧，从库中将“元件 2”拖入工作区，并中心对齐。

3）单击第 2 帧，按快捷键〈F7〉，插入空白的关键帧，然后从库中将“元件 1”拖入工作区并中心对齐。接着在第 15 帧按快捷键〈F6〉，插入关键帧，用工具箱上的“任意变形工具”将其放大，并在“属性”面板中将其的 A1pha 值设为 0%，如图 5-53 所示。

图 5-52 创建“元件 3”

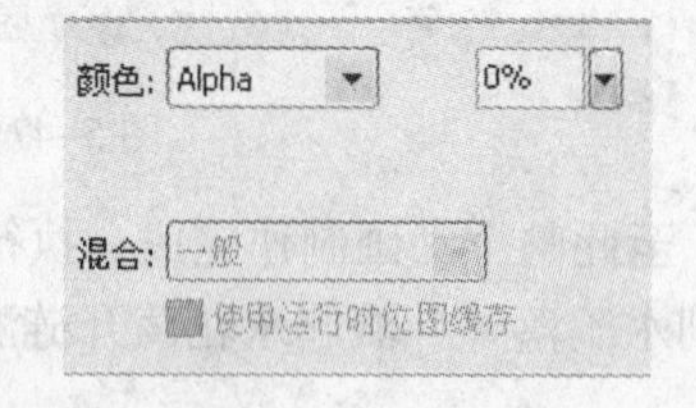

图 5-53 设置“元件 1”的 Alpha 为 0%

4）用鼠标右键单击第 2 帧，从弹出的快捷菜单中选择“创建补间动画”菜单项，此时时间轴如图 5-54 所示。

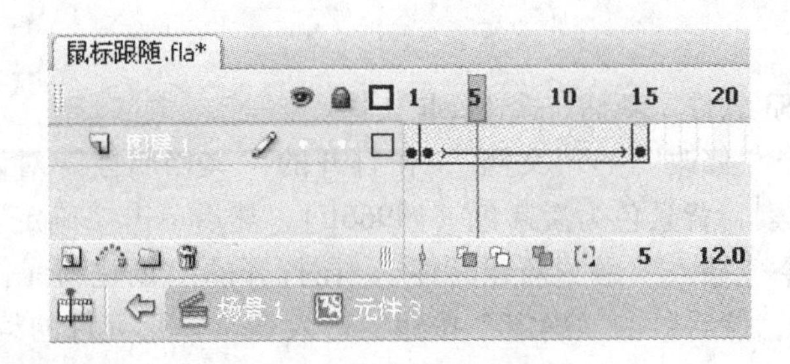

图 5-54　时间轴分布

5）单击时间轴的第 1 帧，然后在“动作”面板中输入：

```
stop ( );
```

提示： 该语句用于控制动画不自动播放。

6）在第 1 帧选中工作区中的按钮元件，然后在“动作”面板中输入：

```
On (rollOver) {
gotoAndPlay (2)
}
```

提示： 这段语句用于控制当鼠标划过的的时候开始播放时间轴的第 2 帧，即小球从小变大并逐渐消失的效果。

4. 合成场景

1）单击 场景 1，回到“场景 1”，从库中将“元件 3”拖入场景，然后配合键盘上的〈A1t〉键复制“元件 3”，并利用“对齐”将它们进行对齐，效果如图 5-55 所示。

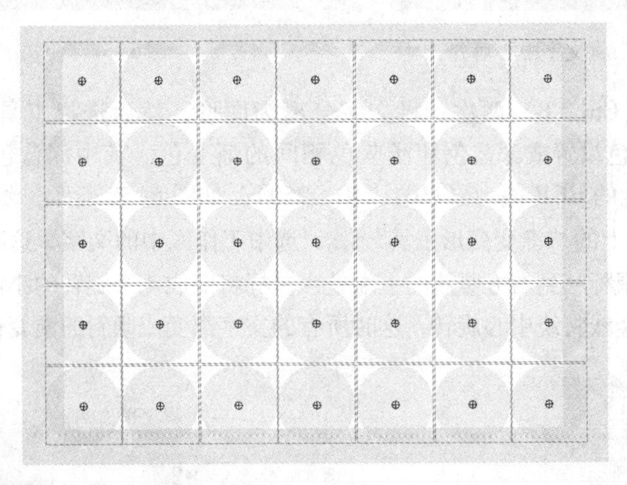

图 5-55　复制并对齐“元件 3”

2）按快捷键〈Ctrl + Enter〉，打开播放器，即可测试效果。

5.2.4　洋葱皮效果的旋转文字

目标：制作文字旋转的洋葱皮效果。

要点：掌握利用 Alpha 值来控制元件的不透明度，对文字边线和填充施加不同渐变色的方法。

操作步骤：

1）启动 Flash CS3 软件，新建一个 Flash 文件。

2）执行菜单命令“修改”→“文档”，在打开的“文档属性”对话框中设置文档尺寸为400 像素 × 300 像素，背景色为淡紫色（#9966ff），然后单击“确定”按钮。

3）执行菜单命令“插入”→“新建元件”，在打开的“创建新元件”对话框中输入图形元件的名称为 dept，然后单击“确定”按钮，进入 dept 图形元件的编辑模式。

4）选择工具箱中“文本工具” T，在“属性”面板中设置文本类型为静态文本，字体为“Arial Black ”，字号为36，文本颜色为黑色，并单击 B 和 I 按钮，然后在工作区中输入文字 Media Transmission Dept。

5）按快捷键〈Ctrl + K〉，调出“对齐”面板，将文字在水平和垂直方向中心对齐，效果如图 5-56 所示。

6）选择工具箱中的“任意变形工具”，选中工作区中的文字，然后将左右两端的方块向里拖动，使文字间距变窄，如图 5-57 所示。

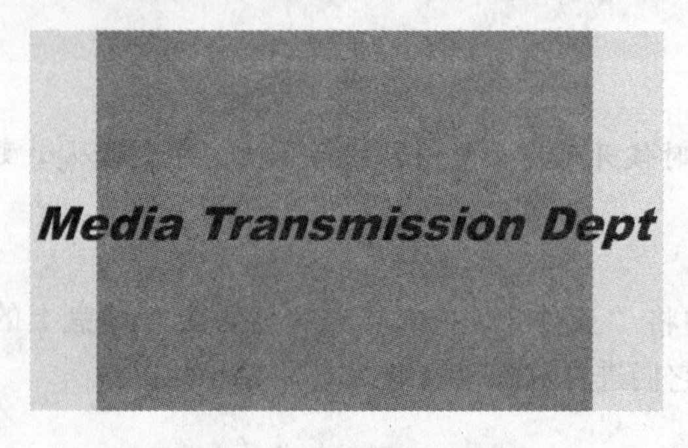

图 5-56　将文字中心对齐

图 5-57　使文字间距变窄

7）按快捷键〈Ctrl + B〉两次，将文字分离为图形，然后选择工具箱上的“颜料桶工具”，将填充颜色设置成深蓝色和浅蓝色相间的渐变色。其中深蓝色的 RGB 值为（20，100，230），浅蓝色的 RGB 值为（110，240，250），如图 5-58 所示，然后填充文字。

8）选择工具箱上的“渐变变形工具”，选中工作区中的文字，这时文字的左右两侧将出现两条竖线。将鼠标移到右方竖线的上端处，鼠标将变成 4 个旋转的小箭头，按住鼠标并将它向下拖动，两条竖线将绕中心旋转，这时所有的文字都变成倾斜的渐变色，如图 5-59 所示。

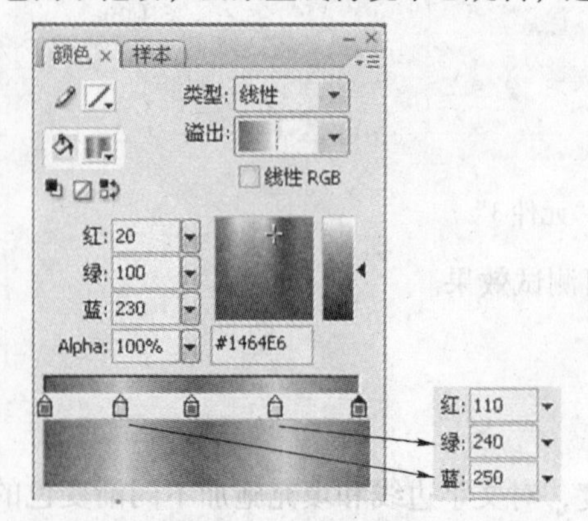

图 5-58　设置渐变色

图 5-59　对文字进行处理

9）选中工作区中的文字，按下〈Ctrl + C〉键，将“图层1”的文字复制到剪贴板中，然后按快捷键〈Ctrl + F8〉，默认图形元件的“名称”为“元件1”。单击“确定”按钮，进入“元件1”图形元件的编辑模式，再执行菜单命令“编辑”→“粘贴到当前位置”，粘贴前面复制的彩色渐变字。

10）选择工具箱中的“墨水瓶工具”，然后在“属性”面板中设置笔触颜色为深蓝色（#0000ff），笔触高度为2，依次单击文字的外围，此时文字将出现边框，效果如图5-60所示。

11）依次双击文字外围的边框，将所有的边框选中，然后执行菜单命令“修改”→“形状”→“将线条转换为填充”，将文字边框转变成填充区域。

12）选择工具箱中的“墨水瓶工具”，然后在“属性”面板中设置笔触颜色为白色，笔触高度为1，依次单击文字的内侧，使文字出现白色内边框，效果如图5-61所示。

图5-60　给文字添加蓝色边框

图5-61　给文字添加白色边框

13）单击工作区左上方的场景1，返回“场景1”（快捷键为〈Ctrl + E〉），将object图形元件拖人工作区中。

14）单击“图层1”的第50帧，按快捷键〈F6〉，插入关键帧，再单击图层1的第1帧，在工作区下方的“属性”面板的“补间”下拉列表框中选择“动画”选项，在“旋转”下拉列表框中选择“逆时针”选项，在文本框中输入1，如图5-62所示。设置后两帧间的文字将逆时针旋转1圈。

15）单击时间轴下方的“插入图层”按钮8次，在“图层1”的上面添加8个图层，再将“图层1”移到8个图层的上方。

16）在“图层9”的第3帧处按快捷键〈F7〉，插入空白关键帧，并从“库”面板中选择dept图形元件，将它拖到工作区中，并与“图层1”的中心重合，如图5-63所示。

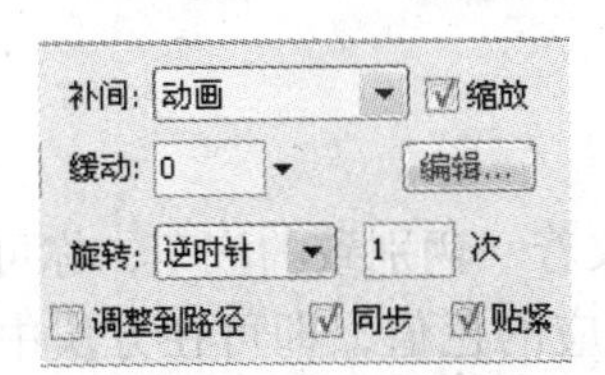

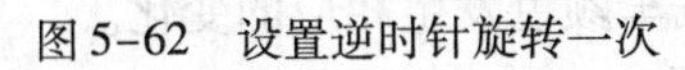

图5-62　设置逆时针旋转一次

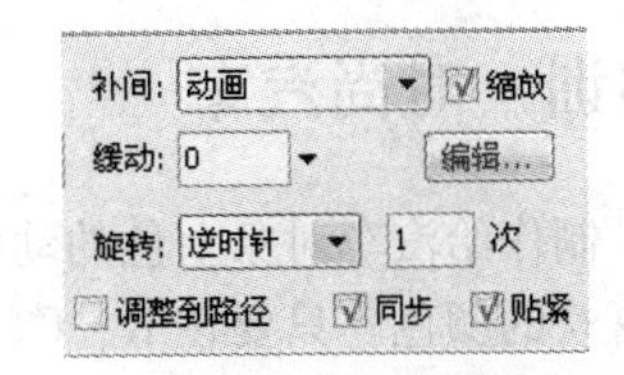

图5-63　将dept图形元件中心对齐

17）在“图层9”的第53帧处按快捷键〈F6〉，插入一个关键帧，再单击第3帧。然后在工作区下方的“属性”面板的“补间”下拉列表框中选择“动画”选项，在“旋转”下拉列表框中选择“逆时针”选项，在次文本框中输人1。

18）按住〈Shift〉键，单击“图层8”和“图层2”，将“图层2”到“图层8”中的所有帧选中。用鼠标右键单击其中任意一帧，在弹出的快捷菜单中选择“删除帧”命令，将它们全部删除。

19）将“图层9”两个关键帧之间的所有帧选中，然后用鼠标右键单击其中任意一帧，从弹出的快捷菜单中选择“复制帧”菜单项。

20）在“图层 8”的第 5 帧处按快捷键〈F7〉，插入空白关键帧，然后用鼠标右键单击第 5 帧，在弹出的快捷菜单中选择“粘贴帧”选项。

21）同理，依次在“图层 7”的第 7 帧、“图层 6”的第 9 帧、“图层 5”的第 11 帧、“图层 4”的第 13 帧、“图层 3”的第 15 帧、“图层 2”的第 17 帧按快捷键〈F7〉，分别插入空白关键帧，并复制“图层 9”中的所有帧，这时将产生文字依次出现并旋转、消失的动画效果。

22）为了产生洋葱皮的渐变透明效果，还需要使图层产生透明效果。选择“图层 9”的第 3 帧，然后在“属性”面板的颜色下拉列表框中选择 Alpha 选项，并设置数值为 89%，如图 5-64 所示。再单击第 53 帧，将 dept 实例的 Alpha 值同样设置成 89%。

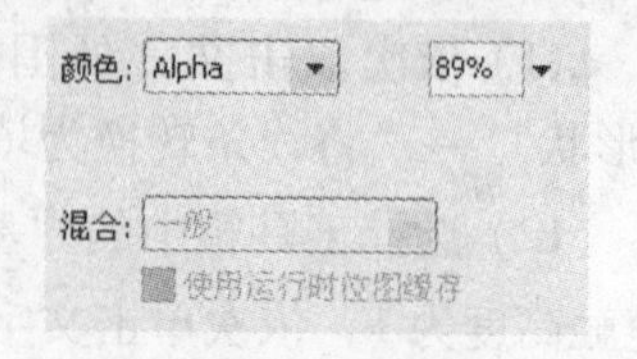

图 5-64　设置 Alpha 值为 89%

23）同理，将“图层 8”到“图层 2”中 dept 实例的 Alpha 值依次设置成 78%、67%、56%、45%、34%、23% 和 12%，使它们的透明度依次增大。

24）为了使“图层 1”保持可见，单击“图层 1”的第 68 帧，按快捷键〈F5〉，插入普通帧，此时时间轴如图 5-65 所示。

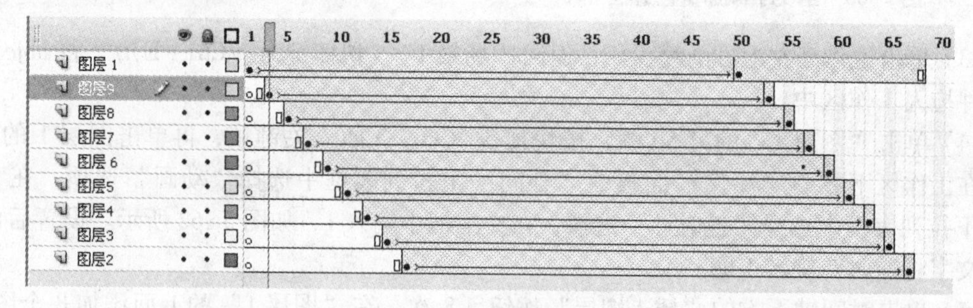

图 5-65　时间轴分布

25）执行菜单中的“控制”→“测试影片”（快捷键为〈Ctrl + Enter〉）命令，打开播放器窗口，即可看到旋转的洋葱皮效果。

5.3　实训　时尚汽车

目标：制作给汽车对象上色的动画效果。界面中摆放着一辆别致的汽车，你可以为汽车喷上自己喜欢的颜色。只要在 R、G、B 三原色中选择相应的色值，即可在方块中预览到设置的颜色。满意后只要单击“喷色”按钮，即可看到汽车颜色发生相应的变化。

要点：掌握 onClipEvent、setRGB 等常用语言的应用。

制作步骤：

1）启动 Flash CS3 软件，新建一个 Flash 文件。

2）按快捷键〈Ctrl + J〉，在打开的“文档属性”对话框中将工作区的宽度设置为 500 像素，高度设置为 400 像素，背景颜色默认为黑色，播放速度设置为 30fps，如图 5-66 所示，单击“确定”按钮。

3）按快捷键〈Ctrl + F8〉，在打开的“新建”对话框中输入“fader knob button”，“类型”选择“按钮”，单击“确定”按钮，进入元件 fader knob button 的按钮编辑模式。

4）选择工具箱中的“椭圆工具”，笔触颜色为，填充色在“颜色”窗口中的设置如图5-67所示，在工作区中绘制出如图5-68所示的椭圆。

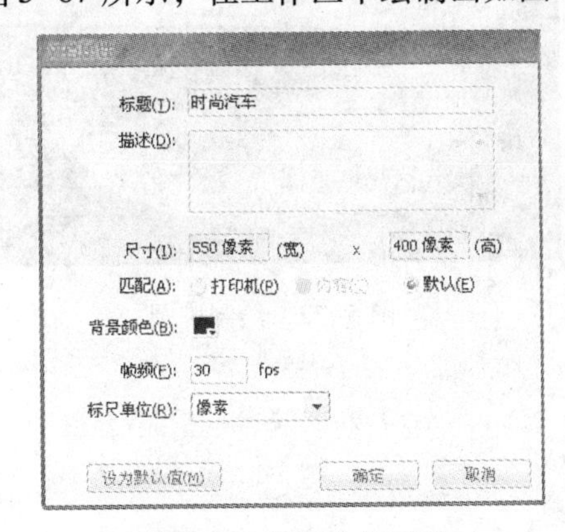

图5-66　设置文档属性

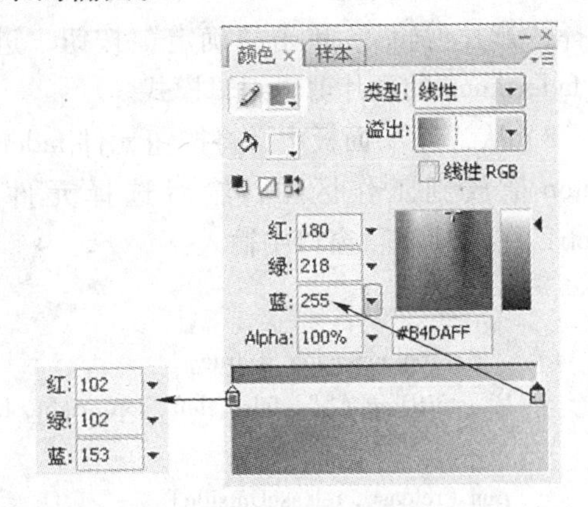

图5-67　设置填充色

5）继续选择“椭圆工具”，在“颜色”窗口中的设置如图5-69所示，在工作区中绘制出如图5-70所示的椭圆。

图5-68　绘制椭圆

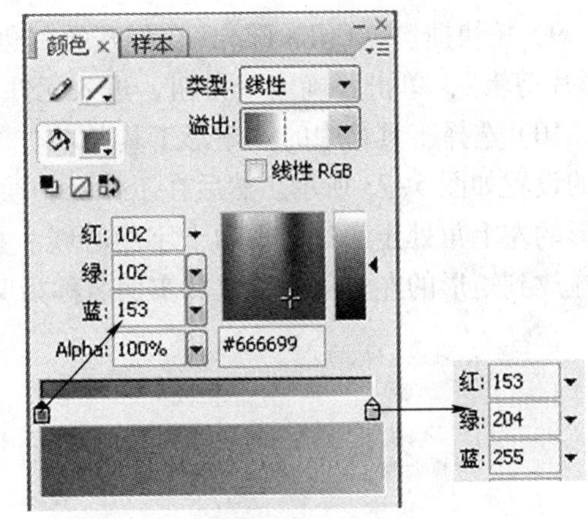

图5-69　设置填充色

6）绘制按钮的中心部分。继续选择椭圆工具，在“颜色”窗口中的设置如图5-71所示，在工作区中绘制出如图5-72所示的椭圆。

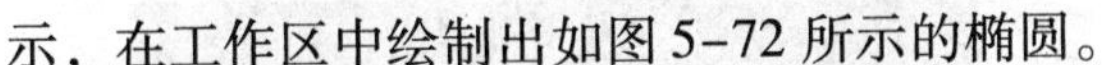

图5-70　绘制椭圆

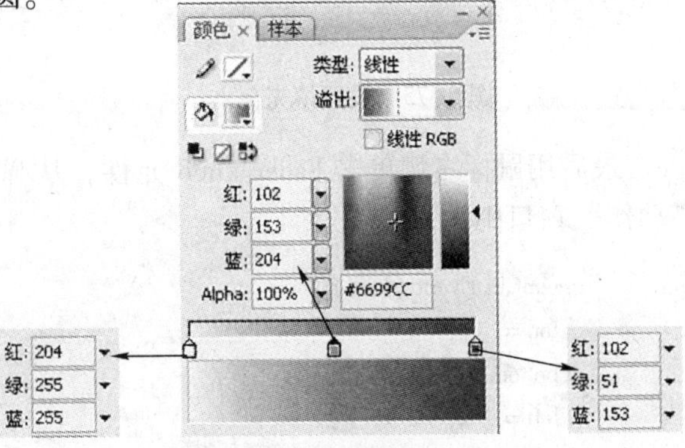

图5-71　设置填充色

7）按快捷键〈Ctrl + F8〉，在打开的“创建新元件”对话框中输入 fader knob 元件，“类型”选择“影片剪辑”，单击“确定”按钮，进入元件 fader knob 的影片剪辑编辑模式。

图 5-72　绘制椭圆

8）从“库”面板中，将按钮元件 fader knob button 拖放到工作区中，然后选择元件 fader knob，在“动作”窗口中输入：

```
on (press) {
_ root. dragging = true;
startDrag ("", false, left, top, right, bottom);
}
on (release, releaseOutside) {
_ root. dragging = false;
stopDrag ();
}
```

9）按快捷键〈Ctrl + F8〉，在打开的“创建新元件”对话框中输入 Fader，“类型”选择“影片剪辑”，单击“确定”按钮，进入元件 Fader 的影片剪辑的编辑模式。

10）选择工具箱中的“矩形工具”，笔触颜色设为#003366，填充色在“颜色”窗口中的设置如图 5-73 所示。然后在工作区中绘制宽为 255 像素的细条矩形，如图 5-74 所示。矩形的左上角处于影片剪辑的十字中心线。接着将“库”窗口中的影片剪辑 Fader knob 元件拖放到矩形的左上角，并定义实例名称为 knob。

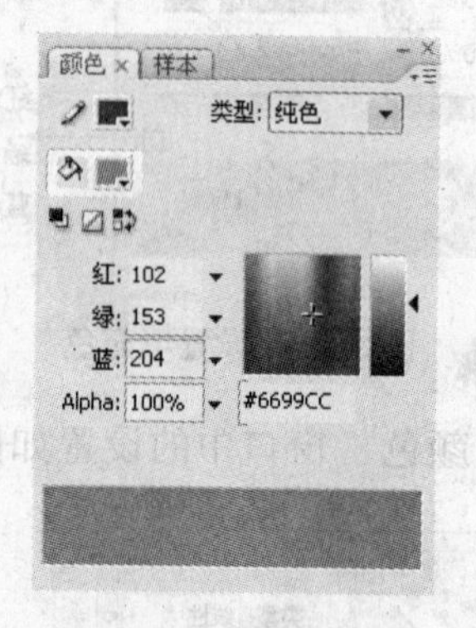

图 5-73　设置填充色

图 5-74　绘制细长矩形

最后用鼠标右键单击 Fader knob 元件，从弹出的快捷菜单中选择“动作”菜单项，在“动作”窗口中输入：

```
oonClipEvent (load) {
top = _ y;
bottom = _ y;
left = _ x;
right = _ x + 255;
}
```

11）按快捷键〈Ctrl + F8〉，在打开的“创建新元件”对话框中输入 proview_color，“类型”选择“影片剪辑”，单击“确定”按钮，进入元件 proview_color 影片剪辑的编辑模式。

12）选择工具箱中的“矩形工具”，笔触颜色设为，填充色设为#FFFCC，然后在工作区中绘制矩形，如图 5-75 所示。

13）按快捷键〈Ctrl + F8〉，在打开的“创建新元件”对话框中输入 apply，“类型”选择“按钮”，单击“确定”按钮，进入 apply 元件的按钮编辑模式。

14）选择工具箱中的“矩形工具”，在工作区中绘制出如图 5-76 所示的矩形，具体方法与前面的按钮元件相似。然后新建图层，选择工具箱中的“文本工具”**T**，在工作区中输入文字“喷色”，效果如图 5-77 所示。

图 5-75　绘制矩形

图 5-76　在 apply 元件中绘制矩形

图 5-77　输入文字

15）按快捷键〈Ctrl + F8〉，在打开的“创建新元件”对话框中输入 car_color，“类型”选择“影片剪辑”，单击“确定”按钮，进入元件 car_color 的影片剪辑的编辑模式。

16）选择工具箱中的“矩形工具”，笔触颜色设为，填充色设为#FF0000，然后在工作区中绘制矩形，如图 5-78 所示。

17）按快捷键〈Ctrl + E〉，回到“场景 1”，将图层名称更改为 Bg。利用矩形工具绘制与工作区尺寸大小相等的矩形，并以蓝黑线性渐变作为填充，同时利用文本工具在工作区上创建文字块“Exhibition 时尚汽车”，如图 5-79 所示。

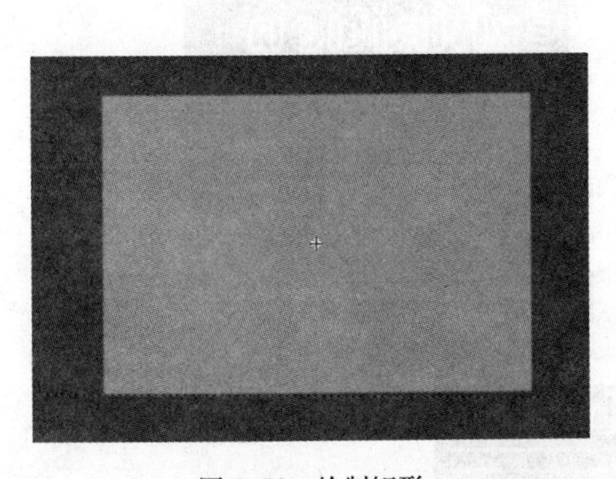
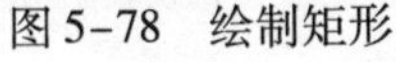

图 5-78　绘制矩形

图 5-79　输入文字

18）添加新层 car_color。将“库”窗口中的影片剪辑 car_color 元件拖放到工作区的左下角，并在属性栏中设置影片剪辑 car_color 的实例名称为 car。

19）添加 Car 层，按快捷键〈Ctrl + R〉，导入配套光盘中 5.7 时尚汽车的“汽车 . png”，并使之覆盖在影片剪辑 car_color 实例上，如图 5-80 所示。

提示：由于 PNG 图像 car 局部透明，因此将会看到下方影片剪辑 car_color 实例的颜色，同时也是汽车能够成功完成喷色的重要途径。

20）添加 proview_color 层。将“库”窗口中的 proview_color 影片剪辑元件拖放到工作区右侧，如图 5-81 所示。在属性栏中定义实例名称为 proview。

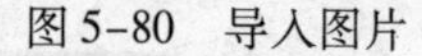

图 5-80　导入图片

图 5-81　将元件拖入工作区并定义实例名称

21）添加 color_picker 层。将“库”窗口中的 apply 按钮元件拖放到 proview_color 实例的下方，并设置实例名称为 applybtn。利用“文本工具”T 在工作区上创建文字块“R:”、“G:”、“B:”，使之纵向排列，分别表示组成颜色的三原色红、绿、蓝。

22）创建具有一定宽度的动态文本域，输入数值 255，置于文字块“R:”的右侧，并在属性栏中定义该文本域的变量名称为“color_1”，然后将“库”面板中的影片剪辑 proview_color 元件拖放到文字域的下方，以衬托文本域中数值的显示。

23）将“库”窗口中的 fader 元件拖放到文字域的右侧，并在属性栏中定义实例名称为“fader_1。”

24）同理，在文字块“G:”的右侧添加文本域，并将变量名称为“color_2”，影片剪辑实例名称为“fader_2”；在文字块“B:”右侧添加文本域变量名称为“color_3”，影片剪辑实例名称为“fader_3”，如图 5-82 所示。

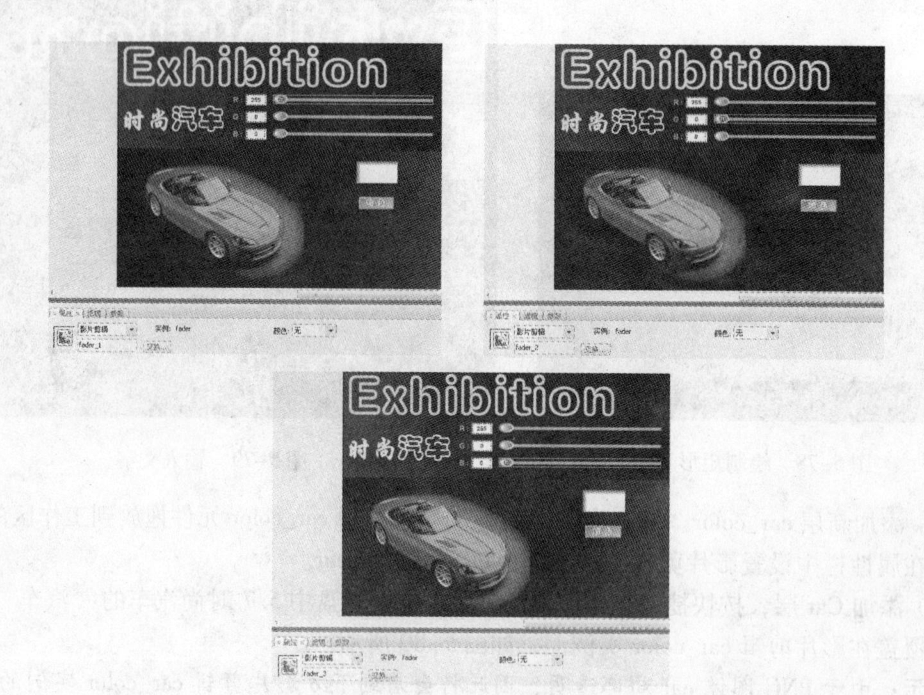

图 5-82　命名实例名

25）添加 Actions 层，在“动作”面板中输入：

```
carColor = new Color ( car );
preColor = new Color ( preview );
_ root. onEnterFrame = function ( ) {
  preColor. setRGB (rgb);
  for (i =1; i 〈 =3; i + + ) {
      fader = _ root [" fader_ " +i] . knob;
      if (dragging) {
      _ root [" color_ " +i] = fader. _ x;
      } else {
      fader. _ x = _ root [" color_ " +i];
      }
  }
    rgb = ( color_ 1〈〈16 | color_ 2〈〈8 | color_ 3 );
  };
applybtn. onRelease = function ( ) {
  carColor. setRGB (rgb);
};
```

26）按快捷键〈Ctrl + Enter〉打开播放器窗口，即可测试效果。

5.4 习题

一、选择题

1. Flash CS3 不可以在 Macintosh 平台上运行。

A. 正确　　B. 错误

2. Flash 影片频率最大可以设置到每秒________帧。

A. 99　　B. 100　　C. 120　　D. 150

3. 对于在网络上播放动画来说，最合适的播放速率是________。

A. 24 帧/s　　B. 12 帧/s　　C. 25 帧/s　　D. 16 帧/s

4. 如果要让 Flash 同时对若干个对象产生渐变动画，则必须将这些对象放置在不同的层中。

A. 正确　　B. 错误

5. 矢量图形用来描述图像的是________。

A. 直线　　B. 曲线　　C. 色块　　D. A 和 B 都正确

6. 在设置电影属性时，电影播放的速度设置为 12 帧/s，那么在电影测试时，时间轴上显示的电影播放速度应该可能是________。

A. 等于 12 帧/s　　B. 小于 12 帧/s

C. 大于 12 帧/s　　D. 大于、小于 12 帧/s 均有可能

7. 在 Flash CS3 中，要绘制精确的直线或曲线路径，可以使用________。

A. 钢笔工具　　B. 铅笔工具　　C. 刷子工具　　D. A 和 B 都正确

8. 在 Flash CS3 中，要绘制基本的几何形状，可以使用的绘图工具是________。

A. 直线　　　B. 椭圆　　　C. 圆　　　D. 矩形

9. 以下各种关于图形元件的叙述，正确的是________。

A. 可用来创建可重复使用的，并依赖于主电影时间轴的动画片段

B. 可用来创建可重复使用的，但不依赖于主电影时间轴的动画片段

C. 可以在图形元件中使用声音

D. 可以在图形元件中使用交互式控件

10. 以下关于使用元件的优点的叙述，正确的是________。

A. 使用元件可以使电影的编辑更加简单化

B. 使用元件可以使发布文件的大小显著地缩减

C. 使用元件可以使电影的播放速度加快

D. 以上均是

11. 在移动对象时，在按方向键的同时按住〈Shift〉键可大幅度移动对象，每次移动距离为________。

A. 1 像素　　　B. 4 像素　　　C. 6 像素　　　D. 10 像素

二、简答题

1. 二维动画的制作过程是什么？

2. 关键帧和一般帧有什么不同？

3. 如何调整动画的播放速度？

4. Flash 不同层之间的关系是什么？

第6章　多媒体创作工具 Authorware

本章要点

- Authorware 的基础知识
- Authorware 的图形和文本应用
- Authorware 的动画制作及交互控制
- Authorware 的框架和导航
- Authorware 的知识对象及程序打包

Authorware 是 Macromedia 公司开发的多媒体制作工具，它能够综合利用各种多媒体数据和外部资源，创建出交互性强、富有表现力的多媒体作品。作为一个优秀的多媒体制作软件，Authorware 已成为众多多媒体创作者的宠儿，是制作课件及多媒体应用程序的首选开发工具。目前它的最高版本是 Authorware 7.0。

Authorware 除了具有简单、易上手的优点外，还有一个不可忽视的方面，就是它可以在绝大多数的操作系统（如 Windows 98/2000/XP、Macintosh 等）下稳定运行。

用 Authorware 进行多媒体创作，易学易用，创作出来的作品效果好，而且图、文、声、像 俱全，最适合多媒体创作的初学者选择使用。

以往只有通过复杂的编程来实现多媒体的制作，并不是每一个人都能轻易地掌握的。自从出现了多媒体编辑软件 Authorware 之后，一般普通用户也能实现自己制作多媒体程序的梦想了。

6.1　概述

Authorware 与其他多媒体开发软件的不同之处在于它几乎完全不用编写程序，只需使用一些图标就可以制作出完美的多媒体产品。

作为一个多媒体平台，它几乎能够读取其他所有开发工具制作出的成果，并且程序流程是可视的，可直接在屏幕上编辑文字、图像、动画和声音等媒体。Authorware 的出现，使许多非专业人士都可以创作交互式多媒体软件。

用 Authorware 制作多媒体的方法非常简单，它直接采用面向对象的流程线设计，通过流程线的箭头指向就能了解程序的具体流向。Authorware 能够使不具备高级语言编程经验的读者迅速掌握并创作出高水平的多媒体作品，因而成为多媒体创作首选工具软件之一。

Authorware 具有以下一些功能和特点：

1. 图标流程式的可视化编程

Authorware 是基于图标的流程线式编程模式。Authorware 把每个程序流程中出现的要素视为一个图标，由这些图标来实现具体的功能，如显示文本、图形，播放声音等。

而程序的流程就由这些图标和连接图标的流程线所决定。Authorware 内部包含了 13 个设计图标、两个调试图标，以及部分使用 ActiveX 的向导图标。这些图标几乎涵盖了多媒体编程的所有要素。

2. 高效的图、文、动画的直接创作处理能力

Authorware 提供了文本、图片和动画的创建和处理工具。利用文本处理工具，可以在屏幕上定位一个文本对象，并且可以任意设置其字体、字号及字体颜色等特征。使用图片处理工具可以创建简单的图形，引入并处理图像。Authorware 提供了 5 种动画类型，可以制作简单的动画。

3. 丰富的交互手段

软件离不开与用户的交互。Authorware 可以使用交互图标来提供按钮响应、热区响应、热物响应、目标区域响应、条件响应、下拉菜单响应、输入文字响应、敲击键盘响应、时间限制响应、尝试限制响应、事件响应等共计 11 种响应方式，可以创建界面友好、人性化的多媒体应用程序。

4. 具有动态链接功能

由于 Authorware 不可能提供所有使用者要求的变量和函数，因此它提供了动态链接功能，这样开发者就可以将任何一种编程语言环境下得到的函数动态链接到 Authorware 中使用。

5. 强大的扩展能力

Authorware 内部自定义了数百个函数和变量，几乎涵盖了 Windows 应用程序的所有方面。通过使用这些函数和变量，可以大大地扩展图标功能的不足，使多媒体应用程序功能更加强大，成为真正意义上的多媒体平台。Authorware 还支持自定义变量与自定义函数。当 Authorware 内部的图标以及函数不能满足需要时，读者还可以自己用高级程序语言编写代码，以实现特殊的功能，使 Authorware 的功能得到充分扩展。Authorware 具有通过 ODBC 处理数据库的能力，还可以访问外部文件和数据。

6. 提供库和模块功能

对于一个多媒体作品，Authorware 允许将其分割成多个部分，由多人或者多种工具进行编辑。对于需要重复运用的素材，建立库可以大大减少系统资源的占用。

6.2 Authorware 的基本操作

1）单击桌面图标，启动 Authorware 7.0，屏幕上显示的工作环境界面如图 6-1 所示。

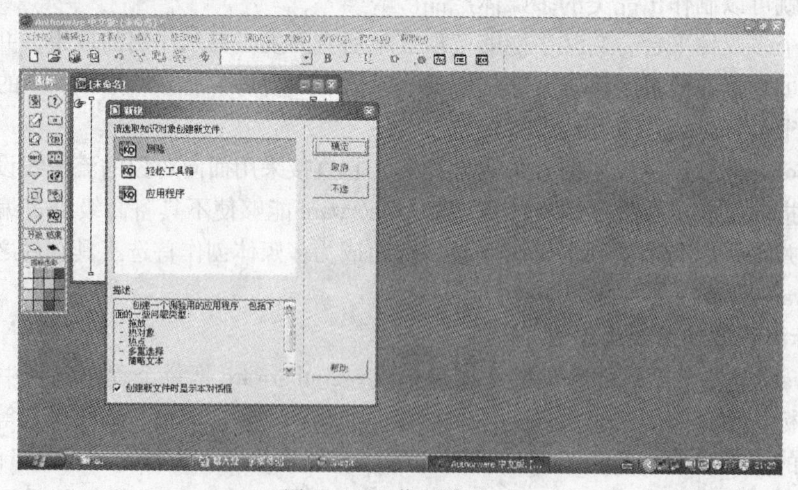

图 6-1 工作环境界面

2）单击“取消”按钮，进入Authorware 7.0操作界面，如图6-2所示。

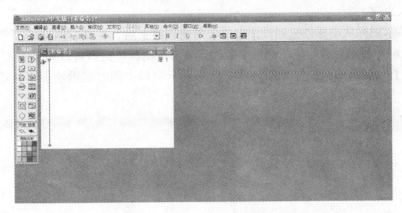

图6-2　Authorware 7.0操作界面

6.2.1　设置演示窗口

在Authorware 7.0窗口中，执行菜单命令“修改”→“文件”→“属性”，打开“属性：文件”对话框，如图6-3所示。

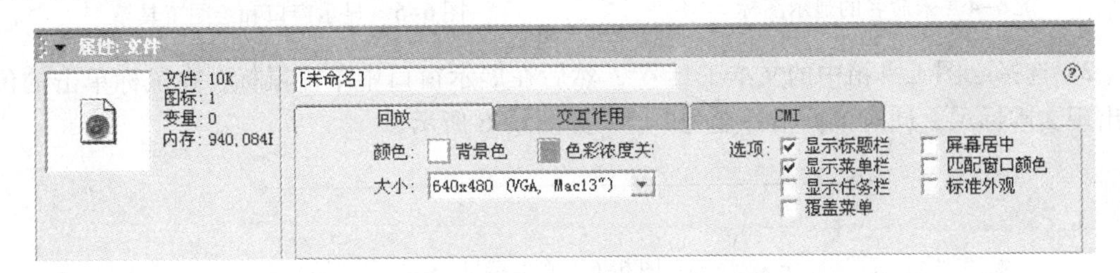

图6-3　“属性：文件”对话框

在“回放”选项卡下，用户可以设置Authorware的窗口外观。其中，可以在文本框中输入字符，作为程序打包运行后演示窗口的标题。

在“颜色”选项中，单击“背景色”按钮，可以选择背景颜色。“彩色浓度关键色”按钮用于设定彩色浓度关键色的颜色。

在“大小”下拉列表中，可以设置演示窗口的大小。

“选项”中各项的功能如下。

- “显示标题栏”：选择该项，使演示窗口有一个Windows风格的标题栏。
- “显示菜单栏”：选择该项，使演示窗口有一个Windows风格的菜单栏。
- “显示任务栏”：选择该项，则程序打包运行后，使演示窗口的尺寸等于屏幕尺寸。
- “覆盖菜单”：选择该项，将使标题栏重叠在菜单栏上。
- “屏幕居中”：选择该项，使演示窗口居中。
- “匹配窗口颜色”：选择该项，使演示窗口背景色变为用户指定的颜色。
- “标准外观”：选择该项，使演示窗口中的立体对象颜色变为用户指定的颜色。

6.2.2　显示图标

显示图标是Authorware中使用最频繁的图标。使用显示图标可以显示文本、图形、图像、系统变量及自定义变量的值等信息，而且有十分丰富的过渡效果。

1. 导入文字

1）将显示图标从图标栏拖到设计窗口中的流程线上后，在其右侧将显示“未命名”的字样，如图6-4所示，表明该图标还未命名。单击该图标，然后可以为它输入一个新名称。双击流程线上的显示图标，打开该显示图标的展示窗口，同时显示绘图工具箱，如图6-5所示。

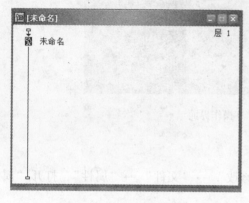

图6-4　未命名的显示图标

图6-5　显示窗口和绘图工具箱

2）选择绘图工具箱中的文本工具[A]，然后在展示窗口中单击鼠标，在鼠标单击的位置将出现文本标尺，同时鼠标指针变为I型，如图6-6所示。

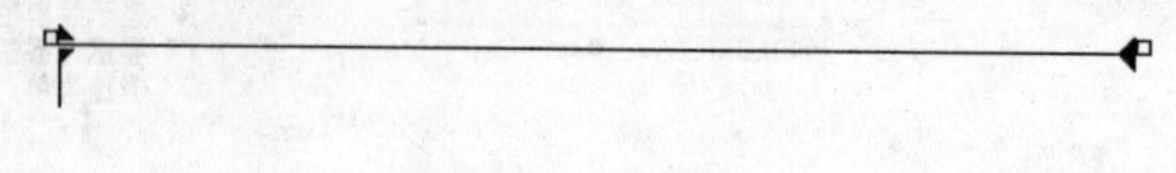

图6-6　文本标尺

3）此时可输入文字。标尺两端的白色小矩形块用来调整整个文本的宽度。标尺右端的三角形标志是右缩进标志，输入文字到这个标志时，文字会自动换行。

4）与右缩进相对应的左边位置上，也有一个三角形，上一半是左缩进标志，代表文本的左端边界；下一半是首行缩进标志，新一行从这个标志起始。选择文本标尺，上方会出现制表符，若按下〈Tab〉键，则光标跳到最近的制表符位置等待输入。

2. 文本格式设定

字体设定。选中要改变字体的文本，执行菜单命令“文本”→“字体”→“其它”，打开“字体”对话框。选择“字体”下拉列表，选中要使用的字体，单击“确定”按钮即可设定文本的字体，如图6-7所示。

字体大小设定。选中要改变字体大小的文本，执行菜单命令“文本”→“大小”→“其它”，在打开的“字体大小”对话框中输入适当的数值，最后单击“确定”按钮即可，如图6-8所示。

字体风格设定。选中要改变字体风格的文本，执行菜单命令“文本”→“风格”，在打开的子菜单中，选择其中的命令可以设置文本为粗体、斜体，以及给字体添加下画线和上下标，如图6-9所示。

对齐方式设定。选中要改变对齐方式的文本，执行菜单命令“文本”→“对齐”，在打开的子菜单中，选择相应的命令可以设置文本的对齐方式，包括左对齐、右对齐、居中对齐和自动调整，如图 6-10 所示。

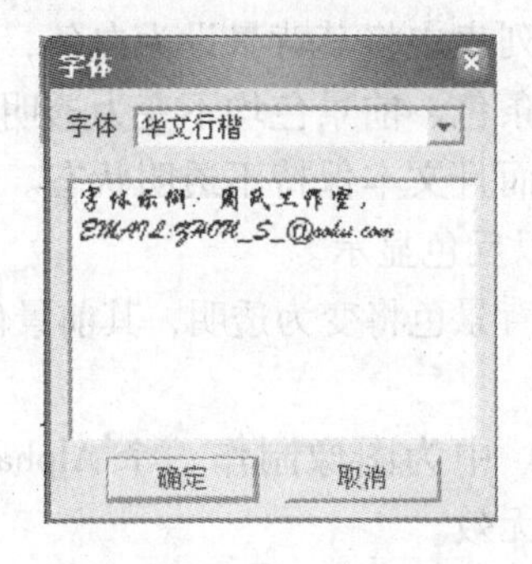

图 6-7 “字体”对话框

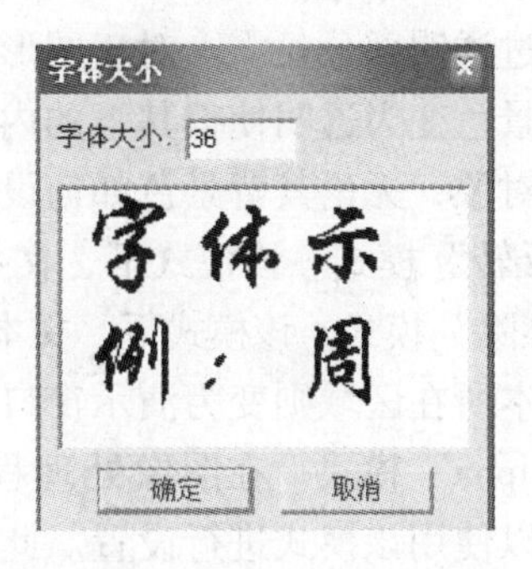

图 6-8 “字体大小”对话框

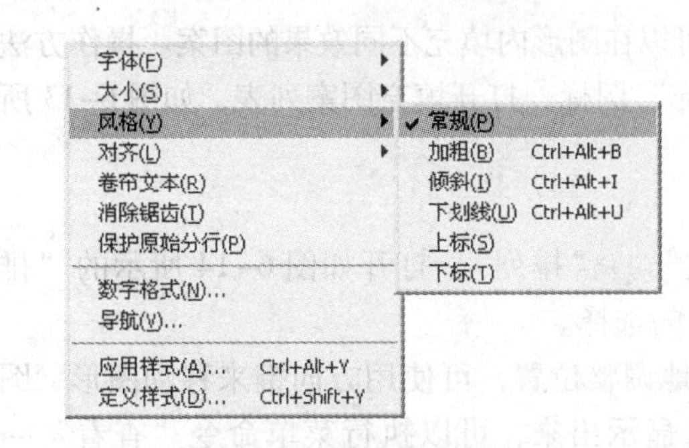

图 6-9 字体风格子菜单

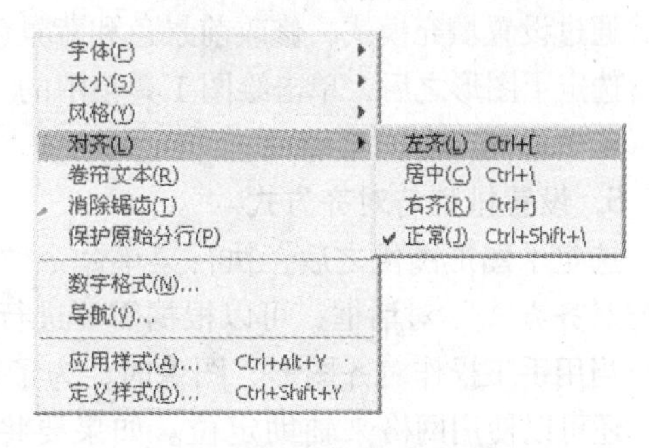

图 6-10 对齐子菜单

字体颜色设置。选定文本后，单击工具箱中的“色彩”图标，打开调色板，从调色板中单击一种颜色，就可以将选定的文本设置为想要的颜色，如图 6-11 所示。

3. 设置覆盖方式

当两个或两个以上的图像重叠时，可以使用覆盖模式，使重叠在一起的图像得到所需的效果。执行菜单命令“窗口”→“显示工具盒”→“模式”或单击工具箱中的“模式”图标，打开覆盖模式面板，如图 6-12 所示。在此面板中可以设置图像的显示模式。

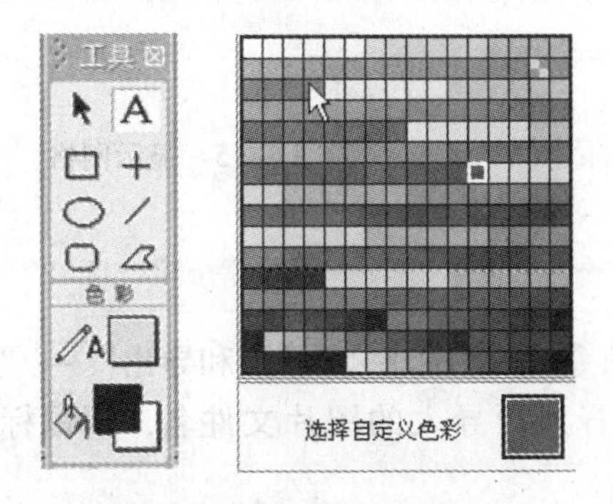

图 6-11 选择字体颜色

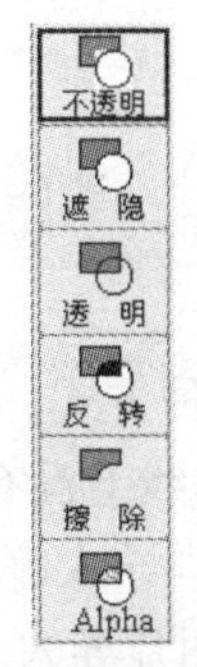

图 6-12 覆盖模式

- “不透明”模式。该模式下，前面的显示对象完全遮盖住位于其后的内容，这是默认的覆盖模式。
- “遮隐”模式。该模式下，图像外围部分的白色变为透明，内部的白色保留不透明状态。

- “透明”模式。该模式下，图像对象中所有白色部分均为透明，位于其后的显示对象通过透明部分显露。对于图形对象，如果在颜色列表中将其背景设为白色，那么这时背景色变为透明使得其下的内容显示，但是其线条色、前景色均不变为透明。对于文本对象，无论其背景色如何设置，均变为透明，而且文本保持不透明状态。
- “反转”模式。该模式下，文本、图形和图像均以反色显示。
- “擦除”模式。该模式下，文本对象及图形对象的背景色将变为透明，其前景色和线条/文本所在区域则变为演示窗口的背景色。
- “Alpha”模式。在图像处理程序（如 Photoshop）中为图像制作一个 Alpha 通道后，可以使用该模式进行设置。此模式对文本和图形无效。

4. 设置填充模式

通过设置填充模式，修改前景色和背景色，可以在图形内填充不同效果的图案。操作方法是：选定了图形之后，单击绘图工具箱中的“填充”图标，打开填充图案列表，如图 6-13 所示，从中选择一种图案即可。

5. 设置排列与对齐方式

选定了图形图像之后，执行菜单命令“修改”→“排列”，打开如图 6-14 所示的“排列与对齐方式”对话框，可以根据需要进行适当的选择。

当用手工操作对齐图形、图像时，为了精确地调整位置，可使用方向键来移动图形、图像，还可以使用网格来辅助定位。如果要将网格显示出来，可以执行菜单命令“查看”→“显示网格”，显示网格后的演示窗口如图 6-15 所示。

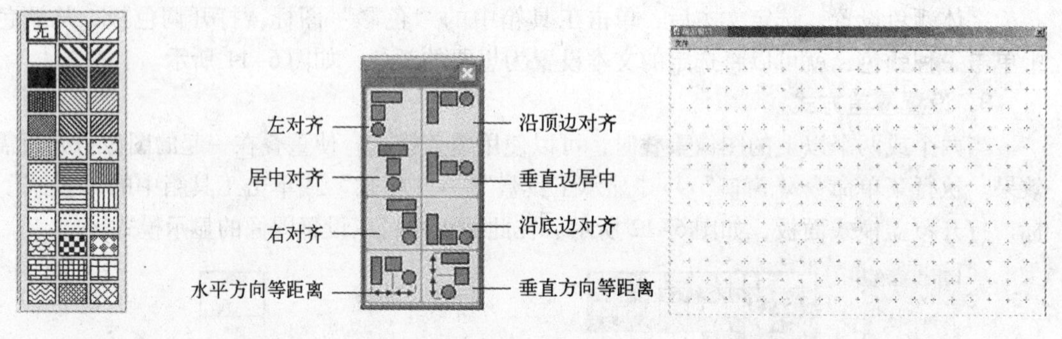

图 6-13　填充图案　　图 6-14　“排列与对齐方式”对话框　　图 6-15　显示网格

6. 导入图片

导入图片有两种方式。

1）如果主流程线上没有显示图标，执行菜单命令“文件”→“导入和导出”→“导入媒体”，从打开的“导入哪个文件?”对话框中选择所要导入的图片文件名，用鼠标选择“导入”按钮，将图片导入。

2）如果已经拖放一个显示图标到主流程线上，双击该显示图标，打开演示窗口，执行菜单命令“插入”→“图像”，打开如图 6-16 所示的“属性：图像”对话框。单击“导入”按钮，打开“导入哪个文件?”对话框，从中选择所要的图片，单击“导入”按钮导入图片，如图 6-17 所示。

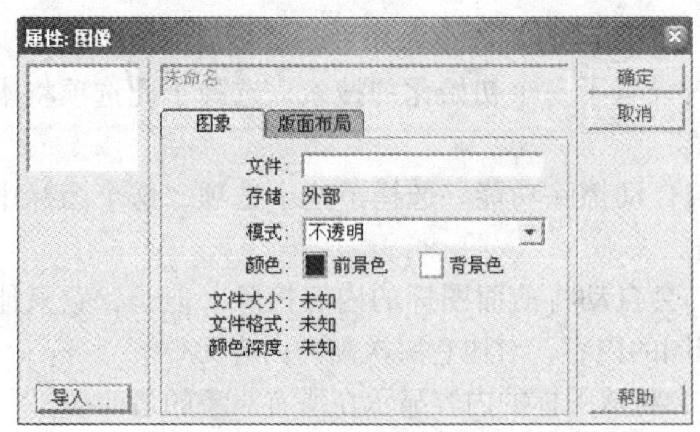

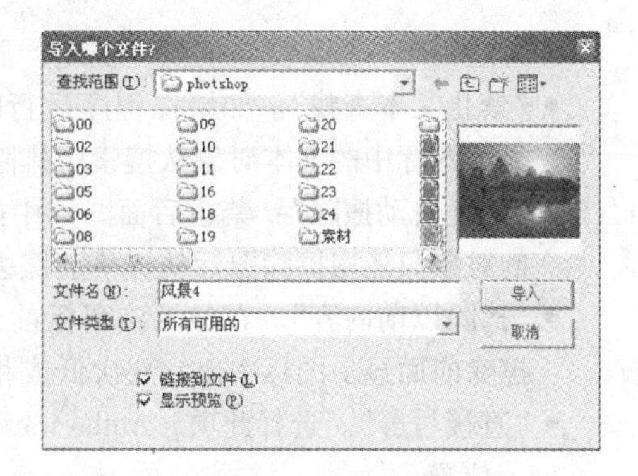

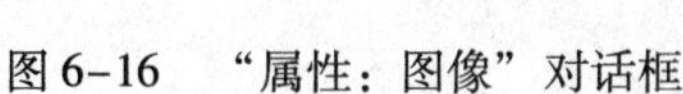
图 6-16 “属性：图像”对话框　　　图 6-17 导入图像文件

在“导入哪个文件?”对话框中，有以下两个复选框：

- “链接到文件”。如果选择此项，则导入的图像文件不添加到应用程序内部，这样能够减小应用程序的文件大小。另一个好处是在更新图像内容时不必修改程序，从而方便大量图形素材的编辑管理。如果不选择该项，则图像文件添加到应用程序内部，这样生成的应用程序附加文件少，封装性好，但内容更新起来比较麻烦。
- “显示预览”。选择此项可以预览要导入的图像。

与 Windows 操作系统下的许多应用程序一样，Authorware 也支持复制和粘贴的操作。在其他的应用程序中复制了一幅图片之后，在 Authorware 下按〈Ctrl + V〉组合键，也能把复制的图片粘贴到当前演示窗口中。

7. 显示图标的属性设置

在主流程线上单击显示图标，打开如图 6-18 所示和“属性：显示图标”对话框。下面对显示图标的属性对话框中各个选项进行设置。

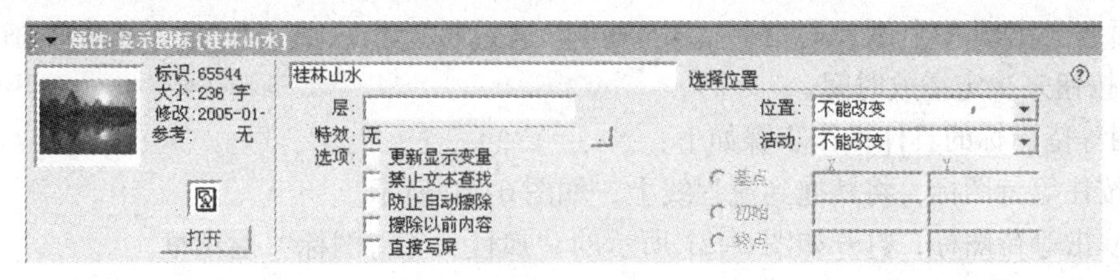

图 6-18 “属性：显示图标”对话框

(1) 层

在“层”文本框内输入整数可作为对象的显示层次。层次越高，显示的就越靠前，层次越低，显示的就越靠后，即两个显示图标中的图像叠放的次序可以用“层”控制。

(2) 特效

选择“特效”右面的“..”按钮，打开“特效方式”对话框，从中可以选择合适的屏幕显示过渡类型，如图 6-19 所示。

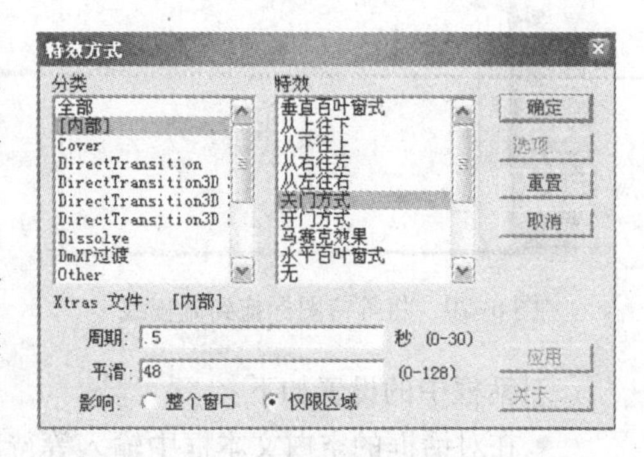

图 6-19 “特效方式”对话框

(3) 选项

- “更新显示变量”。选择此选项，在程序包运行过程中，如果变量值发生变化，显示图标会随时在屏幕中显示改变后的值。

- “禁止文本查找”。如果在程序运行时设置了一个初始化的搜索，选择了此选项将本显示图标中的文本对象从搜索中排除。
- “防止自动擦除”：禁止后面图标中的自动擦除功能。选择了这个选项，这个图标中的对象只能用擦除图标从屏幕上擦去。
- “擦除以前内容”。在显示该图标前，会自动将前面图标的内容擦除。但是，它只能擦除前面显示图标中比它层次低或相同的内容，对比它层次高的内容无效。
- “直接写屏”。选择此项，Authorware 会将该图标的内容显示在所有对象的最前面。

(4) 位置

打开“位置”下拉列表，可选择对象位置和显示方式，其中有 4 项选项。

- “不能改变”：显示对象总是在目前所在的位置出现。
- “在屏幕上”：显示对象可能出现在屏幕上任意地方。
- “在路径上”：显示对象会出现在预定轨迹中的某一点上。
- “在区域内”：显示对象会出现在预定区域中的某一点。

(5) 活动

通过“活动”选项可以设置对象的移动方式，共有 3 种方式。

- “不能改变”：对象不可移动。
- “在屏幕上”：可在屏幕上任意移动。
- “任意位置”：对象移动可超出屏幕外。

6.2.3 等待图标

使用等待图标可以使程序暂停播放，暂停播放的时间由程序设计者设置。设置等待图标后，画面上会出现一个倒计时时钟。用户可以通过按键盘、单击鼠标，或单击画面上的“继续”按钮来决定播放时间。

使用等待图标的具体操作步骤如下：

1) 按住等待图标，将其拖到流程线上，如图 6-20 所示。

2) 双击等待图标，打开如图 6-21 所示的“属性：等待图标”对话框。

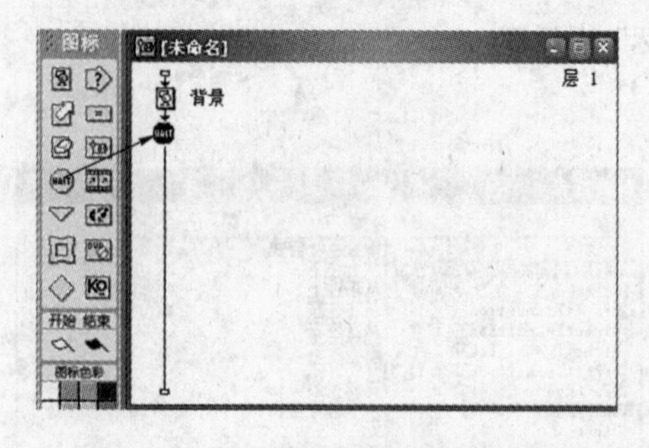

图 6-20　将等待图标拖到流程线

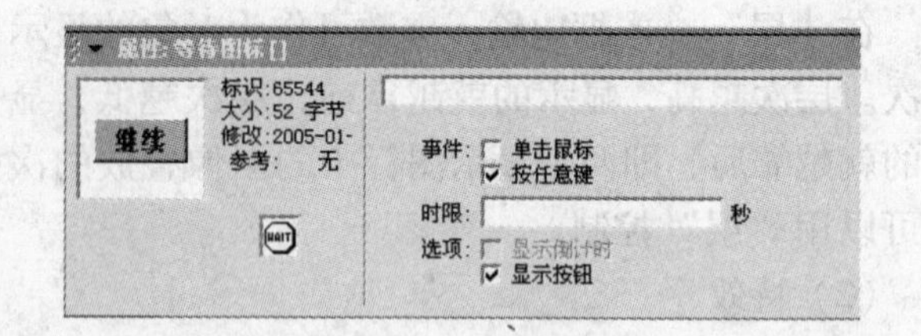

图 6-21　“属性：等待图标”对话框

对话框中的设置如下：

- 在对话框的空白文本框中输入等待图标的名称。
- “单击鼠标”。选定该复选框，表示单击鼠标后可使程序继续播放。

● “按任意键”。选定该复选框，表示按任意键播放程序。
● “时限”：使程序在此指定的时间后播放。
● “显示倒计时”。选定该复选框，会出现一个倒计时时钟。此选项在设置了“时限”后才可用。
● “显示按钮”。选定该复选框，画面上出现“继续”按钮。

6.2.4 擦除图标

擦除图标只能用来擦除图标对象，它可将显示图标、交互图标、框架图标及数字电影图标等显示的对象从屏幕上擦除。

1）按住擦除图标，将其拖到流程线上，双击擦除图标，打开如图6-22所示的“属性：擦除图标”对话框。

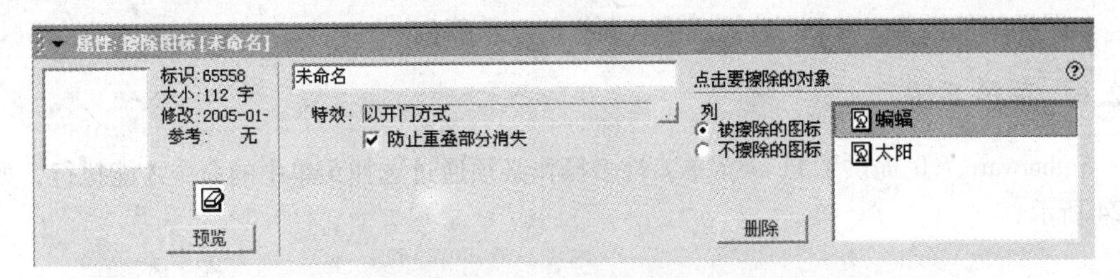

图6-22 “属性：擦除图标”对话框

2）对话框标题提示“点击要擦除的对象”，用鼠标选择屏幕上的图形对象，对象消失。

3）选择“特效”右侧的按钮，打开“擦除模式”对话框。“分类”列表框中的选项为效果分类，右侧“特效”列表框中的选项则为具体的过渡方式。选择所需的过渡方式，在“周期”文本框中输入持续时间，在“平滑”文本框中输入平滑度值，平滑度值越大，过渡过程越粗糙。在“影响”中有两个选项：选中“整个窗口”选项，效果将影响全屏；选择“仅限区域”选项，只影响擦除对象区域。设置完成后，单击“确定”按钮，如图6-23所示。

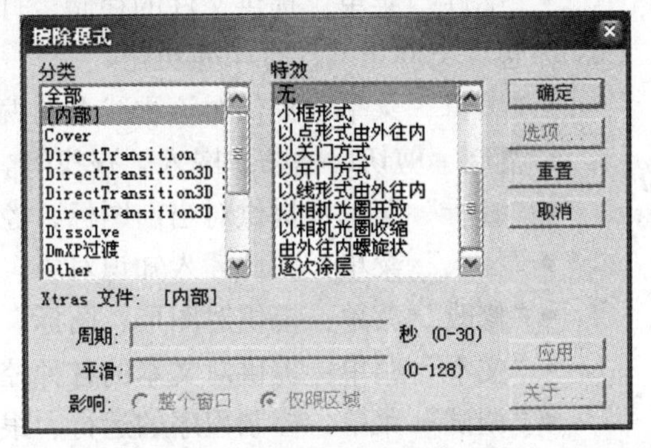

图6-23 “擦除模式”对话框

4）在“图标”列表框中选择对象，然后单击“删除”按钮，要擦除的图标会从列表中删除。单击“列”选项组中“被擦除的图标”单选按钮，然后选择屏幕上的对象，则此对象将以指定的擦除方式擦掉；单击“不擦除的图标”单选按钮，则可以指定对象防止被擦除。

5）若选择“防止重叠部分消失”复选框，则在显示下一图标内容之前将选定的图标内容完全擦除。否则，在擦除当前选定图标内容的同时显示下一图标内容。

6.2.5 其他图标

● 移动图标：制作简单的二维动画。

- 导航图标▽：控制程序流程的跳转，相当于 Goto 语句。
- 框架图标回：用于建立页面系统和超文本。
- 决策图标◇：控制程序流程的跳转，相当于 If... Then 语句。
- 交互图标：用于设计交互程序。
- 计算图标：用于导入函数、设计变量。
- 群组图标：用于设计子程序。
- 数字电影图标：用于导入 AVI、MPG 等格式的数字电影。
- 声音图标：用于导入 WAV、AIFF、PCM、SWA、VOX 等格式的声音文件。
- 视频 DVD 图标：用于控制 DVD 视频电影的播放。
- 开始标签：用于设定程序运行的起始位置。
- 结束标签：用于设定程序运行结束的位置。
- 图标调色板：用于更改流程线上图标的显示颜色。

6.2.6 菜单系统

Authorware 7.0 提供了 11 个菜单，许多操作必须通过选择菜单中的命令才能执行，如图 6-24 所示。

文件(F) 编辑(E) 查看(V) 插入(I) 修改(M) 文本(T) 调试(C) 其他(X) 命令(O) 窗口(W) 帮助(H)

图 6-24 菜单栏

- “文件” 菜单：提供文件的存储、打开、模板转换、属性设置、引入、输出媒体、打包、文件压缩、打印等功能。
- “编辑” 菜单：提供对流程线上的编辑图标或画面上编辑对象的编辑控制功能，包括复制、剪切、粘贴、嵌入、查找等。
- “查看” 菜单：提供对当前图标、控制面板、工具条等的查看控制功能。
- “插入” 菜单：在此插入知识对象、图形、OLE 对象及 Xtras 控件。
- “修改” 菜单：提供对图形、图标、文件及各种编辑对象的修改控制操作。
- “文本” 菜单：提供对文本的各种控制，包括字体、大小、颜色、样式、反锯齿等。
- “调试” 菜单：控制程序的运行、跟踪与调试。
- “其他” 菜单：提供一些高级控制，如链接检查、拼写检查、图标大小报告以及声音文件的格式转换等。
- “命令” 菜单：提供在线资源、查找 Xtras、打开 RTF 对象编辑器以及转换 PowerPoint 为 Authorwaer XML 等命令。
- “窗口” 菜单：提供对编辑界面中所有窗口的显示控制。
- “帮助” 菜单：提供对 Authorware 7.0 的联机帮助和上下文相关帮助，以及其他各种教学帮助功能。

6.3 Authorware 7.0 的动画功能

多媒体程序最大的特征就是以动态的效果来吸引人的注意力，丰富多彩的动画设计往往比静态文字和图片更具有魅力。Authorware 7.0 提供了 5 种类型的动画效果，它们是由 Authorware 7.0 中的移动图标来完成的。这 5 种动画效果的功能如下。

- 指向固定点：沿着一条直线，将对象从它当前位置移动到目的位置。
- 指向固定直线上的某点：将对象从它当前位置移动到一条直线上的通过计算得到的点。
- 指向固定区域内的某点：将对象从它当前位置移动到通过计算得到的网格上的一点。
- 指向固定路径的终点：沿着一条路径，将对象从当前位置移动到路径的终点。路径可以由直线段或曲线段组成。
- 指向固定路径上的任意点：沿着路径将对象从当前位置移动到通过计算得到的路径上某点。路径可以由直线段或曲线段组成。

6.3.1 指向固定点的动画

指向固定点的动画是 Authorware 7.0 动画中最简单的一种，即两点之间的动画。

请看下面的例子，程序运行效果为文字“田园风光”从屏幕右下侧飞向屏幕左上侧。

1）首先拖动两个显示图标到主流程线上，分别用于存放背景和蝴蝶，然后拖动一个移动图标到主流程线上来实现蝴蝶的移动，设计好的流程线如图 6-25 所示。

2）双击“背景”图标，打开演示窗口，插入一幅风景图片，然后按〈Ctrl + W〉快捷键返回流程线。

3）双击“文字”图标，插入文字“田园风光”，设置模式为“透明”，则文字的白色区域消失，如图 6-26 所示。

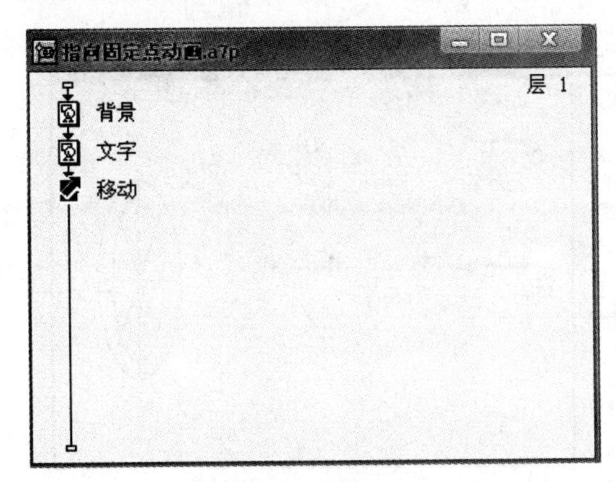

图 6-25　流程线

图 6-26　设置文字模式

4）返回流程线后，双击“移动”图标，弹出“属性：移动图标”对话框，系统默认动画类型为“指向固定点”。在“定时”文本框中输入“5”，表示整个飞行过程需要 5 s。“目标”文本框中显示对象的二维坐标值，此坐标值是移动对象的初始位置。此时，用鼠标拖动蝴蝶到屏幕的左侧，可以发现“目标”文本框中的坐标变化为当前坐标值。当然也可以直接在 X 和 Y 的文本框中输入确定的坐标值，如图 6-27 所示。

5）返回主流程线后，单击工具栏上“运行”按钮，程序开始运行。程序运行结束后，按快捷键〈Ctrl + Q〉退出运行窗口，或者在运行窗口中单击“文件”→“退出”命令退出。

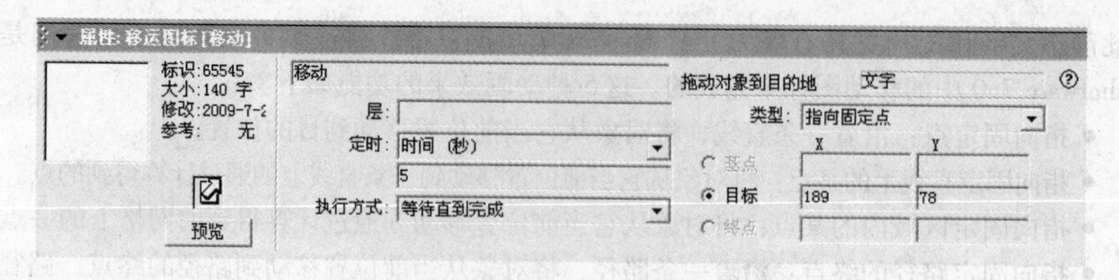

图 6-27　指向固定点属性的设置

6.3.2　指向固定直线上的某点的动画

指向固定直线上的某点的动画是将对象从当前位置移动到一条直线上的通过计算得到的位置处。这种类型的动画需要指定对象移动的起点和终点，以及计算对象移动终点所依赖的直线。对象移动的起点就是该对象在演示窗口中的初始位置，终点是指对象在给定直线上的位置。这种类型的移动对象可以利用变量或表达式控制规定直线路径上的对象和位置。

用下面的例子来说明指向固定直线上的某点的动画是如何设计的。在屏幕的左侧画一个箭头，屏幕的右侧制作一个靶子。程序的流程线设置如图 6-28 所示。

下面是制作该动画的过程：

1）在流程线上双击“箭头”图标，打开演示窗口，在其中利用画线工具制作一个箭头。

2）在流程线上双击“靶子”图标，打开演示窗口，在其中利用圆工具及画线工具制作一个靶子。运行程序，如图 6-29 所示。

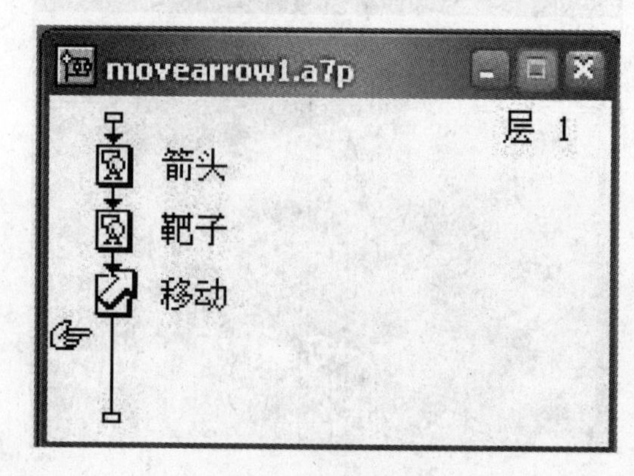

图 6-28　流程线

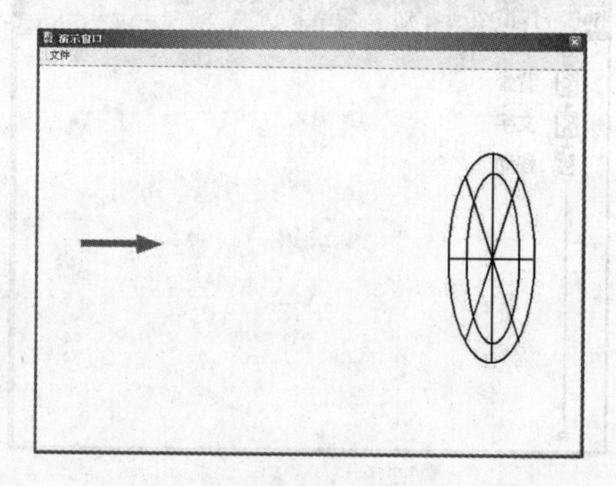

图 6-29　演示窗口

3）双击“移动”图标，在打开的“属性：移动图标”对话框中选择动画类型为“指向固定直线上的某点”，将箭头拖放到靶子的上方，在“基点”单选按钮的 X 文本框中输入“0”，如图 6-30 所示。

4）选择“终点”单选按钮，在 X 文本框中输入终点值“100”。此时，可以看到在箭头的起点和终点位置之间产生一条直线。这条直线为箭头运动的范围，箭头所到的终点只能在这条直线上，如图 6-31 所示。

5）选择“目标”单选按钮，在其文本框中输入“random(0,100,1)”，其作用是随机决定箭头的终点在直线上的位置，如图 6-32 所示。

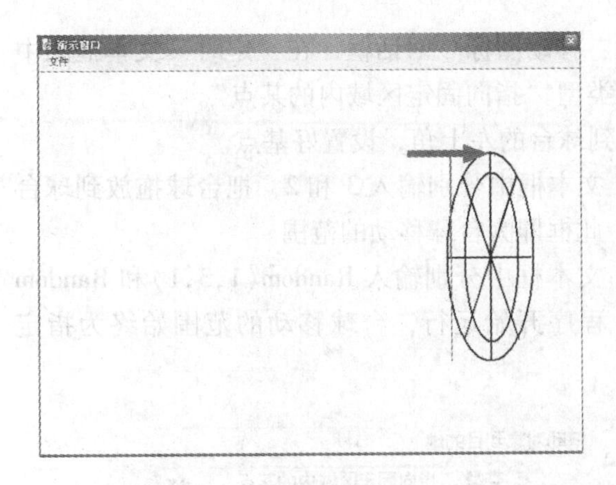

图 6-30　基点位置

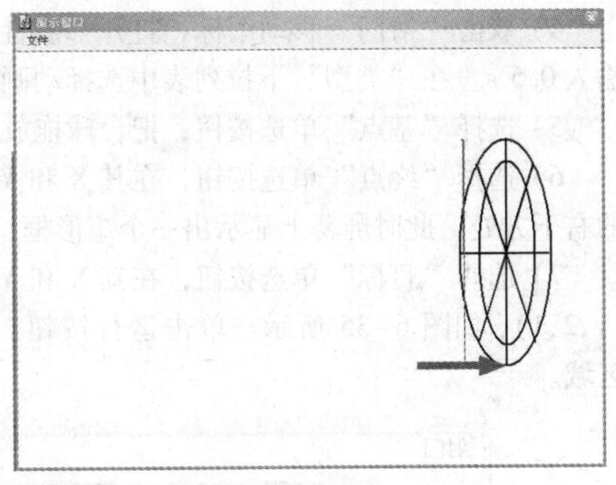

图 6-31　终点位置

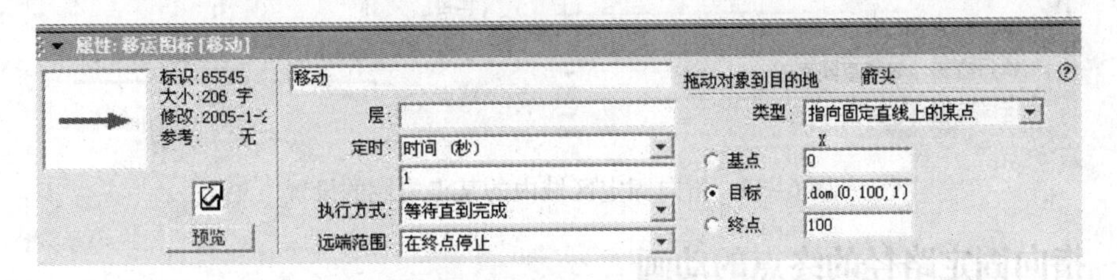

图 6-32　指向固定直线上的某点属性的设置

6.3.3　指向固定区域内的某点的动画

指向固定区域内的某点的动画的制作过程同指向固定直线上的某点的动画的制作过程十分相似，不同之处仅仅在于：点到指定区域的动画需要设置目标区域，而点到直线的动画需要设置目标直线。下面通过一个实例来讲解此类动画是如何设计的。

具体的制作过程如下：

1）首先创建流程线如图 6-33 所示。

2）双击“台球”显示图标，打开演示窗口，在其中利用圆工具制作一个台球。

3）双击“球台”显示图标，打开演示窗口，在其中利用圆工具及画线工具制作一个球台，如图 6-34 所示。

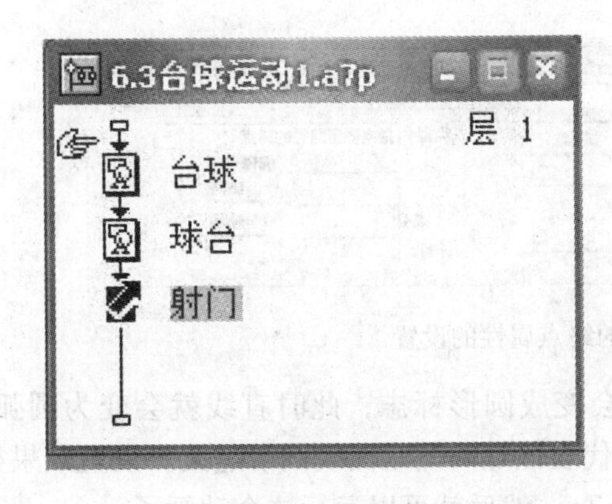

图 6-33　流程线

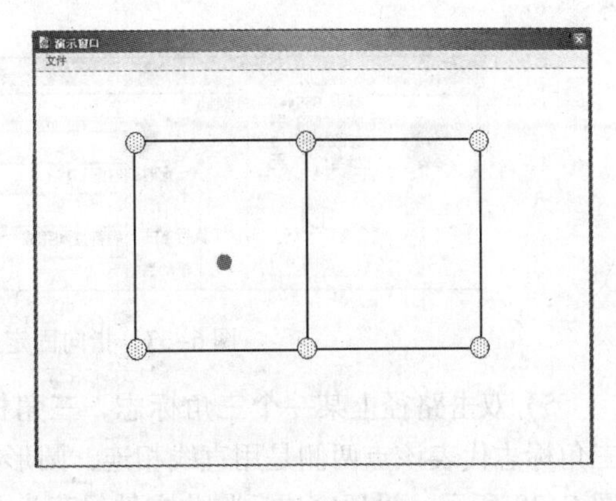

图 6-34　演示窗口

4）双击“射门”移动图标，打开“属性：移动图标”对话框，在“定时”文本框图中输入0.5 s。在“类型”下拉列表中选择动画类型“指向固定区域内的某点”。

5）选择“基点”单选按钮，把台球拖放到球台的左上角，设置好基点。

6）选择“终点”单选按钮，在其X和Y文本框中分别输入3和2，把台球拖放到球台的右下方处。此时屏幕上显示出一个矩形框，此框即为台球移动的范围。

7）选择“目标”单选按钮，在其X和Y文本框中分别输入Random(1,3,1)和Random(1,2,1)，如图6-35所示。单击运行按钮，程序开始运行，台球移动的范围始终为指定区域。

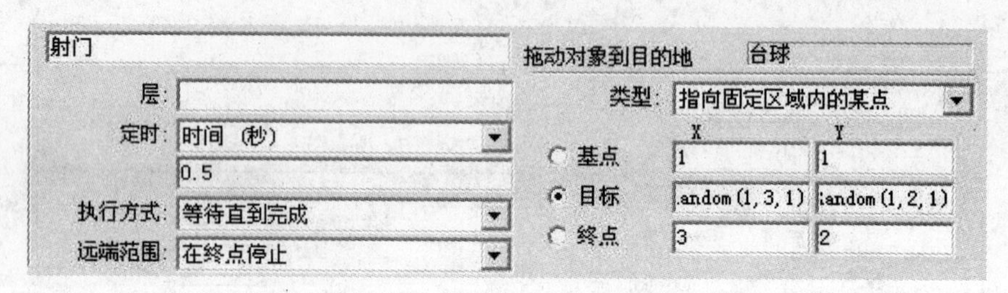

图6-35　指向固定区域内的某点属性的设置

6.3.4　指向固定路径的终点的动画

指向固定路径的终点的动画指移动对象沿着任意设计的运动路线移动到终点。下面通过一个具体的实例来说明沿任意路径到终点的动画制作，具体的内容是制作一个小球的弹跳过程。

1）根据提出的动画要求，创建如图6-36所示的流程线。

2）双击“小球”图标，打开演示窗口，利用绘图工具箱绘制一个小球。

3）双击“跳动”移动图标，选择“类型”下拉列表中的“指向固定路径的终点”选项，输入运动时间为2 s，如图6-37所示。

4）选择小球，此时光标下方出现一个三角标志。用鼠标把小球拖放到合适的位置，松开鼠标便产生了另一个三角标志。用同样的方法产生其他的节点，这些节点连接起来就形成了运动路径。

图6-36　流程线

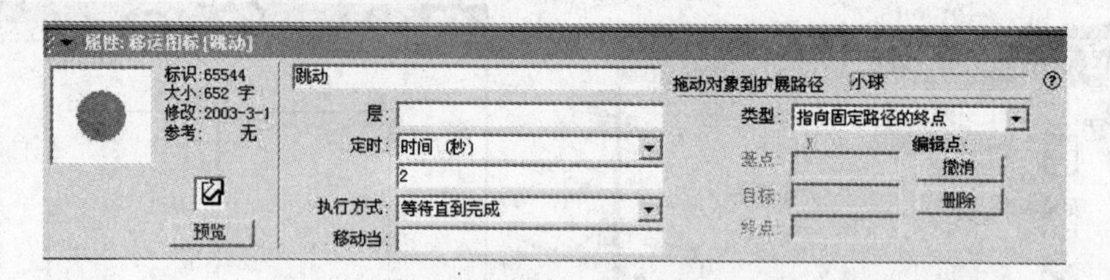

图6-37　指向固定路径的终点属性的设置

5）双击路径上某一个三角标志，三角标志会变成圆形标志，此时直线就会变为圆弧。三角标志代表该点两侧是用直线相连，圆形标志代表该点两侧是曲线圆滑过渡。设置效果如图6-38所示。设置完成后将此文件保存为ball.a7p，然后就可以运行这个动画了。

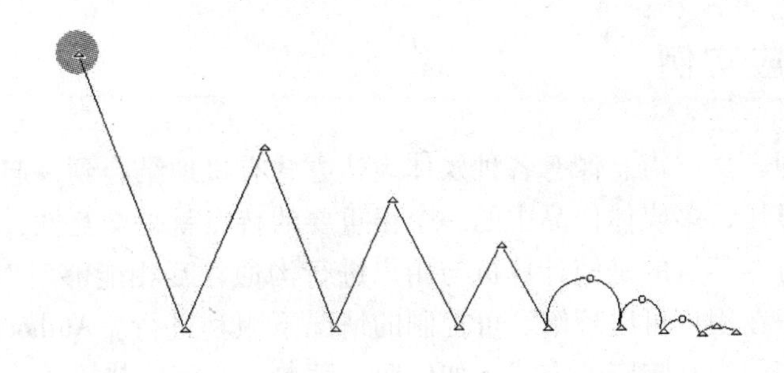

图 6-38　指向固定路径的终点的动画效果

6.3.5　指向固定路径上的任意点的动画

指向固定路径上的任意点的动画设置与沿任意路径到终点的动画相似，区别在于，指向固定路径上的任意点动画可以选择路径上的任意一点作为动画的目标点，而指向固定路径的终点的动画则是被移动的对象只能沿路径一次到达终点。

现在引用 ball. a7p 这个例子，对其进行相应的修改来制作投篮命中的那一精彩时刻。

1）从硬盘中调用文件 ball. a7p，将它另存为 ball1. a7p。然后拖放一个计算图标到“小球”和“跳动”之间，将其命名为“停止”，如图 6-39 所示。然后双击此图标，在打开的编辑框中输入“x：=70”，关闭此对话框时，提示设定 x 变量的初始值，设定为 0，单击“确定”按钮保存设置，如图 6-40 所示。

图 6-39　流程图

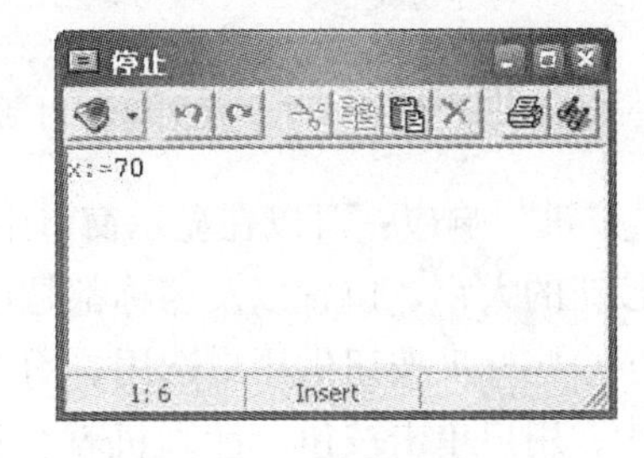

图 6-40　计算图标编辑框

2）双击“跳动”移动图标，设置动画类型为“指向固定路径上的任意点”，然后在“目标”文本框中输入新变量 x，如图 6-41 所示。

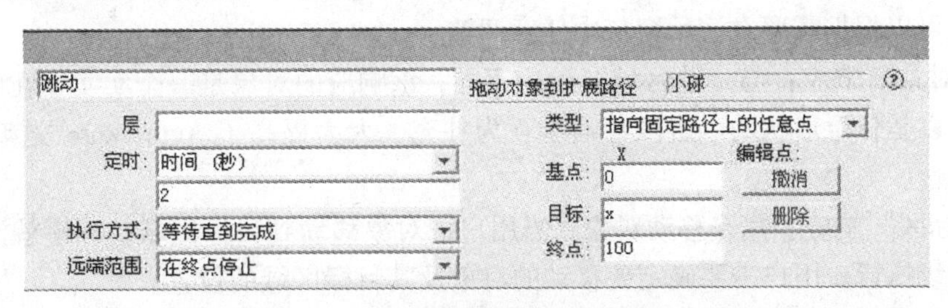

图 6-41　指向固定路径上的任意点属性的设置

3）单击“运行”按钮运行程序，也可按快捷键〈Ctrl + R〉运行程序，小球在路径上 x = 70 的位置处停止。

6.4 交互响应实例

多媒体是将图、文、声、像等各种媒体表达方式有机地结合到一起，并具有良好交互性的计算机技术。显然，多媒体作品中的一个很重要的特点就是交互性，也就是说程序能够在用户的控制下运行。其目的是使计算机与用户进行沟通，互相能够对对方的指示作出反应，从而使计算机程序在用户可以理解、可控制的情况下顺利进行。Authorware 利用交互图标为创作人员提供了多种交互响应的方式，如按钮、菜单、文字、热区等。

一般来说，交互就是用户与计算机程序之间的沟通，而响应就是计算机程序对用户的选择所作出的反应。在 Authorware 中，“交互类型”和“响应类型”是一致的。

实现交互的主要工具是交互图标，它与前面学习过的图标有很大不同。

1. 交互响应类型

拖动一个交互图标到流程线上，再拖动一个显示图标在其右侧，就会出现如图 6-42 所示的 11 种交互类型对话窗口。未命名的交互设计窗口如图 6-43 所示。

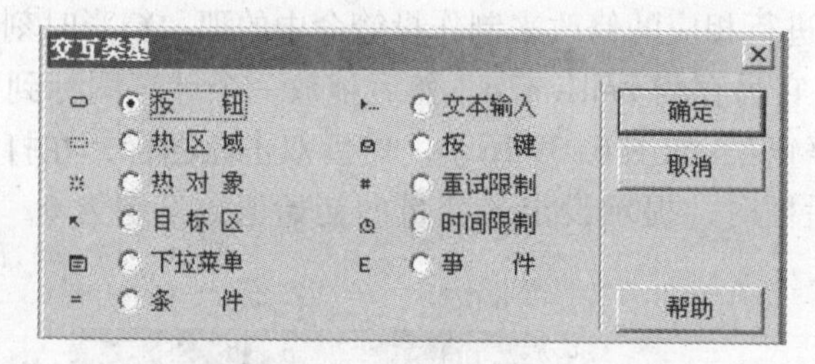

图 6-42 “交互类型”对话框

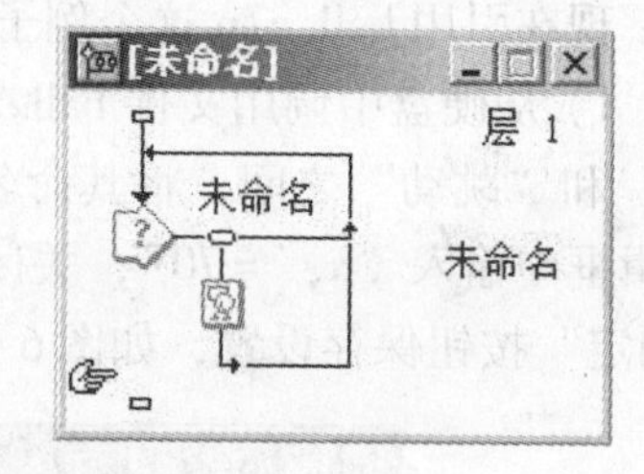

图 6-43 交互设计窗口

- “按钮”响应：可以在显示窗口中创建按钮，而且用此按钮可以与计算机进行交互。按钮的大小、位置以及名称都是可以改变的，并且还可以加上伴音。Authorware 提供了一些标准按钮供用户选用。用户还可以自己设计和选取其他按钮。在程序执行过程中，用户单击按钮，计算机就会根据用户的指令，沿指定的流程线（响应分支）执行，常在课件中用来制作选择按钮、退出按钮等。
- “热区域”响应：可以在演示窗口创建一个不可见的矩形区域。在区域内单击、双击或者把鼠标指针放在区域内，程序就会沿该响应分支的流程线执行。区域的大小和位置是可以根据需要在演示窗口中任意调整。
- “热对象”响应：与“热区域”响应不同，该响应的对象是一个实实在在的对象，对象可以是任意形状的。这两种响应互为补充，大大提高了 Authorware 交互的可靠性、准确性。
- “目标区”响应：用来移动对象。当用户把对象移动到目标区域，程序就沿着指定的流程线执行。用户需要确定要移动的对象及其目标区域的位置。
- “下拉菜单”响应：创建下拉菜单，控制程序的流向。
- “按键”响应：对用户敲击键盘的事件进行响应。
- “文本输入”响应：用它来创建一个用户可以输入字符的区域来改变程序的流程。常用于输入密码，回答问题等。

- “重试限制”响应：限制用户与当前程序交互的尝试次数。当达到规定次数的交互时，就会执行规定的分支。常用它来制作测试题，如果用户在规定次数内不能回答出正确答案，就退出交互。
- “时间限制”响应：当用户在限定的时间内未能实现特定的交互，即按指定的流程执行。常用于限时输入。
- “条件”响应：当指定条件满足时，沿着指定的流程线执行。
- “事件”响应：用于对触发事件进行响应。

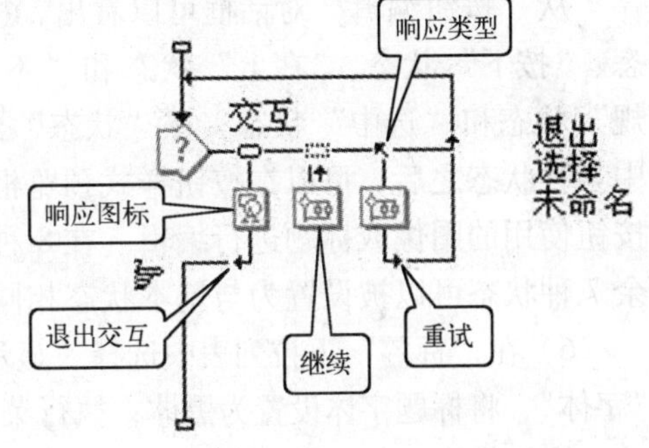

图6-44　交互结构

2. 交互结构

交互结构是指交互作用的分支结构，它不仅仅是交互图标，而是由交互图标、分支类型、响应及分支流向组成的，如图6-44所示。其中“交互”设计图标是整个交互作用分支结构的入口。在“交互”设计图标中可以直接安排交互界面。

6.4.1　按钮响应

默认情况下，按钮为长方形三维按钮，也有圆形的单选按钮及方形的复选按钮。用户可以设置按钮的弹起、单击和鼠标经过三种状态，还可以为按钮添加声音效果。

本实例将制作按钮响应效果，单击界面上的按钮则打开相应的内容，并且单击按钮时会发出声音。操作步骤如下：

1）启动Authorware，单击工具栏上的按钮□，新建一个文件，将其保存为“按钮响应”。

2）执行菜单命令“修改”→“文件”→“属性”，打开“属性：文件”对话框，在“大小”下拉列表中选择“根据变量”，取消“显示标题栏”和“显示菜单栏”复选框的选定状态。

3）拖动一个交互图标到流程线上，命名为“按钮组”，然后在其右侧添加一个群组图标，响应类型为“按钮”，命名为“海鱼”，如图6-45所示。

4）单击“海鱼”群组图标上面的响应类型标记-ᅮ-，打开“属性：交互图标”对话框，单击“鼠标”右端的▭按钮，打开“鼠标指针”对话框，选择手形形状作为鼠标指针形状，如图6-46所示。

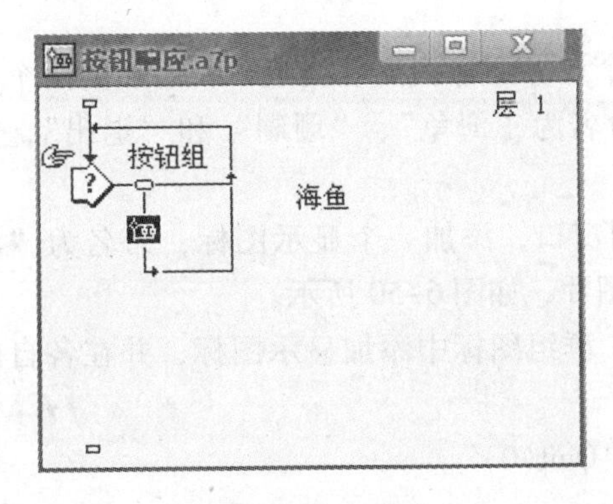

图6-45　流程图

图6-46　“鼠标指针”对话框

5）单击“确定”按钮，返回到属性设置对话框。单击“按钮...”按钮，打开“按钮”对话框，单击“添加”按钮，打开“按钮编辑”对话框。单击“图案”右端的“导入”按钮，打开“导入哪个文件?”对话框，从中选择一个按钮形状（按钮可在其他软件，如Photoshop中制作完成），单击“导入”按钮，将其导入到“按钮编辑”对话框，如图6-47所示。

从“按钮编辑”对话框可以看出，按钮状态分为4类共8种。4类分别为：“未按”状态、“按下”状态、“在上”状态和“不允”状态；8种是指每一类状态都有其对应的“常规”状态和“选中”状态。在“状态”组合框中以列表的形式显示了这8种状态。选中其中某种状态之后，可以在按钮样式预览框中查看按钮在该状态下的外观，也可以对该状态下按钮使用的图像或标题进行编辑。在8种按钮状态中，“未按”状态是按钮的基本状态，其余7种状态可以被设置为与基本状态相同。

6）在“标签”下拉列表中选择“显示卷标”。选中标题文本，执行菜单命令“文本”→“字体”，将标题字体设置为黑体；执行菜单命令“文本”→“大小”，将标题字号设置为14磅；执行菜单命令“窗口”→“显示工具盒”→“颜色”，打开 颜色选择框，将标题文本的颜色设置为白色，调整按钮标题的位置，使其位于按钮图像的中心，如图6-48所示。

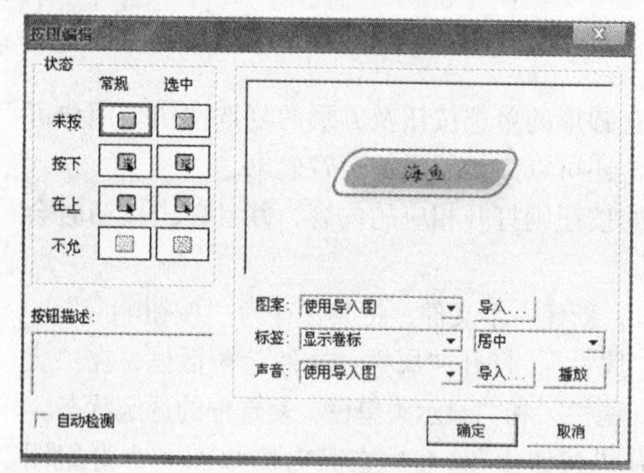

图6-47 “按钮编辑”对话框

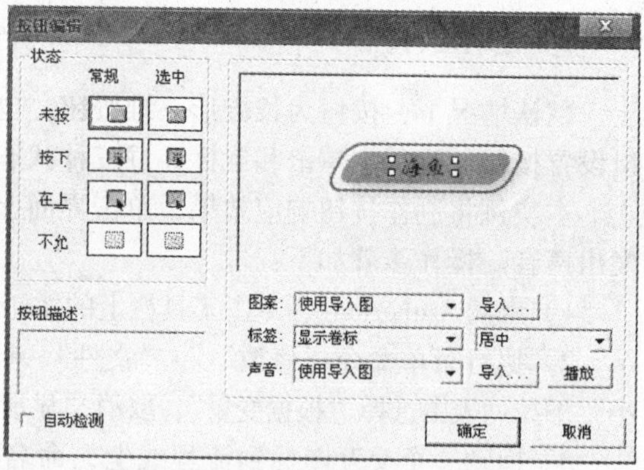

图6-48 编辑标题文本

7）单击“声音”后面的“导入”按钮，打开“导入哪个文件?”对话框，从中选择一个声音文件，单击“导入”按钮，返回到“按钮编辑”对话框。这样，单击按钮时即会发出声音。单击“确定”按钮返回到“按钮”对话框，单击“确定”按钮，第一个按钮就设置好了。

8）按照上面的方法再拖动两个群组图标和一个计算图标到流程线上，新添加的两个群组图标会延用第一个群组图标的属性。将其分别命名为“海龟”、“珊瑚”和“退出”，如图6-49所示。

9）双击“海鱼”群组图标，打开二级流程图窗口，添加一个显示图标，命名为“海鱼”。双击该图标，打开演示窗口，从中输入海鱼图片，如图6-50所示。

10）用同样的方法分别在“海龟”和“珊瑚”群组图标中添加显示图标，并在各自的演示窗口中输入图片。

11）双击计算图标，打开代码窗口，输入代码“Quit(0)”。

12）设置完成后的流程图如图6-51所示。

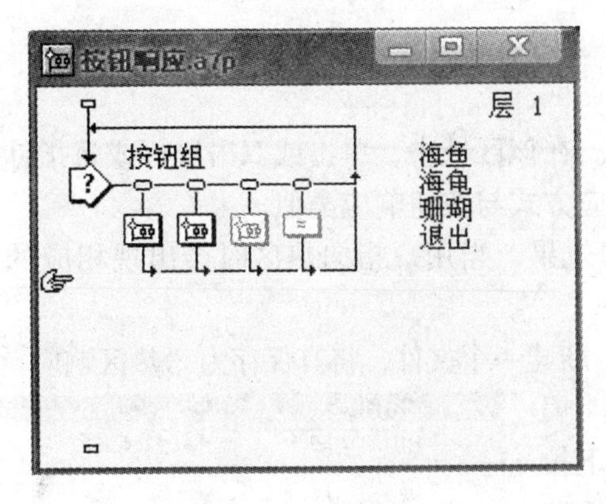

图 6-49　流程图

图 6-50　导入海鱼图片

13）在流程线上双击交互图标，打开演示窗口，在演示窗口中输入文字“海底世界浏览”和“请单击相应的按钮，浏览相应的图片”，并调整按钮的位置，如图 6-52 所示。

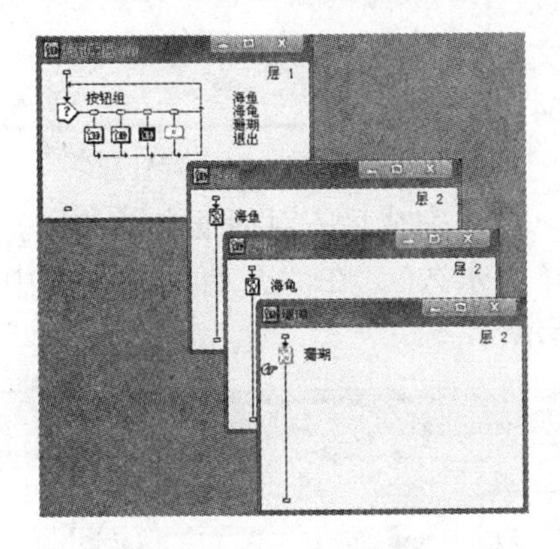

图 6-51　最后的流程图

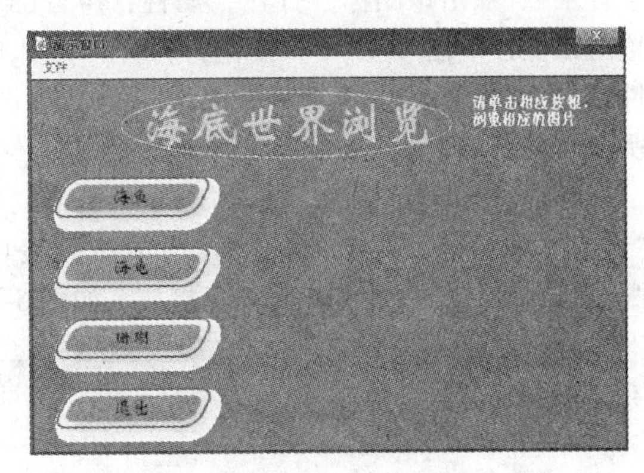

图 6-52　演示窗口

14）保存文件。单击工具栏上的按钮可以看到效果，如图 6-53 所示。

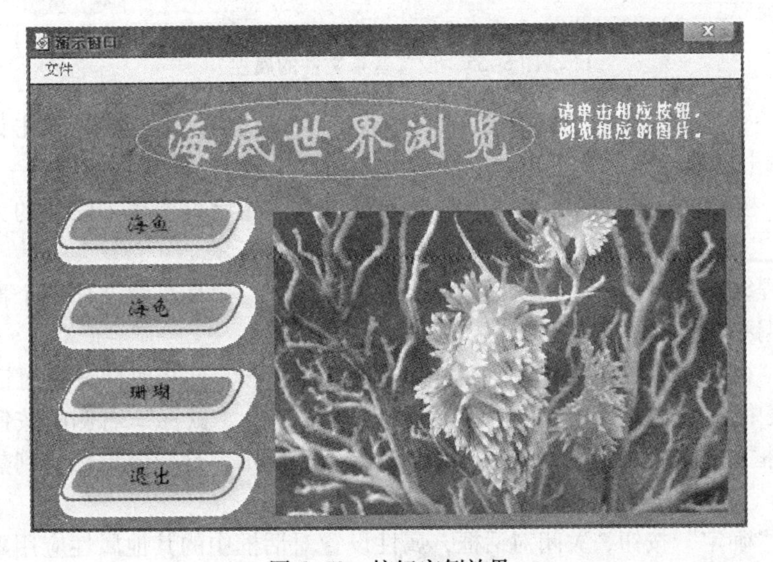

图 6-53　按钮实例效果

6.4.2 热区域响应

热区域是演示窗口中的一个特殊的矩形区域。在该区域中，单击或双击鼠标或将指针指向指定区域就可以进入到相应的响应分支，其响应方式与按钮响应类似。

本实例将通过制作热区域响应来实现交互的效果，当用户指向热区时会出现相应的画面。其操作步骤如下：

1）启动 Authorware，单击工具栏上的□按钮，新建一个文件，将其保存为“热区响应”。

2）执行菜单命令“修改”→“文件”→“属性”，打开“属性：文件”对话框，在“大小”下拉列表中选择“根据变量”，取消“显示菜单栏”复选框的选定状态。

3）在流程线上添加一个声音图标，命名为“背景音乐”，双击该图标，打开“属性：声音图标”设置对话框，单击“导入”按钮，打开“导入哪个文件?”对话框，从中选择一个音乐文件，如图 6-54 所示。

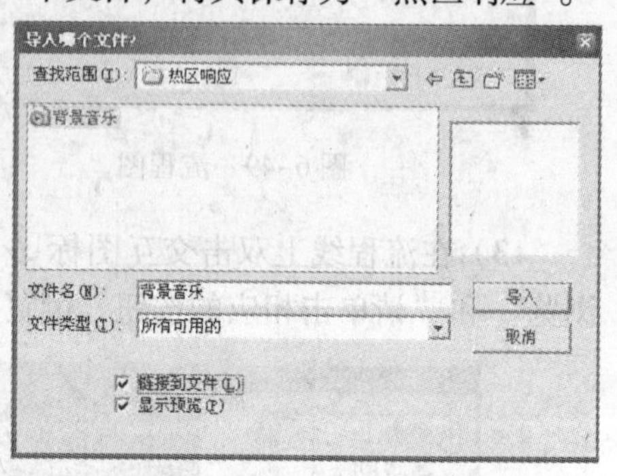

图 6-54 导入背景音乐

4）单击“导入”按钮，出现导入进度对话框。导入完成后，对话框自动关闭。单击“计时”选项卡，在“执行方式”下拉列表中选择“永久”，在“开始”文本框中输入“~Sound Playing”使音乐能循环播放，如图 6-55 所示。

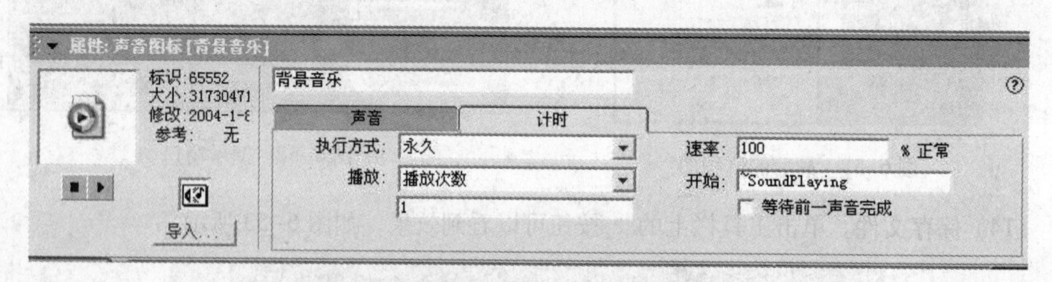

图 6-55 设置音乐文件的属性

5）拖动一个显示图标到“背景音乐”图标下面，命名为“背景”。双击该图标，打开演示窗口，单击工具栏上的▣按钮，打开“导入哪个文件?”对话框，选择一幅图片文件，单击“导入”按钮，将选择的图片插入到演示窗口中。然后根据插入图片的大小调整演示窗口的大小，以使演示窗口和图片大小吻合，如图 6-56 所示。

6）在流程线上添加一个交互图标，命名为“控制”。在其右侧添加一个群组图标，响应类型为“热区域”，命名为“阿尔法”，如图 6-57 所示。

7）单击“阿尔法”群组图标上面的响应类型标记-▭-，打开属性设置对话框，在“匹配”下拉列表中选择“指针处于指定区域内”，然后单击“鼠标”右侧的按钮，在打开的“鼠标”对话框中选择鼠标的形状为手形，如图 6-58 所示。这样当鼠标移到热区时，就会变成手形。

8）单击“确定”按钮，关闭对话框，属性设置对话框中的其他属性应用默认设置。双击“阿尔法”群组图标，打开二级流程图窗口，添加一个显示图标，命名为“阿尔法”。双击该图标，打开演示窗口，导入一幅图片，然后按照图 6-59 输入文字。

图 6-56　背景图

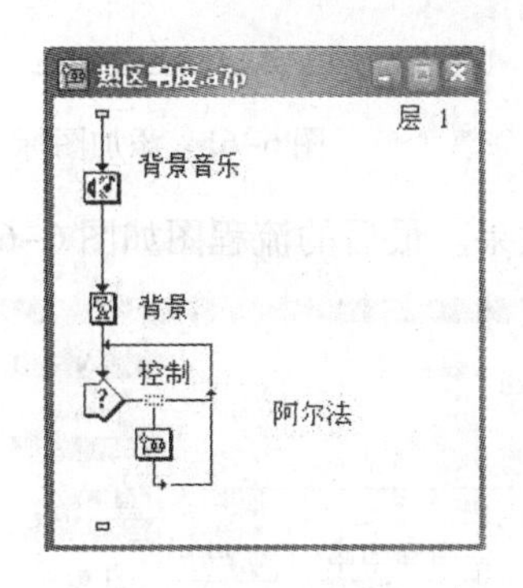

图 6-57　添加图标

图 6-58　设置鼠标形状

图 6-59　导入图片并输入文字

9）双击“背景”显示图标，打开演示窗口，单击“阿尔法”群组图标上面的响应类型标记，可发现演示窗口中出现热区。调整热区的大小和位置，使其正好位于背景上的第 1 个按钮上，如图 6-60 所示。

10）按照上面的方法在“阿尔法”群组图标后面添加5个群组图标，并在各个群组图标上添加一个显示图标，然后设置各个显示图标中的内容。设置好之后的流程图如图6-61所示。返回主流程图窗口，双击“背景”显示图标，打开演示窗口，按住〈Shift〉键，双击“控制”交互图标，切换到演示窗口，使用工具箱中的“A”按钮，输入如图6-62所示的文字，字体为“黑体”，字号为“12”。

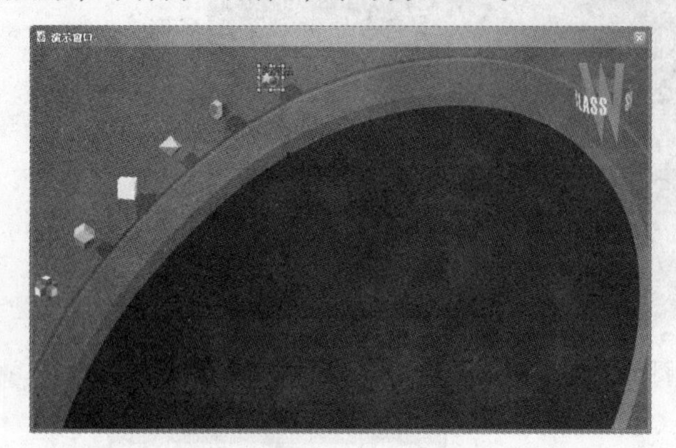

图6-60　调整热区的大小和位置

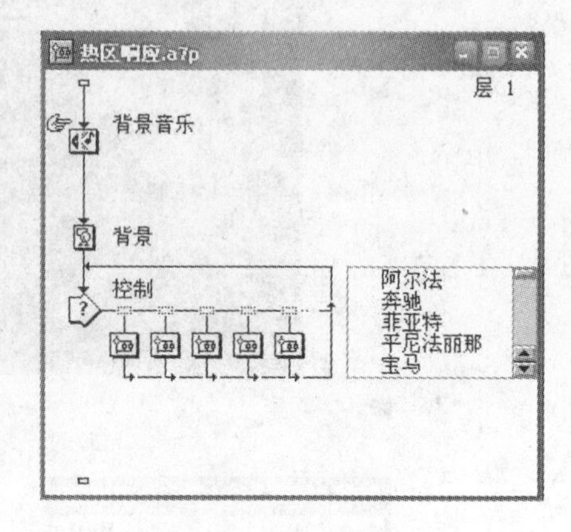

图6-61　添加图标

11）保存文件。单击工具栏上的 ▸ 按钮可以看到效果。最后的流程图如图6-63所示。

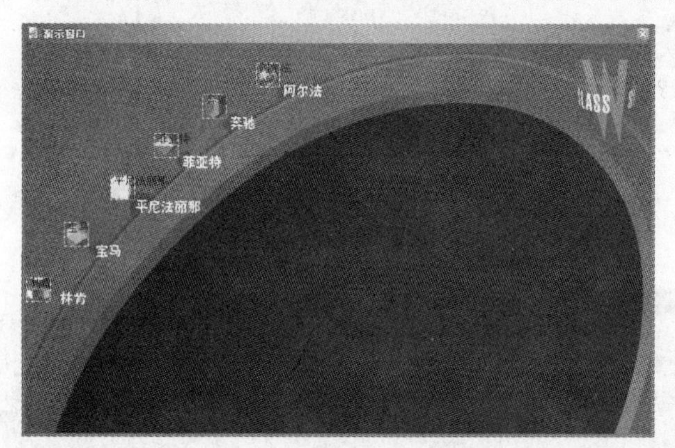

图6-62　输入文字并进行设置

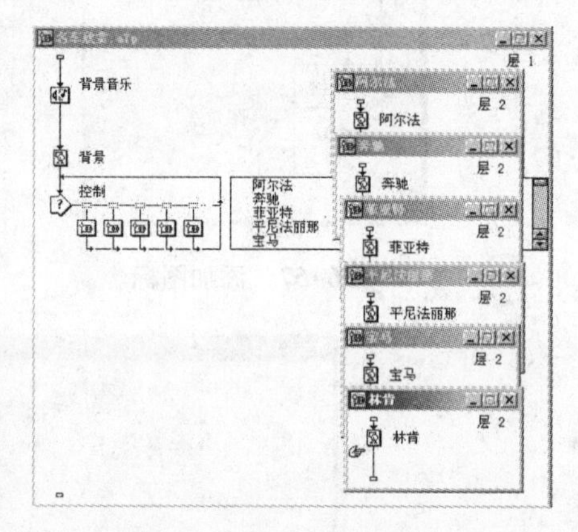

图6-63　最后的流程图

6.4.3　热对象响应

热对象响应与热区域响应基本一样，不过对于热对象有以下两个特点：一是响应区域可以不是矩形区域；二是响应区域并不是固定的，还可以在演示窗口中移动。如果用户想使用任意形状的响应区域，必须使用热对象响应。

热对象的响应区域可以是一个不规则的对象，或者是一个Flash动画等，当然也可以是用户绘制的其他形状的对象。本实例将通过制作热对象响应来实现交互的效果，当用户指向热对象时会出现相应的文字。其操作步骤如下：

1）启动Authorware，新建一个文件，将其保存为“认识动物．a7p”。

2）在流程线上依次添加4个显示图标，分别命名为“狗”、“老虎”、“狮子”和“骆驼”，然后分别在各自的演示窗口中导入图像“狗”、“老虎”、“狮子”、“骆驼”，并放在合适的位置，如图 6-64 所示。

3）在流程线上添加一个交互图标，将其命名为“选择图片”，然后在其右侧依次添加 4 个群组图标，响应类型均设置为“热对象”，将 4 个群组图标分别命名，如图 6-65 所示。

图 6-64　导入图片

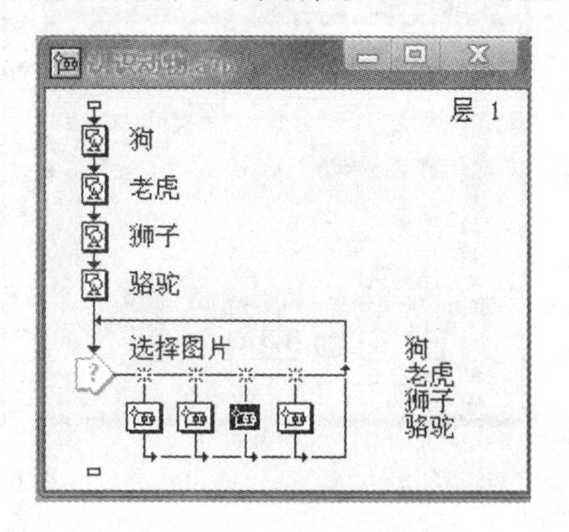

图 6-65　热区交互设置

4）双击“狗”群组图标，打开二级流程图窗口，在上面添加一个显示图标，命名为“狗”，双击该图标，打开演示窗口，输入文字“狗”；同样双击“老虎”群组图标，打开二级流程图窗口，在上面添加一个显示图标，命名为“老虎”，双击该图标，打开演示窗口，输入文字“老虎”。“狮子”和“骆驼”群组图标的内容设置与前两类方法相同，如图 6-66 所示。

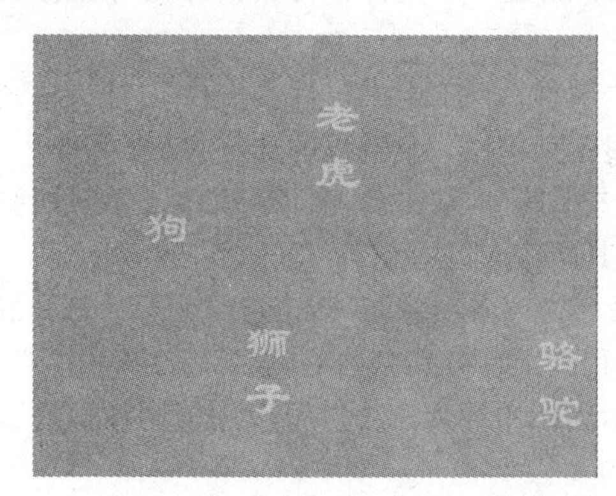

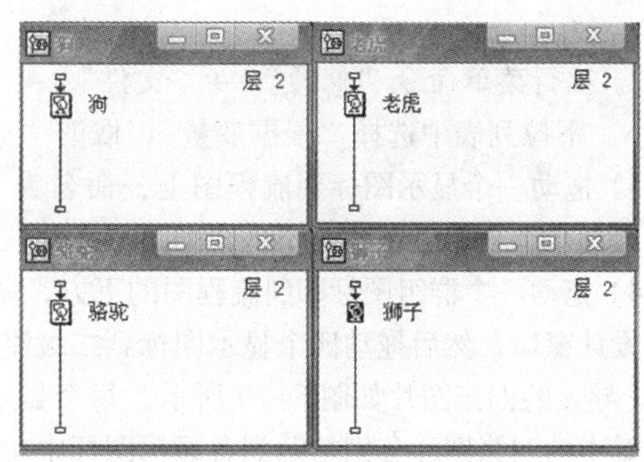

图 6-66　层 2 的显示图标

5）双击“狗”热对象的响应图标，出现“热对象属性”对话框，如图 6-67 所示。单击演示窗口中的“狗”对象，表示将“热对象”设置为“狗”，“匹配”方式设置为“指针在对象上”，“鼠标”设置为“手形”。“响应”选项卡中的内容保持不变。

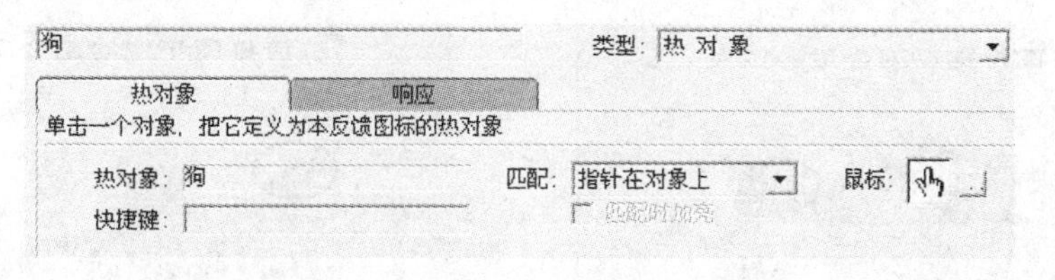

图 6-67　“热对象属性”对话框

6）用步骤5）的方法设置“老虎”、“狮子”和“骆驼”群组图标的热对象响应。

7）保存文件。其结构图如图6-68所示，单击工具栏上的“运行”按钮可以看到效果。

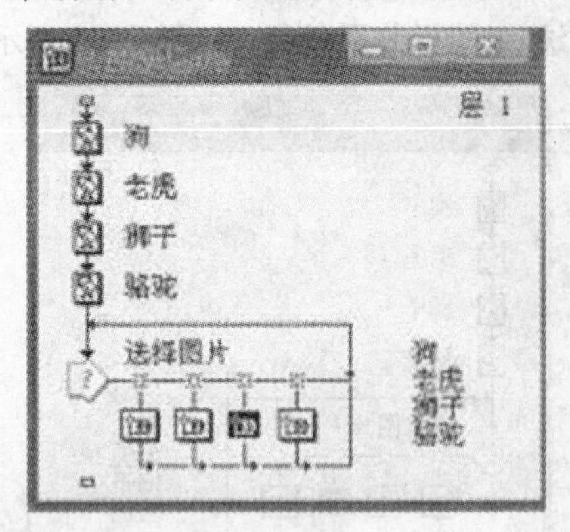

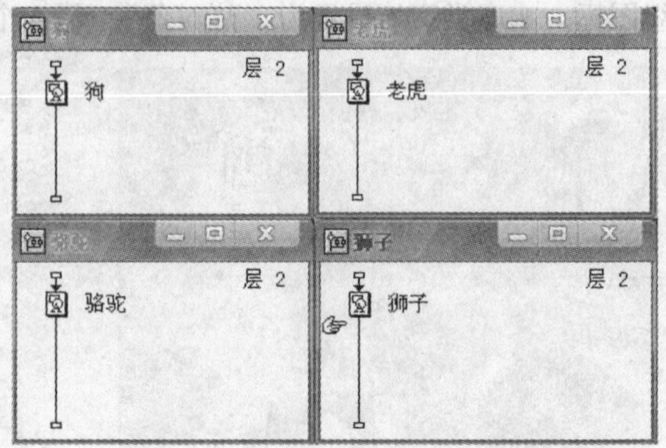

图6-68　总流程图

6.4.4　目标区响应

目标区响应类型主要应用于用户想将特定对象移动到指定区域的场合。使用目标区响应类型，可以制作出非常有趣的游戏，例如拼图、小儿智力开发、看图识字等。

本实例制作一个简单的目标区响应效果。在运行程序时，可以拖动图片到合适的位置，如果正确，则停留在此位置，否则会返回到原来的位置。其操作步骤如下：

1）启动Authorware，单击工具栏上的按钮，新建一个文件，将其保存为“目标区响应”。

2）执行菜单命令“修改”→“文件”→“属性”，打开“属性：文件”对话框，在“大小”下拉列表中选择“根据变量”，取消“显示菜单栏”复选框的选定状态。

3）拖动一个显示图标到流程图上，命名为“背景”。双击打开演示窗口，导入四张图片，绘制几个与相应图片大小适合的图形，并在其中输入提示文字，如图6-69所示。

4）拖动一个群组图标到流程图的下方，命名为“各图像”。双击群组图标，打开群组图标设计窗口，然后拖动四个显示图标到二级流程线上，分别命名为“1 ”、“2”、“3”和“4”。导入的四张图片如图6-70所示，每个显示图标中导入一个。可以用复制粘贴的方法将背景中的四张图片分别粘贴到各显示图标中。

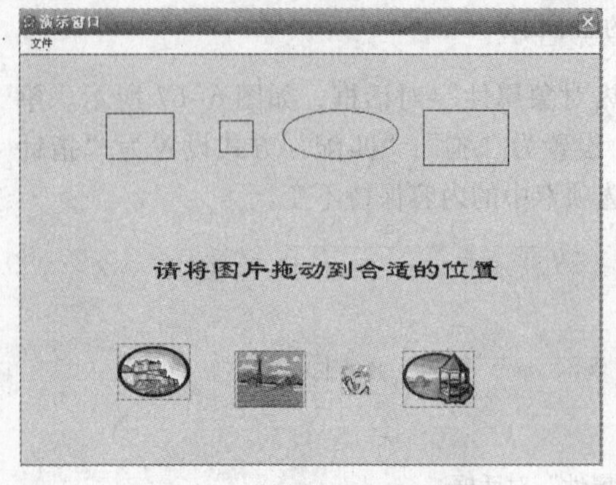

图6-69　导入图片并绘制图形

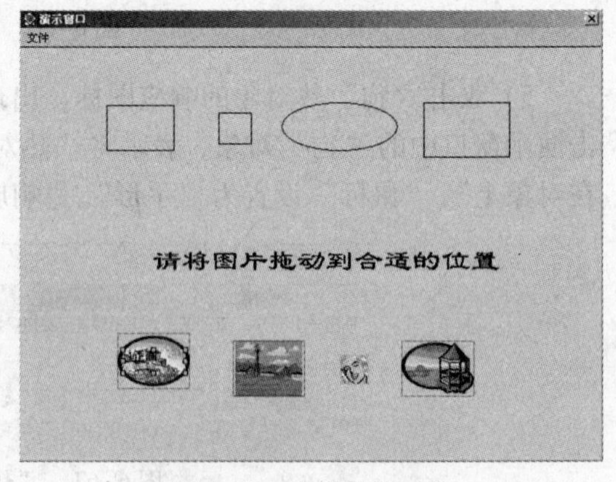

图6-70　选择目标对象

5）拖动一个交互图标到流程图的下方，再拖动一个群组图标到其右侧，在“响应类型”对话框中选择“目标区”单选选钮，然后单击“确定”按钮。

6）将此图标命名为“1 正确”，单击“运行”按钮，打开“属性：交互图标”对话框和演示窗口，在演示窗口选择“1 正确”作为目标对象，在“放下”下拉列表中选择“在中心定位”选项，如图 6-71 所示。

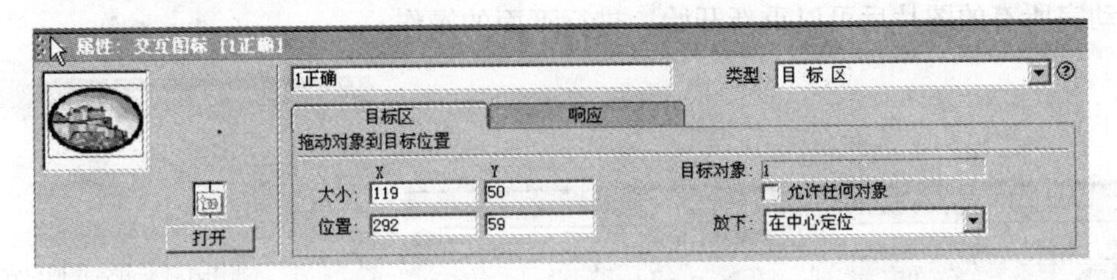

图 6-71　“属性：交互图标”对话框

7）单击“响应”选项卡，在“状态”下拉列表中选择“正确响应”选项，如图 6-72 所示。在演示窗口中将“1 正确”的目标区放置到正确的位置，如图 6-73 所示。

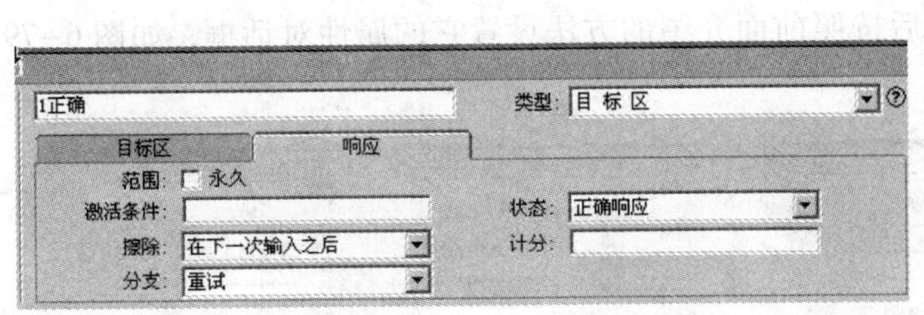

图 6-72　“响应”选项卡

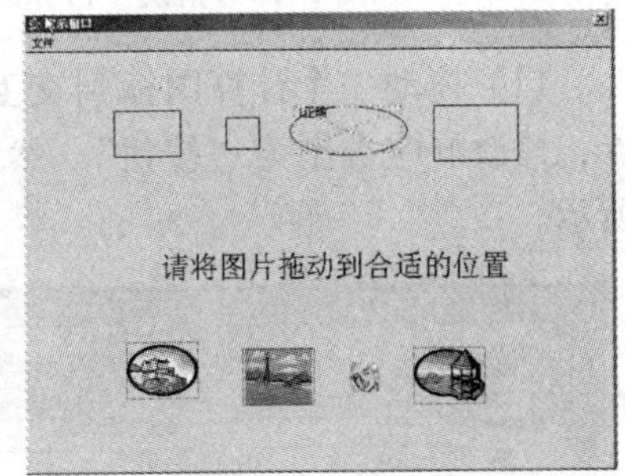

图 6-73　目标区 1

8）再拖动三个群组图标到交互图标的最右侧，分别将其改名为“2 正确”、“3 正确”和“4 正确”。

9）单击“运行”按钮，打开“属性：交互图标”对话框和演示窗口。在演示窗口中选择“2 正确”作为响应对象，如图 6-74 所示，并且在演示窗口中修改目标区的位置和大小，如图 6-75 所示。由于我们已经放置了一个设置好的目标响应图标，所以再向其右侧放置图标，会应用第一个响应图标的属性。其他设置保持默认。用同样的方法设置“3 正确”和“4 正确”两个响应图标的属性设置。

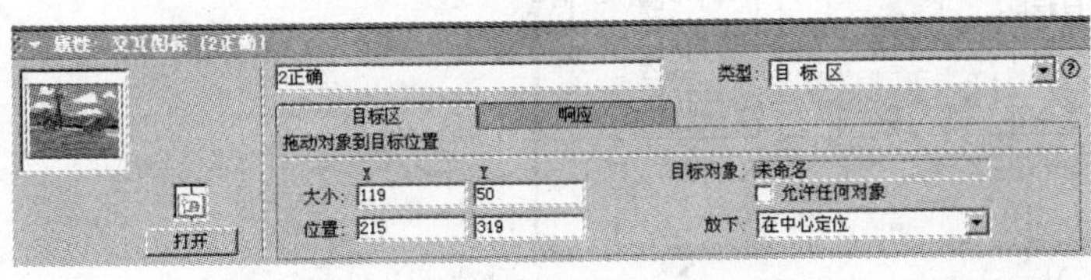

图 6-74　“目标区”选项卡

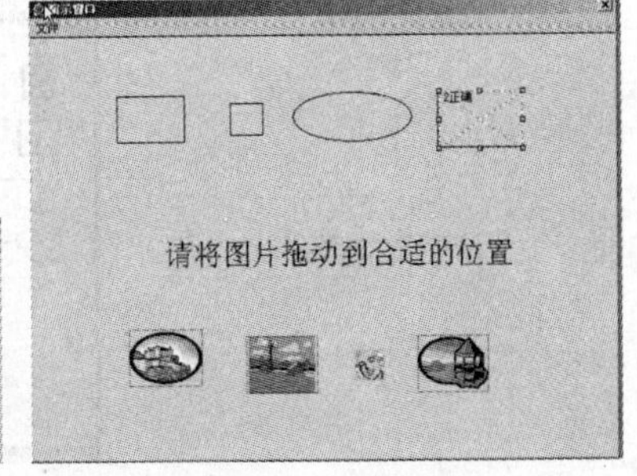

图 6-75　目标区 2

10）再拖动一个群组图标到交互图标的最右侧放置，命名为“错误”。单击“运行”按钮，打开“属性：交互图标”对话框和演示窗口，在“目标区”勾选“允许任何对象”复选框，在“放下”下拉列表中选择“返回”，如图6-76所示。在演示窗口中将错误响应的目标区放大至整个演示窗口，如图6-77所示。单击“响应”选项卡，在“状态”下拉列表中选择“错误响应”选项，如图6-78所示。到此为止，程序就基本上制作完成了。为了让用户拖动完所有的图片后可以重新开始，进行下面的操作。

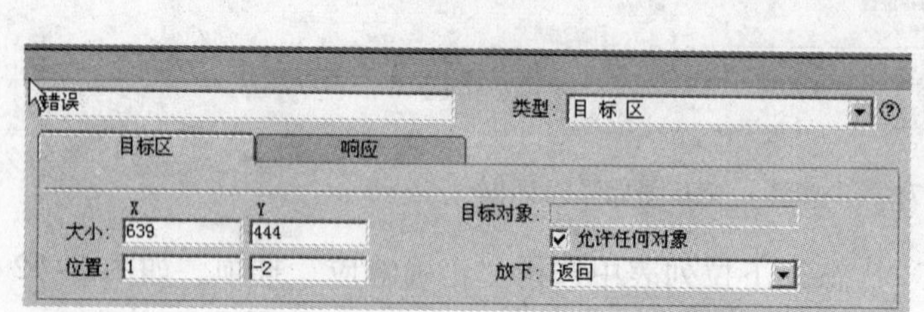

图6-76　错误“目标区”选项卡

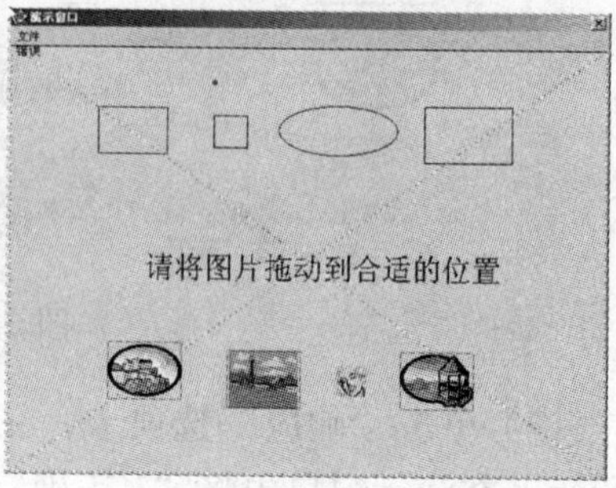

请将图片拖动到合适的位置

图6-77　错误目标区

11）拖动一个计算图标到交互图标的最右侧，命名为“重置”，单击响应类型标记，修改响应类型为“按钮”。然后按照前面介绍的方法设置它的属性对话框，如图6-79所示。

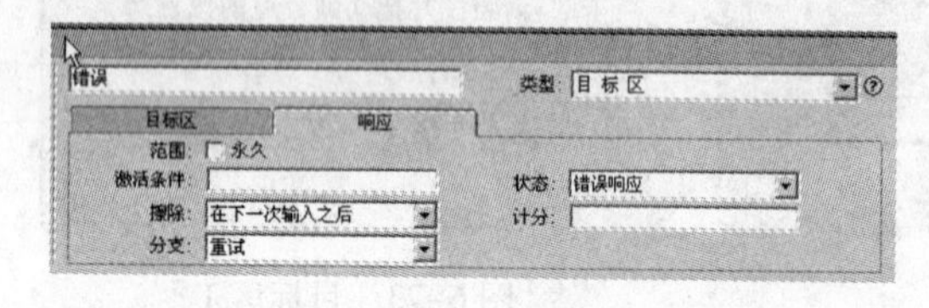

图6-78　错误“响应”选项卡

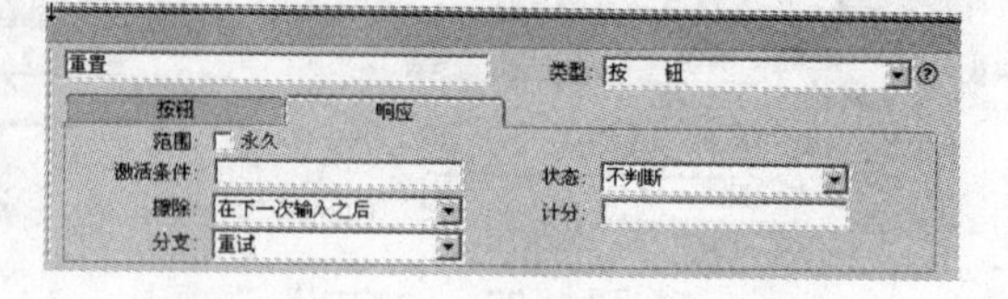

图6-79　“重置”图标属性设置

12）双击“重置”响应图标，向它的计算窗口中输入“Restart( )”语句，使程序从开始位置重新执行。

13）单击“保存”按钮将所做的程序保存起来，最后的流程图如图6-80所示。单击工具栏中的“运行”按钮可以运行程序的最终效果。将图片拖动到非正确的位置时，都会返回原来的位置。当拖放正确时，就会停留在当前位置。

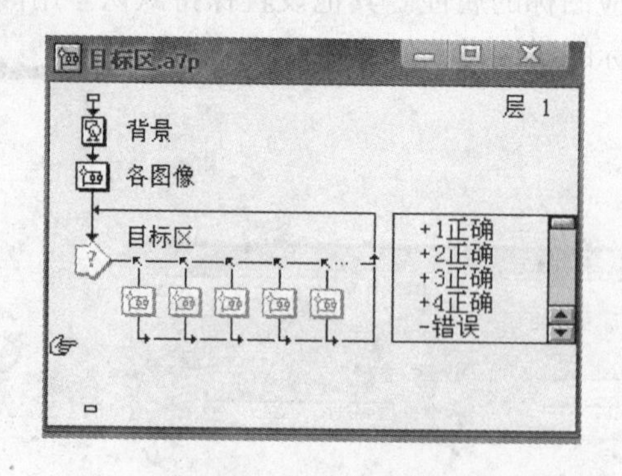

图6-80　程序设计窗口

6.4.5 下拉菜单响应

下拉菜单是Windows操作系统和应用程序中广泛流行的界面形式，它不仅风格统一，而且操作方便、灵活。使用Authorware可以很方便地建立Windows风格的标准下拉菜单，适用于命令项较多、选择项可以按操作性质分组、能够随时响应的情况。

本实例将制作一个下拉菜单效果，菜单显示在演示窗口内，而且为永久响应类型。执行其中的菜单命令，会打开相应的界面。操作步骤如下：

1）启动Authorware，单击工具栏上的□按钮，新建一个文件，将其保存为“菜单响应”。

2）执行菜单命令“修改”→“文件”→“属性”，打开“属性：文件”对话框，在“大小”下拉列表中选择“根据变量”，保留“显示标题栏”和“显示菜单栏”，如图6-81所示。

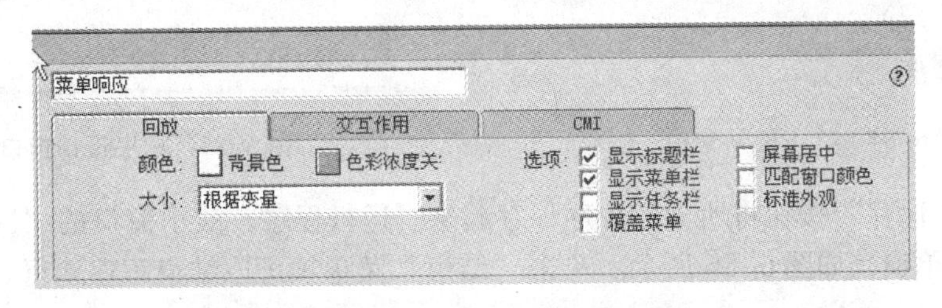

图6-81 “属性：文件”对话框

3）拖动一个显示图标到流程线上，命名为“背景”。双击打开演示窗口，调整窗口大小，导入一幅图片，输入标题文字“单击下拉菜单看航展”，如图6-82所示。

4）拖动一个交互图标到流程线上，命名为“飞机”。再拖动一个显示图标到交互图标右侧，从出现的对话窗口中选择“下拉菜单”交互类型，并命名这个分支为“飞机一”，如图6-83所示。

图6-82 演示窗口

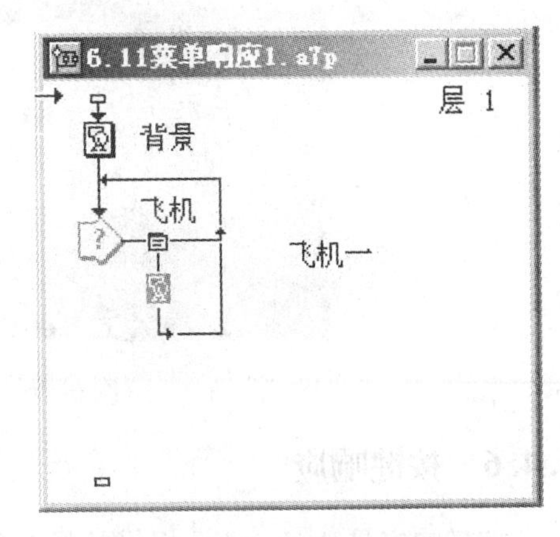

图6-83 下拉菜单交互响应分支

5）双击显示图标，打开演示窗口，在演示窗口导入一幅飞机图片。此时运行程序，我们就可以看到在演示窗口菜单栏上出现了“飞机”菜单。其中有一个“飞机一”的菜单项，单击该菜单项，就可以看到飞机图片，如图6-84所示。

6）用同样的方法在交互图标的右侧依次拖入另两个显示图标，分别命名为“飞机二”、

“飞机三”，并分别导入相应的飞机图片。

7）拖动一个计算图标到流程线上，为交互结构添加一个退出交互分支，也采用下拉菜单方式，如图 6-85 所示。在计算图标内部输入“Quit()”。

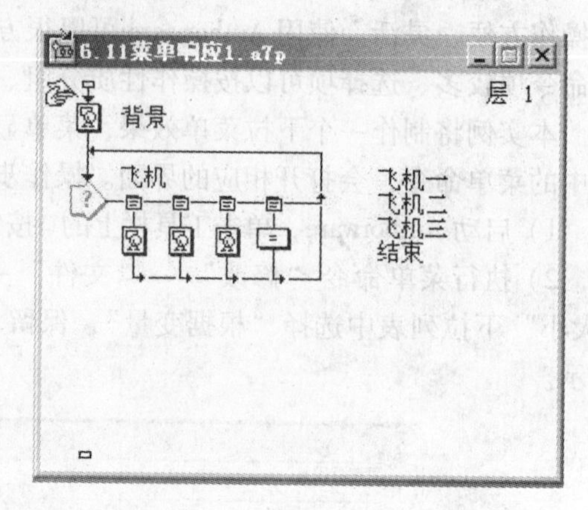

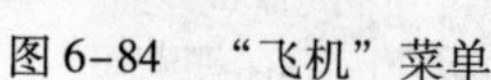

图 6-84 “飞机”菜单

图 6-85 程序设计窗口

8）单击“保存”按钮将所做的程序保存起来。运行程序，演示窗口的“飞机”菜单中包含了四个菜单项，如图 6-86 所示。单击“结束”菜单项可以结束程序运行。

图 6-86 “飞机”菜单的菜单项

6.4.6 按键响应

按键响应是 Authorware 提供的另一种交互方式。使用此响应类型可以使用户通过键盘同多媒体程序进行交互，例如通过字母键进行选择或通过方向键进行移动等。按键响应实际上是指用户按键盘上某个键位时，如果能匹配响应，系统就会给出反应。

本实例通过按键盘的方向键（上、下、左、右）来控制蝴蝶的飞行方向。下面来介绍其具体制作方法，操作步骤如下：

1）启动 Authorware，单击工具栏上的按钮，新建一个文件，将其保存为“按键响应”。

2）执行菜单命令“修改”→“文件”→“属性”，打开“属性：文件”对话框，在“大小”下拉列表中选择“根据变量”，取消“显示菜单栏”复选框的选定状态。

3）拖动一个显示图标到流程线上，命名为“蝴蝶”。双击打开演示窗口，导入蝴蝶的图片，如图 6-87 所示。

4）按〈Ctrl + I〉组合键设置图标属性，设置“位置”为“在屏幕上”，“活动”为“在屏幕上”，如图 6-88 所示。

图 4-87　蝴蝶的演示窗口

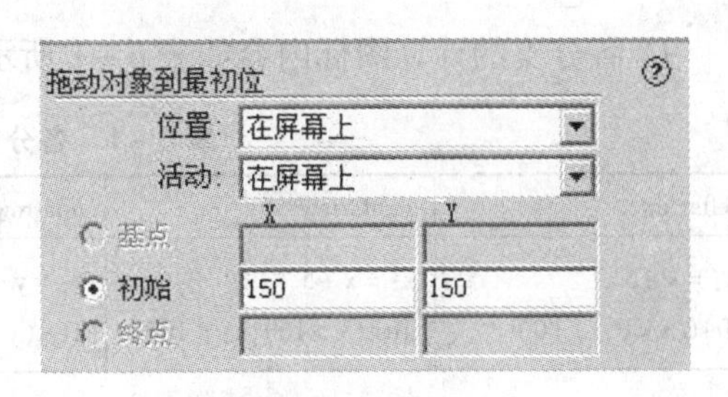

图 6-88　图标属性设置

5）拖入一个移动图标到流程线上，命名为“移动”。打开属性对话框，点击蝴蝶图片为移动对象，设置“类型”为“指向固定区域内的某点”，“执行方式”为“永久”，“定时”为 0.1 s。选择“基点”，然后拖动蝴蝶到左上角，X、Y 的值为（0，0）。选择“终点”，拖动蝴蝶到右下角，X、Y 的值为（100，100），此时出现了一个矩形框，标明蝴蝶的移动区域。选择“目标”为（x，y）的变量值，如图 6-89 所示。

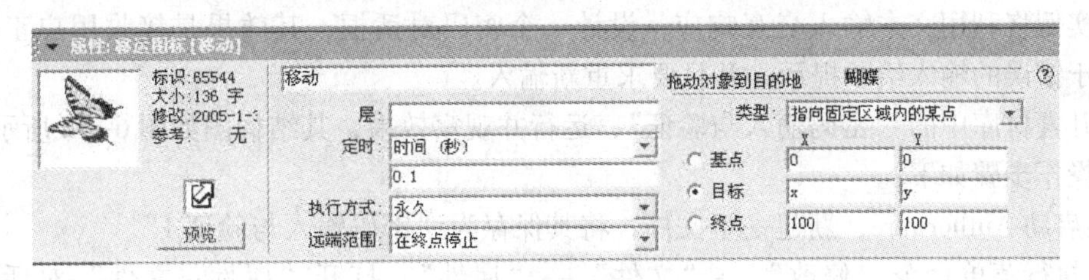

图 6-89　移动图标属性设置

6）拖动一个交互图标到流程线上，命名为“按键响应”。再拖入一个计算图标到交互图标 的右侧，出现响应类型对话窗口，从中选中“按键”类型，然后关闭对话窗口，命名为“leftarrow”。

注意：“leftarrow”是左方向键的默认名称，必须用这个词，系统才会识别左方向键的按下。

7）双击计算图标，打开计算窗口，输入如图 6-90 所示的内容。定义变量 x、y 的数值递减，并设定若 x 小于 0，就使之为 0，即 x 不能小于 0。“Test”是系统函数，作用是判断条件（括号中逗号前面的表达式）是否成立，若成立就执行后面的表达式。

8）用同样的方法建立其余几个“按键响应”分支和一个“退出”按钮，如图 6-91 所示。

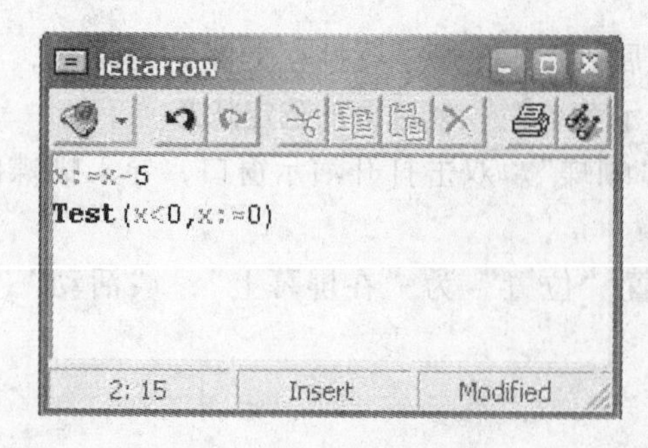

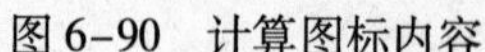

图 6-90　计算图标内容

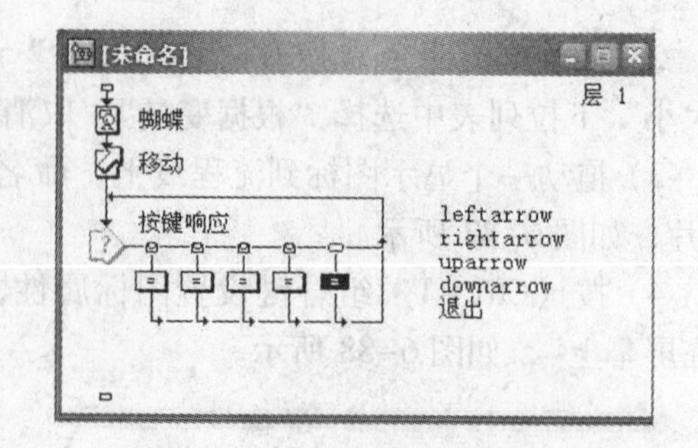

图 6-91　其他按键响应图标

9）各分支的计算图标内容如表 6－1 所示。

表 6－1　各分支的计算图标内容

leftarrow	rightarrow	uparrow	downarrow	退出
x：= x－5 Test(x<0,x：=0)	x：= x+5 Test(x>100,x：=100)	y：= y－5 Test(y<0,y：=0)	y：= y+5 Test(y>100,y：=100)	Quit(0)

10）单击“保存”按钮将所做的程序保存起来。

6.4.7　文本输入响应

文本输入响应是指建立一个文本输入区，让用户通过输入文本与程序进行交互，控制程序的走向。如果输入的文本与程序设置匹配则执行响应分支，如果不匹配，则不能发挥相应的功能。

本实例将利用文本输入交互响应，设计一个密码对话框，其效果是接收用户正确的输入，对于错误的输入给予提示，并且要求重新输入。

打开素材库中的“密码输入与验证”，运行并观察效果，其结构图如图 6-92 所示。

其操作步骤如下：

1）启动 Authorware，新建一个文件，将其保存为“密码输入与验证 1”。

2）执行菜单命令“修改”→“文件”→“属性”，打开“属性：文件”对话框，在“大小”下拉列表中选择“根据变量”，取消“标题栏”和“菜单栏”复选框的选定状态，背景颜色自定义。

3）在流程线上添加一个显示图标，命名为“背景”。双击该图标，打开演示窗口，用斜线工具绘制简单图形，并输入提示文字，如图 6-93 所示。

4）在背景显示图标属性中设置过渡效果为“Dissove，Bits”，如图 6-94 所示。

5）在流程线上添加一个交互图标，命名为“登录”。在其右侧添加一个群组图标，响应类型设置为“文本输入”，命名为“123456”。

6）双击“登录”交互图标，打开演示窗口，可以看到一个文本框，在文本框上面输入提示文字“请输入密码，按 Enter 键”，如图 6-95 所示。

7）双击文本框，打开“属性：交互作用文本字段”对话框，在对话框中设置文本框的属性，如图 6-96 所示。

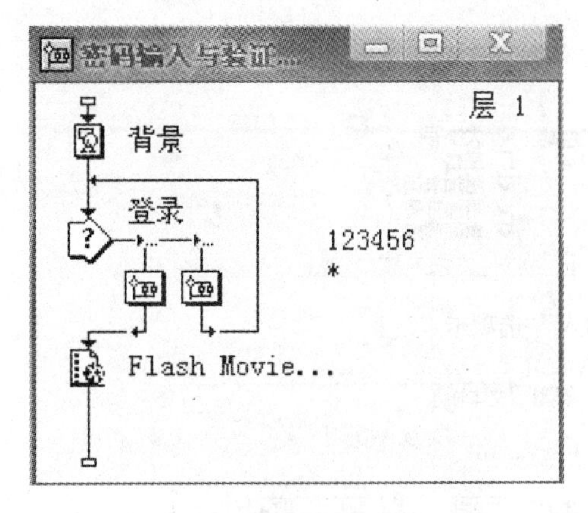

图 6-92　最后的流程图

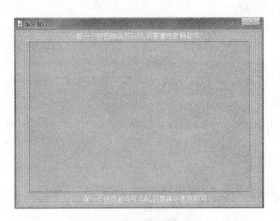

图 6-93　显示图标

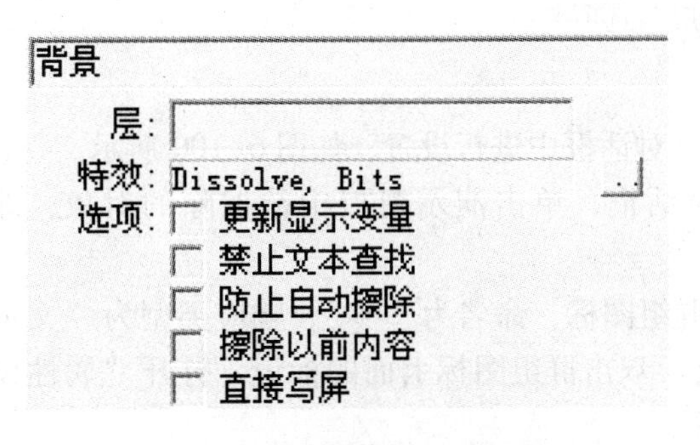

图 6-94　显示图标过渡效果

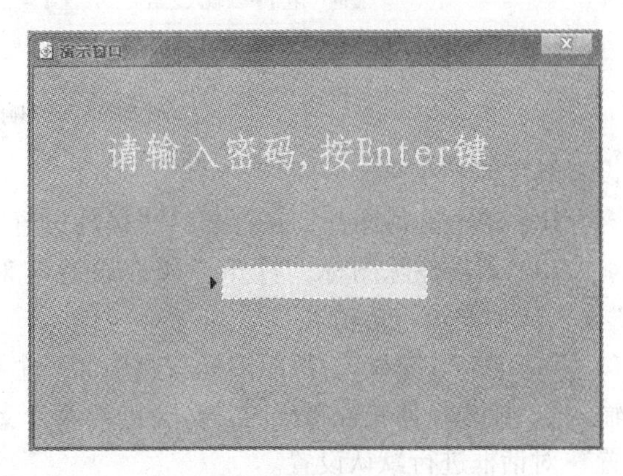

图 6-95　制作登录界面

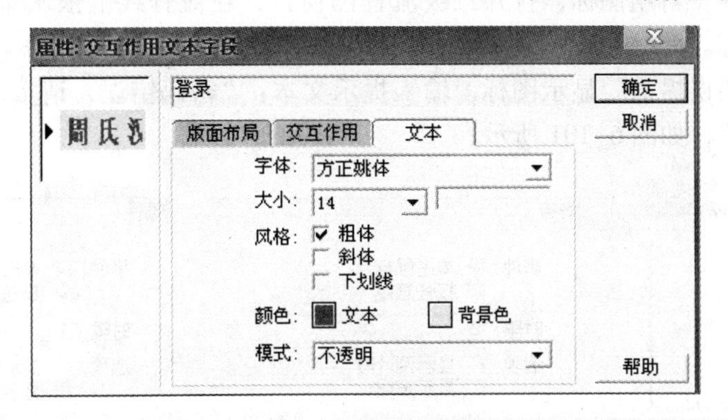

图 6-96　“属性：交互作用文本字段”对话框

8）回到主流程图窗口，双击“123456”群组图标上面的响应类型标记，打开“属性设置”对话框，如图 6-97 所示。

9）打开“响应”选项卡，在“擦除”下拉列表中选择“在下一次输入之后”，在“分支”下拉列表中选择“退出交互”，在“状态”下拉列表中选择“不判断”，如图 6-98 所示。

10）双击“123456”群组图标，打开二级流程图窗口，在流程线上依次添加显示图标、等待图标和擦除图标，按照图 6-99 命名。

11）双击“密码正确”显示图标，打开演示窗口，输入“你已成功登录，请稍等”，并

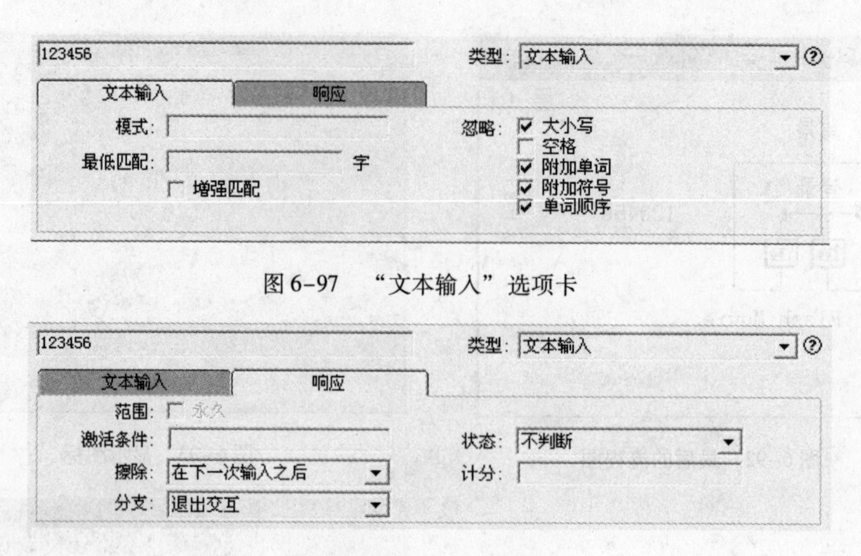

图 6-97 “文本输入”选项卡

图 6-98 “响应”选项卡

设置其字体和字号。

12）单击等待图标，在打开的“属性设置”对话框中进行设置，如图 6-100 所示。

13）单击擦除图标，打开“属性设置”对话框，单击演示窗口中欲擦除的对象，即“你已成功登录，请稍等”。

14）在“123456”群组图标右侧添加一个群组图标，命名为“＊”，响应类型为“文本输入”，输入任何错误密码时，都会进入该分支。双击群组图标上面的标记，打开“属性设置”对话框进行默认设置。

15）双击“＊”群组图标，打开二级流程图窗口，在流程线上依次添加显示图示、等待图标和擦除图标。

16）双击“错误提示”显示图标，输入提示文本：“密码错误，请重新输入”。单击等待图标，进行设置，如图 6-101 所示。

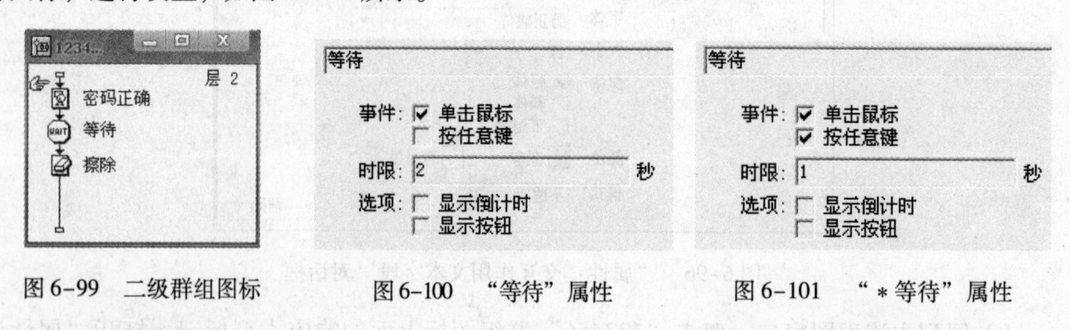

图 6-99 二级群组图标　　图 6-100 “等待”属性　　图 6-101 “＊等待”属性

17）双击擦除图标，打开“属性设置”对话框，单击演示窗口欲擦除的对象，即“密码错误，请重新输入”。

18）将“小手”指向流程图的下方，执行菜单命令“插入”→“媒体”→“Flash Movie”，在“Flash Asset Properties”对话框中单击“Browse”按钮，打开的 Open Shockwave Flash Movie 对话框，从中选择素材中的“拼图游戏 . swf”动画文件，单击“打开”按钮，回到“Flash Asset Properties”对话框。其他选项保持默认设置，单击“OK”按钮。

19）保存文件，单击工具栏上的“运行”按钮即可看到效果。

6.4.8 重试限制响应

重试限制响应是指预先设定一个最大重试极限，当用户交互达到最大次数时执行该分支。重试限制交互一般与其他交互配合使用，用于规定其他交互的执行次数。本实例为输入文本响应的密码输入设置最大重试次数为3。

1）单击工具栏上的“打开”按钮，打开“选择文件”对话框，打开文件“密码输入与验证1. a7p”。

2）在交互图标的右侧添加一个群组图标，响应类型设置为“重试限制”，将群组图标命名为“限制输入次数”，如图6-102所示。双击群组图标上面的响应类型标记，打开属性设置对话框，在“最大限制”文本框中输入3，表示密码输入的限制次数为3，如图6-103所示。

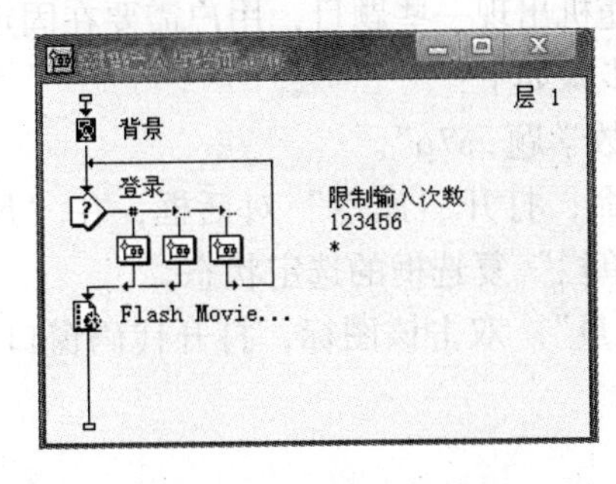

图6-102 添加群组图标

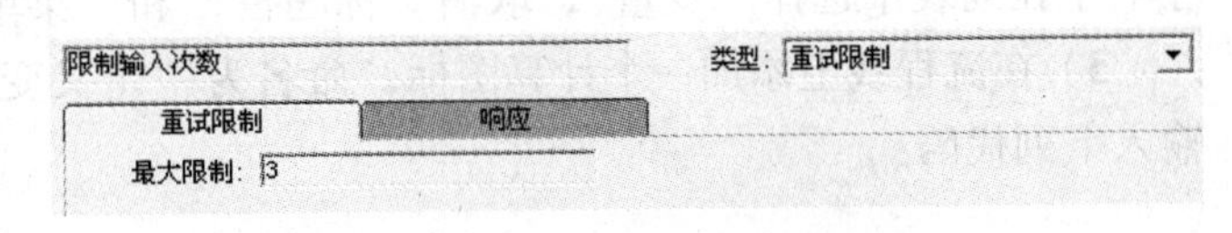

图6-103 设置重试次数

3）打开“响应”选项卡，按下列要求设置：在“擦除”下拉列表中选择“下一次输入之后”，在“分支”下拉列表中选择“退出交互”，在“状态”下拉列表中选择“不判断”，如图6-104所示。

4）双击“限制”群组图标，打开二级流程图窗口，依次添加显示图标、等待图标、擦除图标和计算图标，为其重命名，如图6-105所示。

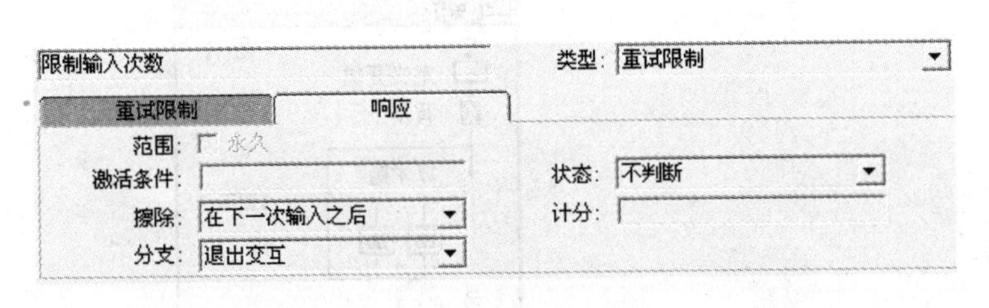

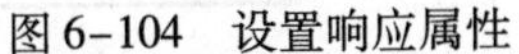

图6-104 设置响应属性

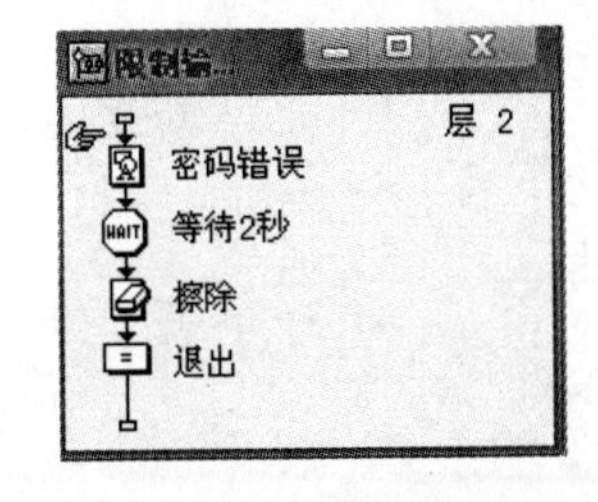

图6-105 二级流程图

5）双击“密码错误”显示图标，打开演示窗口，在窗口中输入“密码错误，不能进入!”，并设置文字的字体和字号。双击等待图标，打开“属性设置”对话框，选定“事件”中的“鼠标单击”和“按任意键”复选框，在“时间”文本框中输入“2”，表示按下鼠标或键盘任意键，或等待2 s后执行下一个图标的内容，如图6-106所示。

6）双击擦除图标，打开“属性设置”对话框，单击演示窗口中欲擦除的对象，即“密码错误，不能进入!”。双击计算图标，打开代码窗口，输入代码“Quit（0）”。

7）保存文件，单击工具栏上的“运行”按钮可以看到效果。

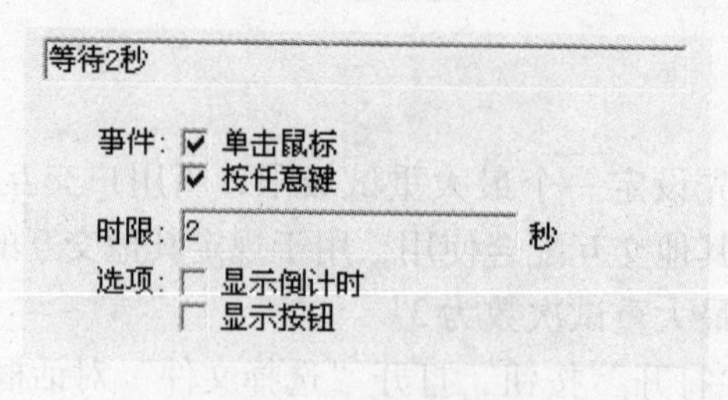

图 6-106　等待的属性设置

6.4.9　限制时间响应

在很多多媒体应用软件中，都要限制用户的交互时间。限制时间响应关键是设置时间极限，设置计算时间的起点和时间中断后的计算方法，以及在执行该分支时怎样计算时间。

本实例制作计算数学题的效果，程序运行时画面上随机出现一些题目，用户需要在固定的时间之内答题，不回答系统就会跳过这道题。其操作步骤如下：

1）启动 Authorware，新建一个文件，将其保存为“数学题 . a7p”。

2）执行菜单命令“修改”→“文件”→“属性”命，打开“属性”对话框，在“尺寸”下拉列表中选择“变量”，取消“标题栏”和“菜单栏”复选框的选定状态。

3）在流程线上添加一个计算图标，命名为“定义变量”。双击该图标，打开代码窗口，输入下列代码：

```
x：=0
y：=0
```

4）在流程线上添加一个显示图标，命名为“背景”。双击显示图标，在背景上输入文字，如图 6-107 所示。

5）在流程线上添加一个交互图标，命名为“算术题”，在其右侧添加两个群组图标，响应类型设置为“条件”，命名为“TRUE”，另一个不命名，如图 6-108 所示。

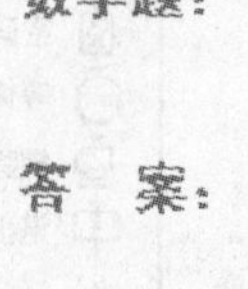

数学题：

答　案：

图 6-107　显示图标的内容

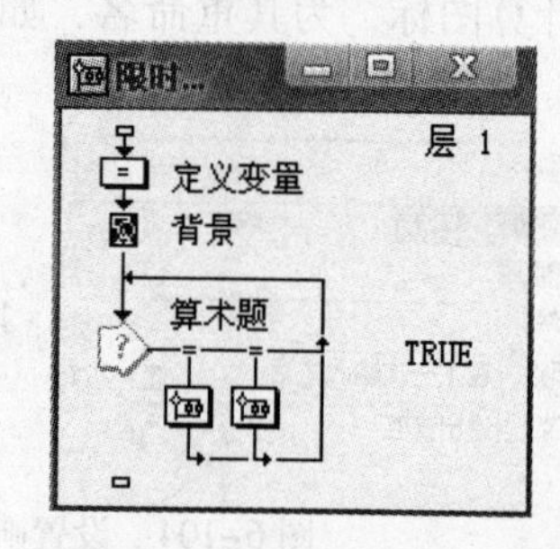

图 6-108　条件响应

6）单击群组图标上面的响应类型标记，打开“属性设置”对话框，在“自动”下拉列表中选择“为真”，如图 6-109 所示。

7）双击“TRUE”群组图标，打开二级流程图窗口，在流程线上添加一个计算图标，命名为“变量”。双击该图标，打开代码窗口，输入下列代码：

```
x：= Random(1,10,1)
y：= Random(1,10,1)
```

8）在流程线上添加一个显示图标，命名为“题目”。双击该图标，打开演示窗口，输入“{x} * {y} =”，然后设置其字体、大小和位置，将显示模式设置为“透明”，如图 6-110 所示。

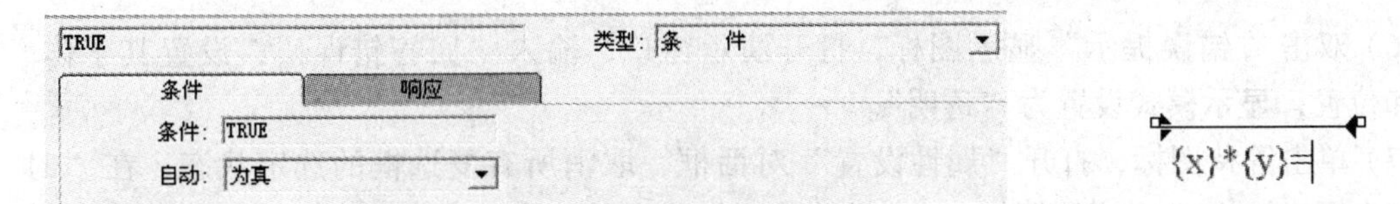

图 6-109　条件响应属性设置　　　　图 6-110　添加“题目”显示图标

9）在二级流程图窗口的“题目”显示图标下添加一个交互图标，命名为“答案”，在其右侧添加两个群组图标，一个响应类型设置为“时间限制”，命名为“4 秒”，属性“中断”设为“暂停，在返回时恢复计时”。另一个响应类型设置为“文本输入”，命名为“ * ”，表示接受任何输入的字符。之后在交互图标的下面添加一个群组图标，命名为“正确”，如图 6-111 所示。

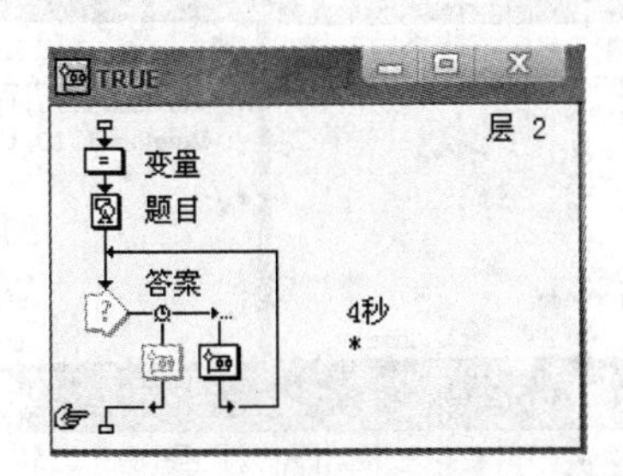

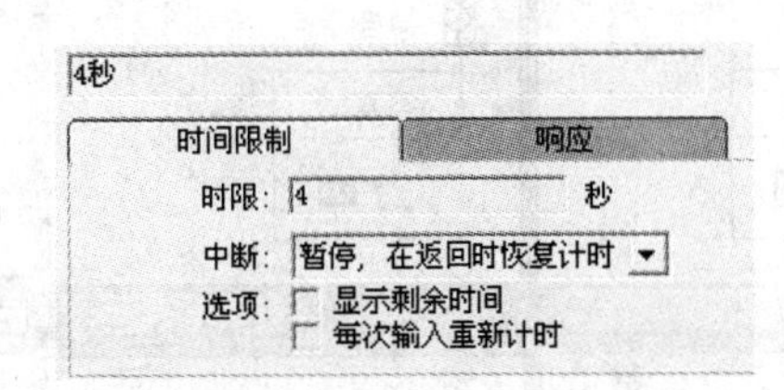

图 6-111　文本交互响应

10）双击无命名群组图标，打开三级流程图窗口，依次添加显示图标、等待图标和擦除图标，按图 6-112 所示命名。

11）双击“显示正确提示”显示图标，输入“回答正确!”，设置其字体、大小和位置，显示模式设置为“透明”。

12）单击等待图标，打开“属性设置”对话框，取消所有复选框的选定状态，在“时限”文本框中输入 1，即等待 1 s 之后擦除提示正确的信息。

13）单击擦除图标，打开“属性设置”对话框，单击演示窗口中的“回答正确!”文字，将其作为擦除对象。

14）返回到 TRUE 二级流程图窗口，双击“ * ”群组图标，打开三级流程图窗口，依次添加计算图标、显示图标、等待图标和擦除图标，并按图 6-113 所示命名。

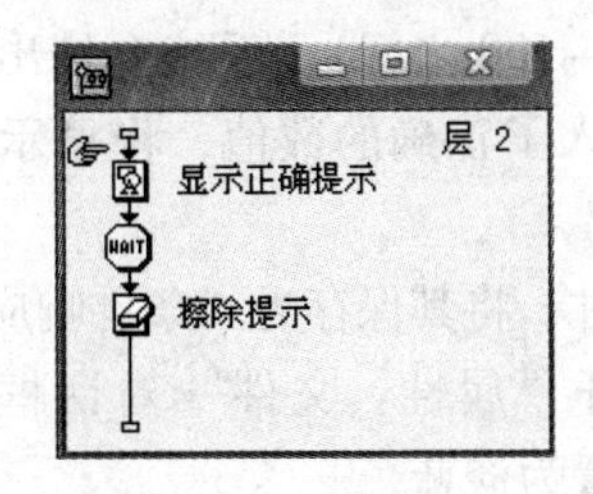

图 6-112　群组图标的正确响应

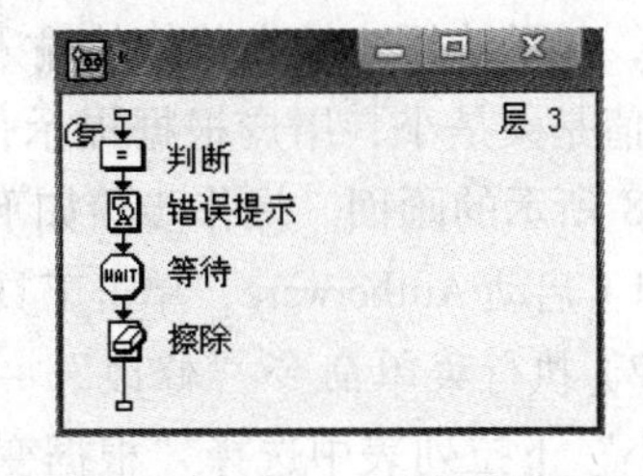

图 6-113　“ * ”群组图标的内容

15）双击“判断”计算图标，打开代码窗口，输入下列代码：

```
z: = NumEntry
if x * y = z then GoTo( IconID@ "正确" )
```

16）双击“错误提示”显示图标，打开演示窗口，输入“回答错误!”，设置其字体、大小和位置，显示模式设置为“透明”。

17）单击等待图标，打开“属性设置”对话框，取消所有复选框的选定状态，在“时限”文本框中输入“1”，即等待 1 s 之后擦除提示错误的信息。

18）单击擦除图标，打开“属性设置”对话框，单击演示窗口中的“回答错误!”文字，将其作为擦除对象。

19）双击主流程图窗口中的“背景”显示图标，打开演示窗口，按住〈Shift〉键，双击“TRUE”流程图窗口中的“答案”交互图标，切换到演示窗口，调整文本域的位置。

20）设置完成后的流程图如图 6-114 所示。

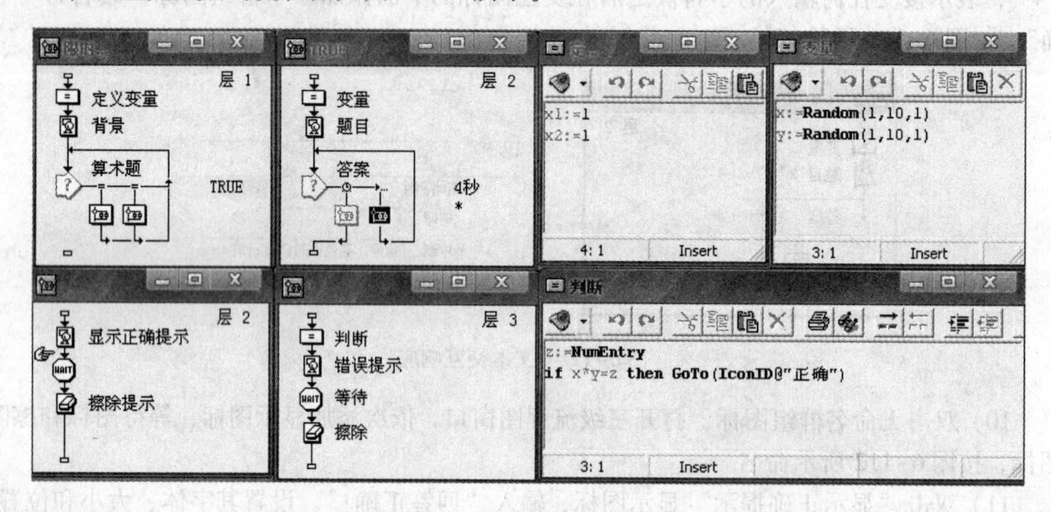

图 6-114　最后流程图

21）保存文件，单击工具栏上的“运行”按钮可以看到效果。

6.4.10　条件响应

条件响应是指在满足程序设定的响应条件后，不需要用户的参与，程序应会自动沿相应的分支执行。

本实例制作一个条件响应，其效果是运行程序后，一个商品在演示窗口中移动，当停下来时，显示让用户输入价格的输入框。随便输入一个数值（1 ~ 100 之间），系统会给出输入的数值是大是小，用户根据提示信息重新输入数值。直到输入了正确的数值，将显示如图 6-118 所示的画面。操作步骤如下：

1）启动 Authorware，单击工具栏上的□按钮，新建一个文件，将其保存为“条件响应”。

2）执行菜单命令“修改”→“文件”→“属性”，打开“属性：文件”对话框，在“大小”下拉列表中选择“根据变量”，将文件的背景颜色设置为淡蓝色。

3）拖动一个计算图标到流程图上，命名为“随机数”。双击此计算图标，在打开的计算窗口中输入如图 6-115 所示的语句，它的作用是产生一个 1 到 100 之间的随机数。“K”用来存储读者猜价格的次数。

4）拖动一个显示图标到流程图中，命名为“文字”。双击打开演示窗口，输入文字并定义和应用某种风格，如图 6-116 所示。

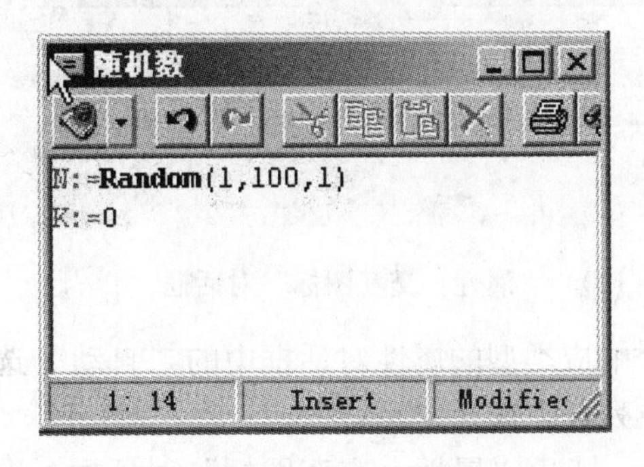

图 6-115　计算窗口

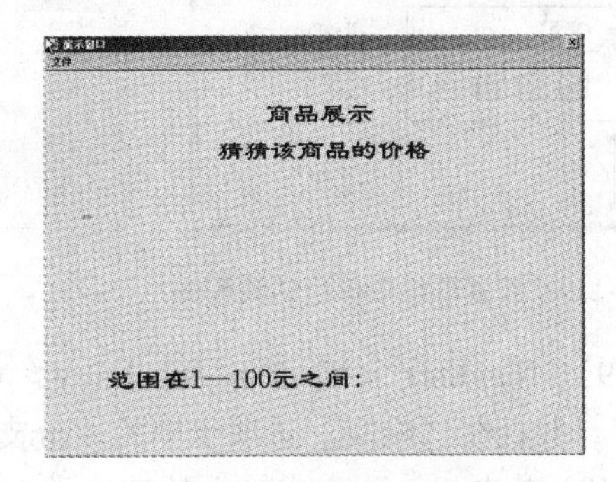

图 6-116　输入文字

5）拖动一个显示图标到流程图中，命名为“物品”。双击打开它的演示窗口，导入一幅图片，如图 6-117 所示。

6）拖动一个移动图标到流程图上，命名为“展示”。双击打开它的属性对话框，在其中的“类型”下拉列表中选择“指向固定路径的终点”选项，然后在演示窗口中单击物品作为移动对象，并且创建它的路径。具体如图 6-118 所示。

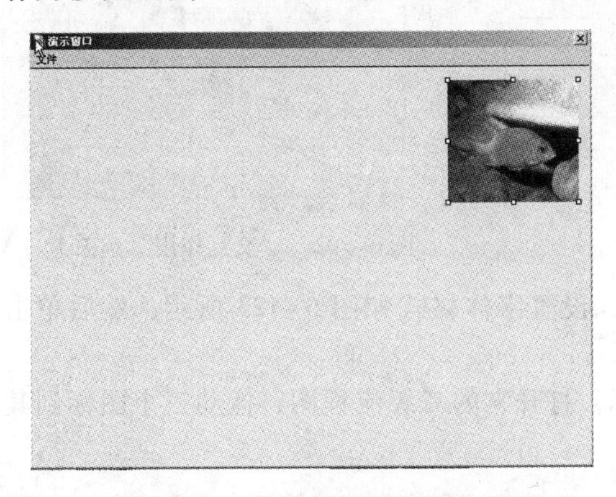

图 6-117　导入图片后的演示窗口

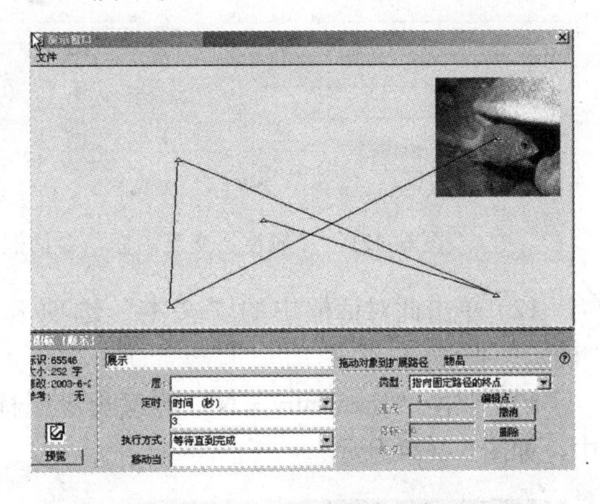

图 6-118　设置移动图标

7）拖动一个交互图标到流程图的下方，命名为“交互”，再向它的右侧放置四个群组图标，分别命名为“NumEntry = N”、“NumEntry < N”、“NumEntry > N”和“ * ”，如图 6-119 所示。设置前三个的响应类型为“条件响应”，最后一个设置为“文本输入”响应类型。我们一定要注意各个响应图标的分支流向。对于条件响应类型来说，一定要注意图标的命名，因为我们在此命名的名称将作为响应此分支的条件。

8）双击“NumEntry = N”的响应类型标记-╤-，打开“属性：交互图标”对话框，在“自动”下拉列表中选择“关”，其他设置如图 6-120 所示。如果流程图中的分支流向没有指向下方（如图 6-119 所示），要在“响应”选项卡中的“分支”下拉列表中选择“退出交互”选项。

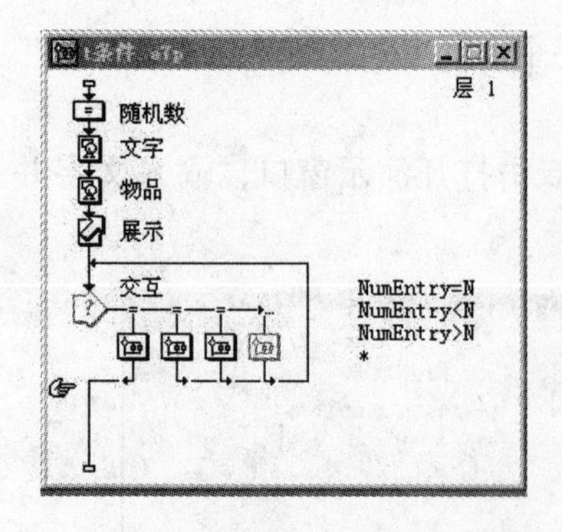

图 6-119　放置群组图标后的流程图

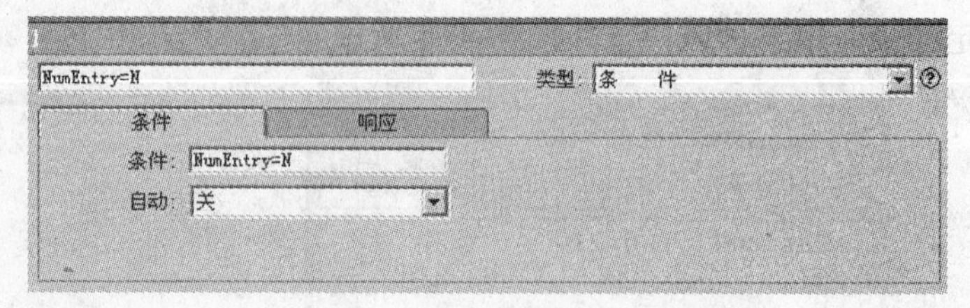

图 6-120　“属性：交互图标”对话框

9）“NumEntry < N”和“NumEntry > N”两个响应类型的属性对话框中的“自动”选择“关”，并且在“响应”选项卡中的“分支”下拉列表中选择“重试”。

10）单击“*”文本输入的响应类型标记，打开“属性：交互图标”对话框，进行如图 6-121 所示的设置。

11）双击交互图标，打开演示窗口。双击文本输入框，打开“属性：交互作用文本字段”对话框，单击其中的“交互作用”选项卡，选中“输入标记”复选框，如图 6-122 所示。

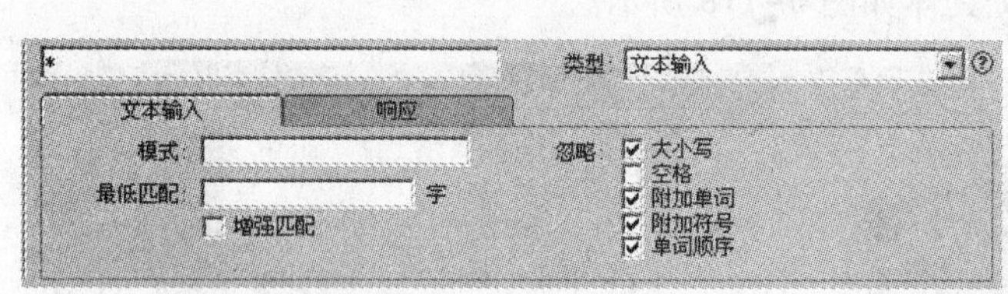

图 6-121　“属性：交互图标”对话框

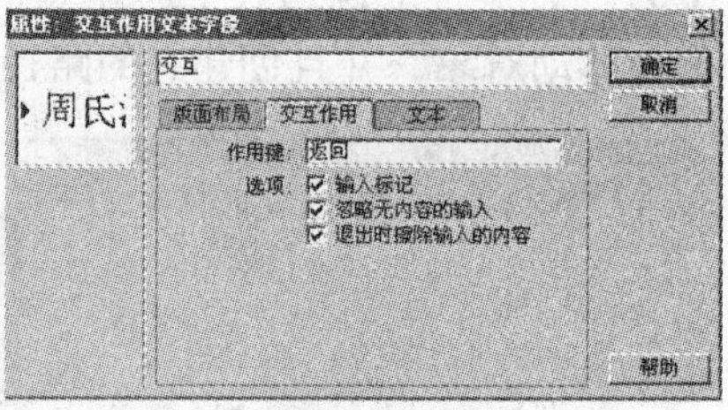

图 6-122　“交互作用”选项卡

12）单击此对话框中的“文本”选项卡，设置字体格式如图 6-123 所示，然后单击“确定”按钮。

13）双击“NumEntry = N”群组响应图标，打开它的二级流程图，拖动三个图标到其中，如图 6-124 所示。

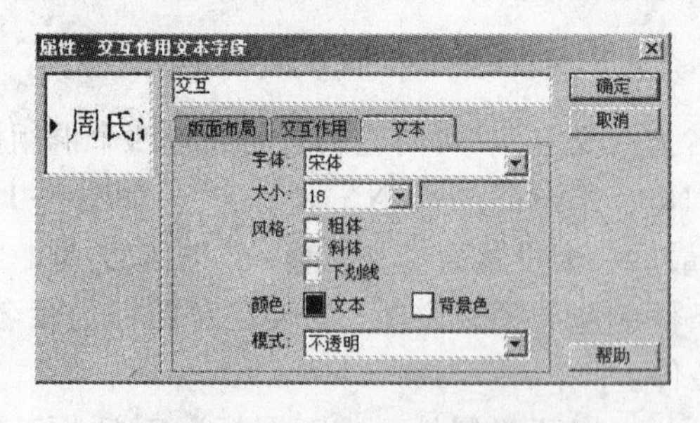

图 6-123　“文本”选项卡

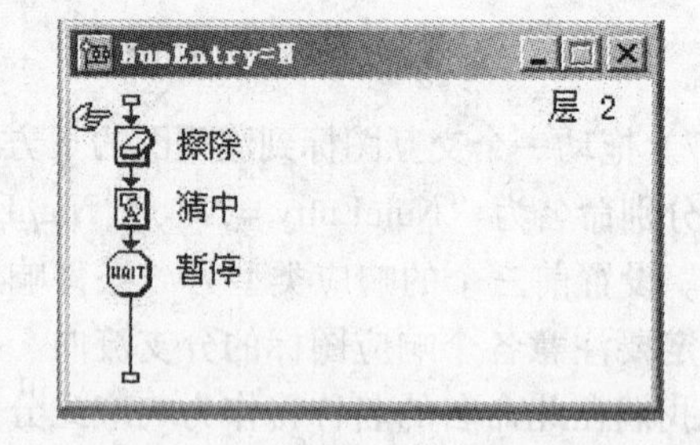

图 6-124　“NumEntry = N”的二级流程图

14）擦除图标用来擦除演示窗口中的所有内容（文字和物品）。双击“猜中”显示图标，向其中输入提示文字和“你用了 {K + I} 次”，并且导入两幅图片，一幅用来点缀窗口，另一幅用来说明文字，如图 6-125 所示。

15）暂停图标用来使程序暂停一段时间（5 s），以便用户可以看清屏幕上的内容。然后双击“NumEntry < N”的群组响应图标，打开它的二级流程图，向其中拖放一个显示图标和一个计算图标。在显示图标的演示窗口中输入“太小了!”提示文字，并且导入一幅图片，如图 6-126 所示。

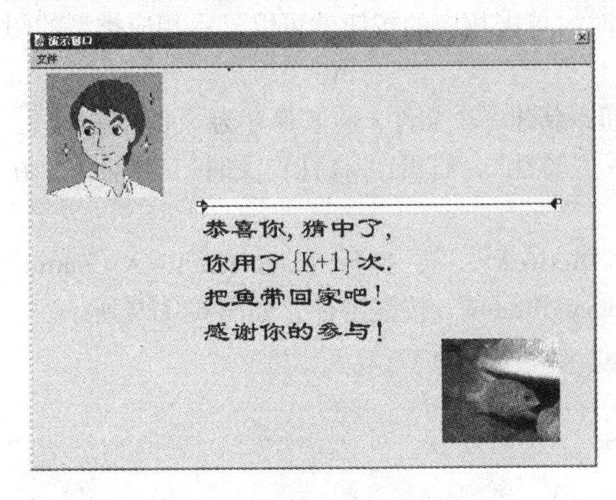

图 6-125 “猜中”的演示窗口

图 6-126 “太小了!”的演示窗口

16）双击“计数”计算图标，在打开的计算窗口中输入“K:= K + 1”，它的作用是记录用户输入的次数。

17）在此二级流程图中用鼠标圈选这两个图标，如图 6-127 所示。然后按工具栏中的“复制”按钮。

18）双击“NumEntry > N”群组响应图标，在此流程图上单击，使小手指向流程的上方。按工具栏中的“粘贴”按钮，将复制的图标粘贴到此位置。将“太小”显示图标改名为“太大”，双击打开它的演示窗口，将提示文字“太小了!”修改为“太大了!”，其他默认原来的状态。

19）到此为止，整个程序就制作完成了，单击“保存”按钮，将其保存。单击“运行”按钮，在文本输入框中输入一个数值。如果不对，根据提示重新输入，直到输入正确的数值，则显示图 6-128 所示的界面。

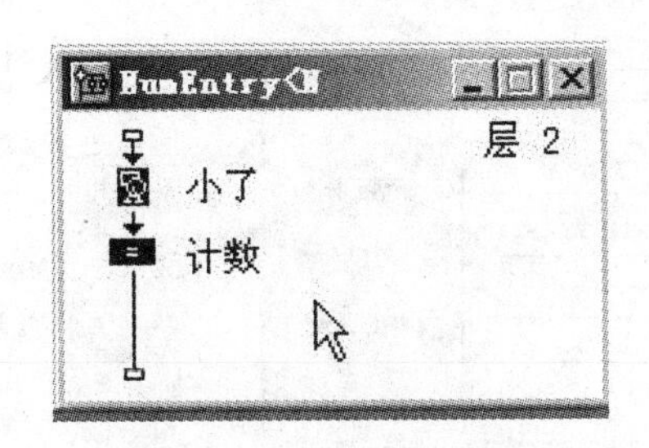

图 6-127 选中多个图标

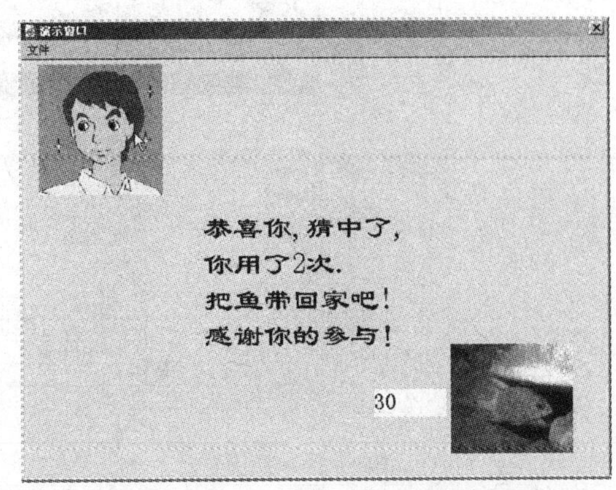

图 6-128 正确输入后的画面

6.4.11 事件响应

在 Authorware 中提供了一种即插即用的 ActiveX 控件，这些控件包括事件、属性及方法。使用这些控件能够大大提高开发速度，解决普通编辑方法很难解决的问题。事件即指发生的某件事，一些事件最终是由用户的操作导致的。

本实例制作一个事件响应的效果。在运行时，单击相应的按钮就可以显示相应类型的图片，操作步骤如下：

1）启动 Authorware，单击工具栏上的□按钮，新建一个文件，将其保存为“事件响应”。

2）执行菜单命令“修改”→“文件”→“属性”，打开“属性：文件”对话框，在“大小”下拉列表中选择“根据变量”。

3）执行菜单命令“插入”→“控件”→“ActiveX...”，打开“Select ActiveX Control”对话框，在其中选择“Microsoft Forms 2.0 CommandButton”按钮控件，如图 6-129 所示。

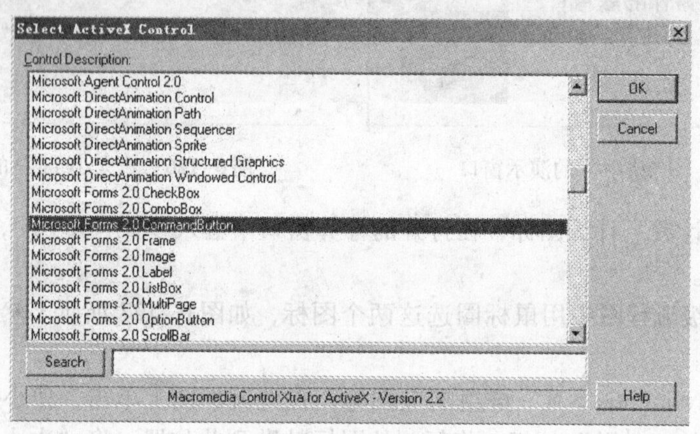

图 6-129 选择控件

4）单击“确定”按钮，打开如图 6-130 所示的“ActiveX Control Properties”对话框。在此对话框中可以设置控件的属性、方法等内容，然后单击此对话框中的“OK”按钮。将此控件图标的名称改为 1。

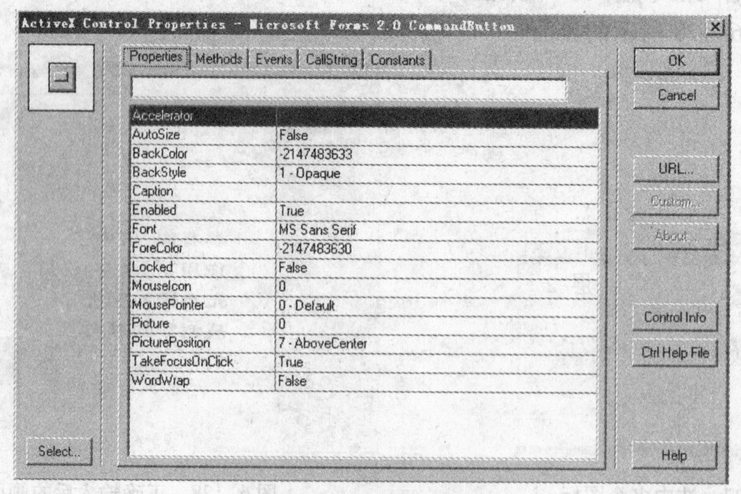

图 6-130 设置控件属性

5）将此图标复制，并且向下粘贴三次，依次改名为2，3和4。运行程序，按〈Ctrl + P〉组合键使程序暂停，调整它们的大小和位置（前面的按钮放在下方），如图6-131所示。

6）拖动一个显示图标到流程图的下方，命名为“文字”，然后向它的演示窗口中输入提示文字，如图6-132所示。在输入后一定要调整它们的按钮位置。

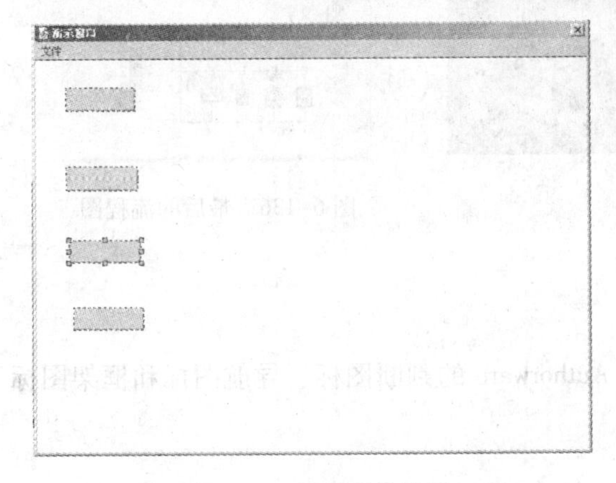

图6-131　调整后的效果

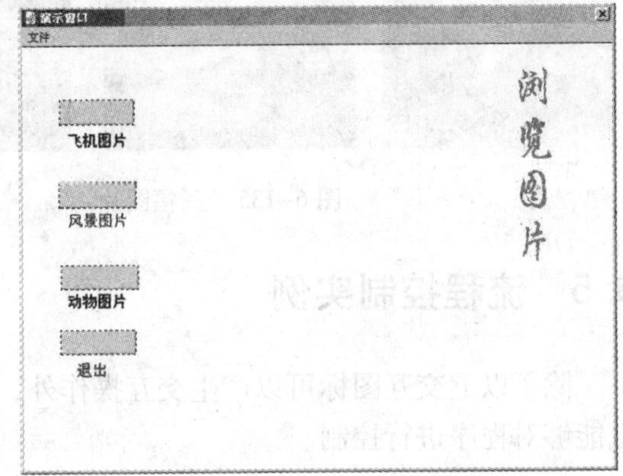

图6-132　输入文字后的演示窗口

7）拖动一个交互图标到流程图上，向其右侧拖动一个显示图标，在打开的“响应类型”对话框中选择“事件”，然后单击“确定”按钮。将响应图标命名为“图片1”。

8）单击“事件响应”类型标记，打开“属性：交互图标”对话框，在“发送”下拉列表中选择“图标1”，然后在右边的“事”下拉列表中双击“Click（单击）”事件，这时在“发送”和“事”前面会出现一个如图6-133所示的叉号，表示为当前图标选择了一个事件。

9）将此响应图标向交互图标的右侧再粘贴两次，分别为其改名为“图片2”和“图片3”。拖动一个计算响应图标到交互图标的最右侧，命名为“退出”。

10）单击“图片2”的响应类型标记，打开“属性：交互图标”对话框，在“发送”下拉列表中选择“图标2”，然后在“事”下拉列表中也双击“Click”作为“图标2”的事件，如图6-134所示。

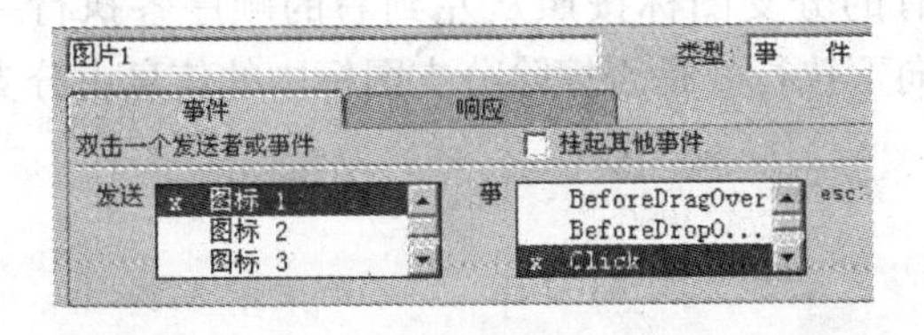

图6-133　图片1的“属性：事件响应”对话框

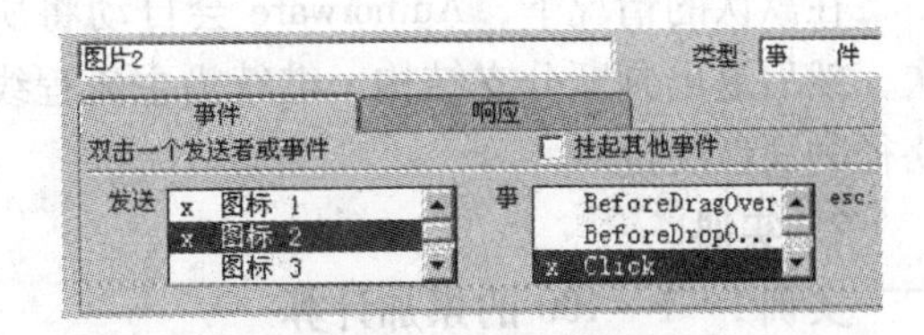

图6-134　图片2的“属性：事件响应”对话框

11）按同样的方法再设置“图标3”和“图标4”的事件。打开三个显示响应图标的演示窗口，然后分别导入如图6-135所示的三幅图片。

12）双击“退出”计算图标，在它的计算窗口中输入一条退出语句“Quit(0)”。

13）调整图片的大小和位置，单击“保存”按钮保存文件。最后的流程图如图6-136所示。这时单击“运行”按钮，在演示窗口中单击某按钮，就会显示相应程序的图片。如果要退出程序，单击“退出”按钮即可。

图 6-135　三幅图片

图 6-136　最后的流程图

6.5　流程控制实例

除了以上交互图标可以产生交互操作外，Authorware 的判断图标、导航图标和框架图标也能够对程序进行控制。

6.5.1　判断图标

与交互图标相比，判断图标也属于母图标，它可以附带多个分支，且每个分支只允许有一个子图标。

1. 判断分支结构的组成

利用判断图标实现分支或循环功能，需建立类似交互响应结构的决策判断结构。它由“判断”设计图标以及属于该设计图标的分支图标共同构成。分支图标所处的分支流程称为分支路径，每条分支路径都有一个与之相连的分支标记，如图 6-137 所示。

判断分支结构的构造方法与构造一个交互作用分支结构类似：首先向主流程线上拖放一个“判断”设计图标，然后再拖动其他设计图标到“判断”图标的右侧释放，该设计图标就成为一个分支图标。但判断分支结构与交互作用分支结构所起的作用不同。当程序执行到一个判断分支结构时，Authorware 将会按照“判断”图标的属性设置，自动决定分支路径的执行次序以及分支路径被执行的次数，而不是等待用户的交互操作。

在默认的情况下，Authorware 会自动将所有的分支图标按照从左到右的顺序各执行一次，然后退出判断分支结构，继续沿主流程线向下执行。是否擦除分支图标中的信息由分支路径的属性决定。

2. 实训

实训 1　1～100 的累加计算

打开素材库中的“累加计算 . a7p”并运行，效果如图 6-138 所示。本程序的总流程图如图 6-139 所示。

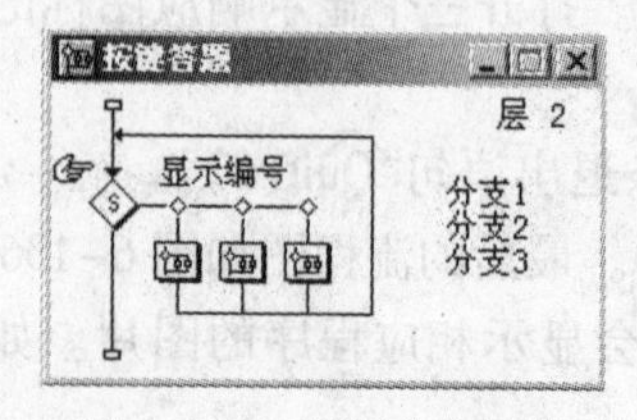

图 6-137　判断分支结构

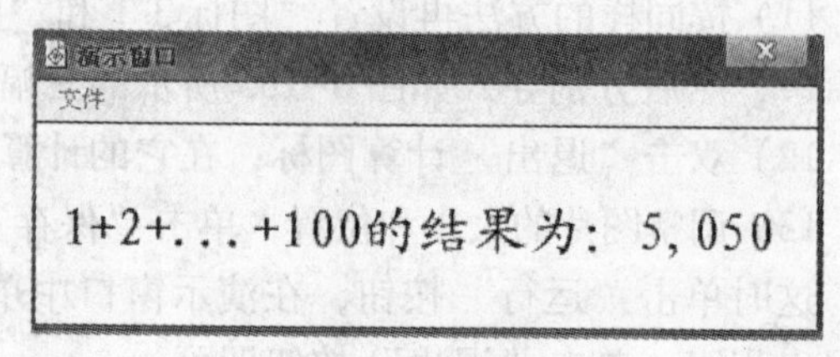

图 6-138　运行效果

（1）制作目的

熟悉分支结构中顺序分支路径的使用方法。

（2）知识点

判断图标重复选项中的“固定的循环次数”和分支选项中的“顺序分支路径”及基本的编程能力。

（3）制作注意事项

在最后的显示图标中，如要显示变量的值，请加｛｝，如｛S｝。

（4）制作步骤

1）首先拖动计算图标到主流程线上，并进行初始化，设置变量i和s，如图6-140所示。

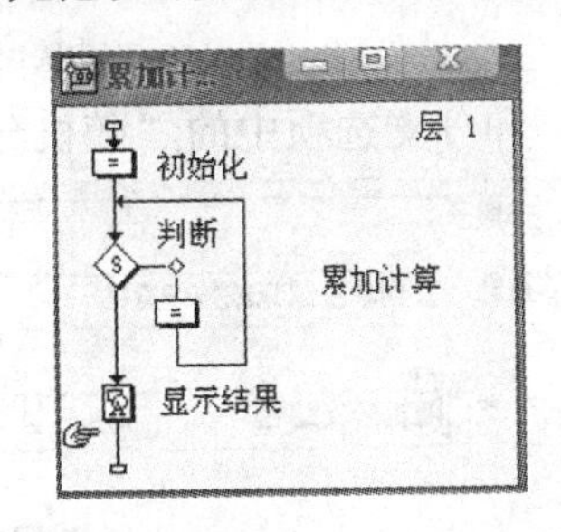

图6-139 “累加计算．a7p”的流程图

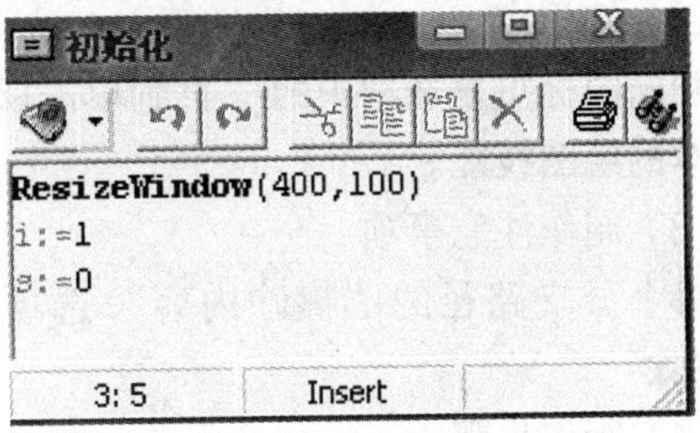

初始化

```
ResizeWindow(400,100)
i:=1
s:=0
```

3: 5　Insert

图6-140 初始化窗口

2）拖动判断图标至主流程线，设置其属性面板如图6-141所示，并把一计算图标作为其分支路径，其内容如图6-142所示。

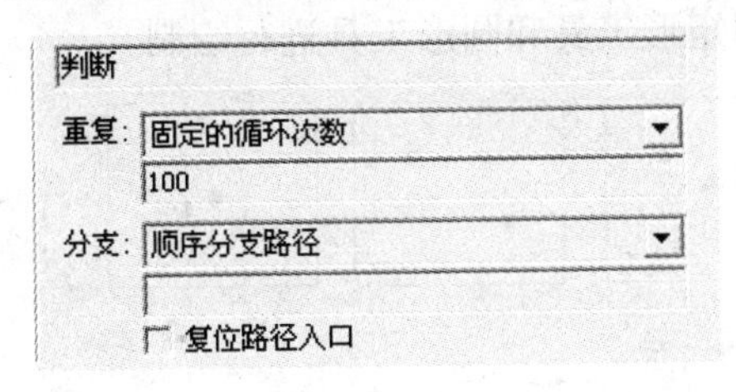

图6-141 “属性：判断图标”对话框

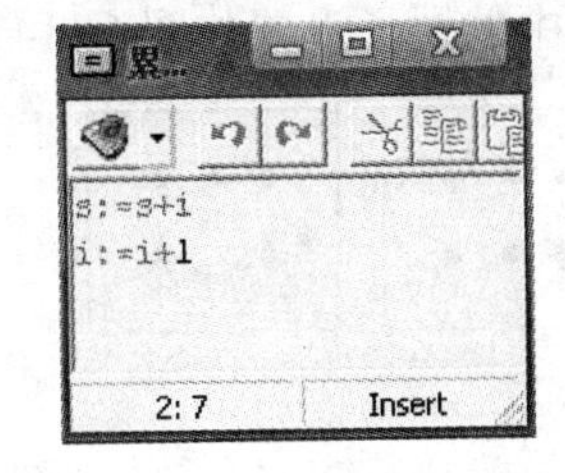

图6-142 分支路径计算图标

3）最后拖动显示图标至主流程线上，内容如图6-143所示。

4）保存为“累加计算．a7p”

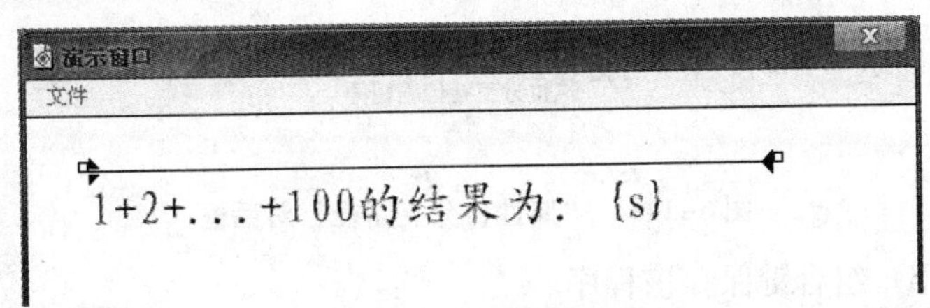

图6-143 显示图标

实训2 制作掷骰子游戏

打开素材库中的“掷骰子．a7p”并运行，这时演示窗口中显示出一个不停翻滚的骰子。当单击鼠标左键或按下任意键时，演示窗口将显示出那一刻骰子的点数。图6-144就是骰子停下来点数为5的界面。图6-145是‘掷骰子．a7p”的总流程图。

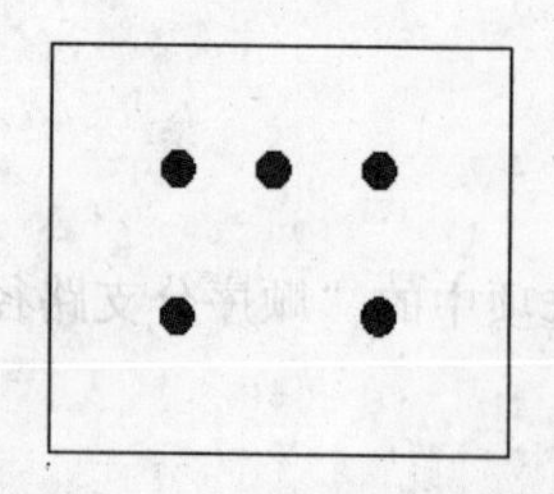

图 6-144　点数为 5 的运行效果

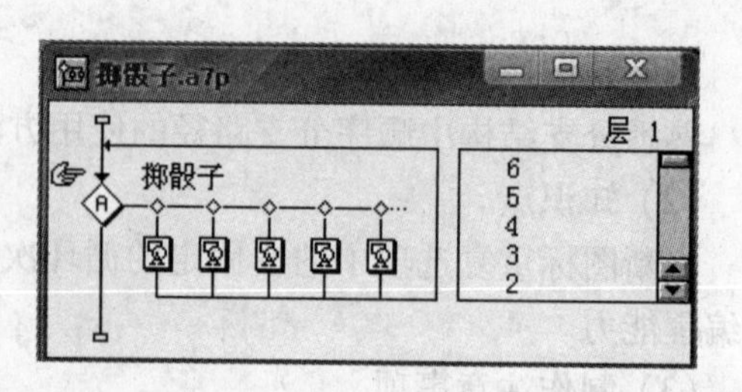

图 6-145　“掷骰子．a7p”的流程图

（1）制作目的

熟悉分支结构中随机分支路径的使用方法。

（2）知识点

判断图标重复选项中的“直到单击鼠标或按任意键”和分支选项中的“随机分支路径”及基本的绘图技能。

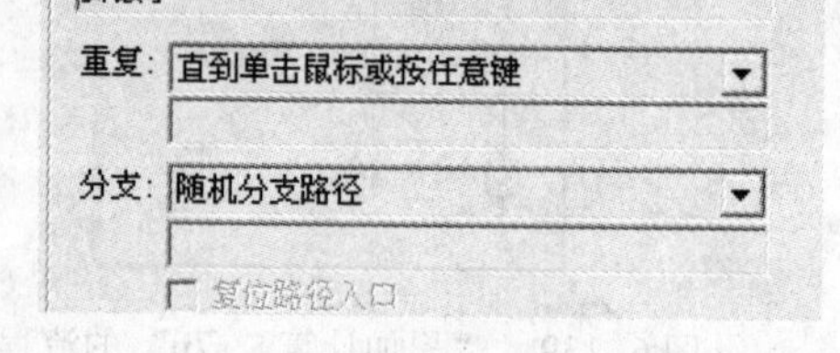

图 6-146　“属性：随机分支”对话框

（3）制作注意事项

每个分支路径的“擦除内容”选项都要设置成“不擦除”。

（4）制作步骤

1）拖动一判断图标至主流程线上，并命名为“掷骰子”。双击此图标，按图 6-146 进行属性设置。

2）分别拖动 6 个显示图标至判断图标的右边作为其分支图标，并按图 6-145 命名图标，各显示图标中的骰子设置如图 6-147 所示（可利用矩形工具和圆形工具进行绘制）。

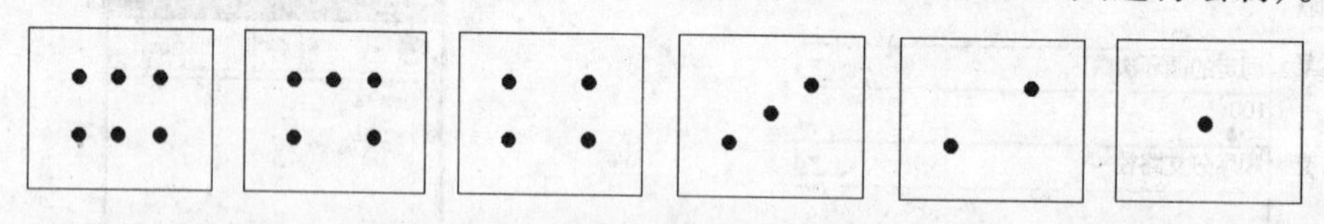

图 6-147　骰子的六面

3）为了使用户在单击鼠标左键或按任意键时，当前分支路径中的图形能够保留在屏幕中，应将每个分支路径的“擦除内容”选项都设置成“不擦除”，如图 6-148 所示。

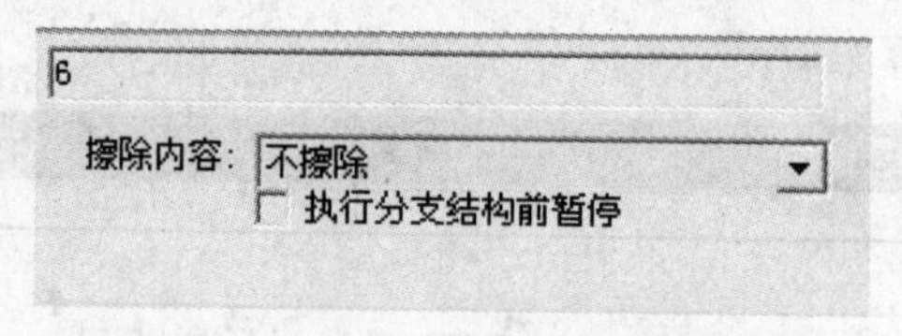

图 6-148　“属性：分支路径”对话框

4）按〈Ctrl + S〉组合键保存该程序。

6.5.2　框架与导航

1. 导航结构的组成

导航结构用于实现框架间的导航，可用来实现电子图书、超媒体等功能。导航结构由“框架”设计图标、附属于“框架”设计图标的页图标和“导航”设计图标组成。其中“框架”设计图标的主要功能是建立程序的框架结构，其分支子图标，即页图标由“导航”图标来调用，“导航”图标专门用于程序转向或调用框架页，可以让用户在不同页之间任意跳转。

2. “框架”设计图标

在设计窗口中双击“框架”设计图标，会出现一个框架窗口，如图6-149所示。

框架窗口是一个特殊的设计窗口，窗格分隔线将其分为上方的入口窗格和下方的出口窗格。当Authorware执行到一个“框架”图标时，在执行附属于它的第一个页图标之前会先执行入口窗格中的内容。如果在这准备了一幅背景图片的话，该图片在用户浏览各页内容时会一直显示在演示窗口中。在退出框架时Authorware会执行框架窗口出口窗格中的内容，然后擦除在框架中显示的所有内容（包括各页中的内容及入口窗格中的内容），撤销所有的导航控制。可以把程序每次进入或退出“框架”设计图标时必须执行的内容（比如设置一些变量的初始值、恢复变量的原始值等）加入到框架窗口中。用鼠标拖动调整杆可以调整两个窗格的大小。

按下〈Ctrl〉键，单击“框架”设计图标或选中它后按鼠标右键选“属性”，会打开其属性对话框，如图6-150所示。

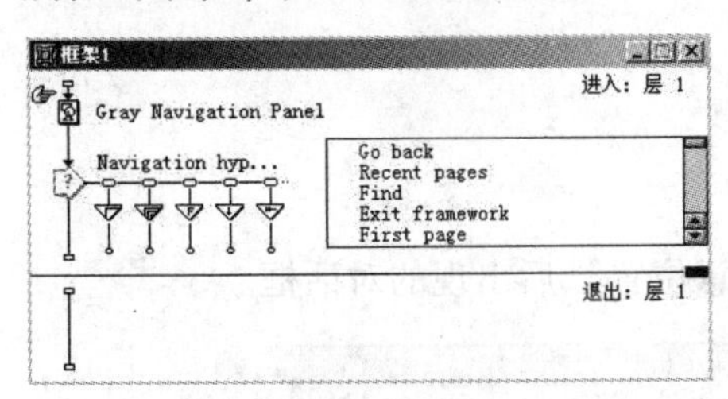

图6-149　框架窗口

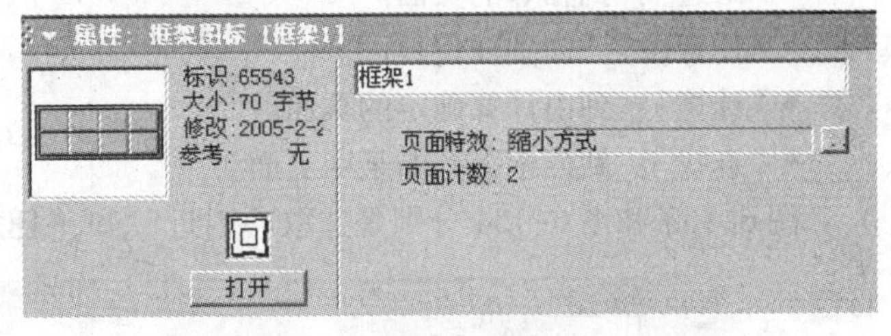

图6-150　“属性：框架图标”对话框

其中，左侧的预览框中显示出入口窗格中第一个包含了显示对象的设计图标的内容；“页面特效”中显示各页显示内容设置的过渡效果；“页面计数”后的数字表示此框架设计图标下共依附了多少个页图标；单击“打开”按钮会打开框架窗口。

3. 导航面板

在默认的情况下，Authorware在框架窗口的入口窗格中准备了一幅作为导航按钮面板的图像和一个交互作用的分支结构。交互作用分支结构中包括8个设置为永久性响应的按钮响应，如图6-151所示。这8个命令按钮是Authorware的默认导航按钮，可以根据需要对它们进行选取，它们的作用如下所述：

- “返回”按钮：沿历史记录从后向前翻阅用户使用过的页。
- “最近页”按钮：显示历史记录列表。
- “查找”按钮：打开“查找”对话框。
- “退出框架”按钮：退出框架。
- “第一页”按钮：跳转到第一页。
- “上一页”按钮：进入当前页的前一页。
- “下一页”按钮：进入当前页的后一页。
- “最后页”按钮：跳转到最后一页。

图6-151　导航按钮

4. “导航”设计图标

在框架图标中包含着许多导航图标，框架图标的导航功能就是由它们实现的。导航图标一般有两种不同的使用场合：

- 程序自动执行的转移：当把导航图标放在流程线上，程序在执行到导航图标时，自动跳转到该图标指定的目的位置。

- 交互控制的转移：使导航图标依附于交互图标，创建一个交互结构。当程序条件或读者操作满足响应条件时，自动跳转到导航图标指定位置。

单击“导航”图标，打开其属性对话框，如图 6-152 所示。

图 6-152　“属性：导航图标”对话框

其中，“目的地”下拉列表框是导航图标的链接目标属性，包括以下 5 个选项。

- “最近”：到最近访问过的页面。
- “附近”：到相邻的页面。
- “任意位置”：到任何页面。
- “计算”：到由计算确定的页面。
- “查找”：到搜索得到的某个页面。

图 6-153 和图 6-154 分别是选取“附近”和“任意位置”后出现的对话框。

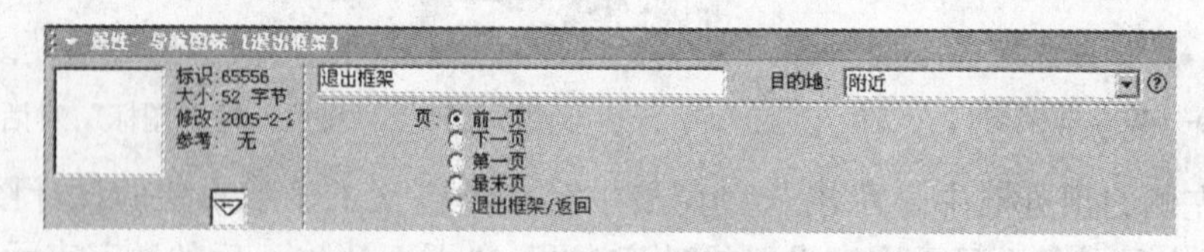

图 6-153　“附近”属性对话框

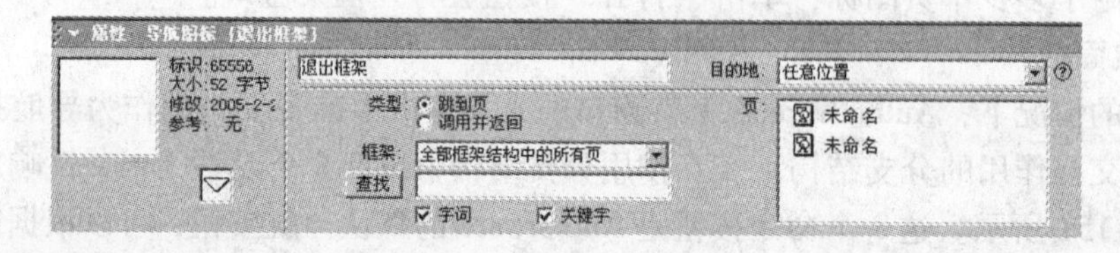

图 6-154　“任意位置”属性对话框

5. 实训　电子相册的制作

打开素材库中的“电子相册．a7p”，运行效果如图 6-155 所示，可以单击后页、前页、末页等浏览相册。本程序的总流程图如图 6-156 所示。

（1）制作目的

熟悉框架图标、导航图标的使用方法。

（2）知识点

框架结构与自定义按钮。

（3）制作注意事项

背景图片、GIF 动画和交互控制图标的层分别为 2、3 和 3。

（4）制作步骤

1）在流程线上添加一个计算图标，命名为“重设窗口”。双击该图标，在其中输入语句“Resize Window（640，480）”，修改演示窗口的大小。

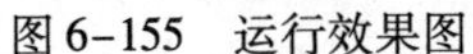
图 6-155　运行效果图

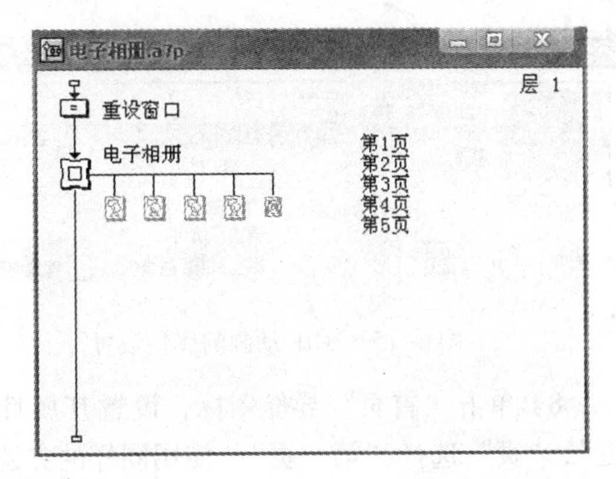

图 6-156　“电子相册 . a7p”的总流程图

2）在流程线上“重设窗口”图标的下方添加框架图标，命名为“电子相册”。

3）在“电子相册”框架图标的右下方添加 5 个显示图标，构成分支，分别命名为“第 1 页”、“第 2 页”、“第 3 页”、“第 4 页”、“第 5 页”，导入图片 01. jpg、02. jpg、03. jpg、04. jpg、05. jpg 到这 5 个显示图标中。至此，程序的一级流程线完成，如图 6-157 所示。

4）现在开始修改框架窗口流程线。双击流程线上的“电子相册”框架图标，打开框架窗口，把入口窗格中的所有内容全部删除，去除默认导航按钮，然后在其中重新添加内容。

5）首先在框架入口窗格中添加显示图标，将其命名为“背景”。双击此图标，在其中导入电子相册素材中的“bj. psd”图像作为背景图像，并在其属性面板中设置层为 2，如图 6-158 所示。

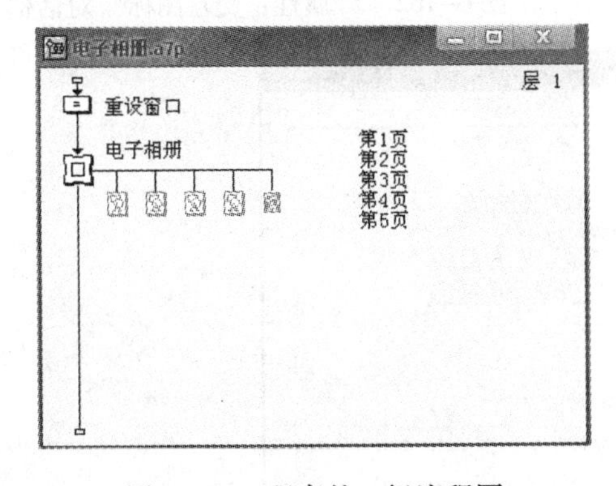

图 6-157　程序的一级流程图

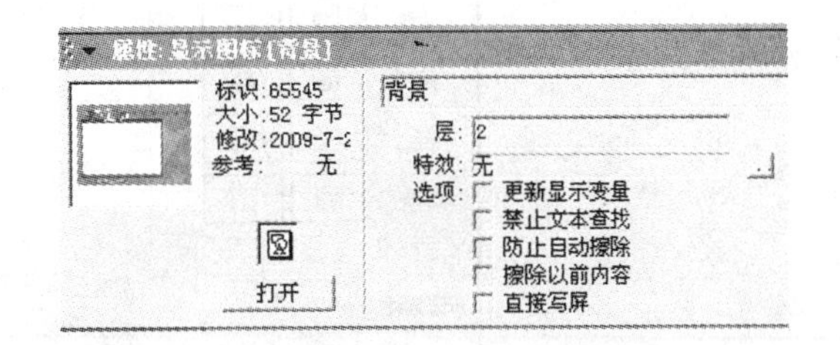

图 6-158　“属性：显示图标”对话框

6）执行菜单命令“插入”→“媒体”→“GIF 动画”，在“背景”图标下方导入“TIANS. gif”动画，设置其属性面板，层设为 3，模式设为透明，如图 6-159 所示。

7）接着在“GIF 动画”图标的下方添加一交互图标，命名为“控制”。单击交互图标，在其属性面板中设置“层”为 3。然后，在“控制”图标的右侧添加一个导航图标，选择按钮交互方式，并将导航图标命名为“首页”。用同样的方法，在“首页”图标的右侧再添加 4 个导航图标。然后分别命名为“前页”、“后页”、“末页”和“退出”。此时的框架流程线如图 6-160 所示。

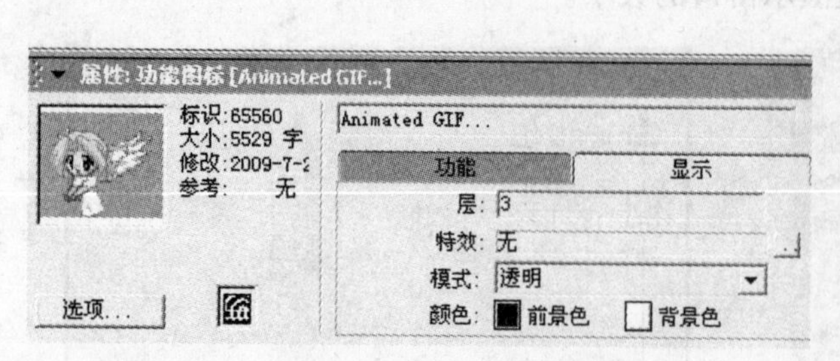

图 6-159　GIF 动画的属性设置

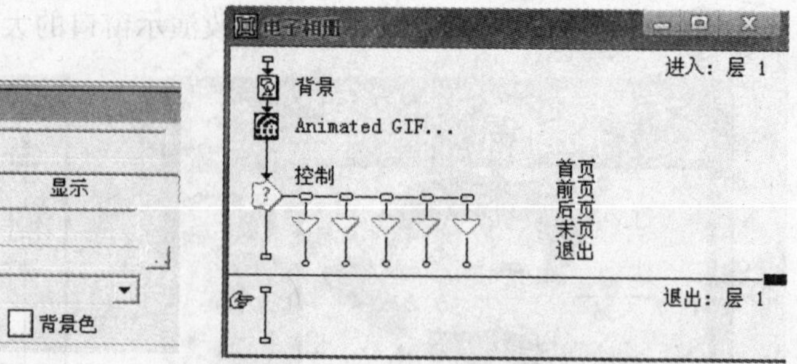

图 6-160　框架入口窗格中的内容

8）单击“首页”导航图标，设置其属性面板如图 6-161 所示，“目的地”选择“附近”，“页”选择“第一页”。使用同样的方法设置其他 4 个导航图标，“页”分别选择“前一页”、“下一页”、“最末页”、“退出框架/返回”。

9）单击“首页”按钮响应类型标记，打开“属性：交互图标”对话框，如图 6-162 所示，单击“按钮”→“添加”按钮，打开“按钮编辑”对话框。选择状态列中的“未按”按钮，单击“导入...”按钮，导入电子相册素材中的“button_03. gif”图片，如图 6-163 所示。用同样的方法依次选择状态列中的“按下”“在上”按钮，分别导入电子相册素材中的“button_03 - Over. gif”图片。

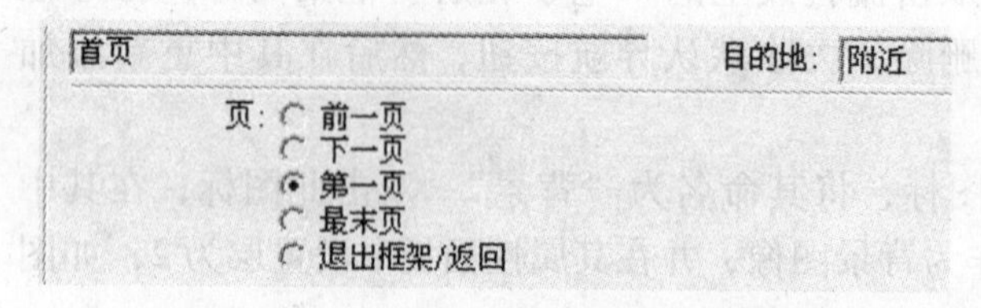

图 6-161　“首页”导航图标的设置

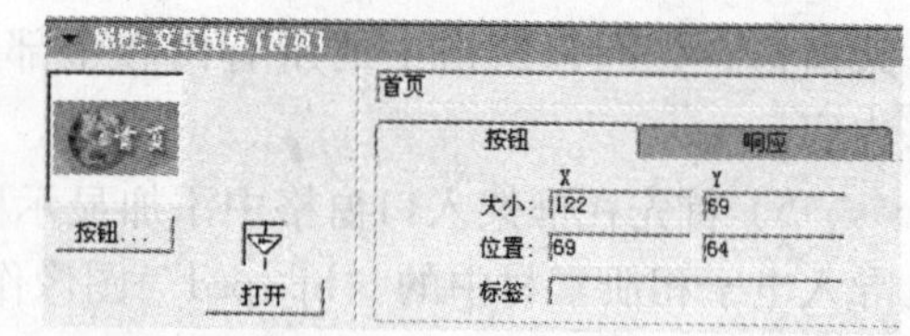

图 6-162　“属性：交互图标”对话框

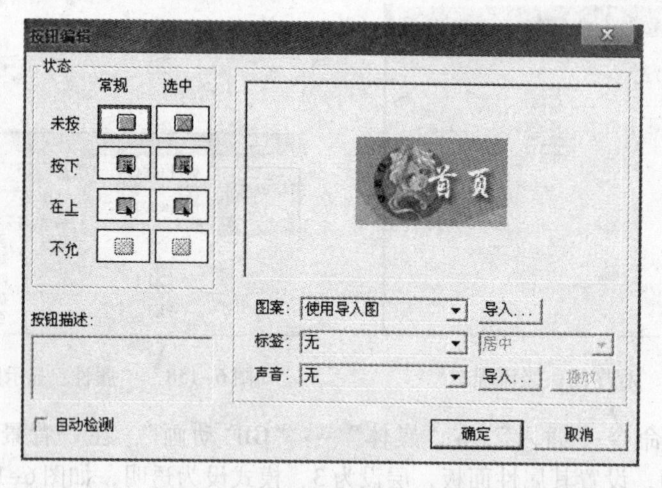

图 6-163　“按钮编辑”对话框

用同样的方法，分别给其他 4 个按钮进行自定义，可在素材库中导入相应的按钮图片。

10）现在开始在出口窗格中添加内容。首先添加一计算图标，在其中添加“EraseAll( )”函数。

11）在计算图标的下方添加一显示图标，命名为“退出界面”，在其中导入电子相册素材中的“JM. jpg”图片。

12）在“退出界面”显示图标下方添加一等待图标，命名为“等待”，其属性面板如图6-164所示。

13）在等待图标下方添加一擦除图标，用于擦除退出界面图标中的图片。

14）最后在擦除图标的下方添加一计算图标，在其中添加“quit()”函数。

15）到此为止，框架图标中的内容全部添加完毕，效果如图6-165所示。

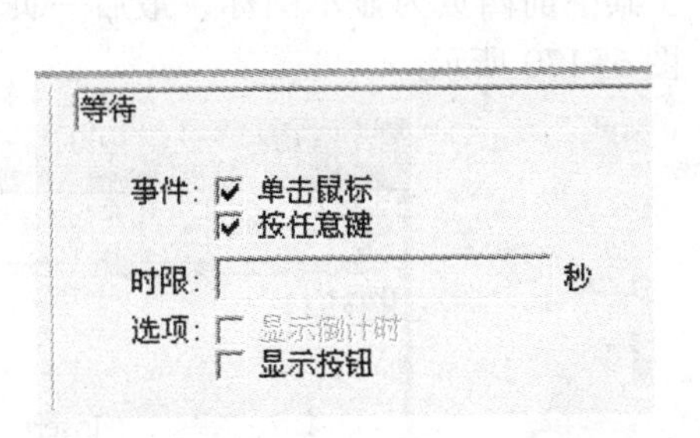

图6-164 “等待”图标的设置

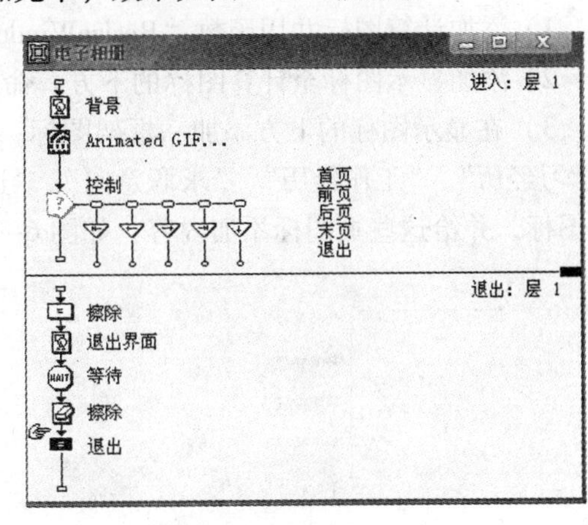

图6-165 框架窗口中的内容

16）按〈Ctrl + S〉组合键保存该程序。

6.5.3 Authorware 超文本的使用

超文本是一种非连续的文件信息显示方式。当用鼠标点击超文本对象时，就会链接到与超文本相关的信息处。超文本和普通的文本都是文本，但有着本质的不同。普通文本只是用于显示信息，而超文本虽也有显示信息的功能，但其主要用于链接。超文本的功能类似于按钮，单击它就可进入相应的内容。

打开素材库中的“个人简历. a7p”，运行效果如图6-166所示。本程序的总流程图如图6-167所示。

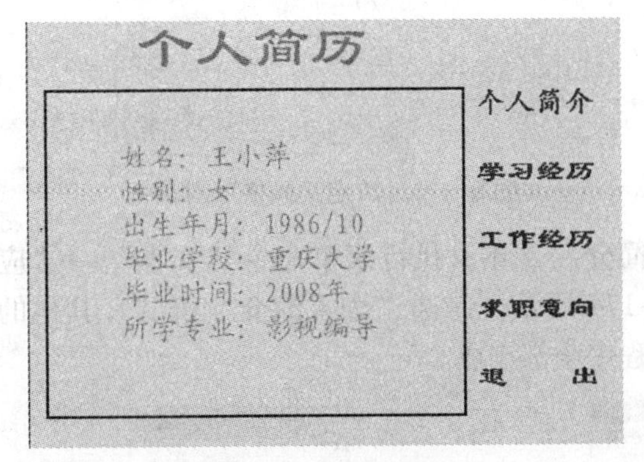

图6-166 运行效果图

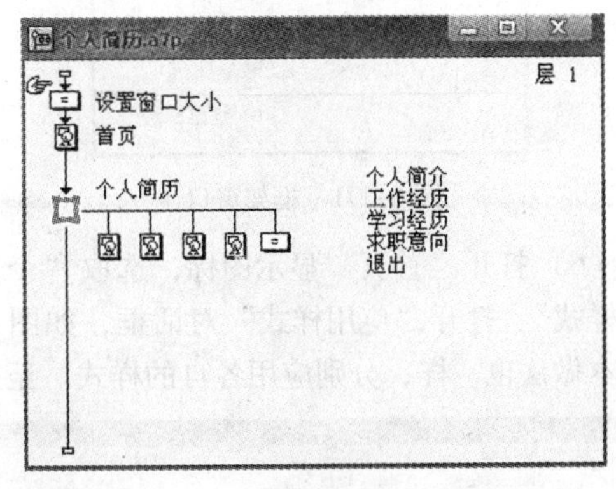

图6-167 “个人简历. a7p”的总流程图

（1）制作目的

熟悉建立超文本链接的过程。

(2) 知识点

框架图标、页图标、导航与超文本的联系。

(3) 制作注意事项

本题采用的交互方式不是按钮而是超文本链接，所以框架窗口的入口窗格中的默认导航要删除。

(4) 制作步骤

1) 添加计算图标并用函数“ResizeWindow（500，350）”设置演示窗口大小。

2) 添加显示图标至计算图标的下方，命名为“首页”，内容如图 6-168 所示。

3) 在显示图标的下方添加一框架图标，并建立 5 个页图标，分别命名为“个人简介”、“学习经历”、“工作经历”、“求职意向”、“退出”。其中前四页为显示图标，最后一页为计算图标，并给这些页图标添加内容，如图 6-169、图 6-170 所示。

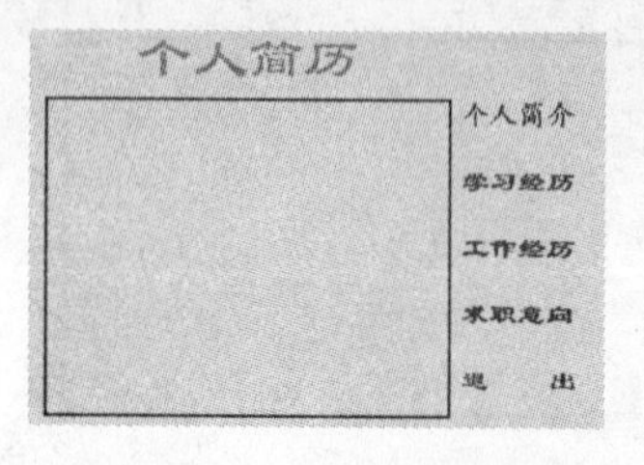

图 6-168 显示图标的内容

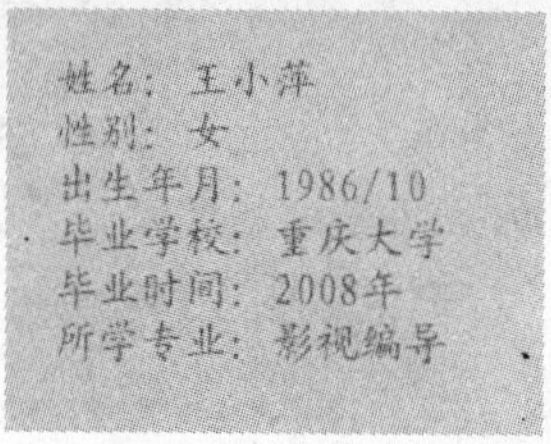

姓名：王小萍
性别：女
出生年月：1986/10
毕业学校：重庆大学
毕业时间：2008年
所学专业：影视编导

图 6-169 “个人简介”的内容

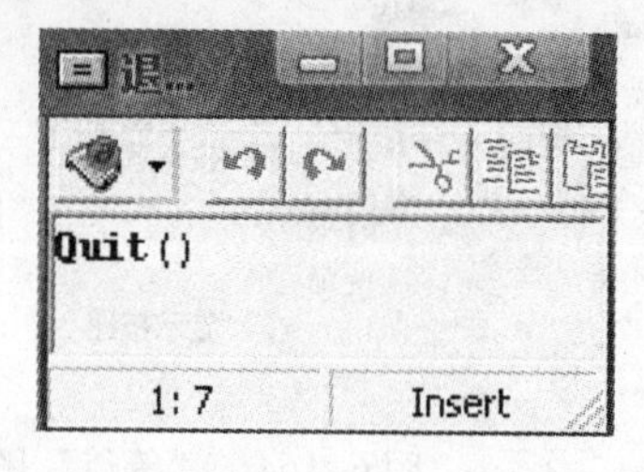

图 6-170 “退出”的内容

4) 双击框架图标，打开框架窗口，把入口窗格中的内容全部删除，如图 6-171 所示。

5) 执行菜单命令“文本”→“定义样式”，打开“定义风格”对话框，进行样式的设置，如图 6-172 所示。设置好相应的字体、字号、颜色和交互方式后，选取“导航到”复选框，并单击进入导航标记，设置超文本所链接的页图标，如图 6-173 所示。最后，单击“完成”按钮结束。

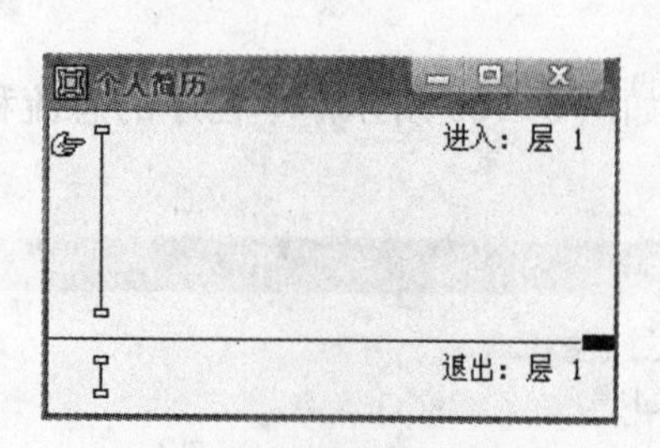

图 6-171 框架窗口

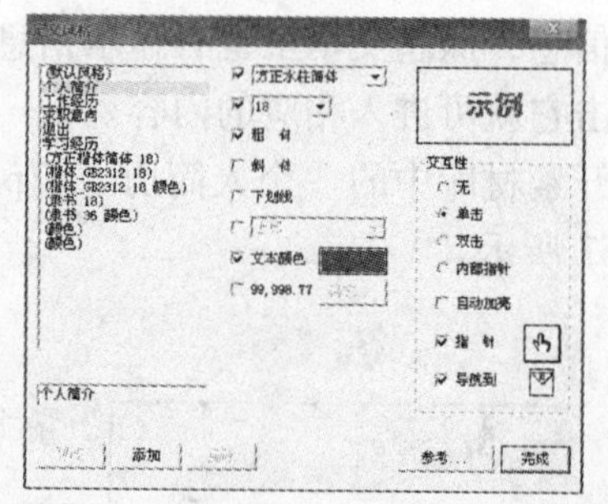

图 6-172 “定义风格”对话框

6) 打开“首页”显示图标，选取“个人简介”文本，执行菜单命令“文本”→“应用样式”，打开“应用样式”对话框，如图 6-174 所示，勾选“个人简介”样式。其他的文本做法也一样，分别应用各自的样式。至此程序全部完成。

图 6-173 设置超文本与页图标之间的联系

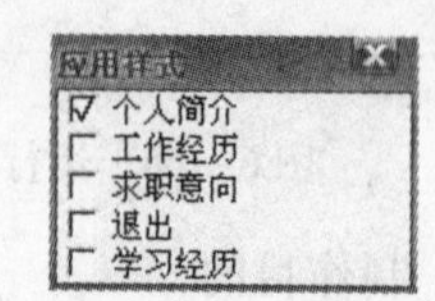

图 6-174 “应用样式”对话框

6.6 知识对象

知识对象是一些预先编写好的模块，它能够提供某种功能，如课程结构或学习策略等。模块是流程线上的一段逻辑结构，它可以包含各种图标和分支结构，而知识对象是对模块的扩展，即带有向导的模块。

利用库文件，可以多个应用程序共用一个图标，避免大量重复劳动和冗余数据。但库文件的应用有一个严格的限制，即只能存储一个独立的图标。如果要对程序逻辑结构或功能模块进行复制使用，则需要用到 Authorware 提供的知识对象。

6.6.1 知识对象的分类

使用知识对象提供的向导，可以更加方便、快捷地自动生成需要的模块。

知识对象大体可以分为两类：框架和资源。框架知识对象用于提供程序模块，而资源知识对象提供某些功能元素，如滑块、消息框、对话框、按钮等。

每次进入 Authorware 7 都会弹出“新建”操作向导，询问用户是否为新文件加入知识对象，如图 6-175 所示。

图 6-175 所示的两类知识对象属于“新建文件”类，都是结构知识对象，一般来说不会开始就加入，因此应单击“取消”按钮。单击工具栏上的按钮，这时会出现“知识对象”窗口，也可通过“窗口”菜单打开该面板，如图 6-176 所示。用户可以在“分类”拉列表中看到知识对象的类别，如图 6-177 所示。

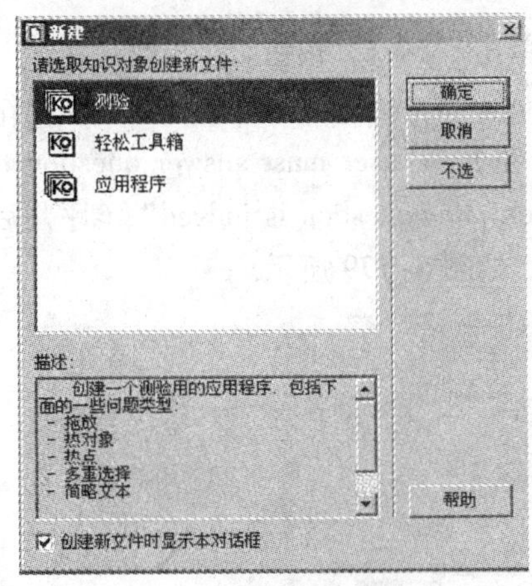

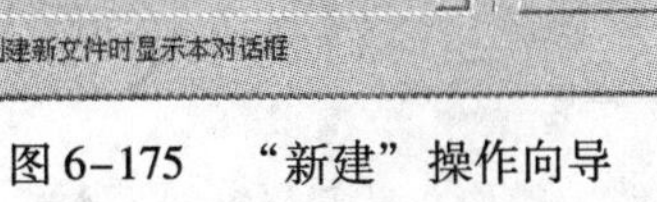

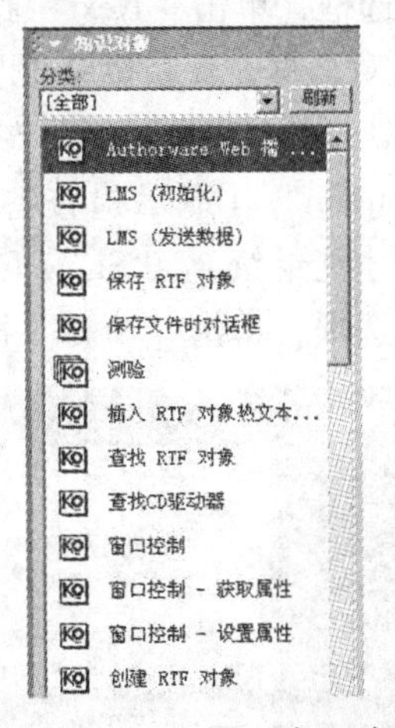

图 6-175 “新建”操作向导　　图 6-176 “知识对象”窗口　　图 6-177 “分类”下拉列表

为了让读者对知识对象有一个比较具体的了解，下面以一个实例来介绍知识对象的使用。

6.6.2 利用测验用知识对象创建测验试卷

利用测验用知识对象可以创建测验试卷。试题的类型有单选题、多选题、判断题和简答题等。当考生做完试卷时，系统可自动统计考试成绩，使用十分方便，操作步骤如下：

1）启动 Authorware 7 后，打开“新建”操作向导，单击“确定”按钮，为新文件加入知识对象。打开“Introduction”对话框，单击“Next”按钮。

2）打开“Delivery Option”对话框，设置窗口大小，选择“640×480”单选按钮，单击“Next”按钮。

3）打开“Application Layouts”对话框，为测验窗口选择一种风格样式，单击“Next”按钮。

4）打开“General Quiz Options”对话框，设置答题次数（Default number of tries）及试题答案标签（Destractor tag），在“Default number of tries”文本框中输入“1”，选择“A，B，C...”单选按钮，如图6-178所示，单击“Next”按钮。

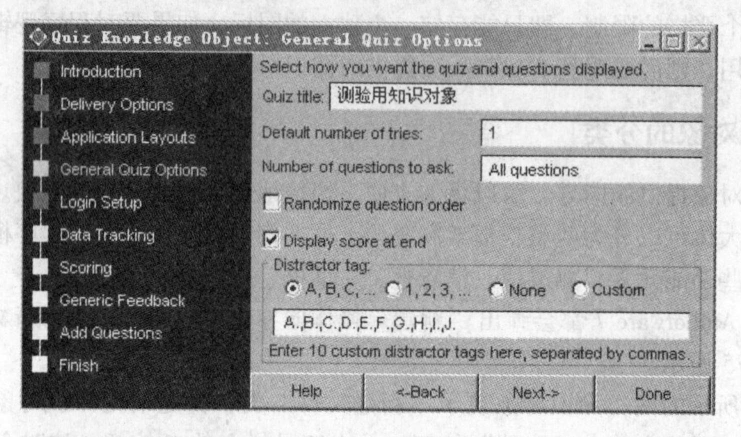

图6-178 “General Quiz Options”对话框

5）打开“Login Setup”对话框，设置测验开始的登录界面。如果不在这里设置，取消“Show login screen at start”复选框，单击“Next”按钮。

6）打开“Date Tracking”对话框，保持默认设置，单击“Next”按钮。

7）在“Scoring”对话框中包括“judge user response immediately”（立即评判答题结果）、“Display Check Answer button”（显示检查答案按钮）、“user must answer question to continue”（考生必须回答问题才能继续）、“Show feedback after question is judged”（评判后显示反馈）等选项。保持默认选项，单击“Next”按钮，如图6-179所示。

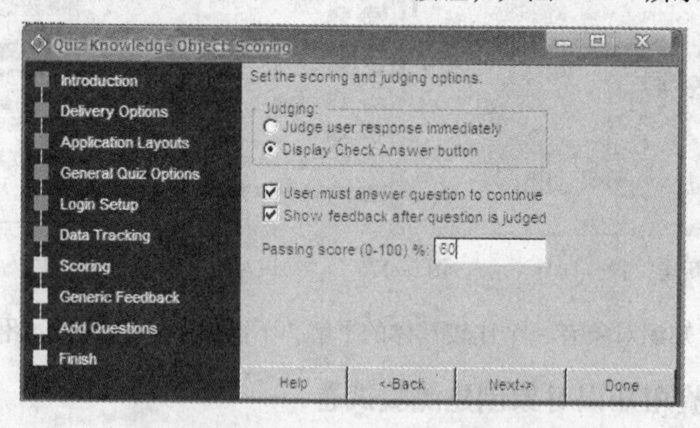

图6-179 “Scoring”对话框

8）打开“Generic Feedback”对话框，设置反馈答案“肯定（Positive）”与“否定（Negative）”。保持默认选项，单击“Next”按钮。

9）打开“Add Questions”对话框，选择试题类型“Single Choice”（单选题）、“Multiple

Choice”（多选题）、“Short Answer”（简答题）和“True/False”（判断题）。单击试题类型按钮，添加相应的试题，如图 6-180 所示，单击“Next”按钮。

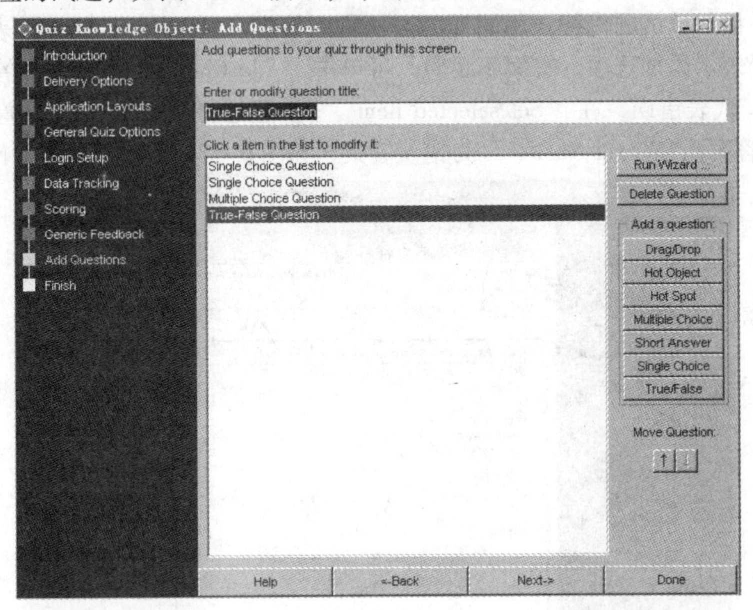

图 6-180　“Add Questions”对话框

10）打开“Finish”对话框，单击“Done”按钮完成设置。在设计窗口中分别将试题类型名称改为中文，如图 6-181 所示。

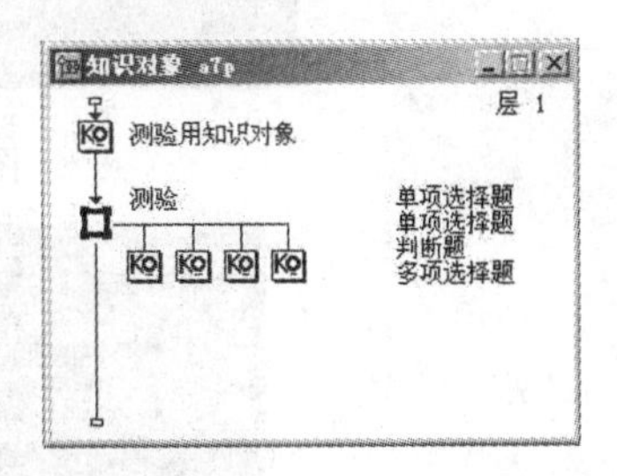

图 6-181　设计窗口

11）双击第一个“单项选择题”知识对象图标，打开“Override Global Settings”对话框，在“Default number of tries”文本框中输入 1，系统默认“Check Answer Button”（检查答案按钮）和“User must answer question to continue”（考生必须回答问题才能继续）选项，也可选择“Override judgment”复选框。改变评判模式：“immediate”立即显示结果，“No feedback”不反馈结果。选择“A，B，C...”单选按钮，如图 6-182 所示，单击“Next”按钮。

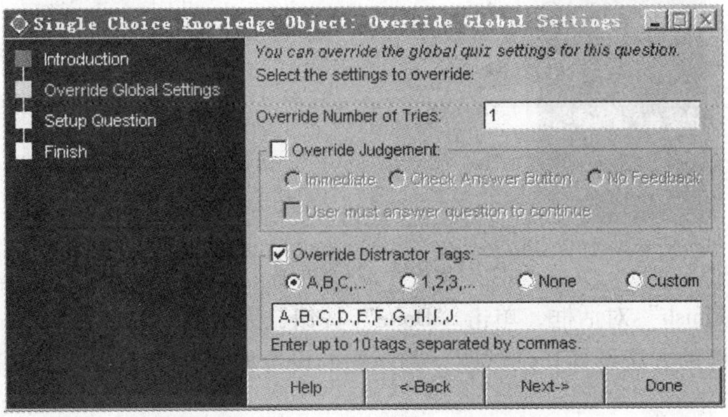

图 6-182　“Override Global Settings”对话框

12）打开如图 6-183 所示的“Setup Question”对话框，输入试题和答案。在“preview windows”中选择“Sample question...”，在“Edit windows”中输入试题。单击“Sample question...”，提示被试题代替。用同样的方法输入答案。“Delete Choice”表示删除选项，“Add Choice”表示添加选项。答案不足时，可单击“Add Choice”按钮添加答案。“+”代表正确，“-”代表错误，在“Set selected item”（设置选择项目）改变设置，“Right Answer”为正确答案，“Wrong Answer”为错误答案，如图 6-184 所示，单击“Next”按钮。

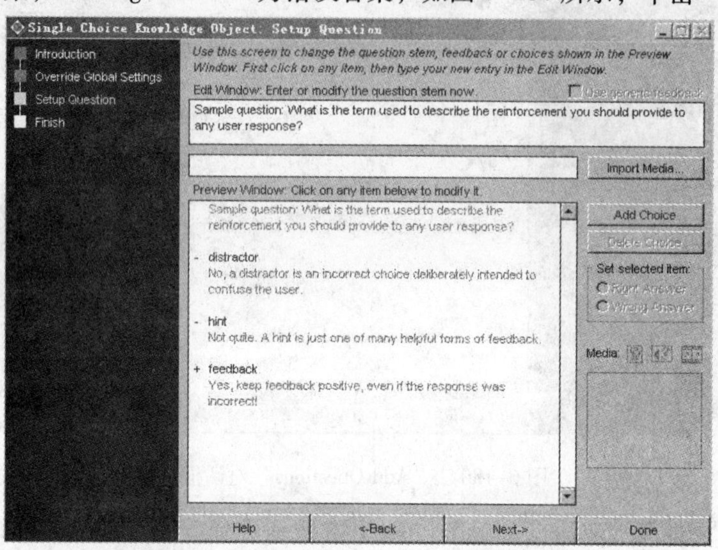

图 6-183 “Setup Question”对话框

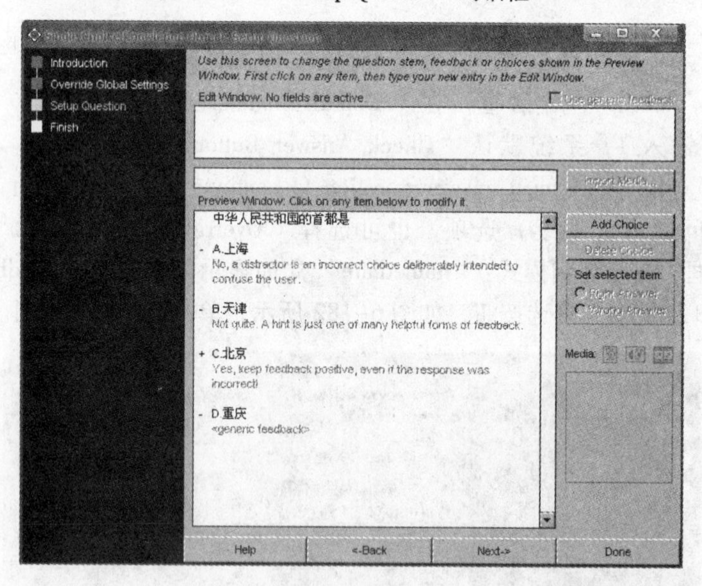

图 6-184 设置完成

13）打开“Finish”对话框，单击“Done”按钮，完成第一题的设置。

14）使用同样的方法设置其余试题，判断题的设置如图 6-185 所示，多选题的设置如图 6-186 所示。

15）保存文件，单击工具栏上的“运行”按钮，运行该程序。

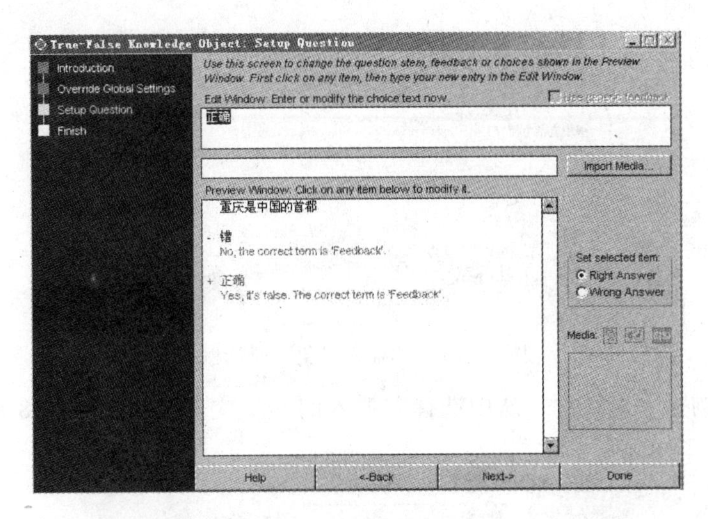

图 6-185　判断题的设置

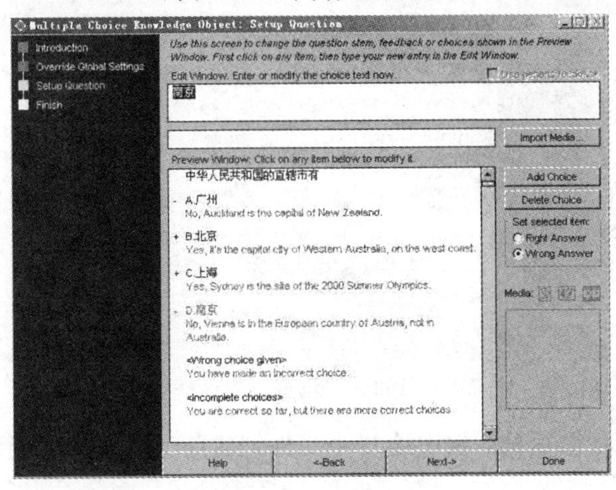

图 6-186　多选题的设置

6.7　实训　插入幻灯片

本实例制作一个在 Authorware 中播放、编辑幻灯片的效果。运行后，单击“显示”按钮，全屏播放幻灯片；单击“编辑”按钮，在窗口中编辑该幻灯片；单击“打开”按钮，在 PowerPoint 中打开幻灯片。

知识点：显示图标、交互图标、计算图标和 OLE 技术。

操作步骤：

1）启动 Authorware，单击工具栏上的按钮，新建一个文件，将其保存为“插入幻灯片”。

2）执行菜单命令“修改”→“文件”→“属性”，打开“属性：文件”对话框，在“大小”下拉列表中选择“根据变量”，取消“显示菜单栏”复选框的选定状态，将背景颜色设置为黑色。

3）拖动一个显示图标到流程线上，命名为“幻灯片”。双击显示图标，打开演示窗口，执行菜单命令“插入”→“OLE 对象”，打开“插入对象”对话框，选择“由文件创建”单选按钮，如图 6-187 所示，单击“浏览”按钮。

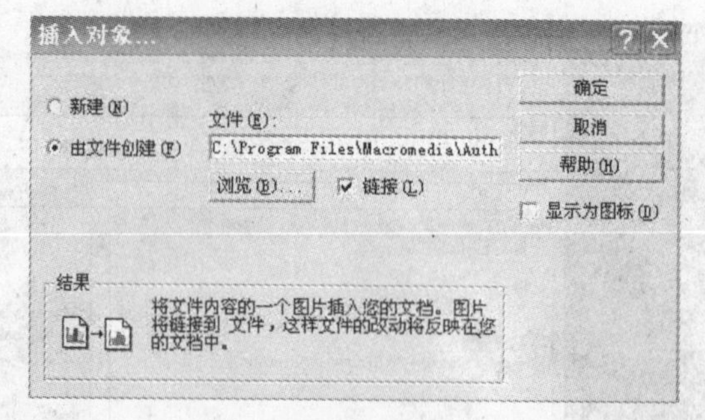

图 6-187 “插入对象”对话框

4）打开“浏览”对话框，从中选择要插入的 PPT 文件，如图 6-188 所示，单击“打开”按钮。

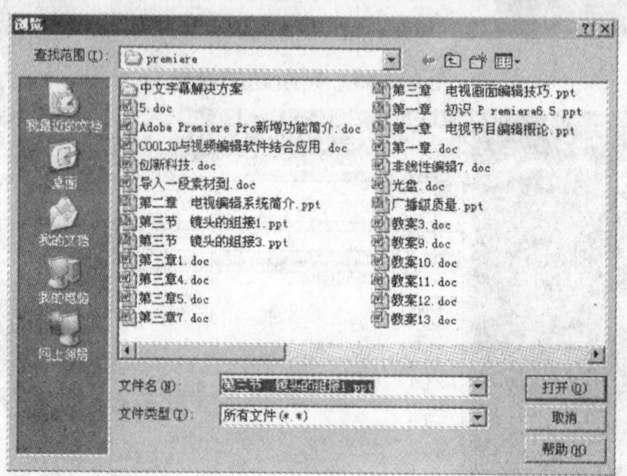

图 6-188 “浏览”对话框

5）此时，“插入对象”对话框中的“由文件创建”文本框中出现该文件的路径，单击“确定”按钮。

6）在演示窗口中插入幻灯片，如图 6-189 所示。选定演示窗口中的幻灯片，执行菜单命令“编辑”→“Linked 演示文稿 OLE 对象”→“属性”。

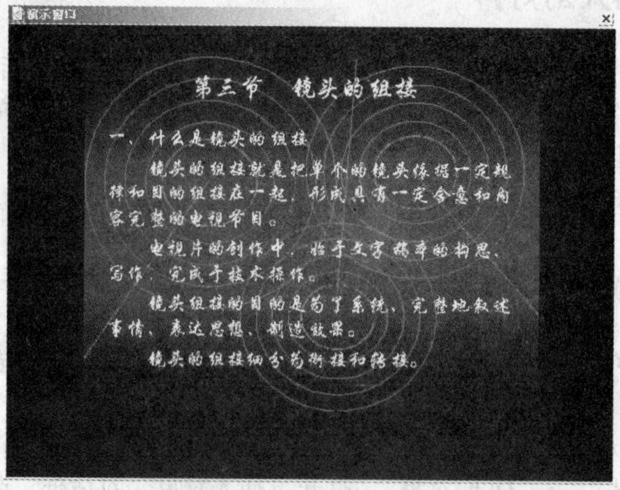

图 6-189 插入幻灯片

7）打开“对象属性”对话框，在“激活触发条件”下拉列表中选择OLE对象的激活事件“单击”；在“触发值”下拉列表中选择交互动作“显示”；选定“打包为OLE对象”复选框，否则无法控制OLE对象，如图6-190所示，单击“确定”按钮。

8）拖动一个交互图标到流程线上，命名为“控制OLE对象”。在其右侧添加3个计算图标，响应类型均设置为“按钮”，分别命名为“显示”、“编辑”和“打开”，如图6-191所示。

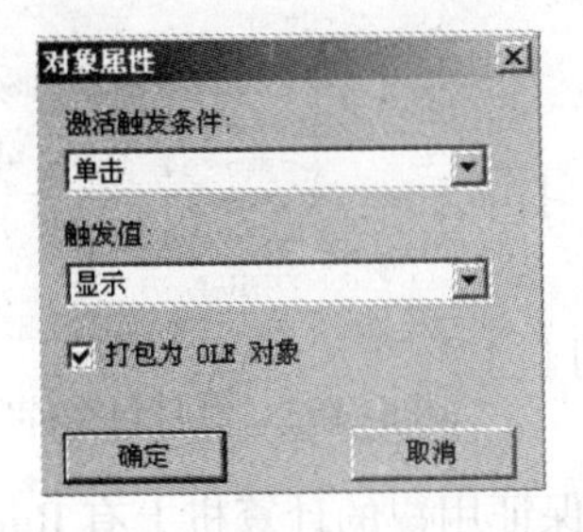

图6-190 “对象属性”对话框

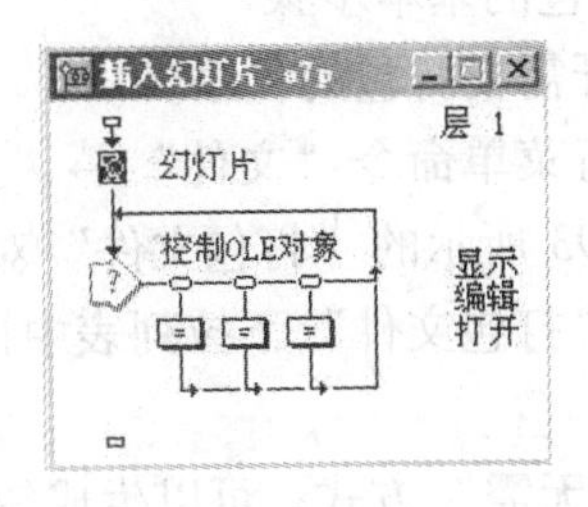

图6-191 添加图标

9）双击“显示”计算图标，打开代码窗口，输入下列代码：

```
OLEDoVerb(IconID@"幻灯片","显示")
```

10）双击“编辑”计算图标，打开代码窗口，输入下列代码：

```
OLEDoVerb(IconID@"幻灯片","编辑")
```

11）双击“打开”计算图标，打开代码窗口，输入下列代码：

```
OLEDoVerb(IconID@"幻灯片","打开")
```

12）分别单击“显示”、“编辑”和“打开”计算图标上面的响应类型标记，自定义按钮的样式，效果如图6-192所示。

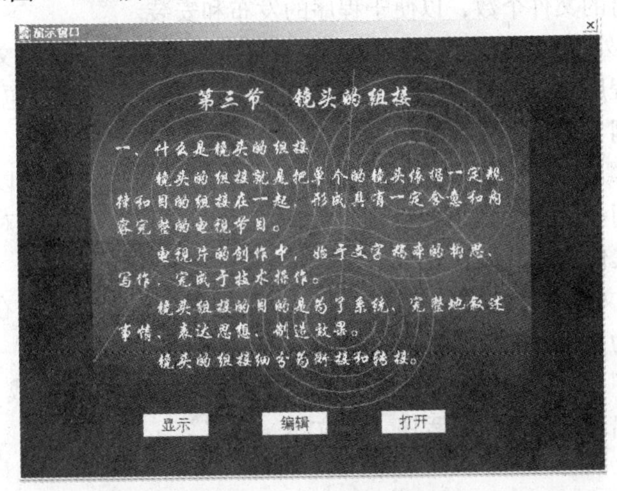

图6-192 设置好的按钮

13）保存文件。单击工具栏上的“运行”按钮可以看到效果。

14）运行程序，单击“显示”按钮，全屏播放幻灯片；单击“编辑”按钮，在窗口中编辑该幻灯片；单击“打开”按钮，在PowerPoint中打开幻灯片。

6.8 程序的打包与发行

完成多媒体作品的开发后，需要把程序变成一个可执行程序，即生成EXE文件，以便交付使用。为此要对程序进行打包处理。

(1) 打包的基本步骤

1) 打开需要打包的程序。

2) 执行菜单命令“文件”→“发布”→“打包”，打开如图6-193所示的“打包文件”对话框。

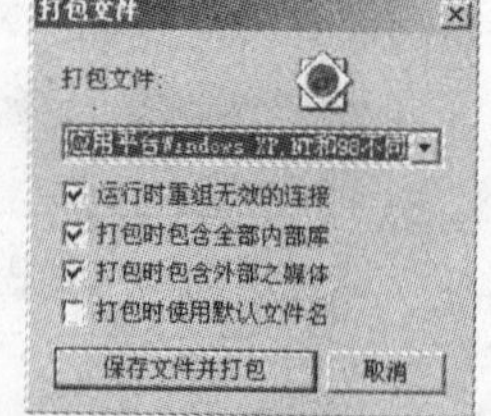

图6-193 “打包文件”对话框

3) 在“打包文件”下拉列表中提供了两种不同的打包方式。

选择“无需”方式，可以生成较小的文件，但必须保证用户的计算机上有Runtime驱动程序，否则打包的程序将无法运行。

选择“应用平台Windows XP, NT和98不同”方式，打包得到的应用程序中包含Authorware的Runtime驱动程序，打包后的程序可以独立运行于Windows 98/2000/XP环境。

4) 一般情况下，打包时都选择“应用平台Windows XP NT和98不同”方式，然后在对话框中选择相应的选项。

- “运行时重组无效的链接”。在开发程序的过程中，每在流程线上添加一个图标，系统会自动记录该图标的相关数据，并以链接方式将数据串联起来。因此，一旦修改了程序，就有可能形成断开的链接。选择该选项后，只要图标的类型和名称不变，Authorware将自动修复断开的链接。
- “打包时包含全部内部库”：选择该选项，可以将库文件打包到应用程序中。这样可以减少发行时的文件个数，以便于程序的发布和安装。
- “打包时包含外部之媒体”：选择该选项，打包时会将外部媒体文件转化为内部媒体文件打包在程序中，但是数字化电影文件除外。如果在网络打包形式下选择该选项，会使程序在网上运行得更加流畅。
- “打包时使用默认文件名”：选择该选项，打包后的文件将自动以其源文件的名称命名，并放在同一个文件夹下；否则打包时将出现“保存文件”对话框，要求用户给出打包后的文件名称及位置。

5) 单击“保存文件并打包”按钮，打开“打包文件为”对话框，在该对话框中选择文件的保存位置，并为文件命名。

6) 单击“保存”按钮，出现打包进度条。进度条消失后，则完成了打包操作。这时，会在指定的目录下出现一个可执行程序“超文本.exe”。

(2) 组织插件

双击“超文本.exe”文件，运行该程序，结果发现程序不能正常运行。在多媒体程序中，如果使用了过渡效果，或者使用了图像、声音及数字化电影等素材，以及程序中用到的外部函数、以链接形式存在的外部素材文件等，必须要有相应插件的支持，否则程序不能运行。打包时，一定要把这些文件查找出来，一同发布。除了手工查找所需的插件外，在Authorware 7.0中还可以自动查找运行程序所需的Xtras文件，方法如下。

1）执行菜单命令“命令”→“查找 Xtras”，在打开的 Find Xtras 对话框中单击“查找”按钮，结果显示出了程序中涉及的所有 Xtras，如图 6-194 所示。

2）单击“复制”按钮，在打开的“浏览文件夹”对话框中选择“超文本．exe”程序所在的文件夹，如图 6-195 所示。

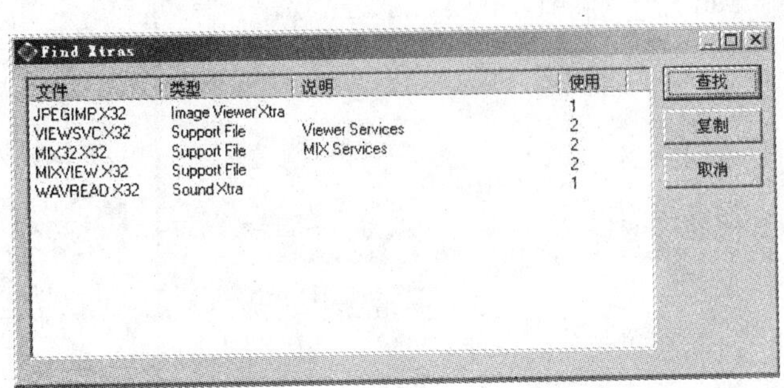

图 6-194　“Find Xtras”对话框

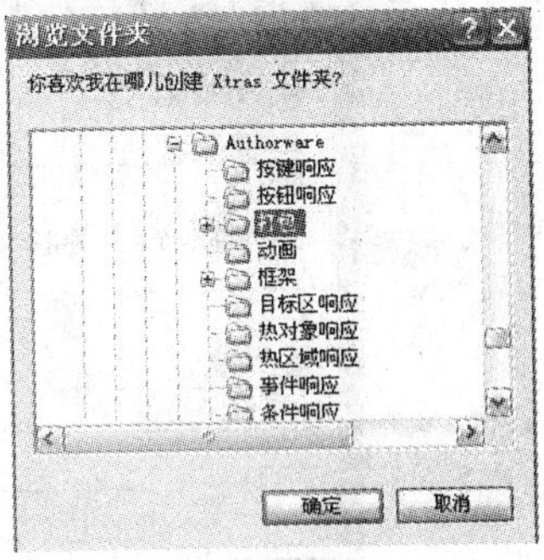

图 6-195　“浏览文件夹”对话框

3）单击“确定”按钮，将 Xtras 插件复制到“超文本．exe”程序所在的文件夹下。然后单击“取消”按钮，关闭 Find Xtras 对话框。

4）执行菜单命令“文件”→“发布”→“发布设置”，在打开的“One Button Publishing”对话框中选择“Files”选项卡，如图 6-196 所示。从中查找程序中用到 UCD、DLL 等文件，然后单击“开始”→“搜索”命令，打开“搜索结果”对话框，单击“所有文件和文件夹”选项后，在“全部或部分文件名”下的文本框中输入要查找的文件名，单击“搜索”按钮，将找到的文件复制到可执行程序“超文本．exe”所在的文件夹下，如图 6-197 所示。

5）单击“OK”按钮，关闭对话框。

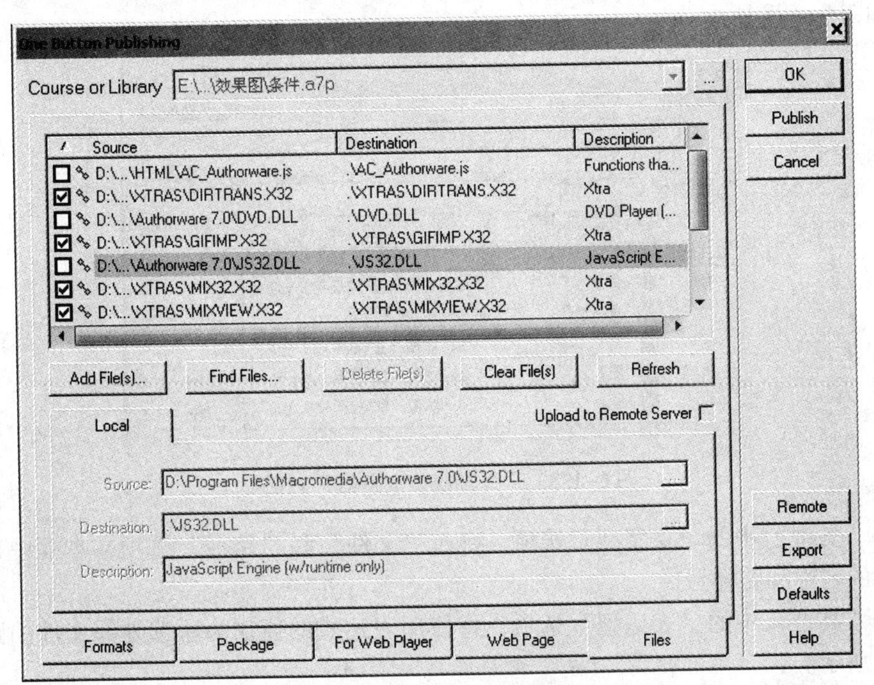

图 6-196　“One Button Publishing”对话框

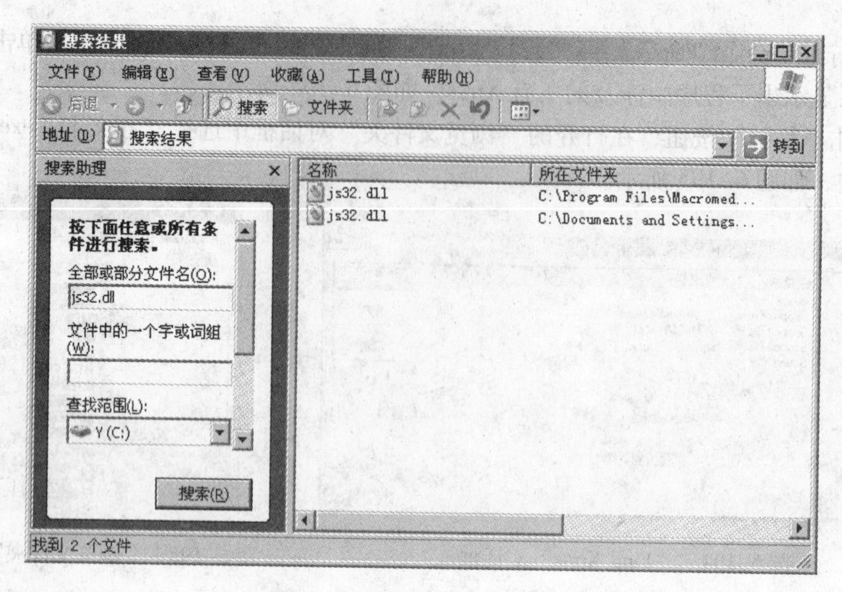

图 6-197　搜索文件

（3）组织外部文件

制作程序时如果调用了外部文件（如数字电影等文件），由于这些文件不能内嵌到程序中，而是以外部链接的形式存在的，因此打包程序前需要组织这些文件。在系统提供的外部媒体浏览器中查看并控制程序和外部文件之间的链接关系，从而完成组织外部文件的任务。

组织外部文件的操作步骤如下。

1）执行菜单命令“窗口”→“外部媒体浏览器”，打开“外部媒体浏览器”对话框。窗口下方的文本框中列出了程序调用的所有外部文件，并在链接列中显示了它们之间的链接状态，如图 6-198 所示。

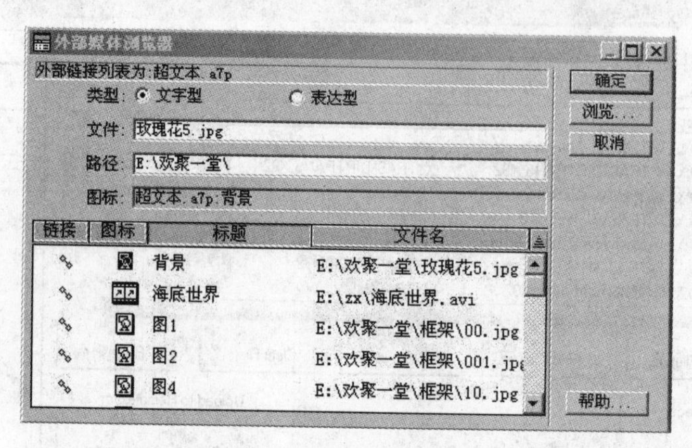

图 6-198　“外部媒体浏览器”对话框

选择“类型”中的“文字型”选项，将在“文件”和“路径”选项文本框中显示当前外部文件的名称和路径。

选择“类型”中的“表达型”选项，将使用表达式的值作为所选外部文件的路径，如图 6-199 所示。

2）如果外部文件与程序断开了链接，单击窗口中的“浏览”按钮，从打开的对话框中

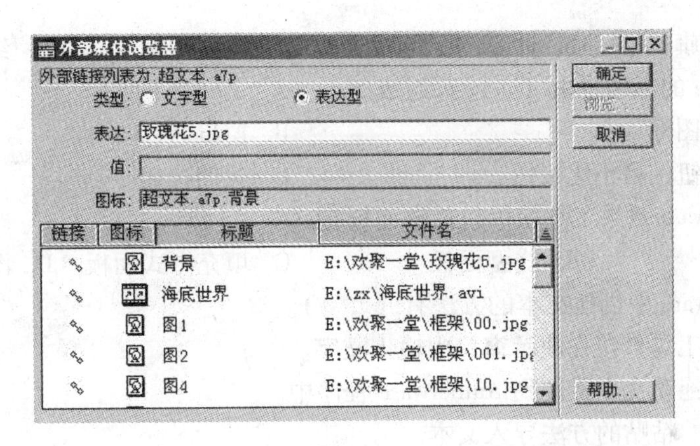

图 6-199 “类型”选择“表达型”时的对话框

重新选择外部媒体文件。

3）单击“确定”按钮确认链接操作。

当程序打包以后，由于外部链接文件不能打包到可执行程序内部，因此为了确保程序的正确运行，必须将所有的外部链接文件都复制到可执行程序所在的目录下。但是，这样虽然保证了程序的正常运行，却往往会造成文件管理混乱的现象。所以，最好把动画文件放在一个目录中，声音文件放在另一个目录中。假设把程序中所有的动画都放到了一个名称为“动画”的目录中，设计程序时，需要在“属性：文件”对话框的“交互作用”选项卡中设置查找路径，如图 6-200 所示。

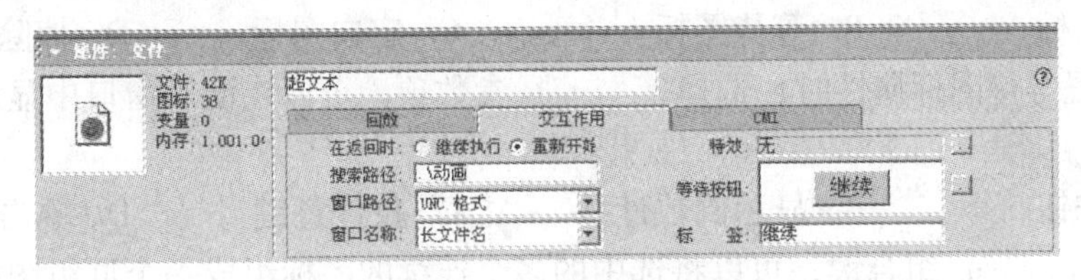

图 6-200 设置搜索路径

4）建立一个文本文件，输入如下内容。

```
[autorun]
open = 超文本 . exe
```

5）将该文件以 autorun. inf 为文件名保存在光盘的根目录下。

6）使用刻录机将该程序刻录到光盘上，一个自动运行的多媒体程序就完成了。

6.9 习题

1. Authorware 是（ ）公司开发的多媒体制作工具。

A. Macromedia　　B. Adobe　　C. IBM　　D. 无正确答案

2. Authorware 窗口有（ ）和（ ）两种。

A. 演示窗　　B. 设计窗口　　C. 编辑窗口　　D. 代码窗口

3. 使用（ ）和（ ）图标可以运行某一段程序。

A. 开始标志旗　　B. 计算图标　　C. 交互图标　　D. 结束标志旗

4. Authorware 的标题栏由（　　）组成。

A. 控制菜单图标　　B. 窗口名称

C. 最大化按钮、最小化按钮　　D. 关闭按钮

5. 在 Authorware 效果工具箱中包括的面板有（　　）。

A. 颜色面板　　B. 线型面板　　C. 填充方式面板　　D. 图层面板

6. 在 Authorware 中创建文本的方法有（　　）。

A. 利用文本工具直接在演示窗口中输入文字。

B. 利用鼠标拖动文本文件到 Authorware 程序中。

C. 利用复制、粘贴的方法导入文本。

D. 单击工具栏上的导入按钮，从弹出的对话框中选择要导入的文件。

7. 利用下面的（　　）方法可以在 Authorware 中导入图像。

A. 使用复制、粘贴命令导入图像。

B. 从外部应用程序中拖动图像到 Authorware 中。

C. 直接拖动图像文件到 Authorware 中。

D. 使用导入命令导入图像。

8. 在多媒体创作的过程中，使用（　　）图标可以实现程序的暂停。

A. 等待图标　　B. 定向图标　　C. 擦除图标　　D. 显示图标

9. 在媒体创作的过程中，使用（　　）图标可以擦除演示窗口中的对象。

A. 显示图标　　B. 等待图标　　C. 定向图标　　D. 擦除图标

10. 在设置等待图标属性时，选择（　　）参数项，可以在演示窗口中显示一个倒计时的小闹钟。

A. 显示按钮　　B. 显示倒数计秒　　C. 按任意键　　D. 单击鼠标

11. 使用（　　）组合键，可以将选中的多个连续的图标组成一个群组图标。

A. 〈Ctrl + G〉　　B. 〈Alt + G〉　　C. 〈Shift + G〉　　D. 〈Ctrl + Shift + G〉

12. 使用擦除图标擦除一个图标时将擦除此图标中的所有对象。若只需擦除其中的一个特定的对象，可以将此对象放在单独的（　　）中。

A. 显示图标　　B. 交互图标　　C. 定向图标　　D. 擦除图标

13. Authorware 提供了多种不同类型的动画方式，分别为（　　）。

A. 指向固定点　　B. 指向固定直线上的某点

C. 指向固定区域的某点　　D. 指向固定路径的终点

E. 指向固定路径上的任意点

14. 欲设置移动对象在演示窗口中的运动速度，可在（　　）选项中设置。

A. 时间　　B. 计时　　C. 速率　　D. 以上无正确答案

15. 在移动图标属性对话框中，当选择了"指向固定路径上的任意点"类型后，其执行方式的可选项包括（　　）。

A. 等待只到完成　　B. 同时　　C. 循环　　D. 永久

16. 在移动图标属性对话框中，当选择了"指向固定路径上的任意点"类型后，其执行方式的可选项包括（　　）。

A. 在结束点停止　　B. 在过去的结束点　　C. 循环　　D. 同时

17. 在“属性：移动图标”对话框中，在“出发点”、“目的地”和“结束点”文本框中用户可以输入（　　）。

A. 数值型变量　　B. 函数　　C. 表达式　　D. 数值

18.（　　）是用来放置文字、图形的地方，而（ ）是用来放置变量与函数的地方。

A. 显示图标　　B. 定向图标　　C. 计算图标　　D. 群组图标

19. 使用交互图标可以实现（　　）。

A. 交互图标的显示功能　　B. 交互图标的擦除功能

C. 交互图标的等待功能　　D. 交互图标的判断功能

20. 交互响应类型的 11 种交互类型中，有两种响应类型要与其他交互响应配合使用才能产生需要的效果，它们是（　　）。

A. 重试限制响应　　B. 按键响应　　C. 热区域响应　　D. 时间限制响应

21. 在设置完成的交互响应结构图中，我们经常可以看到的响应分支包括（　　）。

A. 退出交互　　B. 继续　　C. 重试　　D. 前两个正确

22. 在响应图标名称的左侧经常可以看到空格、加号（ + ）、减号（ – ）标记，这些标记表明了交互响应的响应状态，它们分别表示（　　）。

A. 正确响应　　B. 错误响应　　C. 不判断　　D. 以上都不对

23. 框架图标的基本功能是建立包括框架分支和框架循环的内容，它由（　　）组成。

A. 显示图标　　B. 交互图标

C. 导航图标　　D. 显示图标、交互图标、导航图标联合

24. 框架图标执行包括组成图标所具有的（　　）等功能。

A. 显示　　B. 导航　　C. 擦除　　D. 交互

25. 知识对象大体可以分为两类，它们是（　　）。其中对话框和消息框属于（　　）知识对象。

A. 框架知识对象　　B. 资源知识对象　　C. 模块知识对象　　D. 以上都不对

26. 有时要调试的程序段只是整个程序的一部分，为了避免程序从开始处运行直到流程线上最后一个设计图标或遇到 Quit 函数，可以利用（　　）来帮助只运行需要调试的这段程序。

A. 一个计算图标　　B. 一个系统函数　　C. 开始标志　　D. 结束标志

第7章　多媒体存储技术

本章要点

- CD-RW 刻录机和 DVD 刻录机
- 常用的光盘类型
- 刻录的格式、类型和文件标准
- 移动存储设备
- 移动硬盘
- Nero 的使用
- 光盘盘标的制作

7.1　刻录机

1. CD-RW 刻录机

可以在同一张 CD 可擦写光盘上进行多次数据擦写操作的设备，称为 CD-RW 刻录机。CD-RW 刻录机还可以当成一般的 CD-R 刻录机使用，因此 CD-RW 刻录机不仅可以刻录 CD-RW 光盘，也可以刻录 CD-R 光盘。当然，CD-RW 刻录机还可以当成普通的光盘驱动器使用。

目前，CD-RW 刻录机通常具有 52X（一倍数：150 KB/s）读取 CD、52X 刻录 CD-R 和 24X 刻录 CD-RW 的功能。CD-RW 刻录机采用了 Flextra Link（废盘终结）技术，在整个刻录动作中持续不断地监视缓冲区，以防在刻录时缓冲区内没有足够的数据可供刻录。如今的刻录软件对刻录资料的管理更好，缓存也提升至 2 MB，同时许多刻录机还能让用户降低刻录及重复刻录的速度至 8 倍甚至 4 倍速。这些措施都能避免缓冲区资料供应不足的发生。

2. DVD 刻录机

可以在同一张 DVD 可擦写光盘上进行多次数据擦写操作的设备，称为 DVD ± R/RW 刻录机。DVD ± R/RW 刻录机不仅可以当成一般的 DVD ± R 刻录机使用，还可以当成普通的 DVD 光盘驱动器使用。

目前 SONY 公司推出了内置 DVD 的刻录产品 AD-7240S。AD-7240S 采用了 CAV 模式进行 24X 刻录（一倍数：1358 MB/s），在此模式下，盘片可以始终保持在最高的转速上，从而获得最大的数据传输数率。刻录一张 4. 7 G 的 DVD 光盘不到 4 分钟。在性能方面，它具备了 24X DVD + R 刻录、8X DVD + RW 复写、22X DVD-R 刻录、6X DVD-RW 复写、48X CD-R 刻录、32X CD-RW 复写以及 12X DVD + R DL 刻录技术，且内建 2 MB 缓存。

在技术方面，AD-7240S 还应用了自己所独有的“3D OL Tilt”技术，能够防止因为光盘品质参差不齐而产生读写速度降低的现象，防止刻坏盘的情况发生。而“O. R. S. C 技术”则可以调整刻录功率、控制读写速度，从而降低机器运转的噪声，进而保证刻录的品质。同时它还采用先进的技术提升刻录品质，能够支持 DVD + VR 录像功能，使刻录的盘片可以直接在 DVD 录放机上播放，充分满足使用者对于 DVD 刻录机的需求。

7.2 光盘

人们通常都说“烧录光盘”，而不叫“刻录”。因为CD-R、CD-RW和DVD-RAM的刻录都是通过高温的激光来实现的，所以“烧”比“刻”似乎来得更加形象生动，它描述了CD或DVD的录制过程。但是大家都知道，在读取光盘上的数据的时候，主要是通过激光照到光盘上的凹点（Pits）和平面（Lands）来获取信息的，这些凹点就好像是事先根据需要刻画出来的一样，所以又有不少人称之为“刻录”，这也不无道理。

1. CD-R的盘片

CD-R光盘上有一层有机染料（Dye），这是CD-R光盘的灵魂。目前市面上的CD-R光盘所采用的有机染料主要有Cyanine、Phthalocyanine和AZO 3种。以这3种有机染料制造出来的CD-R光盘分别称为绿盘、金盘和蓝盘。

（1）绿盘

Cyanine是CD-R光盘的原始材料，其他两种原料都是以Cyanine为基础改良发展出来的新材料。Cyanine为一种青蓝色的感光化学材料，与反射层的黄金色混合之后，会在读写面上形成墨绿色或蓝绿色的光泽，所以用Cyanine作为原料的CD-R光盘称为绿盘。

其实Cyanine本质为青蓝色，但在制作时，因为与黄金反射层合并组合，而呈现为绿色（蓝+黄=绿）。如果使用银来作为反射层，这种光盘会呈现深蓝色。

不过绿盘也不是一成不变的，新一代的绿盘加强了感光材料的抗光性，也加强了光盘的可保存性，因此可像金盘一样拥有较长的保存时间。由于此原料颜色较浅，加上又强调保存时间能与金盘相媲美，因此厂商称之为金绿盘。金绿盘可以说是融合了绿盘的兼容性与金盘可长期保存两大优点的新产品，所以在市场上非常畅销。

许多CD-R相关技术公司都建议使用绿盘，原因是这种材质可以接收较广范围的读写激光，适用于大多数类型的光盘刻录机。而且最新的Cyanine材质可以适应不同的写入速度（1X~12X），且可应用于各种不同激光强度的光盘刻录机。更多新出品的光盘刻录机更是以Cyanine材质的光盘规格来设计和测试。

绿盘的资料保存期限约为75年，是由Taiyo Yuden公司研制开发出来的。

（2）金盘

Phthalocyanine是以Cyanine为基础改良成的原料，也是一种具有感光性质的化学材料，具有比Cyanine更好的抗光性，故具有较高的稳定性，经长时间保存后不易产生异变。以Phthalocyanine作为原料的CD-R光盘称为金盘。

金盘之所以呈现金黄的颜色，是因为制作金盘的有机染料接近透明的淡黄色，与反射层的金色混合之后，在读写面上呈现金黄色。

金盘的记录方式与绿盘完全一样。金盘的反射层是以黄金作为原料的，但极薄，没有回收价值。其实，在空白金盘上，最昂贵的部分并非黄金而是有机染料层。

金盘的资料保存期可达100年，是由Mitsui Toatsu（三井）公司研制开发出来的。

（3）蓝盘

AZO与Phthalocyanine材料一样，数据保存时间都可长达100年，不同之处在于AZO为一种金属化的有机染料，可以搭配低价位的银质反射层以降低制造成本。AZO本身为深蓝色，与银白色的反射层搭配形成蓝色的读写面，故称之为蓝盘。

现在，被称为“白金盘”的蓝盘，其兼容性不比一般绿盘差，因为其蓝色较浅且品质稳定而得此名。

蓝盘是由 Verbatim 公司研制开发出来。

绿盘是最早出现的，由于使用的染料对光的敏感度高，所以它对刻录激光的适应范围较大，兼容性最好，但现在市场上很少看到；金盘则在绿盘的基础上更加长寿，因为它所采用的染料抗光性更好；蓝盘的特点则在于非常低的区域错误率，数据的“清晰度”最高，适用于制作 VCD 和 Audio CD。而且蓝盘都有防刮伤涂层，并有很好的抗紫外线（即阳光照射）能力，寿命也与金盘相当。

2. CD-RW 的盘片

CD-RW 光盘不像 CD-R 光盘那样因为材料不同而有绿盘、金盘和蓝盘之分。CD-RW 光盘使用特殊材料——金属薄膜，利用相变技术使材料产生结晶与非结晶的变 化来表现 0 和 1 两种状态，此种材料通常呈现深色玻璃般的颜色。

3. DVD 的盘片

DVD 最主要的特色在其“超大”的容量。DVD 的大小和 CD 一样，直径为12 cm，由两张厚度 0.6 mm 的碟片贴合而成。DVD 采用尖端的 MPEG2 影像压缩技术与 PWA 高密度记录方式，单面即可记录 4.7 GB 的影像、声音及数据多媒体资讯，容量约为目前 CD 容量的 7 倍。每张 DVD 光碟的播放时间约为 133 min，也就是说可以把一整部电影录在一张碟片上。除此之外，DVD 不但可以双面记录，也可以单面分两层记录，其中两层式双面记录的最大容量约为 17 GB。

DVD 的盘片可分为 DVD-RAM（可多次写入，已趋于淘汰）和 DVD ± RW（读和重写）。DVD ± R 为一次写入光盘，可以反复读出。

由于 DVD 采用全新的 650 nm 波长的激光信号，与原先 780 nm 波长的 CD 有所不同，所以 DVD 要兼容 CD 必须在激光头上做文章。

4. 蓝光 DVD 和 HD-DVD

随着高清视频产品的出现，储存两小时 MPEG2 压缩的高画质电影或电视节目所需的容量必须超过 20 GB，而容量为 4.7GB 的 DVD 已经不能满足存储要求。

2002 年 2 月，9 家国际主流电子公司（Sony、Matsushita、HitacN、Pioneer、Sharp、Philips、Tohomson、Samsung、LGE）发表了 Blu-RayDisc 规格，稍后 Toshiba 和 NEC 提出了 HD-DVD 规格。HD-DVD 兼容性较好，而蓝光则拥有较大容量，蓝光和 HD-DVD 将成为未来高清视频应用的重点。2006 年市场上已经有不少家用型蓝光播放机销售，计算机使用的内置型蓝光刻录机也有许多品牌推出（国内市场上还没有 HD-DVD 驱动器）。

蓝光（Blu-ray）或称蓝光盘（Blu-rayDisc，缩写为 BD）是目前光存储业界新一代 DVD 光盘技术标准之一，不但可用于录制、擦写或播放高清影像，同时也可用于存储容量更为巨大的数字内容。

蓝光 DVD 目前有 3 种类型：只读蓝光驱动器（BD-ROM）、蓝光刻录机（BD-RW）和蓝光 Combo（BD-ROM + DVD-RW）。

内置式蓝光 DVD 的接口采用 IDE 接口或 SATA 接口，蓝光 DVD 的外观如图 7 – 1 所示。蓝光 DVD 为了实现与 CD 和 DVD 格式的兼容，采用了不同波长的双光头设计，红光与蓝光各自使用独立的光学反射系统来实现全兼容的目的。蓝光 DVD 支持除 HD-DVD 以外的所有 CD 和 DVD 格式。

蓝光 DVD 标准支持单写的 BD-R 和可以复写的 BD-RE 光盘，如图 7－2 所示。蓝光光盘的容量为单层 25 GB，双层 50 GB。HD-DVD 单层可记录 20 GB 的容量。目前 BD-R 和 BD-RE 格式的写入和读取的速度都只有 2X。

图 7－1　蓝光 DVD 刻录机

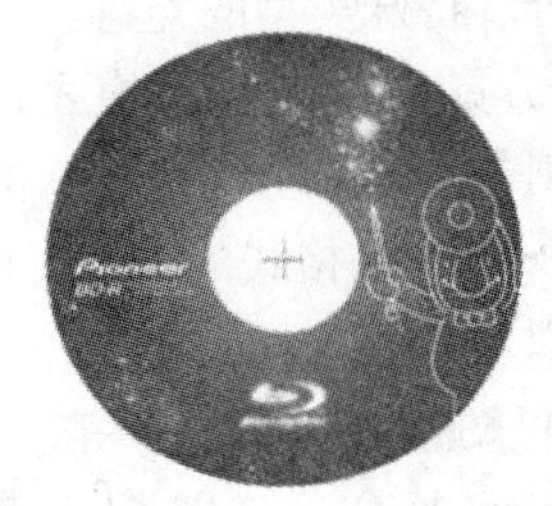

图 7－2　BD-R 和 BD-RE 光盘

目前蓝光光驱和蓝光光盘都非常昂贵。价格下降后，蓝光 DVD 将成为人们装机的首选。

7.3　刻录的格式、类型和文件标准

根据不同的需要和要求，刻录光盘必须使用不同的格式、类型和方式。下面就这个问题简要地介绍一下，以便读者对刻录 VCD 和 DVD 时应选用的格式有一个明确的概念。

1. 光盘刻录的格式与类型

目前，CD 的格式主要有三种：音乐 CD（即 CD-Digital Audio，CD-DA）、数据 CD（即 CD-ROM，又称为 CD-ROM Mode 1）和扩展体系 CD（即 CD-ROM Extended Architecture，CD-ROM XA，又称为 CD-ROM Mode 2）。前两者都很常见，而 CD-ROM XA 则是 VCD 和 Photo CD 等光盘的格式。这三种格式的最大区别在于每一扇区的字节数，CD-DA 为 2352 B/扇区，是由 Philips 和 Sony 公司于 1980 年制定的红皮书规定的；CD-ROM Mode 1 为 2048 B/扇区，是由 Philips 和 Sony 公司于 1983 年制定的黄皮书规定的；CD-ROM Mode 2，也就是我们说的用来刻录 VCD 的格式，它对数据可靠性的要求相对低一些，其规格是 2336 B/扇区，由 1989 年制定的黄皮书补充协议规定。这些标准是为了使各厂家同一类产品的压缩方式能够统一而制定，它们制定的年代不同，分别使用不同颜色的封皮装订，于是就有了以各种颜色封皮命名的标准书。

至于 CD 光盘的类型，目前共有 5 种，它们分别是音乐 CD（Audio CD）、普通的 CD-ROM（Normal CD-ROM）、多区段 CD-ROM（Multi-Session CD-ROM）、混合模式 CD（Mixed Mode CD）、特殊模式 CD（CD Extra Mode）。

2. 刻录方式

制作不同类型的光盘时采用的刻录方式也不尽相同，目前较常用的刻录方式有以下几种。

(1) 整盘刻录（Disc At Once，即 DAO 模式）

这种写入模式主要用于光盘的复制，一次完成整张光盘的刻录。其特点是能使复制出来的光盘与源盘毫无二致。DAO 写入方式可以轻松完成对音乐 CD、混合或特殊类型 CD-ROM

等数据轨之间存在间隙的光盘的复制，且可以确保数据结构与间隙长度都完全相同。值得一提的是，由于 DAO 写入方式把整张光盘当作一个区段（Session）来处理，一些小的失误都有可能导致整张光盘彻底报废，所以它对数据传送的稳定性和驱动器的性能有较高的要求。

（2）轨道刻录（Track At Once，即 TAO 模式）

这是一种以轨为单位的刻录方式。它可以向一个区段分多次写入若干轨的数据，主要应用于制作音乐光盘或混合、特殊类型的光盘。

（3）飞速刻录（On The Fly，即 OTF 模式）

这是一种很常用的刻录方式。早期的计算机运算速度无法满足要求，所以只能在刻录前将数据预先转换成使用 ISO-9660 格式的 Image File（映像文件），然后再进行刻录。目前的计算机处理速度已经可以实现完全实时转换，这种将数据自动实时转换成 ISO-9660 格式，然后进行烧录的方式就叫飞速写入。OTF 一般用于在普通光驱和刻录机之间直接复制光盘。

（4）区段刻录（Session At Once，即 SAO 模式）

这种写入模式一次只刻录一个区段而非整张光盘，余下的光盘空间下次可以继续使用，常用于多区段 CD-ROM 的制作。其优点是适合于制作合辑类型的光盘，但每次刻录新区段时都要占用约 13 MB 左右的光盘空间用于存储该区段的结构以及上一区段的联接信息，并为建立下个区段作好准备。因此区段过多会浪费较多的光盘空间，不划算。

DVD 的逻辑结构有所不同，一张 DVD 盘总是包含一个逻辑卷。对于多层 DVD 盘，卷被分成与层数相对应的分区。一个逻辑卷里的基本逻辑单元是一个逻辑扇区，它的容量是 2048 B，与一个物理扇区相对应。一个逻辑卷主要包含卷及文件结构、DVD-Video 区和非 DVD-Video 区（该区是可选的），视频文件放在 DVD-Video 区内，计算机数据放在非 DVD-Video 区内，这样就可在同一张 DVD 盘上同时存放影视节目和计算机游戏节目。DVD 盘上有浏览数据和演播数据两种数据结构。读者可以按照浏览数据中的控制信息，播放演播数据中的音频、视频和子图等数据。

与 CD/VCD 盘相似，每一层 DVD 上的数据均分为导入区、数据区和导出区三个区域，双层 OTP 盘还有一个中间区。DVD 上的数据是按扇区形式组织的，每个扇区由 1024 位数据组成，扇区之间没有间隙，并按如下方式连续地存放在盘上。

1）对于单层盘，从导入区的开始处到导出区的结束处。

2）对于双层盘的第 0 层，从导入区的开始处到中间区的结束处。

3）对于双层盘的第 1 层，从中间区的开始处到导出区的结束处。

4）对于采用 OTP 方式的双层盘，第 1 层中间区开始处的扇区号由第 0 层数据区的最后一个扇区号按位取反得到，此后的扇区号就连续增加，直至第 1 层导出区的结束处。

3. 光盘文件的标准与格式

其实读者可以把光盘文件的标准与格式看成是光盘的文件系统，它与硬盘文件系统 FAT、FAT32、NTFS 等的作用基本上是一样的。现在常用的光盘文件标准和格式比较多，因为篇幅有限，这里仅选择主要的几种讲述一下。

1）ISO-9660 由国际标准化组织于 1985 年颁布，是目前唯一通用的光盘文件系统，任何类型的计算机以及所有的刻录软件都提供对它的支持。因此，如果想让刻录好的光盘能被所有的 CD-ROM 驱动器都顺利读取的话，那就最好使用 ISO-9660 或与其兼容的文件系统，其他的文件系统只能在 CD-R 或 CD-RW 上读取，限制了光盘的通用性。ISO-9660 目前有“级别 1”和“级别 2”两个标准。“级别 1”与 DOS 兼容，文件名采用传统的 8.3 格式，而且所有字符只能是 26 个大写英文字母、10 个阿拉伯数字及下划线。“级别 2”则在“级别 1”的基础上加以改进，允许使用长文件名，但不支持 DOS。

2）Joliet 是微软公司自行定义的光盘文件系统，也是对 ISO-9660 文件系统的一种扩展，它支持 Windows 9x/NT 和 DOS，在 Windows 9x/NT 下文件名可显示 64 个字符，可以使用中文。

3）UDF 是 Universal Disc Format（统一光盘格式）的缩写。它采用了 PW（标准封装写入）技术，使用户把可写的光盘当作硬盘一样来使用，用户可以直接在光盘上修改和删除文件。它的基本原理是在进行刻录的过程中首先将数据打包，并且在内存里面临时建立一个特殊的文件目录列表，同时接管系统对光盘的访问。被删除的文件或者文件中被修改的部分其实仍然存在于光盘中，修改后的那部分则以单独的数据块写入光盘中去，但是在内存中的目录列表里通过设定允许访问、不允许访问和特殊连接等重定向寻址的方法将数据重新组合，让系统无法找到原先的数据，或者让新的数据替换老的数据，从而达到删除或者修改的目的。这样一来，当用户结束操作以后，便将新的目录表写回到光盘中去，并且把操作的内容记录下来，作为光盘的日后读取和数据恢复之用，这就大大地增强了操作的便利性。在使用 UDF 的时候，一般都可以使用 Windows 的资源管理器来进行刻录，不会像使用 ISO 的映像文件那样，每次操作完都要进行关闭区段的操作，减少了刻录失败的几率。目前使用的 UDF 技术支持 CD-R、CD-RW 和 DVD 的刻录，但是在使用之前一定要先将盘片进行格式化，而且因为要占较大的盘片空间，减少了储存的空间，所以用户要根据实际情况而使用它。

7.4 光盘的刻录

当前市面上的刻录软件非常多，本节向大家介绍一种比较流行的刻录软件。一般来说，光盘刻录机随机赠送的刻录软件往往就是它所支持的最佳刻录软件。

Nero-Burning Rom 是德国 Ahead 公司出品的光盘刻录软件，是最早支持中文文件名的刻录软件之一。Nero-Burning Rom 的功能非常强大，界面友好，使用起来很容易上手。本书中介绍的版本是 Nero-Burning Rom 9，它支持绝大多数类型的刻录机。图 7-3 是这一版本的产品信息。

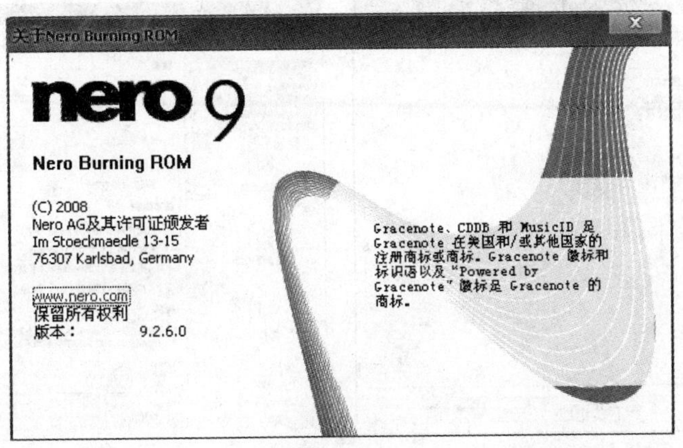

图 7-3 Nero-Burning Rom 9 的产品信息

Nero-Burning Rom 不仅支持目前所有的光盘文件系统，还支持多种类型光盘的刻录，包括标准 CD-ROM（DVD-ROM）、Audio-CD、Mixed Mode CD（音乐/数据混合模式）、MP3、WMA、音频格式的转换、Video-CD、SVCD、MiniDVD 和 DVD 等。

Nero-Burning Rom 不但支持中文文件名，还支持长文件名，可以将 ISO 的标准放宽到 8 层文件夹和 255 个字符的文件路径，以免在刻录一些文件时出错。Nero-Burning Rom 能设置文件的隐含属性和优先级别，把一些不希望别人查看的文件或者目录隐藏起来，增加了安全性。经过 Nero-Burning Rom 的处理，一些刻录失败的光盘还可以继续刻录文件，大大减少了购买刻录光盘的开销。最后，Nero-Burning Rom 还允许查看当前光盘的存储结构，但只能查看不能修改。

7.4.1 刻录数据光盘

数据光盘（Data CD）用于存储计算机数据，诸如硬盘上的文件和文件夹。数据光盘在备份重要文件或与他人共享时十分有用。

1. 简单的刻录过程

本节主要介绍使用 Nero-Burning Rom 刻录数据光盘的方法。使用 Nero-Burning Rom 刻录数据光盘的操作步骤如下：

1）在刻录机中放入空白刻录盘。

2）双击桌面 Nero-Burning Rom 图标，启动 Nero-Burning Rom。打开“新编辑”对话框，选择 CD-ROM（ISO）图标，Nero 默认打开“多重区段”选项卡，选择“没有多重区段”单选按钮，如图 7－4 所示。

“多重区段”选项卡中其他两种区段设置方式的含义如下。

- “启动多重区段光盘”：选择此单选按钮，则刻录初始多区段光盘。以后可以继续将数据刻录到这张光盘上。
- “继续多重区段光盘”：如果放入刻录机中的是一张已经保存有数据的多区段光盘，选择此单选按钮，可以继续向这张光盘上刻录数据。

3）切换到 ISO 选项卡。在“文件名长度”下拉列表中提供了“级别 1”（DOS 文件名格式）和“级别 2”（最多支持 31 个字符）两个选项。如果要使用长文件名，在下拉列表中选择“级别 2”，在“字符集”下拉列表中选择 ISO 9660。如果要使用中文文件名，在“文件系统”下拉列表中选择 ISO 9660 + Joliet，如图 7－5 所示。

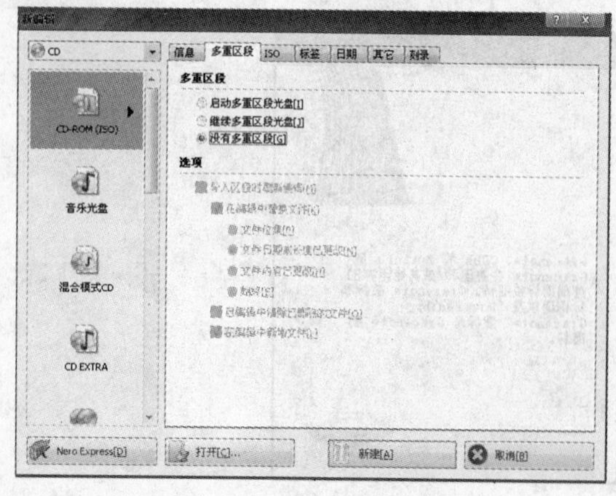

图 7－4 “多重区段”选项卡

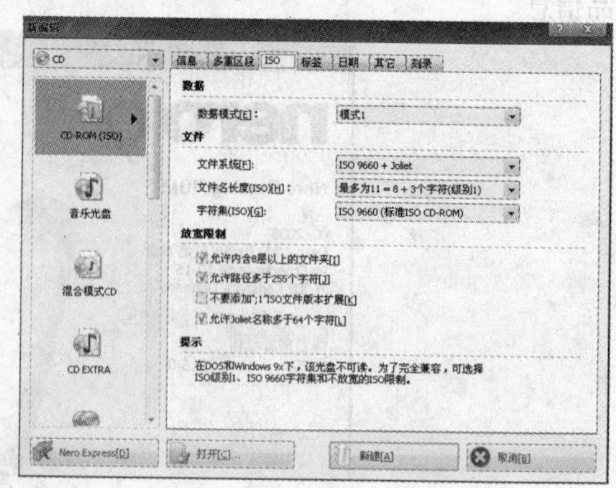

图 7－5 “ISO”选项卡

4）切换到“标签”选项卡，在此设置刻录光盘的卷标描述信息，如光盘卷标、刻录者的版权信息、所使用的刻录工具等。对于多数读者只要在“光盘名称”文本框输入想要的光盘卷标就可以了，如图 7－6 所示。

5）切换到“刻录”选项卡，在此选项卡中选中“模拟”复选框、“写入”复选框和“结束光盘”复选框，如图 7－7 所示。

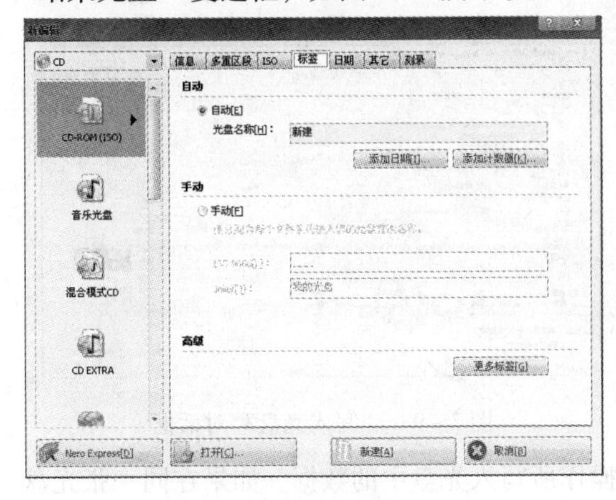

图 7－6　“标签”选项卡

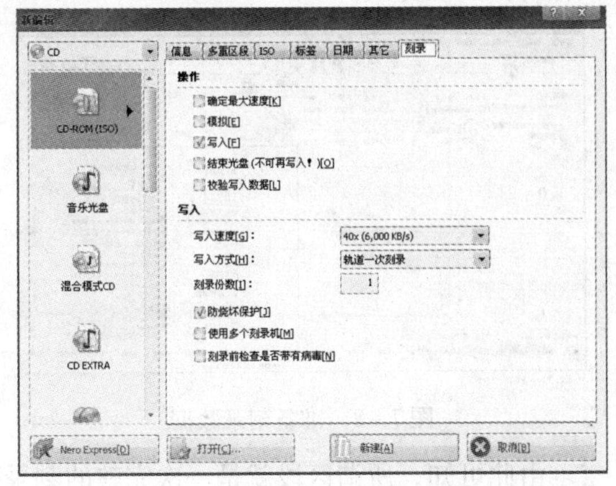

图 7－7　“刻录”选项卡

此选项卡主要包括以下内容。

- “确定最大速度”：如果选中此复选框，无论刻录速度如何设置，Nero 都会以刻录机最高刻录速度进行刻录，建议不要启用此功能。
- “模拟”：若选中此复选框，在实际刻录之前，Nero 先进行模拟刻录，并不真正写入光盘。为了提高刻录的成功率，建议选中此复选框。
- “写入”：若选中此复选框，Nero 会将源光盘内容复制到目的光盘，要复制光盘就必须选中此复选框。
- “写入速度”：在此设置实际刻录速度。
- “复制份数”：在此文本框中输入需要复制的份数。
- “使用多个刻录机”：如果计算机上安装多个刻录机，可选中此复选框使其同时刻录。

6）单击“新建”按钮，打开 ISO1-Nero-Burning Rom 对话框，然后将要刻录的数据从“文件浏览器”窗口拖动到 ISO1 窗口中，并确认 ISOl 窗口为当前活动窗口（如果不是，请单击 ISO1 窗口的标题栏），如图 7－8 所示。

7）单击“刻录当前编译”按钮，打开“刻录编译”对话框，无须更改此对话框中的任何设置。

8）单击“刻录”按钮，Nero 将依次完成扫描光盘、模拟刻录和实际写入等操作，无须用户干预，如图 7－9 所示。

9）刻录完成后会弹出“刻录完成”对话框，提示刻录成功完成。

10）单击“确定”按钮，打开“完成”对话框，单击“确定”按钮完成操作。

2. 制作多区段光盘

（1）什么是区段

简单光盘刻录必须将数据一次性全部刻入光盘，哪怕一张光盘只刻了 10 MB 的内容，这样其余690 MB的剩余空间也就白白浪费了。如果漏刻了一些数据，就要重新再来一张了。这种刻录方式称为单区段方式。

多区段光盘刻录时，一次未刻满700 MB时，剩余空间可以在下次刻录时继续写入数据，第1次刻录漏刻的数据也可以在第2次刻录时写入。每次刻录都产生一个区段，这种刻录方式称为多区段方式。

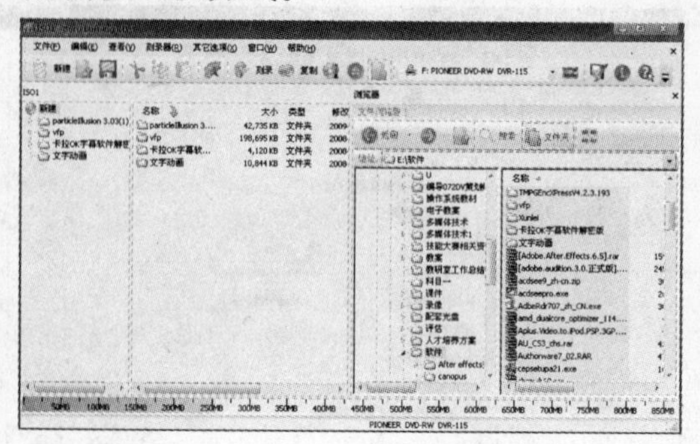

图7－8　准备刻录数据

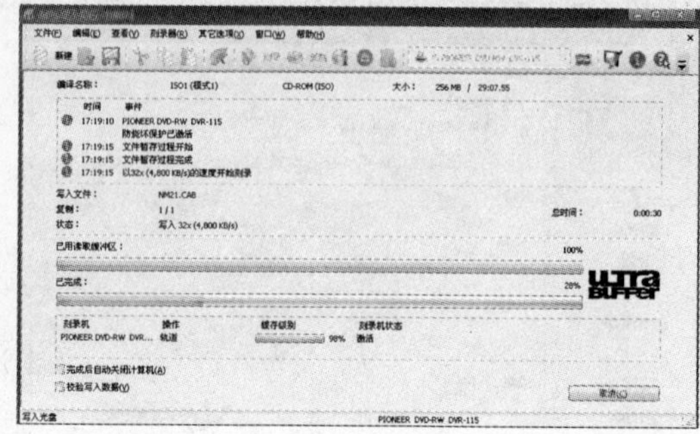

图7－9　“写入光盘”对话框

由此可知，所谓区段就是一次完整的刻录操作所写入光盘中的数据。如果在同一张光盘上作多次刻录操作，便产生多个区段，这张光盘就称为多区段光盘。

（2）使用Nero-Burning Rom刻录多区段光盘

使用Nero-Burning Rom刻录多区段光盘的操作步骤如下：

1）在刻录机中放入空白刻录盘。

2）启动Nero-Burning Rom，打开“新编译”对话框，切换到“多重区段”选项卡，选择“第一次刻录多重区段光盘”单选按钮（下次刻录则选择“继续刻录多重区段光盘”），如图7－10所示。

3）“ISO”选项卡和“标签”选项卡的设置方法参考刻录普通数据光盘时的设置。

4）切换到“刻录”选项卡，选中“模拟”和“写入”复选框并设置刻录速度及光盘数量，如图7－11所示。

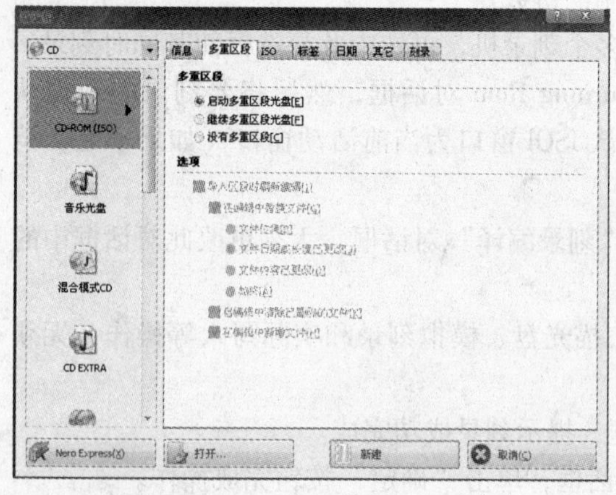

图7－10　“多重区段”选项卡

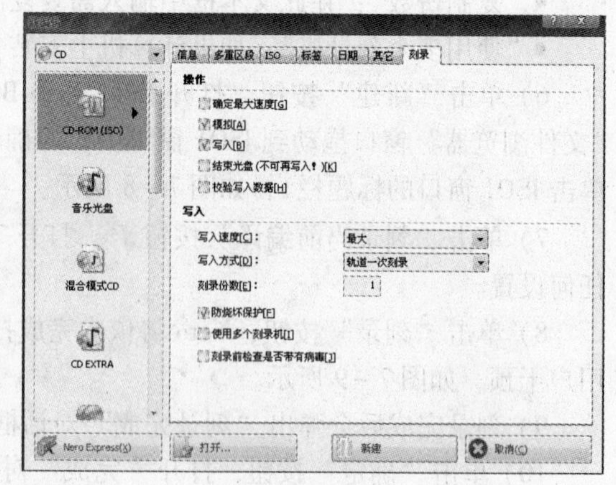

图7－11　“刻录”选项卡

5）单击“新建”按钮，进入ISO1-Nero-Burning Rom界面，将要刻录的数据从“文件浏览器”窗口拖到ISO1刻录窗口中并确认刻录窗口是活动窗口。

更改光盘卷标或刻录文件的名称，还可以创建新的文件夹以重新组织刻录光盘中的文件目录。

1. 更改光盘卷标或刻录文件名称

在刻录前，用户可以通过如下方法改变光盘卷标和刻录文件名称。

用鼠标右键单击光盘卷标，从弹出的快捷菜单中选择“重命名”菜单命令或选中光盘卷标按〈F2〉键，如图 7－15 所示。光盘卷标名称会位于一个实线框内且呈反白显示，直接输入新的卷标名称，如图 7－16 所示，然后单击卷标外的任一区域。

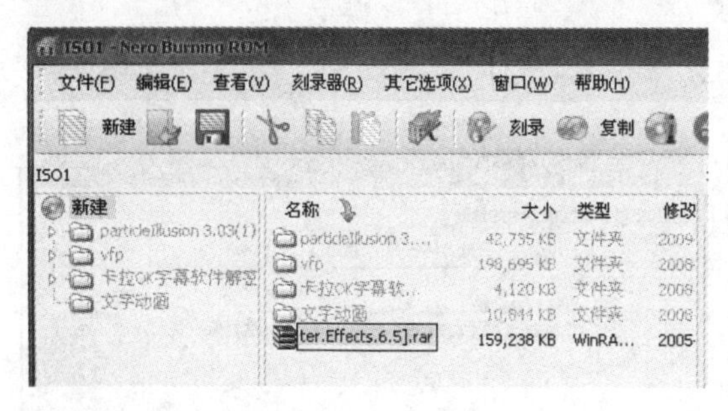

图 7－15 更改卷标名称

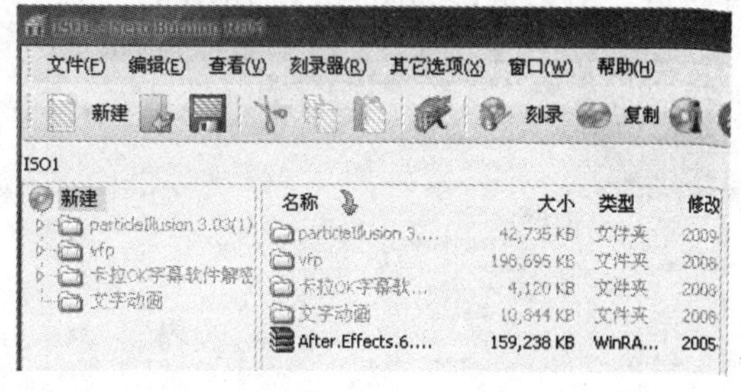

图 7－16 输入新的卷标名称

更改刻录文件名称的方法与更改光盘卷标的方法相同。

2. 建立新刻录文件夹

建立新刻录文件夹后读者可以像使用 Windows 资源管理器一样，根据自己的目的重新组织即将刻入光盘中的文件。

用鼠标右键单击刻录窗口的空白区域，从弹出的快捷菜单中选择“建立新文件夹”菜单命令，如图 7－17 所示，刻录窗口中将出现一个临时名称为“新建”的文件夹。

然后重命名新建的文件夹，如新名称为 SOFT。可以像使用 Windows 资源管理器一样在刻录文件窗口中重新组织文件了。例如，可以将一些文件夹拖动到 SOFT 文件夹中，方法是首先将鼠标指针指向要拖动的文件夹，然后按下鼠标左键不放，移动鼠标指针到 SOFT 文件夹，待 SOFT 文件夹名称周围变成蓝色时松开鼠标左键即可，如图 7－18 所示。

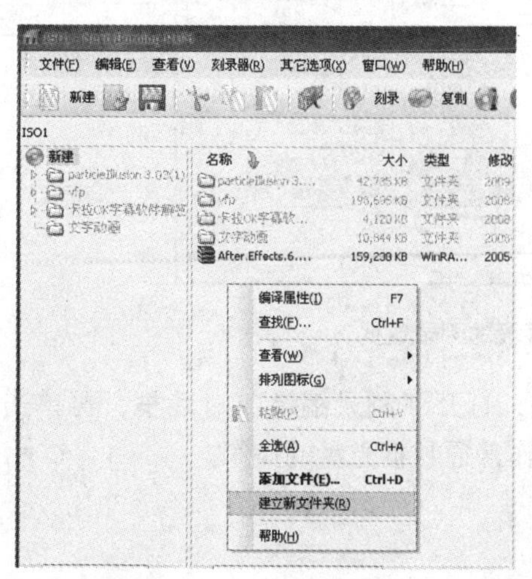

图 7－17 创建新文件夹

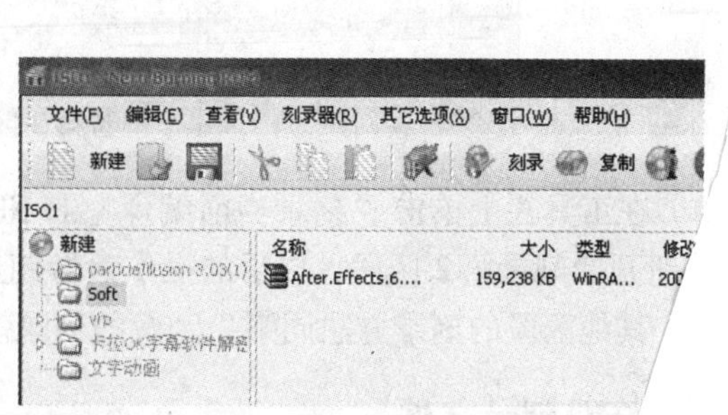

图 7－18 重新组织刻录文件

6）在工具栏上单击“刻录当前编译”按钮，打开“刻录编译”对话框，再单击“刻录”按钮开始刻录第1区段，以后的操作和刻录普通数据光盘时的操作就基本一样了。

7）将以“多重区段”方式刻录的光盘重新放入刻录机。

8）再次启动Nero-Burning Rom，打开“新编辑”对话框的“多重区段”选项卡，选择“继续多重区段光盘”单选按钮，如图7－12所示。

9）其他选项卡保持默认设置，单击“新建”按钮继续，Nero-Burning Rom扫描刻录机中的光盘，如果确认是Nero-Burning Rom以“多重区段”方式刻录的光盘，则会出现“选择轨道”对话框，如图7－13所示。

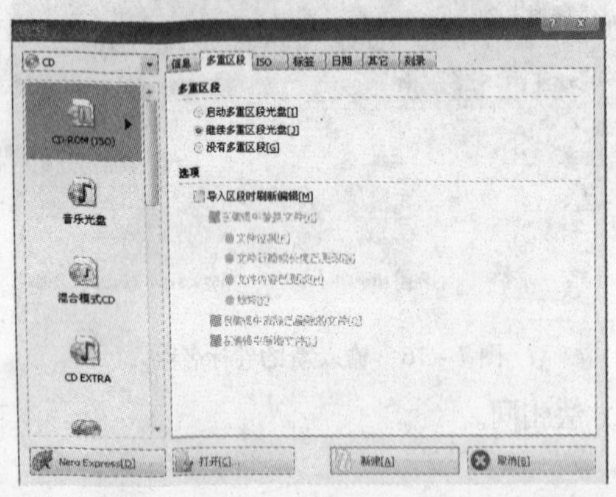

图7－12　“多重区段”选项卡

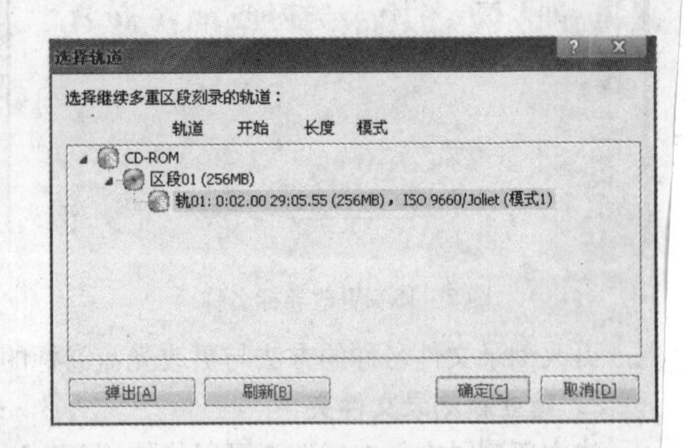

图7－13　“选择轨道”对话框

10）选择最后一个区段的最后一个轨道，单击“确定”按钮，进入ISO1-Nero-Burnin Rom界面，参考步骤5）拖动要刻录的数据，如图7－14所示。

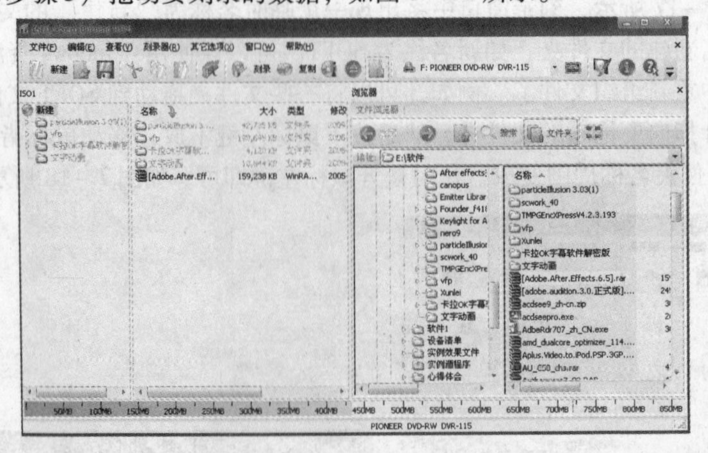

图7－14　准备第2区段的刻录数据

11）在工具栏上单击“刻录当前编译”按钮，打开“刻录编译”对话框，再单击“录”按钮开始刻录第2区段，以后的操作参考制作普通数据光盘的操作。

12）其他区段的刻录方法同第2区段的刻录。

7.4.2 整理刻录文件

在刻录光盘之前，光盘卷标和刻录文件名称并不是一成不变的，用户可以根据需要随

7.4.3 刻录音乐光盘

本小节介绍使用 Nero-Burning Rom 刻录音乐光盘的方法，音乐光盘的曲目源都是 WAV 文件。使用 Nero-Burning Rom 刻录音乐光盘的操作步骤如下：

1）将空白光盘放入刻录机。

2）启动 Nero-Burning Rom，打开“新编辑”对话框，选择“音乐光盘”图标，此时的对话框如图 7-19 所示，在相应的文本框内输入所需的内容。

此对话框主要包括如下设置选项。

- “写入光盘”：光盘文本信息是音轨的附加信息，包括音轨“标题”和“艺术家”。光盘驱动器和 CD 播放器能够读出写入光盘的文本信息。当播放音轨时，其名称和演奏者会同时显示出来。如果 CD 播放器不具备此功能，则含有光盘文本信息的音乐光盘将作为一张没有任何附加信息的普通音乐光盘来播放。
- “版权”：在此文本框中输入该音乐光盘的版权。
- “出品人”：在此文本框中输入该音乐光盘的制作人。
- “备注”：在此文本框中可以输入该音乐光盘的一些备注说明。

也可以不在此对话框中进行任何设置，这样并不影响其播放效果，只不过在播放过程不会显示此音乐光盘的信息。

3）单击“新建”按钮，进入 Nero-Burning Rom 的主界面，如图 7-20 所示。将要刻录的 WAV 文件从文件浏览窗口拖放到刻录窗口。如果要编辑音轨，可用鼠标右键单击要编辑的音轨（如轨道 1），从弹出的快捷菜单中选择“属性”菜单命令，打开“音频轨道属性”对话框，如图 7-21 所示。在此对话框中除了可以设置音轨的标题和演唱者外，还可以设置音轨的暂停时间。

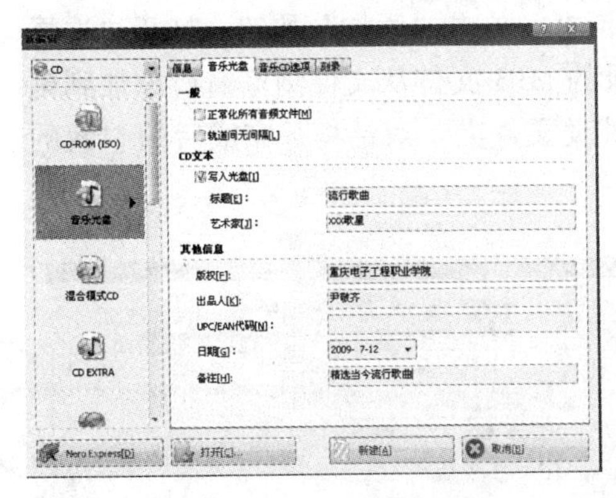

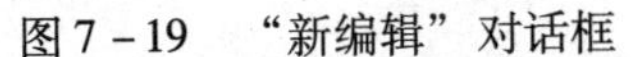

图 7-19　“新编辑”对话框

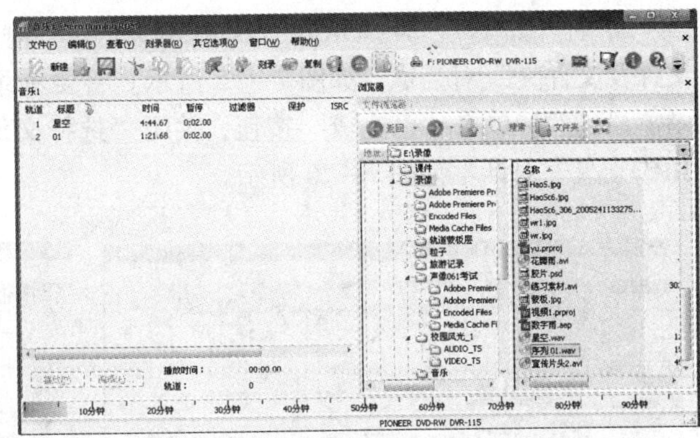

图 7-20　准备刻录所需的 WAV 文件

4）准备好要刻录的 WAV 文件之后，在工具栏上单击“刻录当前编译”按钮，打开“刻录编译”对话框，如图 7-22 所示。选中“写入”复选框，并设置写入速度，确认在“写入方式”下拉列表中选中了“光盘一次刻录”。

使用“光盘一次刻录”方式刻录音乐光盘的原因如下。

若使用“轨道一次刻录”方式刻录音乐光盘，则每刻录完成一个轨道时刻录机读写头

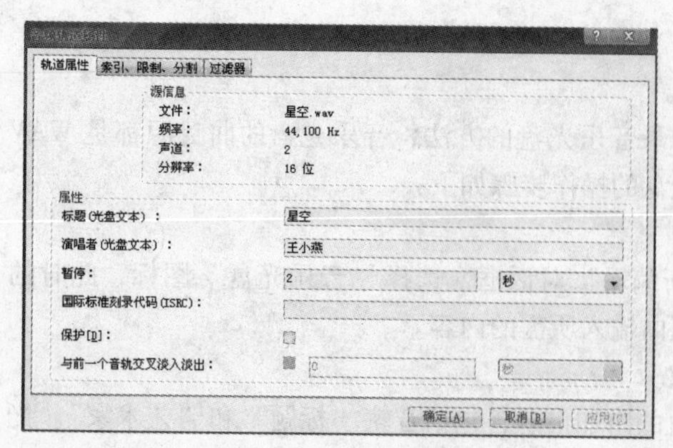

图 7-21 “音频轨道属性”对话框

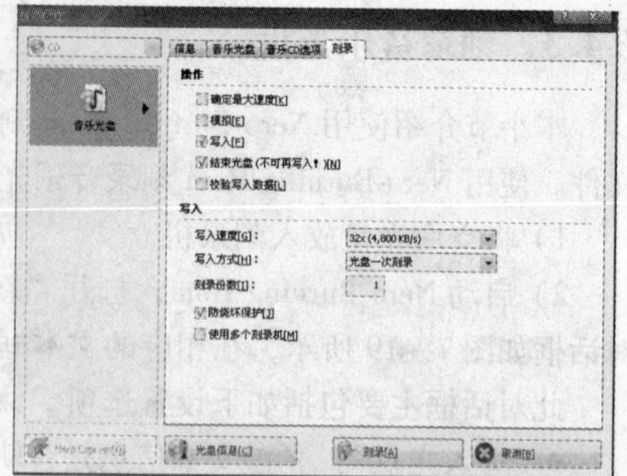

图 7-22 “刻录编译”对话框

就会停止，这样在播放刻录出的音乐光盘时会听到爆音；而使用“光盘一次刻录”方式刻录音乐光盘时，刻录机读写头在刻录过程中不会停止，从而避免产生爆音。

5）单击“刻录”按钮，Nero-Burning Rom 将扫描光盘和实际写入等操作，直到音乐光盘刻录完成，无须用户干预。

7.4.4 刻录 MP3 光盘

在制作 MP3 音乐光盘时，Nero-Burning Rom 有专门的制作程序，使用它可以将 150 首左右的 MP3 歌曲刻录到一张光盘中。刻录 MP3 音乐光盘的方法如下。

1）将空白光盘放入刻录机。

2）在桌面上双击 Nero-StarSmart 图标，启动 Nero-StarSmart 。打开 Nero 对话框，选择左边的“音频刻录”选项卡，如图 7-23 所示。单击“MP3 Jukebox 光盘”按钮。

3）打开如图 7-24 所示的“我的 MP3 光盘”对话框，单击“添加”按钮，打开“选择文件及文件夹”对话框，如图 7-25 所示。将要刻录的 MP3 文件从文件浏览窗口添加到刻录窗口，然后单击“已完成”按钮，关闭“选择文件及文件夹”对话框。完成后的“我的 MP3 光盘”对话框如图 7-26 所示。

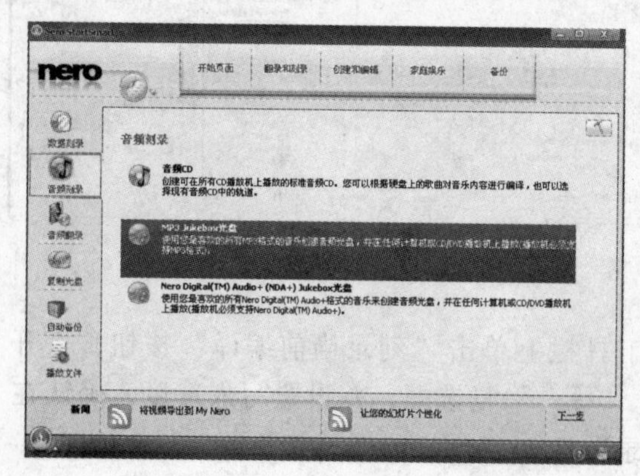

图 7-23 “音频刻录”选项卡

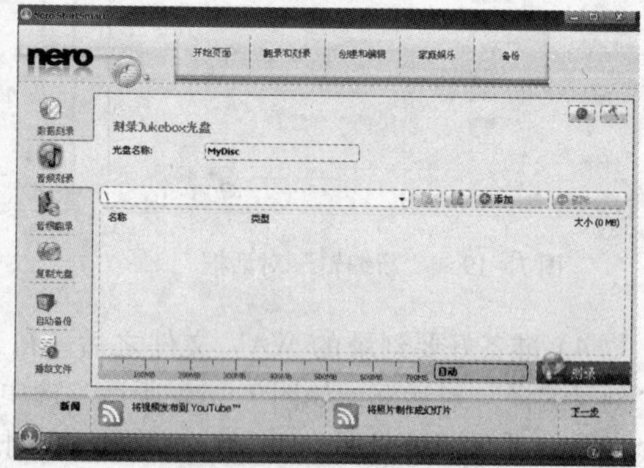

图 7-24 “我的 MP3 光盘”对话框

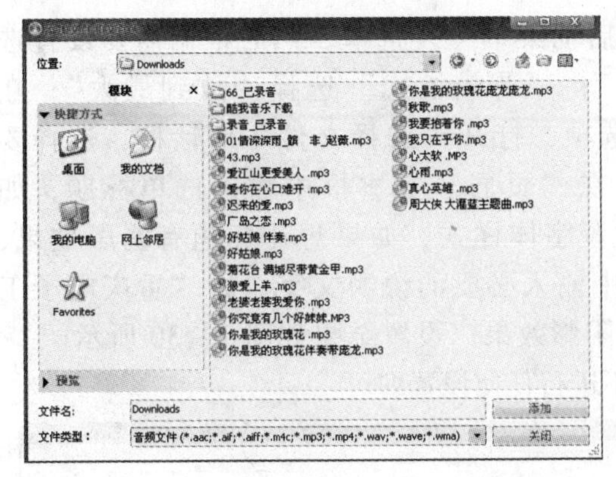

图 7－25　“选择文件及文件夹”对话框

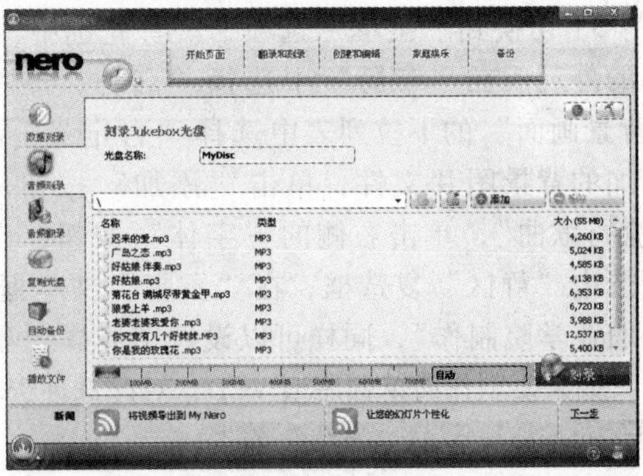

图 7－26　“我的 MP3 光盘”对话框

4）单击“刻录”按钮，开始刻录 MP3 音乐光盘，如图 7－27 所示。

5）刻录完成后，弹出刻录完成对话框，如图 7－28 所示。单击“确定”按钮，完成刻录。

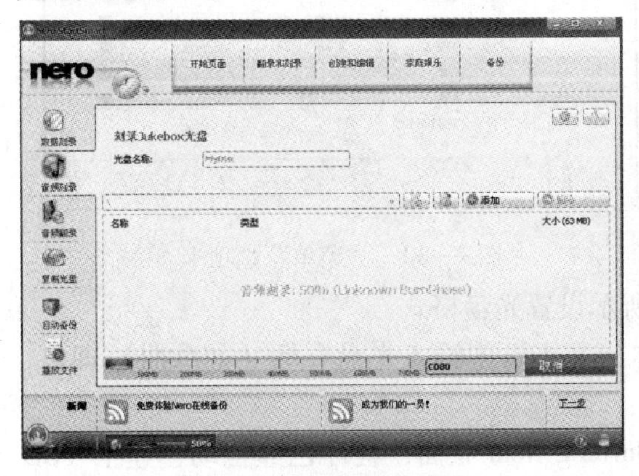

图 7－27　正在写入光盘

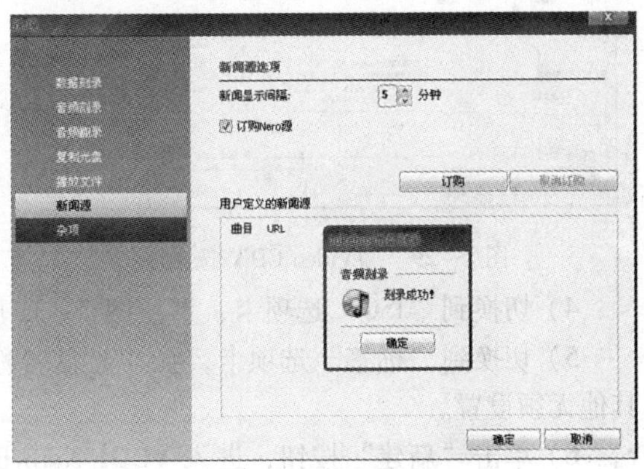

图 7－28　刻录完成

7.4.5　制作 VCD 影碟

目前市场上流行的 VCD 主要有两种。

1）简单顺序型 VCD。播放这种 VCD 光盘时，播放器会按顺序直接从头到尾播放每一个项目。由于这种 VCD 制作方法简单，市场上出售的 VCD 电影光碟和一些流行歌曲光碟都属于此类 VCD。

2）选单型 VCD。一些卡拉 OK 光盘开始播放时会出现一个选单，可通过遥控器来选择要欣赏的歌曲，使用起来很方便。

选单型 VCD 的优点就是播放之初会出现一个静止的选单，用户可以使用遥控器来选择要播放的歌曲，给用户添加了更多的交互式操作的乐趣。使用 Nero-Burning Rom 制作选单型 VCD 的操作步骤如下。

1）在刻录机中放入空白光盘。

2）启动 Nero-Burning，打开“新编辑”对话框，选择“视频光盘”图标，打开“Video CD”选项卡，选中“将源图片保存于”复选框，这样就将选单的背景图片保存在指定的文件夹中，其他设置保持默认值，如图 7－29 所示。

3）切换到“菜单”选项卡。首先选中“启动菜单”复选框，然后根据需要设置选单的外观。在“布局”中选择“名称，2栏”；“背景模式”选择“放到最大”；在“背景画面”的下拉列表中选择“自定义”选项，打开“选择文件”对话框，选择要添加的背景图片文件，单击“添加”按钮；在“页眉”文本框中输入选单标题，如“流行歌曲”，单击右侧的“字体”按钮，设置字体样式，如果想让标题有阴影效果，可选中“静区”复选框；在“页脚”文本框中输入必要的说明文字，如“重庆电子工程职业学院制作”，同样可以设置字体样式和阴影效果。设置结果如图7－30所示。

如果要制作简单顺序型VCD，对此选项卡不进行任何设置即可。

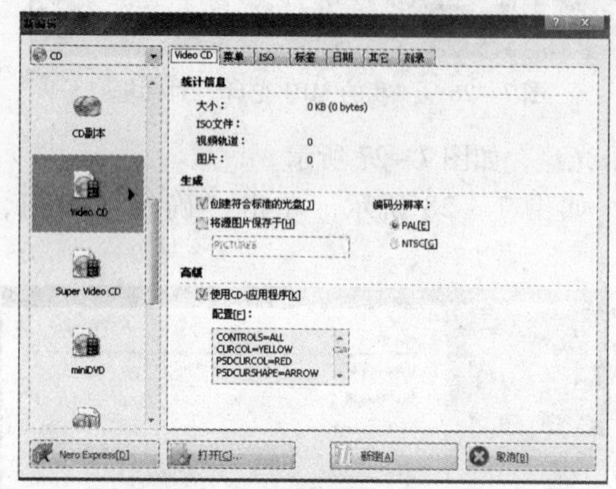

图7－29　“Video CD”选项卡

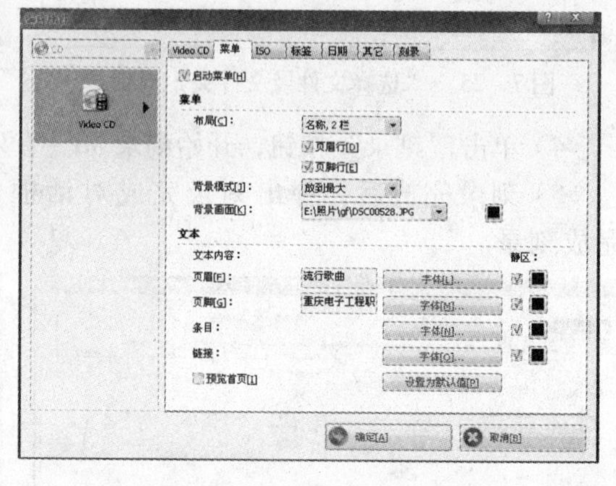

图7－30　“菜单”选项卡

4）切换到“ISO”选项卡，参照图7－31所示设置光盘格式。

5）切换到“标签”选项卡，在“光盘名称”文本框中输入光盘卷标（如歌曲）即可，其他无须设置。

6）单击“新建”按钮，进入VCD1-Nero Burning Rom界面，程序已经自动创建了VCD光盘必需的文件夹，在此将准备好的MPG、MPEG、AVI等常见的视频文件拖动到刻录窗口，Nero都可以将它们转换成符合VCD的视频文件，如图7－32所示。将视频文件拖动到刻录窗口时，程序在第1个轨道上将自动创建选单页面。如果要预览选单效果，可选中第1个轨道，然后单击“播放”按钮，即可打开选单页面，如图7－33所示。如果不满意的话，可以执行菜单命令“文件”→“编辑属性”或按〈F7〉键，打开“编辑属性”对话框并切换到“菜单”选项卡中进行修改。

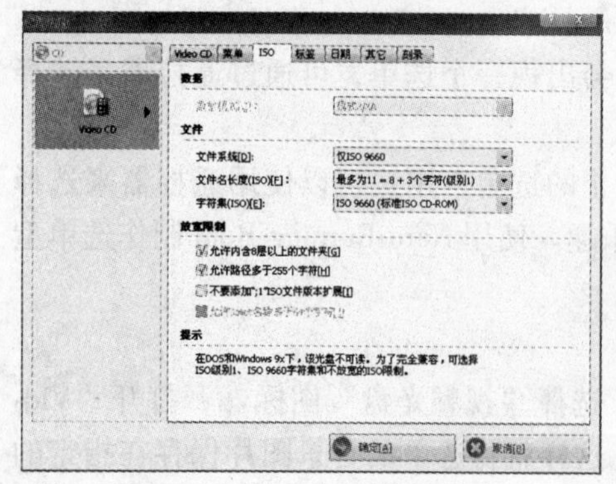

图7－31　“ISO”选项卡

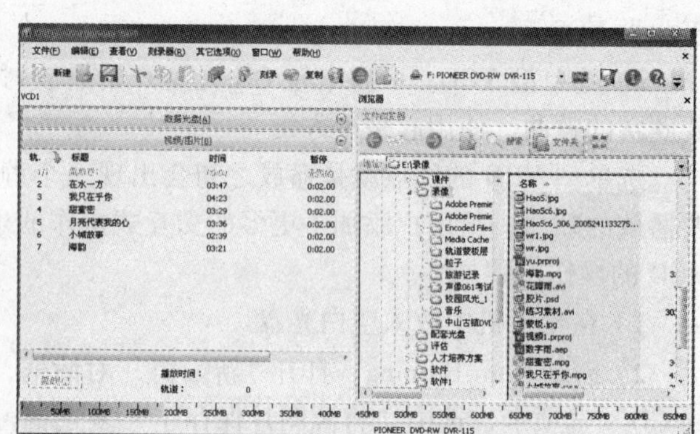

图7－32　准备视频片断

7）单击“刻录”按钮，打开“刻录编译”对话框，程序已强制选中“结束光盘”复选框并已在“写入方式”下拉列表中选中“光盘一次刻录”，这样可以保证刻录出来的 VCD 光盘能够在家庭 VCD 播放机播放。设置刻录速度后选中“写入”复选框，如图 7 – 34 所示。

8）单击“刻录”按钮，开始刻录 VCD 光盘。

图 7 – 33　选单页面效果图

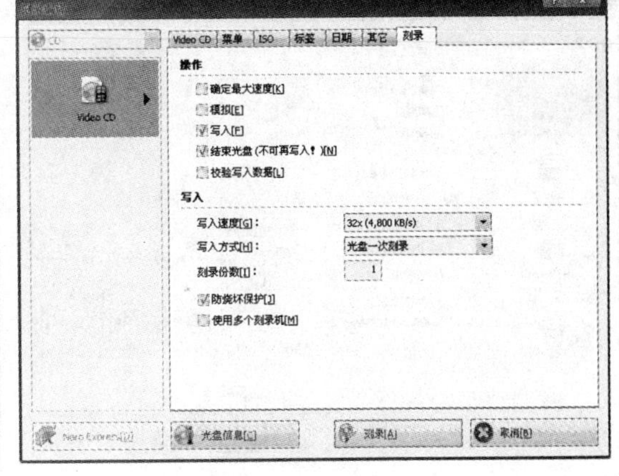

图 7 – 34　“刻录编译”对话框

刻录超级 VCD 的方法与刻录 VCD 的方法相同，不同的是 Nero 只能用 MPEG2-SVCD 格式进行刻录。

7.4.6　复制光盘

光盘复制就是指使用光盘复制软件和刻录机制作与源光盘完全相同的光盘。如果采用直接对拷的方式，计算机还应配备有普通光盘驱动器。

光盘复制一般采用整盘刻录（DAO）方式写入空白光盘。目前，除了专门的光盘复制软件之外（如 CloneCD），大部分光盘刻录软件（如 Nero 等）都具备光盘复制的功能。

复制光盘的方法一般有以下几种。

1）直接对拷：将源光盘和空白光盘分别放入光盘驱动器和刻录机，然后在光盘驱动器和刻录机间直接进行对拷。这是最简单的光盘复制方法，绝大多数刻录软件都具备此功能。

2）使用临时文件复制光盘：光盘刻录软件具有只使用光盘刻录机就能够快速复制光盘的功能。操作方法是先将源光盘放入刻录机，使用 Nero 在硬盘中建立一个临时文件并将源光盘内容读入其中，然后从刻录机中取出源光盘并放入空白光盘进行写入操作。

3）使用映像文件复制光盘：这通常用于大量复制光盘。操作方法是先将源数据制作成与光盘文件格式一样的映像文件并将其保存在硬盘中，在任何需要的时候都可以使用这个映像文件复制大量内容完全相同的光盘。

1. 使用 Nero 复制光盘

光盘复制是 Nero 提供的一个最简单的光盘刻录模式，使用此功能可以一次复制单张或多张完全相同的光盘。以使用临时文件复制光盘为例，操作步骤如下：

1）将源光盘插入刻录机中。

2）启动 Nero-Burning Rom。打开“新编辑”对话框，在对话框左侧的列表框中选择“CD 副本”图标，选中“写入”复选框，从“写入速度”下拉列表框中选择适当的刻录速度，如图 7－35 所示。

3）切换到“映像文件”选项卡。如果默认“映像文件”存放的磁盘空间不足（小于 700MB），单击“浏览”按钮，打开“另存为”对话框，选择“映像文件”存放的位置，如图 7－36 所示。

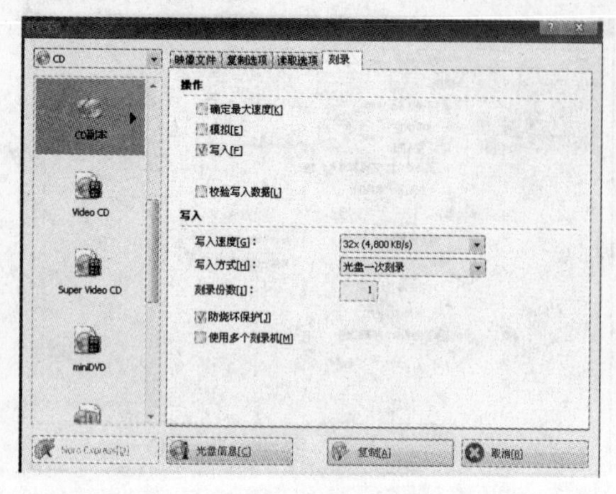

图 7－35　“刻录”选项卡

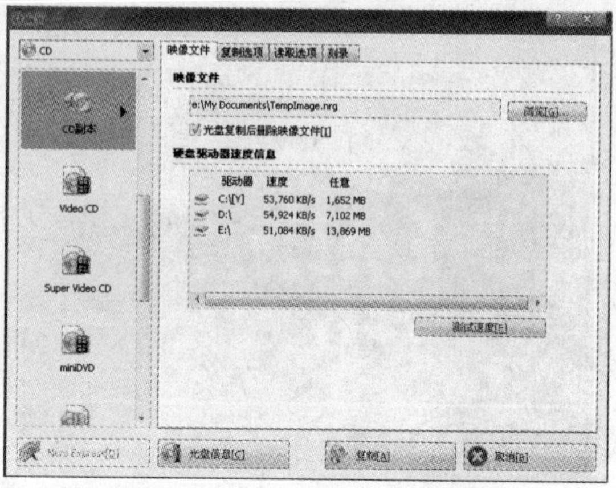

图 7－36　“映像文件”选项卡

4）设置完成后，单击“复制”按钮，Nero 在下面的时间内将依次完成扫描光盘、将源光盘内容读入、在硬盘建立一个临时文件中，无须读者干预，如图 7－37 所示。

5）完成映像文件的创建，弹出源光盘，打开“等待光盘”对话框，如图 7－38 所示。

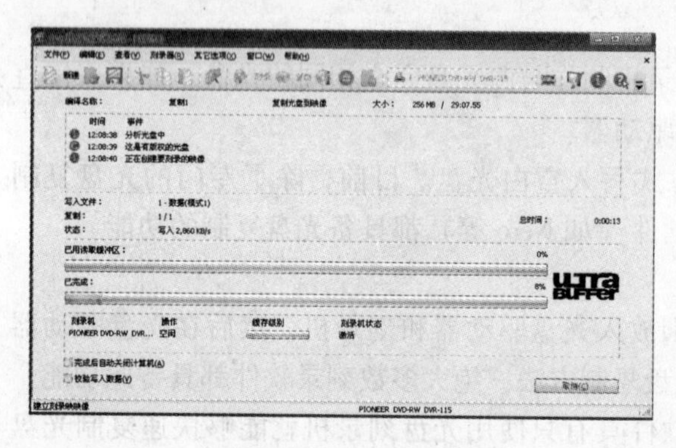

图 7－37　正在读盘

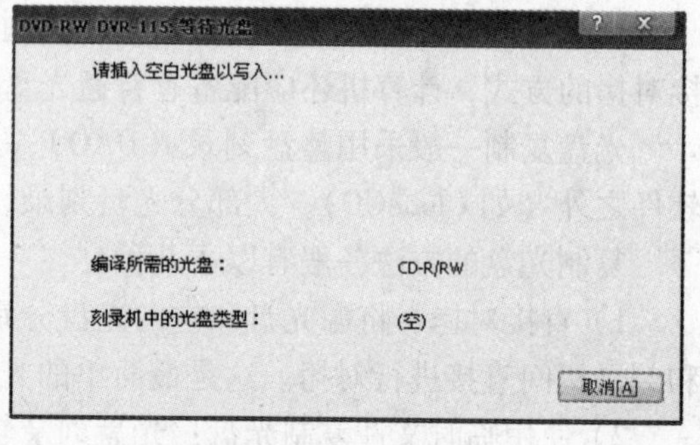

图 7－38　等待光盘

6）将空白光盘插入刻录机，Nero 在下面的时间内将完成写入操作，无须干预。

7）复制完成后，弹出“刻录完毕”对话框，提示已经成功复制光盘。

2. 使用光盘映像

当需要复制大量相同的光盘时，使用映像文件刻录光盘不仅能够提高刻录的成功率，还可以节省光盘驱动器。

（1）认识映像文件

映像文件是指将源数据转换为与目的光盘内容完全一样、并且可以用它进行刻录的文件。先生成映像文件对于刻录光盘有以下好处。

- 降低刻录时失败的概率。从整个刻录过程来看，刻录光盘包括读取源数据、转换格式以及实际写入 3 个阶段。在正式刻录的过程中，只要有一个阶段出现问题，刻录就会失败。因此减少刻录的环节，即可提高刻录的成功率。

- 将刻录内容预先做成映像文件实际就是把所有的数据都先读取一遍，并进行文件格式转换（转换到光盘文件格式）操作后存入硬盘，不是边读取，边转换，边写入。这样到了真正刻录时，只要确保硬盘无误就能保证刻录成功。
- 预先将源数据做成映像文件，便于复制大量内容完全一样的光盘。如果想刻录出很多张内容完全一样的光盘，先做成映像文件再大量复制，比直接刻录更快更稳定。

（2）制作映像文件

制作映像文件之前要预留足够的硬盘空间并作好磁盘碎片整理工作。本小节主要介绍使用 Nero-Burning Rom 制作映像文件的方法。在 Nero-Burning Rom 中将源光盘的数据制作成映像文件的操作步骤如下。

1）启动 Nero-Burning Rom，打开“新编辑”对话框，选择 CD-ROM（ISO）图标，单击“新建”按钮，进入 Nero 主界面，如图 7-39 所示。

2）单击“刻录机列表”小三角形按钮，从打开的下拉列表中选择 Image Recorder 选项，如图 7-40 所示。

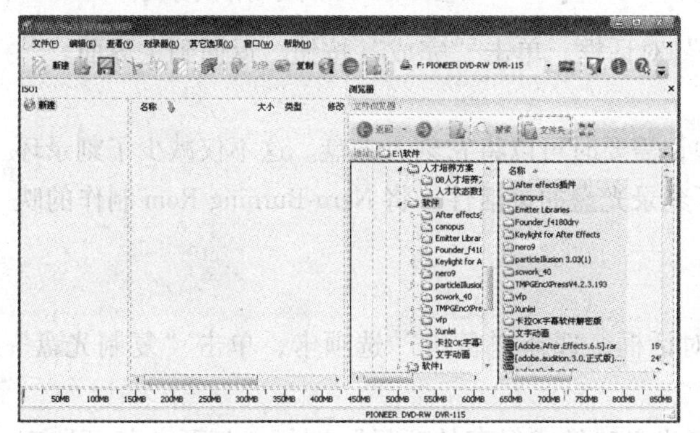

图 7-39　Nero 主界面

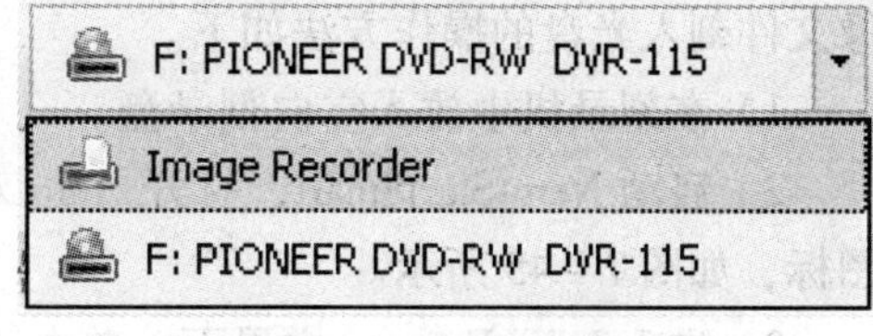

图 7-40　选择映像刻录机

3）首先在“文件浏览器”窗口中选定源光盘文件，然后按住鼠标左键不放，将这些文件或文件夹从“文件浏览”窗口拖放到 ISO1 窗口中，处理完成后如图 7-41 所示。

4）数据拖放完成后，在工具栏上单击“刻录当前编译”按钮，打开“刻录编译”对话框，如图 7-42 所示。

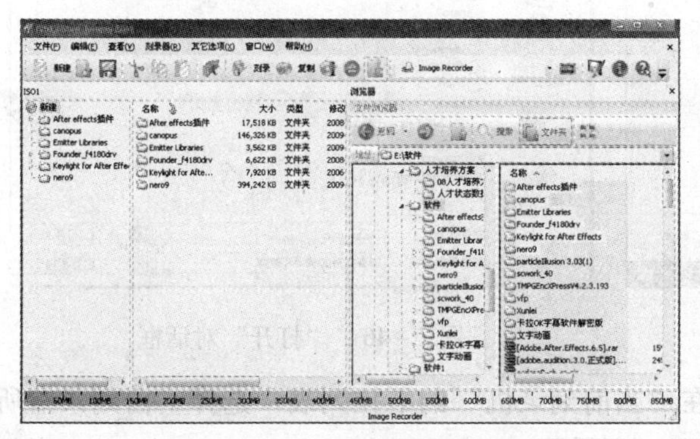

图 7-41　将映像文件拖放到映像窗口

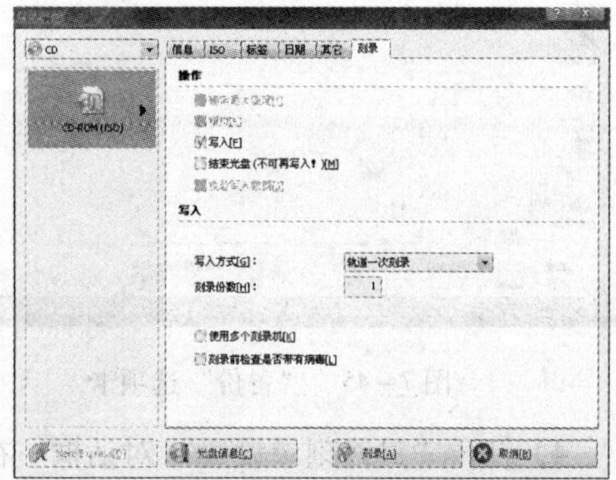

图 7-42　刻录编译

5）单击“刻录”按钮，打开“保存映像文件”对话框，在其中选择映像文件的保存位置，并在“文件名”文本框中输入映像文件名称。Nero 开始读取选定的数据，用户无须干预。

6）单击“保存”按钮，Nero 开始制作映像文件，如图 7－43 所示。

7）映像文件制作完成后自动出现如图 7－44 所示的对话框。

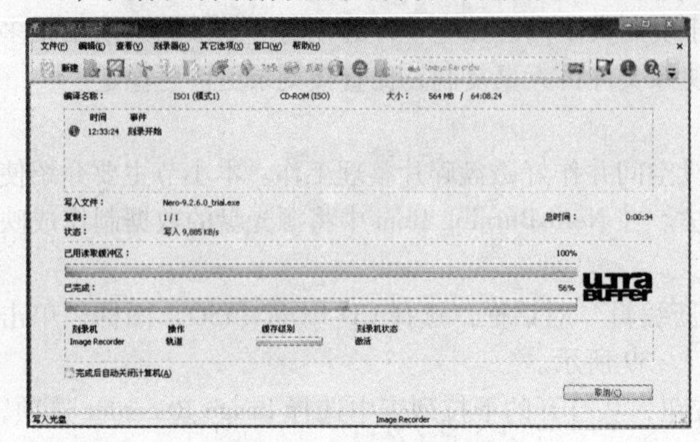

图 7－43　正在制作映像文件

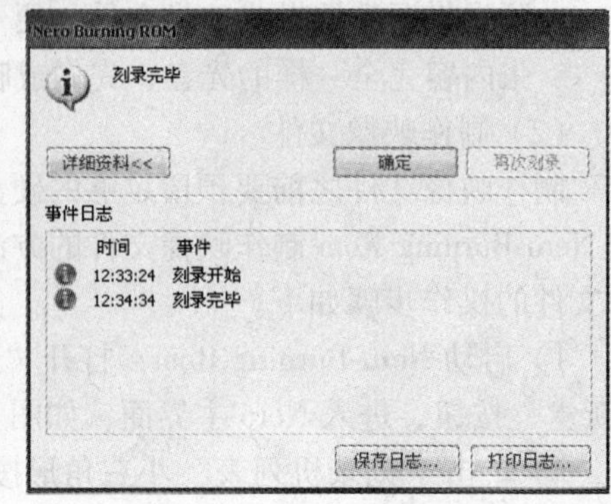

图 7－44　成功制作映像文件

8）单击“确定”按钮，返回“完成”对话框。单击“完成”按钮，返回到主界面。

3. 将映像文件刻入光盘

制作好的映像文件暂时保存在硬盘中，需要时可以将它刻入光盘。这不仅减少了刻录环节，增加了刻录的稳定性，而且更增强了刻录光盘的灵活性。将 Nero-Burning Rom 制作的映像文件刻入光盘的操作方法如下。

1）在刻录机中放入空白刻录盘。

2）启动 Nero-StartSmart，打开 Nero 对话框，选择“备份”选项卡，单击“复制光盘”图标，如图 7－45 所示。

3）进入 Nero Express 主界面。单击“光盘映像或保存的项目”图标，打开“打开”对话框，选择要刻入光盘的映像文件，如图 7－48 所示，单击“打开”按钮。

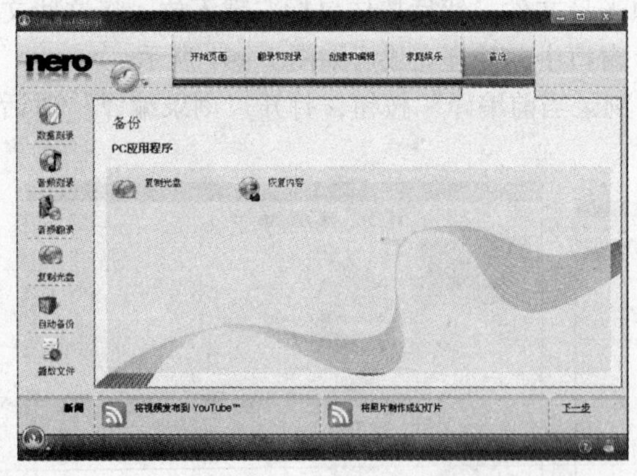

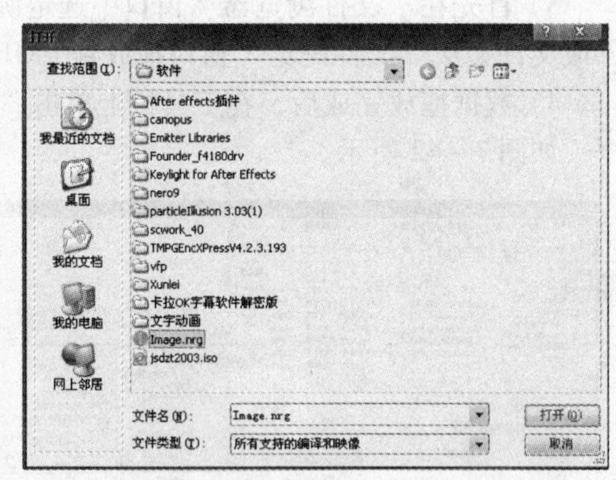

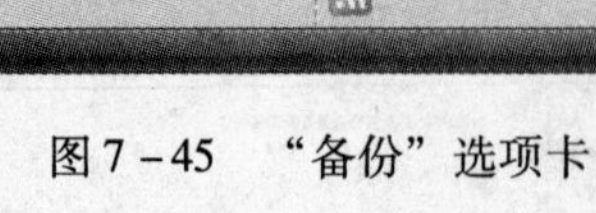

图 7－45　“备份”选项卡　　　　图 7－46　“打开”对话框

4）打开“最终刻录设置”对话框。在“当前刻录机”的下拉列表中选择空白刻录盘所在的刻录机，设置刻录光盘的数目，如图 7－47 所示。

5）单击“刻录”按钮，在下面的时间内 Nero 将完成扫描光盘、实际写入和关闭光盘等操作，用户无须干预也不要启动其他应用程序。

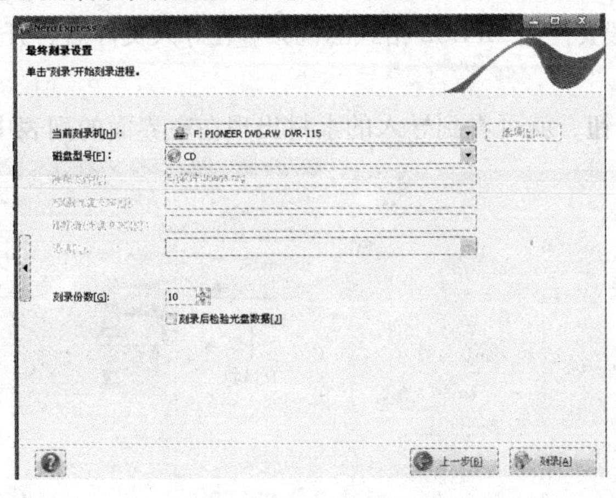

图7－47　“最终刻录设置”对话框

6）第1张光盘刻录完成，会自动从刻录机中弹出“等待光盘”对话框，要求在刻录机中插入下一张空白光盘。

7）刻录完成所设置的光盘数目后，出现“刻录完成”对话框，提示刻录完成。

7.4.7　刻录DVD影碟

TMPGE nc DVD Author（津波DVD工坊）是一款专用的DVD编辑与刻录软件（网上可下载），可创建二级菜单。制作带有章节的DVD影碟，其操作步骤如下。

1. 导入素材

1）在DVD刻录机中放入空白DVD刻录盘。

2）启动TMPGE nc DVD Author，打开TMPGE nc DVD Author对话框。TMPGE nc DVD Author的界面简洁，制作DVD的步骤在窗口上方列了出来，窗口的最下方以进度条的形式显示了DVD占用的容量，如图7－48所示。

3）窗口中最先显示的是“开始”步骤，用户可以选择“作成新项目计划”来开始DVD的编辑，也可以选择“打开现存项目计划”或“把硬盘上的DVD文件夹的内容往R/RW光碟上刻入”。选择“作成新项目计划”后即可进入“创建源码”步骤，如图7－49所示。

图7－48　TMPGEnc DVD Author主界面

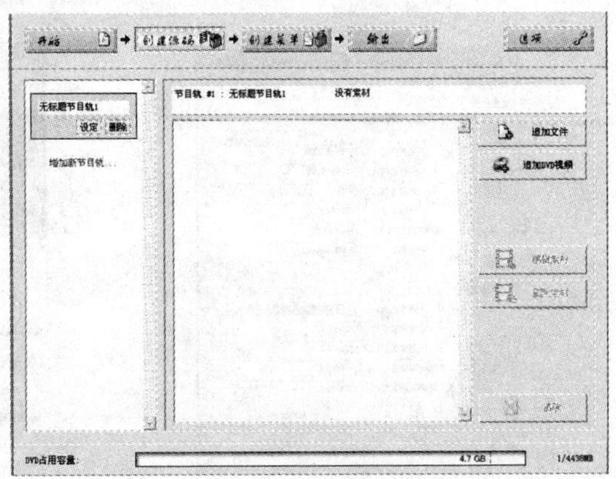

图7－49　“创建源码”对话框

4）单击“追加文件”按钮，导入已有的MPEG1或MPEG2格式的视频文件（支持M2V格式的文件），不过一般要使用MPEG2格式的视频。在导入文件后打开“增加素材”对话框，如图7－50所示。

5）单击“OK”按钮，就可看到导入的素材出现在主界面的列表中，如图7－51所示。

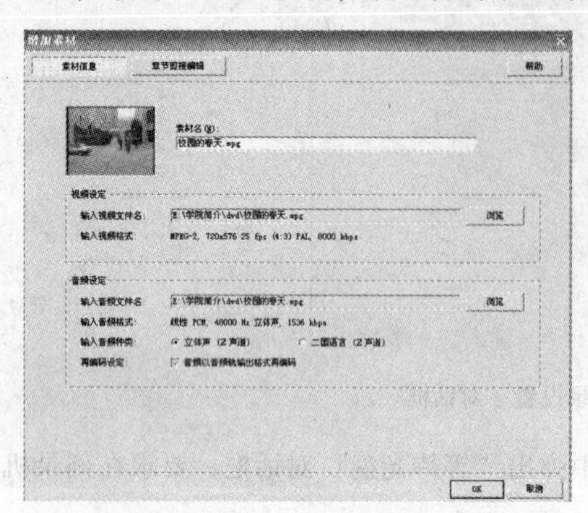

图7－50 “增加素材”对话框

图7－51 列表中的素材

2. 添加节目轨

在主界面中还可以继续在同一个节目轨中添加新的视频素材，也可以在左边的节目轨列表中单击“增加新节目轨”，添加新的节目轨。实际上节目轨和章节都可以看作是片段，不过节目轨会在DVD菜单的根目录中进行选择，而章节则是出现在下一级的标题菜单中。

另外，还可以修改节目轨的名称及音频格式。单击节目轨的“设定”按钮，打开“节目轨设定”对话框，在这里用户可以为节目轨命名，并设定音频的压缩方式。可供选择的压缩方式有MPEG Audio Layer2和线性PCM两种，前者压缩比高，占用硬盘少，后者质量好，但体积大，可根据自己的喜好进行选择，如图7－52所示。

3. 素材的编辑（不编辑素材可不执行此步骤）

1）导入的素材还可以进行剪辑，单击“编辑”按钮，在打开的“素材编辑”对话框中选择“章节剪辑编辑”按钮，如图7－53所示。

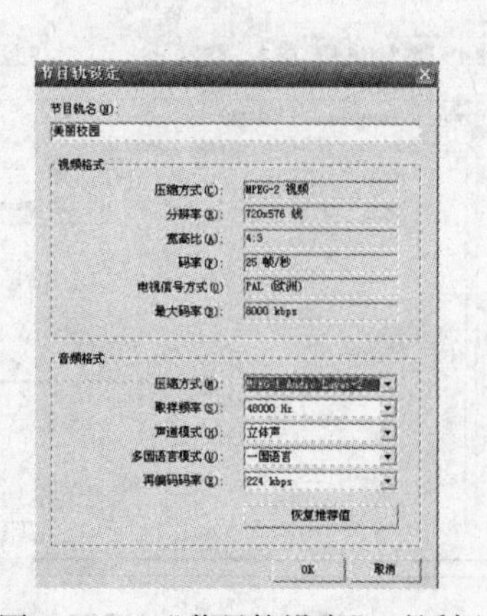

图7－52 “节目轨设定”对话框

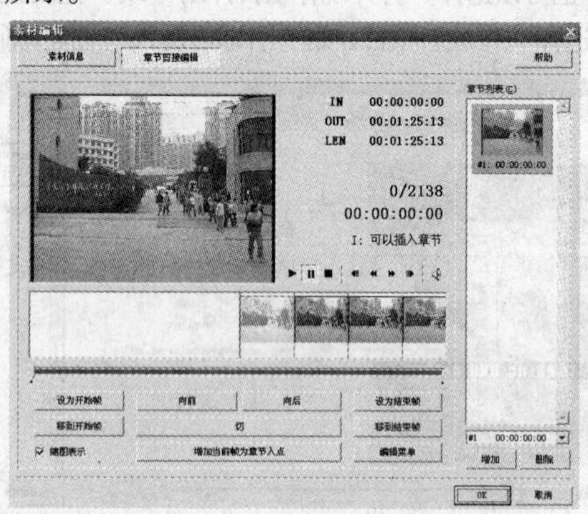

图7－53 “素材编辑”对话框

2）将播放滑块移至欲选择片段的开始位置，单击“设为开始帧”按钮，将它设定为片段的开头；再将块移至结束位置，单击“设为结束帧”按钮，设定好片尾。如果选定的部分是要删除的内容，可以单击“切”按钮将它去掉。

3）如果想将较长的片段分为多个章节，可以将滑块移至分割位置，再单击“增加当前帧为章节入点”按钮，即可看到右边的“章节列表”中又新增了一个章节，如图7－54所示。剪辑完成后单击“OK”按钮，回到主界面。细分章节有助于在播放时进行选择，不过也不宜过细。

4. 创建菜单

节目轨和章节安排好之后，可以开始创建DVD菜单了。

1）单击窗口上部的“创建菜单”按钮，进入菜单创建步骤。首先在左上角的菜单题材下拉列表中选择一种菜单模板，菜单题材的下拉列表中已经预置了流云、冷风、双轨等7种菜单模板。如果不满意，可以选择下拉列表中的“新题材”来创建自己的菜单，如图7－55所示。

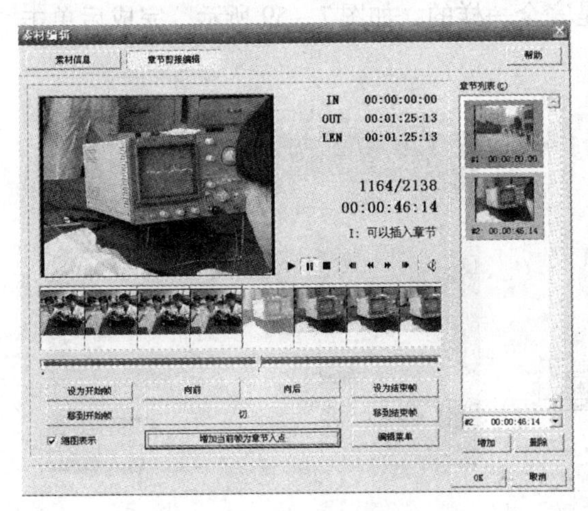

图7－54 素材分割

图7－55 创建菜单

2）选择菜单题材下拉列表中的“新题材”，打开“创建新菜单题材”对话框，在这里预设了大量的主菜单、节目轨菜单的样式，用户可以自由选择菜单按钮、缩图画框、背景图像，设计出各种组合的菜单，如图7－56所示。

3）单击“菜单题材设定”按钮，在弹出的“编辑菜单题材”对话框中可移动标题文字、缩图及按钮到适当的位置。通过拖动这些元素的边角还可以改变它们的大小。

4）对话框的左侧窗格分两部分，上半部显示的是“主菜单”选项，下半部显示的是“节目轨”选项，而对话框的最上方分别提供了“创建新题材”、“保存题材”、“菜单显示的设定”及“选项”等按钮，方便用户对相关设置进行选择，如图7－57所示。

5）如果要修改标题文字，可以双击它，打开“文字内容设定”对话框，用户可以在其中设置文字的字体、字号、颜色及样式。设定按钮及菜单分别是“字体”、“字号”、“颜色”、“加粗”、“斜体”及“下划线”，另外还提供了“恢复模板文字内容”及“输入记录”等功能，如图7－58所示。

6）如果对背景图片不满意，可单击“编辑”按钮，然后在打开的下拉菜单中选择“设背景”，将菜单的背景设置为用户所喜欢的画面。

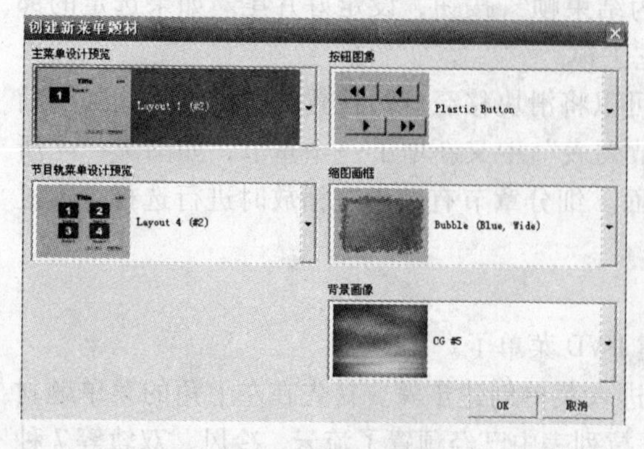

图 7－56　“创建新菜单题材”对话框

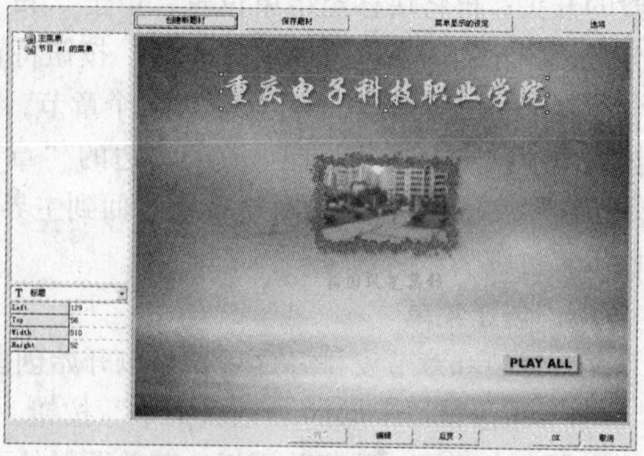

图 7－57　编辑菜单题材

7）设置完主菜单后，还要设置节目菜单。在左边的列表中选择节目菜单，然后在右边的菜单编辑窗口进行设置，方法和设置主菜单是完全一样的，如图 7－59 所示。完成后单击“OK”按钮。

图 7－58　“文字内容设定”对话框

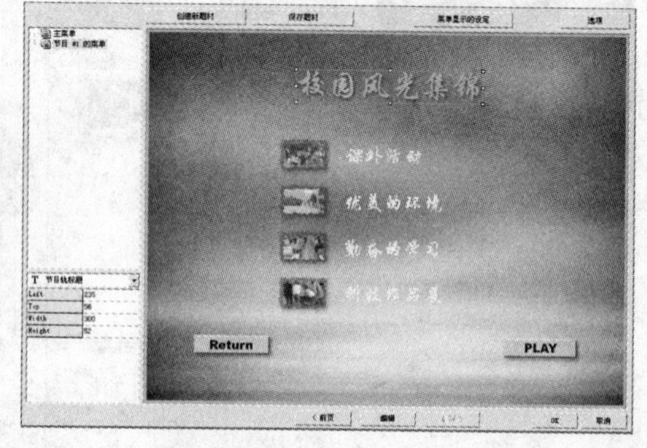

图 7－59　设置节目菜单

8）单击“菜单显示的设定”按钮，打开“菜单显示的设定”对话框，在“全部”选项卡的“显示菜单的设定”选项中设定菜单的显示方式。在“光碟插入后开始”的下拉列表中有“播放全部节目”、“显示主菜单”和“播放头节目轨”选项。在“各节目轨播放后的动作”下拉列表中有“显示主菜单”、“显示节目轨菜单”、“播放下一节目轨”和“播放下一节目轨（全盘循环播放）”选项，如图 7－60 所示。

5. 输出 DVD

菜单编辑完成后，即可输出 DVD 了。

1）单击“输出”按钮进入输出步骤。首先选择“创建 DVD 文件夹”复选框，然后设置输出的文件夹，如图 7－61 所示。单击“开始输出”按钮开始生成 DVD 文件。

2）DVD 生成的时间比较长，生成完毕后，打开“刻录完毕”对话框，提示 DVD 生成完成，如图 7－62 所示。

3）单击“启动 DVD 刻录工具”按钮，打开“DVD 刻录工具”对话框，单击“DVD 刻录”按钮进行刻录。

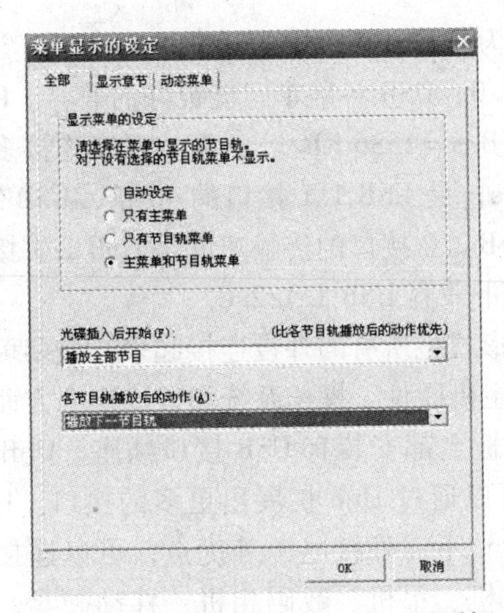

图7-60 “菜单显示的设定”对话框

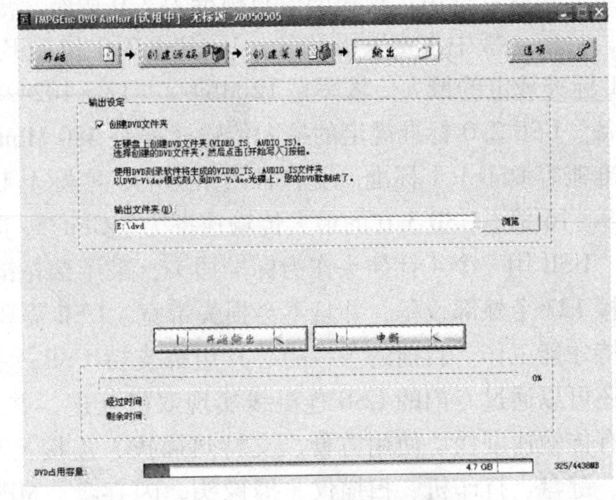

图7-61 “输出”对话框

4）在对话框的最下方，有一个“DVD”占用容量进度条，进度条的右侧显示的是空间容量比，用户可准确地掌握空间占用情况，如图7-63所示。这个工具还提供了DVD±RW擦除、生成ISO映像及ISO光盘映像刻录成DVD的功能。

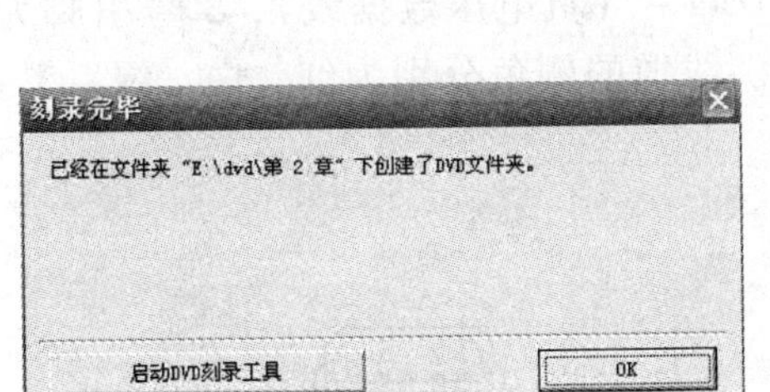

图7-62 “刻录完毕”对话框

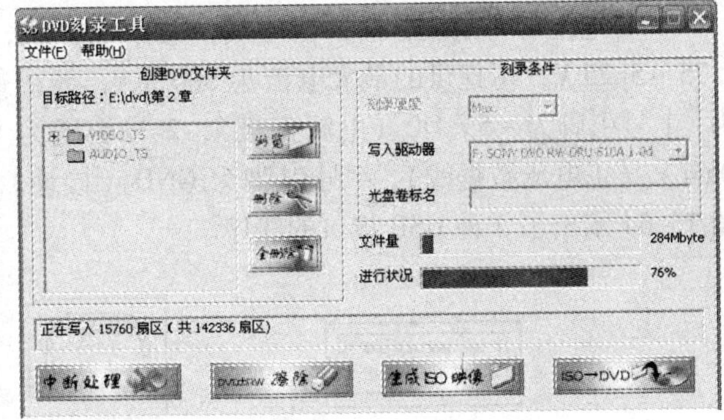

图7-63 刻录过程

7.5 移动存储设备

USB闪存盘、移动硬盘等存储设备，不需打开机箱，通过外部接口即可方便地对其进行读写操作，这类设备统称为移动存储设备。

随着USB接口的普及，基于闪存（Flash Memory）以及USB接口技术的USB移动存储器（闪盘）也逐渐流行起来，不过这类移动存储产品容量较小。相比之下，由移动硬盘盒和硬盘组成的USB接口的移动硬盘是目前最经济实惠的移动存储器。

消费类电子产品中，使用闪存技术的存储卡类存储产品，如CF、SD、MMC、MemoryStick等，已被广泛地应用于数码相机（DC）、数码摄像机（DV）、MP3播放器、手机等产品中。

7.5.1 USB接口

USB（Universal Serial Bus，通用串行总线）不是一种新的总线标准，而是早已应用在计算机领域的接口技术。USB于1994年底由Compaq、Digital、IBM、Intel、Microsoft、NEC等多家公司联合提出，现在的最新标准为2.0版本，成为目前计算机中的标准扩展接口。

目前主板中主要采用USB 1.1、USB 2.0和USB 3.0，USB各版本间能很好的兼容。USB 1.1标准规定的最大传输率是12 Mbit/s（12×1024/8 B/s = 1536 KB/s），而且可以连接多个设备。USB 2.0标准规定的最大传输速率是480 Mbit/s，是USB 1.1接口的40倍，USB 2.0标准兼容USB 1.1标准。受各种因素影响，实际上USB 2.0接口的传输速度是USB 1.1接口的9～16倍。USB 3.0的最大传输速率为5 Gbit/s，向下兼容USB 1.1/2.0。

USB用一个4针插头作为标准插头，采用菊花链形式把所有的外设连接起来，最多可以连接127个外部设备，并且不会损失带宽。USB需要主机硬件、操作系统和外设三个方面的支持才能工作。目前的主板的芯片组都支持USB，主板上都安装有USB接口插座。USB接口还可以通过专门的USB连机线实现双机互连，并可以通过Hub扩展出更多的接口。USB具有传输速度快、使用方便、支持热插拔、连接灵活、不需外接电源等优点，可以连接鼠标、键盘、打印机、扫描仪、摄像头、闪存盘、MP3机、手机、数码相机、移动硬盘、外置光软驱、USB网卡、ADSL Modem等几乎所有的外部设备。

USB接口外观上计算机一侧为4针插孔，设备一侧为4针插头。USB接口有3种类型。A型一般用于计算机；B型一般用于USB设备；Mini-USB一般用于数码相机、数码摄像机、测量仪器以及移动硬盘等。图7-3示出了3种类型的USB接口。

USB电缆有4条线，两条信号线，两条电源线，可提供5 V电源。允许的电压范围是4.75～5.25 V，可提供的最大电流为500 mA，线缆最大长度为5 m。USB接口的引脚定义为：1号引脚为+5V DC（电源正极），2号引脚为Data-（负电压数据线），3号引脚为Data+（正电压数据线），4号引脚为GND（接地）。线缆的颜色分别为红、白、绿、黑。图7-64示出了3种USB接口的线序。

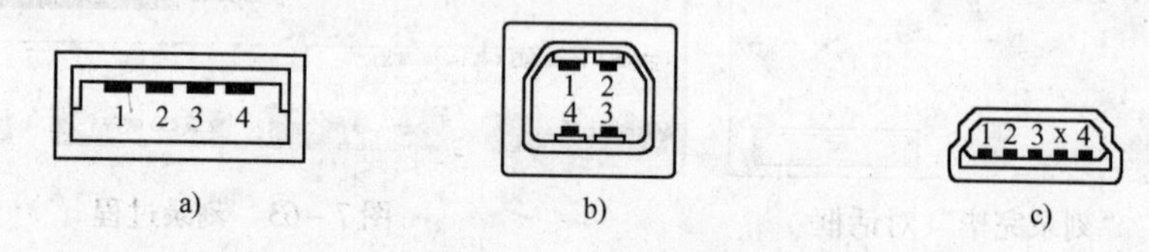

图7-64　3种USB接口
a) A型　b) B型　c) Mini-USB

7.5.2　USB闪存盘

USB闪存盘使用USB接口，所以俗称U盘。闪存盘就是采用闪存（Flash Memory）作为存储器的移动存储设备。由于闪存具有断电后保持存储的数据不丢失的特点，因此成为理想的移动存储设备。目前的闪存盘多数采用USB 2.0串行总线接口，由USB接口直接供电，不需外接电源，可热插拔，即插即用，使用非常方便，而且存储容量较大（2～320 GB），读写速度快，可重复擦写100万次以上，体积小，便于携带，特别适用于计算机间较大容量文件的转移存储，是一种理想的移动存储器。常见USB闪存盘的外观如图7-65所示。

1. USB闪存盘的结构

闪存盘主要由I/O控制芯片、闪存芯片、电路板和其他电子元器件组成，如图7-66所示。

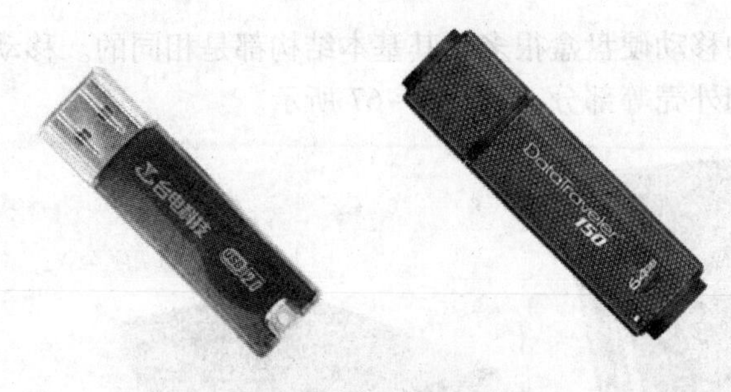

图 7-65　常见 USB 闪存盘的外观

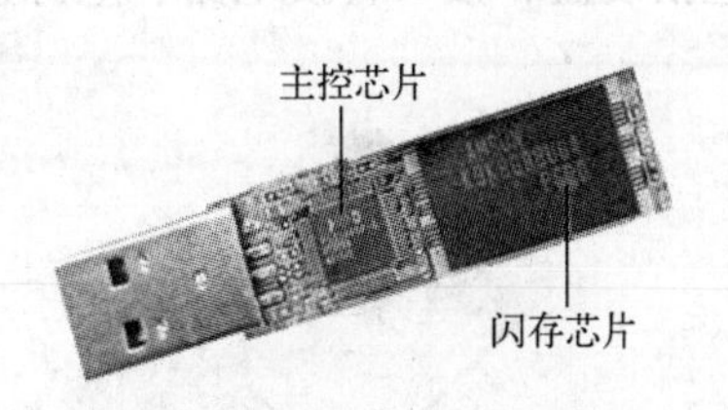

图 7-66　USB 闪存盘的结构

1）I/O 控制芯片。通常使用的 I/O 控制芯片按接口标准分为 USB 1.1 和 USB 2.0 两种。USB 控制芯片又分为主机端和设备端两部分。主机端部分通常集成在主板南桥芯片中，与主机端相连的设备使用的就是设备端，如闪存盘上的 I/O 控制芯片。

2）闪存。闪存是一种半导体电刷新只读存储器，因此断电后仍可以长时间保留数据，而且其读写速度比 EEPROM 更快且成本更低，这使其得以高速地发展。现在 USB 闪存盘标称的可擦写 100 万次以上、数据保存 10 年以上等性能主要就取决于其采用的闪存芯片，因此一个闪存盘的优劣很大程度上也取决于闪存芯片。

2. USB 闪存盘的主要特点

1）USB 接口标准。闪存盘使用的是 USB 接口，现在通常使用 USB 2.0。

2）数据传输率。闪存盘的数据传输率分为数据读取速度和数据写入速度，它们与计算机的配置有关。好的 USB 2.0 闪存盘的数据读取速度最高可达 11 MB/s，数据写入速度最高可达 4 MB/s。

3）即插即用。Windows 98 第二版之后才完全支持 USB 设备，因此 USB 闪存盘只有在较高版本的 Windows 上才能使用。Windows XP 及 Windows 2000 能够直接识别大多数 USB 闪存盘，在 Windows 98 下，使用 USB 闪存盘前都要安装其相应的驱动程序。另外，一般不允许直接从主机上拔下闪存盘，要先停用设备，等到闪存盘上的指示灯不再闪烁后才能拔下。

4）启动型。在支持 USB 设备启动的主板中，闪存盘可以引导操作系统，将 BIOS 设置中的 First Boot Device 设置为 USB ZIP 即可。有的启动型闪存盘可以模仿软盘。对于早先的主板，没有 USB 启动选项，无法实现启动功能。

5）加密型。可通过闪存盘中的程序控制访问闪存盘的权限（写保护）和对数据加密。有些闪存盘还有 MP3 播放、收音机、摄像等功能。

6）认证。符合认证标准的产品，其质量才有保证。认证包括国际 USB 组织对 USB 2.0 标准的高速传输认证，以及 FCC 和 CE 认证等。

7.6　移动硬盘

由移动硬盘盒和硬盘组成的移动硬盘是目前广泛使用的移动存储设备。

7.6.1　移动硬盘和移动硬盘盒的结构

移动硬盘其实就是普通的硬盘通过一个 IDE 或 SATA 接口到通用接口（USB、IEEE1394 接口）的转换，实现用通用接口来传输数据。实现 IDE 或 SATA 接口到通用接口转换的装置就是移动硬盘盒。当前市场上可供挑选的移动硬盘盒很多，其基本结构都是相同的。移动硬盘包括硬盘、接口转换电路、电源连线和外壳等部分，如图 7-67 所示。

图 7-67　USB 接口移动硬盘的结构

1. 硬盘

硬盘是移动硬盘的存储介质。目前移动硬盘内所采用的硬盘类型主要有 3 种：3.5 in 台式机硬盘、2.5 in 笔记本硬盘和 1.8 in 微型硬盘。

2. 接口转换电路

接口转换电路的作用就是实现硬盘的 IDE 或 SATA 接口到 USB、1394 接口的转换。在接口转换电路中，主控芯片的型号决定移动硬盘的 USB 接口标准。目前市场上支持 USB 2.0 接口的控制芯片主要有：高档的 ISD300 芯片、中档性价比较高的 Ali-M5621 芯片和低档廉价的 GL811 芯片。通常正规品牌的移动硬盘都会采用 Ali-M5621 芯片或者更高档的 ISD300 芯片。

3. 连接面板

连接面板中的接口包括电源开关、4 针电源接口、USB、IEEE 1394、E-SATA 接口。接口连线包括数据线和电源线，数据线用于硬盘与 USB 接口之间的连接。图 7-68 是移动硬盘盒上的接口。

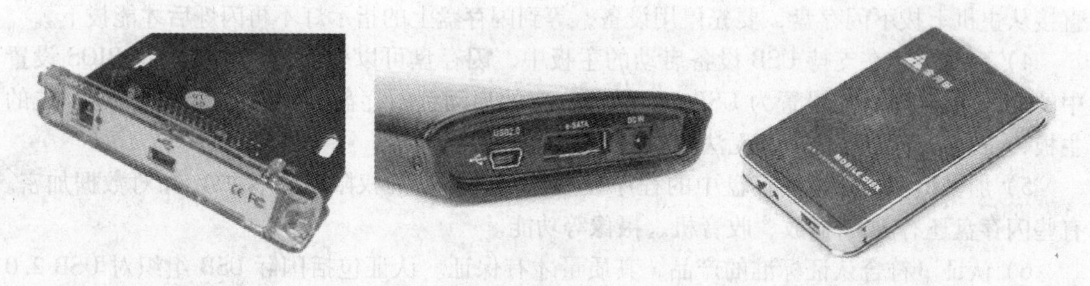

图 7-68　移动硬盘盒上的接口

4. 外壳（硬盘盒）

移动硬盘外壳的作用主要是固定硬盘、减少外部震动对硬盘的直接影响、保护硬盘。质量好的硬盘盒材料采用散热性好、轻巧坚固的铝质或铝美合金。

7.6.2　移动硬盘盒的主要参数

硬盘盒的主要参数有以下几个方面。

1. 移动硬盘盒的尺寸

由于硬盘的尺寸有 3.5 in、2.5 in 和 1.8 in，移动硬盘盒的大小也分为 3.5 in、2.5 in（还分为薄盘和厚盘两种）和 1.8 in 3 种标准，分别安装对应尺寸的硬盘。另外还有一种多功能的 5.25 in 移动硬盘盒，可以安装硬盘、光驱或刻录机，从而变成一台外置的光驱或刻录机。

2. 接口类型和数据传输率

移动硬盘盒接口方式主要有 USB 和 IEEE 1394 两种，有些还带有 E-SATA 接口。目前移动硬盘的 USB 接口都是 2.0 标准。

IEEE 1394 接口也称 Firewire（火线）接口，它是苹果公司在 20 世纪 80 年代中期提出的，是苹果计算机的标准接口。其数据传输速度理论上可达 400 Mbit/s，并支持热插拔，但只有一些高端主板才配有 IEEE1394 接口。

3. 移动硬盘盒的电源

USB 接口和 IEEE1394 接口本身可以提供电源。USB 端口提供的电源是 5 V/700 mA，只够 320 GB 以下容量 2.5 in 硬盘使用，而 3.5 in 硬盘的功耗大大超过了 USB 接口所能提供的范围，所以必须采用外接电源。IEEE1394 接口可以提供最大 1.5 A 的电流，因此无需外接电源。

4. 移动硬盘盒的材质

目前常见的移动硬盘盒用料一般有塑料、铝以及铝镁合金 3 种。价格低廉的移动硬盘盒一般采用的是塑料材料，散热效果较差。品牌大厂及正规厂商的移动硬盘盒大都采用铝质材料，甚至是铝镁合金的材质。

5. 移动硬盘盒的设计

一款移动硬盘盒是否使用方便，设计是关键。一般而言，移动硬盘盒大多具有以下几种设计：散热孔、防尘设计、防滑设计、防震设计、硬盘指示灯。

7.6.3 移动硬盘的选购

许多价格低廉的移动硬盘通常都是使用日立、三星的笔记本硬盘，搭配廉价的 IBM 或 SAMSUNG 硬盘盒。随着移动硬盘产业的兴起，许多一线的企业也加入了移动硬盘行业，如希捷、明基电通、三星电子等。真正的品牌移动硬盘与“硬盘 + 转接盒”的杂牌移动硬盘在很多方面都存在本质的区别和差距。对于数据安全第一的存储设备，应该选用实力雄厚、信誉优良的国际一流品牌。

在选购移动硬盘时，要注意可能会遇到两种问题。

1）兼容性问题。多数情况下是由于主板 BIOS 的问题造成的，要多试试自己经常使用的计算机，保证能顺利识别。

2）供电不足问题。某些情况下，主板 USB 口（特别是笔记本计算机）的驱动能力不够，这时候就可能要从另外的 USB 口或外接电源供电。

7.6.4 USB 接口设备的使用

对于大多数 USB 闪存盘和移动硬盘盒，由于 Windows Me/2000/XP 操作系统中已经内置了 USB 驱动程序，因此无需手动安装驱动程序即可使用 USB 闪存盘。而在 Windows 98 下，需要手动安装驱动程序。

一般USB闪存盘均配有USB接口延长线，对于没有前置USB接口的微机，可以使用这条线将USB接口引到机箱的前面。但是，USB延长线的长短及质量也会直接影响读/写的速度，有时甚至会影响正常工作。

在从USB接口中拔出USB闪存盘或移动硬盘之前，要先安全删除该移动设备。先把鼠标指针放到Windows状态栏右端的移动设备图标上，这时显示“安全删除硬件”提示，如图7-69a所示。再在图标上单击鼠标左键，这时弹出“安全删除USB Mass Storage Device - 驱动器（G:）”，单击该提示，如图7-69b所示。当显示“安全地移除硬件”后，就可拔出USB闪存盘或移动硬盘了。如果直接拔出，有可能丢失数据或损坏硬件。

图7-69 安全移除USB闪存盘或移动硬盘
a）移动设备图标 b）安全删除移动设备

7.7 实训 光盘标签的制作

目前，部分打印机（如EPSON Phtot R310、SP900、SP950）可以直接打印出光盘盘面，但是由于价格的原因，大多数人还是没有使用这种方法。在这里我们选择用光盘贴在光盘上加图片，利用Nero 9附带的Nero Cover Designer工具就可以进行制作，其中包括封面和光盘类型的选择，各种封面元素、正面、背面、插页和标签的设计等内容。封面设计程序可以容易地建立专业水平的个性化封面，其制作方法如下。

1）启动Nero-StartSmart，打开Nero对话框，如图7-70所示，选择“其它”→“制作标签面”图标，打开“新建文档”对话框，选择封面和光盘类型。根据用户选择的不同，可供使用的封面元素也不同，用户可以根据需要选择自己喜欢的模版，如图7-71所示。单击“确定”按钮，打开“文档数据”对话框，单击“确定”按钮。

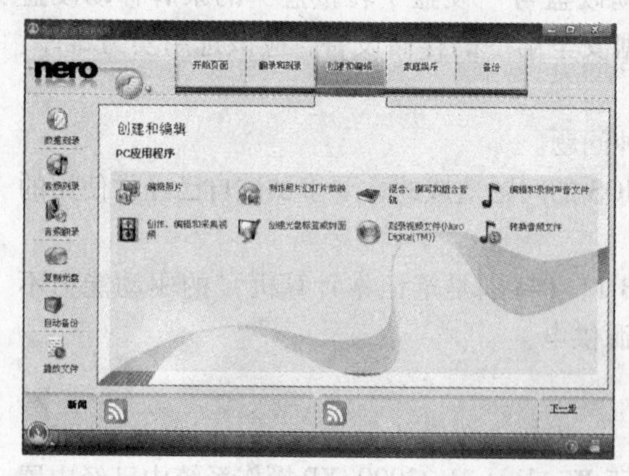

图7-70 Nero主界面

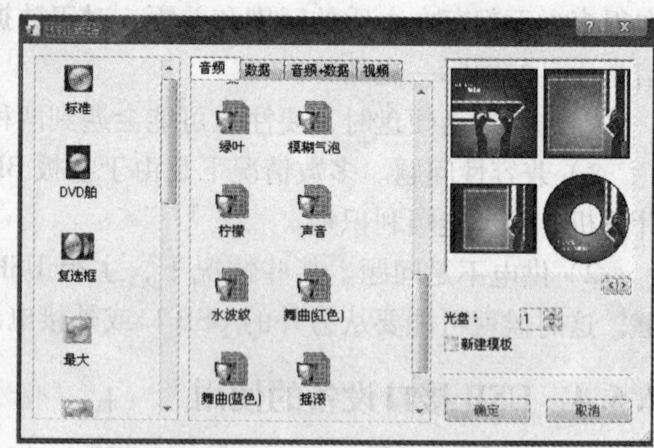

图7-71 “新建文档”对话框

2）打开 Nero Cover Designer 对话框，在其下方选择“光盘 1”选项卡，调出用于光盘盘面的模板，如图 7－72 所示。

3）在工具栏上单击“图像工具”按钮，打开“打开”对话框，选择要插入的图像文件，单击“打开”按钮。

4）屏幕显示可以移动的调整框，用鼠标定位调整框并单击一次，图像将被插入。然后适当地调整图像的大小，如图 7－73 所示。

5）用鼠标右键单击图像，从弹出的快捷菜单中选择“效果”→“过滤器”→“曝光过度...”，打开“曝光过度”对话框，可以根据曝光过度进度条，调整更为合适的效果，如图 7－74 所示。

6）单击工具栏上的“艺术字工具”，在光盘盘面上的位置输入文字“影视制作软件”、“传媒艺术系”，如图 7－75 所示。

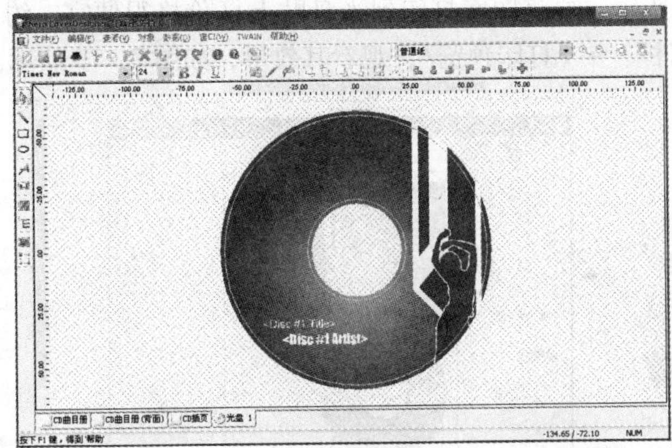

图 7－72　“Nero Cover Designer”对话框

图 7－73　插入图像

图 7－74　效果调整

图 7－75　插入文字

7）单击工具栏上的“选择工具”，用鼠标右键单击“影视制作软件”文字，从弹出的快捷菜单中选择“属性”菜单命令，打开“属性”对话框，可以调整文字的大小、字体、颜色、背景颜色及弯曲等，如图 7－76 所示。调整完后单击“确定”按钮。

8）单击工具栏上的“文字框工具”，在光盘盘面上拖出文本框的范围，打开“属性”对话框，在“文本框”中输入文字，调整对齐方式，选择文字大小及颜色，如图 7－77 所示，单击“确定”按钮。

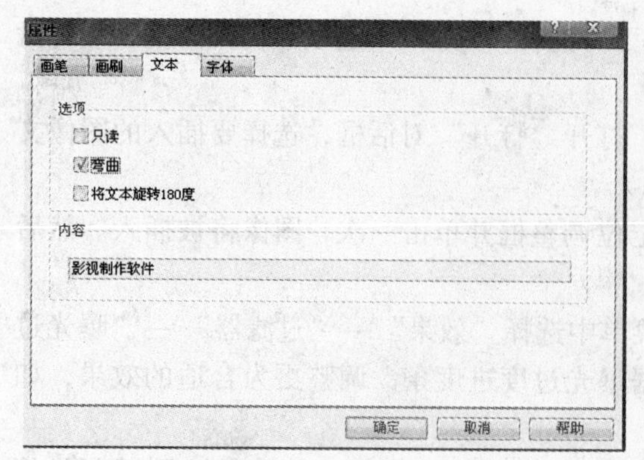

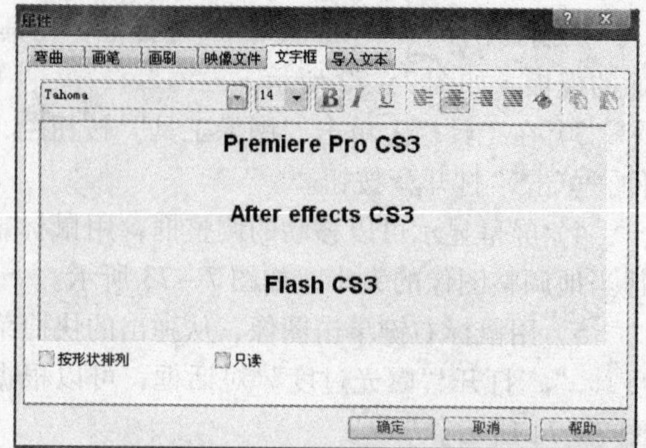

图 7－76　“属性”对话框

图 7－77　拖出文本框的范围

9）设计好的光盘盘面如图 7－78 所示。要将图案打印到光盘贴上（价格很便宜，约为 100 张/10 元），先执行菜单命令“文件”→“打印预览”，观看其效果，如图 7－79 所示。

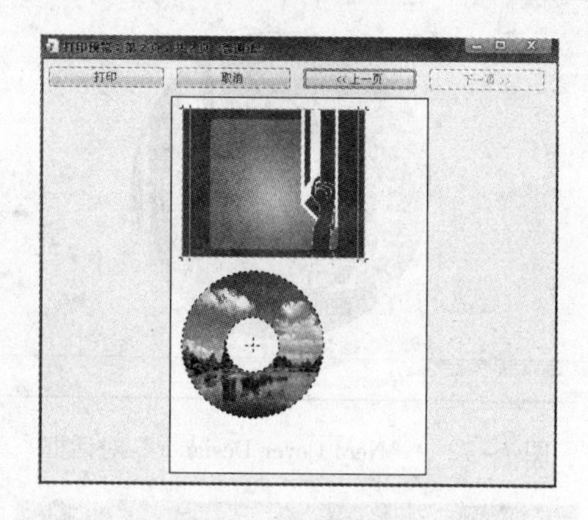

图 7－78　设计好的盘面

图 7－79　打印预览

10）选择光盘贴的合适纸张，执行菜单命令“文件”→“纸材”，打开“纸材”对话框。一般情况下选择“A-one 29121”即可，如图 7－80 所示。

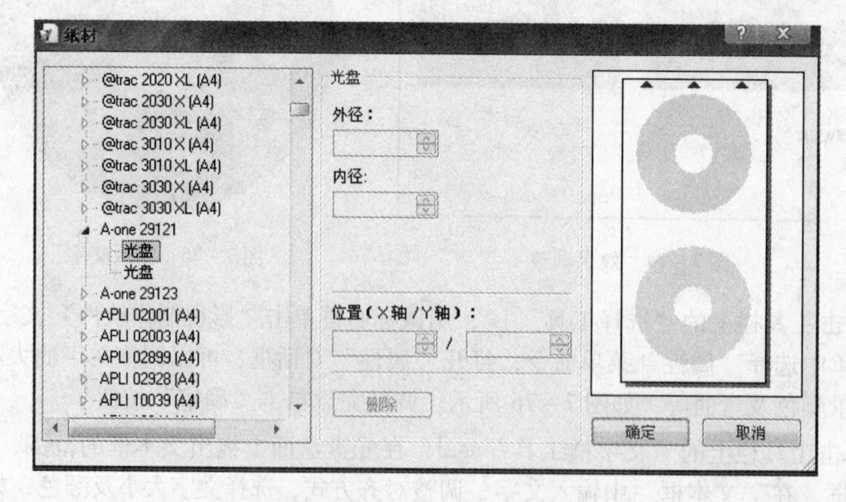

图 7－80　“纸材”对话框

11）将光盘贴放到打印机里打印即可。注意，由于光盘贴是一种特殊的纸张，不要一次性的放很多，而且放纸时一定要放置合适才好。

7.8 习题

1. 什么是 CD-RW 刻录机？什么是 DVD 刻录机？
2. CD-RW 光盘刻录机的速度是多少？
3. DVD 刻录机在性能方面具备了哪些刻录技术？
4. CD-R 光盘如何分类？各有什么特点？
5. DVD 光盘如何分类？
6. 光盘有哪些刻录格式与类型？
7. 光盘的刻录方式有哪些？
8. 光盘文件的标准与格式有哪些？
9. 什么是 U 盘？
10. Nero-Burning Rom 支持哪些类型光盘的刻录？
11. 什么是多区段光盘？
12. 选单型 VCD 的优点是什么？
13. 什么是映像文件？
14. 复制光盘的方法有几种？
15. 大于 2GB 的数据如何刻录？
16. Nero Cover Designer 工具可制作哪些内容？

参考文献

[1] 臧玉. 新编 Photoshop CS 入门与提高［M］. 北京：人民邮电出版社，2004.

[2] 张桂珍. Authorware 7 多媒体应用教程［M］. 北京：机械工业出版社，2008.

[3] 张宝剑. 多媒体课件制作实训教程［M］. 北京：机械工业出版社，2004.

[4] 新羽工作室. Authorware 7.0 基础实例教程［M］. 北京：机械工业出版社，2004.

[5] 殷式法. Authorware 7.0 课件·光盘·游戏制作［M］. 北京：电子工业出版社，2004.

[6] 电脑报社. DVD 制作一点通［M］. 汕头：汕头大学出版社，2005.

[7] 刘瑞新. 计算机组装与维修［M］. 北京：机械工业出版社，2008.

[8] 朱仁成. Photoshop CS3 图像处理百例［M］. 北京：电子工业出版社，2008.

[9] 张凡. Flash CS3 中文版基础与实例教程［M］. 北京：机械工业出版社，2008.

[10] 柏松. 中文 Premiere Pro 2.0 视频编辑剪辑制作精粹［M］. 北京：兵器工业出版社，2007.